KB085732

내신 1등급 문제서
절대등급

The efforts put in today
can yield results tomorrow.

Shohei Ohtani

오늘의 노력이 내일의 성과로 이루어진다. *오타니 쇼헤이*

이 책을 검토한 선배님들께 감사드립니다.

김운찬(서울대), 김은수(서울대), 이윤근(KAIST)
이창은(서울대), 조미리(서울대), 최윤성(서울대)

절대등급

공통수학 2

이 책의 구성

내신 1등급을 위한 문제집 절대등급,
이렇게 만들어집니다.

1 전국 500개 학교 시험지 수집

교육 특구를 포함한 전국 학교의 중간·기말고사 시험지와 최근 교육청 학력평가, 평가원 모의평가 및 수능 문제를 분석하여 개념을 활용하고 논리력을 키울 수 있는 문제를 엄선합니다.

2 난이도별, 유형별 문제 분류

각종 시험에서 출제율이 높은 문제들을 분석합니다. 가장 많이 출제되는 유형을 모으고, 무엇을 출제하고 싶어 조건을 구성했는지 개별 문항의 고유한 특징을 분석합니다. 분석한 문제를 풀이 시간과 체감 난이도에 따라 패턴별로 분류합니다.

3 1등급을 결정짓는 문제 출제

분석된 자료를 바탕으로 1등급을 결정짓는 변별력 있는 문제를 출제합니다. 절대등급은 최근 기출 문제의 출제 의도를 정확하게 알고, 시험에서 어떤 문제가 출제되던지 문제를 꿰뚫을 수 있게 하는 것이 목표입니다. 문제를 해결하며 생각을 논리적으로 전개해 보세요. 문제의 출제 의도와 원리를 찾는 훈련을 하면 어떤 학교 시험에도 대비할 수 있습니다.

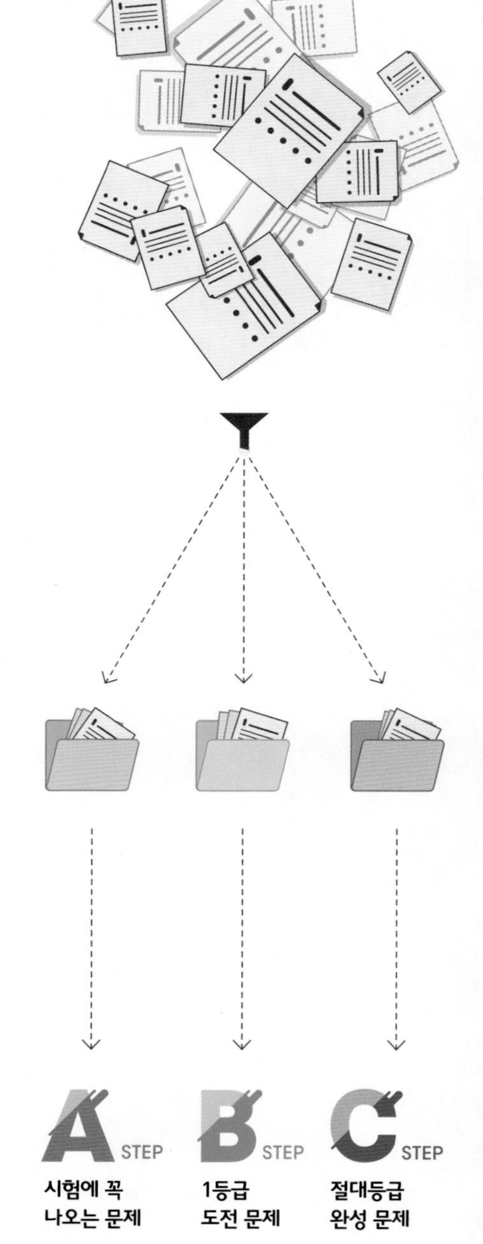

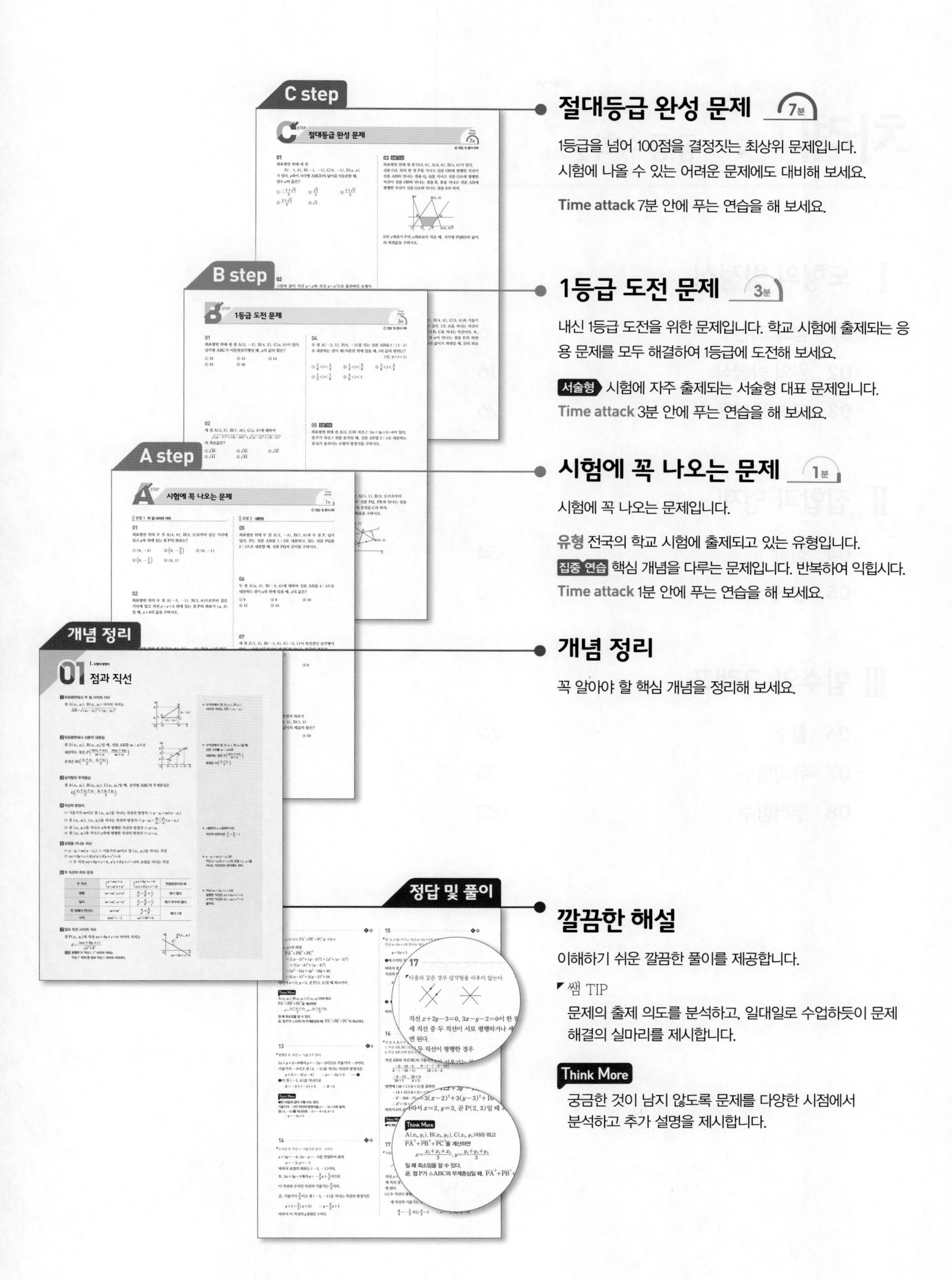

절대등급 완성 문제 7분

1등급을 넘어 100점을 결정짓는 최상위 문제입니다.
시험에 나올 수 있는 어려운 문제에도 대비해 보세요.

Time attack 7분 안에 푸는 연습을 해 보세요.

1등급 도전 문제 3분

내신 1등급 도전을 위한 문제입니다. 학교 시험에 출제되는 응용 문제를 모두 해결하여 1등급에 도전해 보세요.

서술형 시험에 자주 출제되는 서술형 대표 문제입니다.
Time attack 3분 안에 푸는 연습을 해 보세요.

시험에 꼭 나오는 문제 1분

시험에 꼭 나오는 문제입니다.

유형 전국의 학교 시험에 출제되고 있는 유형입니다.
집중 연습 핵심 개념을 다루는 문제입니다. 반복하여 익힙시다.
Time attack 1분 안에 푸는 연습을 해 보세요.

개념 정리

꼭 알아야 할 핵심 개념을 정리해 보세요.

깔끔한 해설

이해하기 쉬운 깔끔한 풀이를 제공합니다.

쌤 TIP
문제의 출제 의도를 분석하고, 일대일로 수업하듯이 문제 해결의 실마리를 제시합니다.

Think More
궁금한 것이 남지 않도록 문제를 다양한 시점에서 분석하고 추가 설명을 제시합니다.

차례 공통수학2

Ⅰ. 도형의 방정식

01 점과 직선

02 원의 방정식

03 도형의 이동

01 점과 직선

1 좌표평면에서 두 점 사이의 거리

점 $A(x_1, y_1)$, $B(x_2, y_2)$ 사이의 거리는

$$\overline{AB}=\sqrt{(x_2-x_1)^2+(y_2-y_1)^2}$$

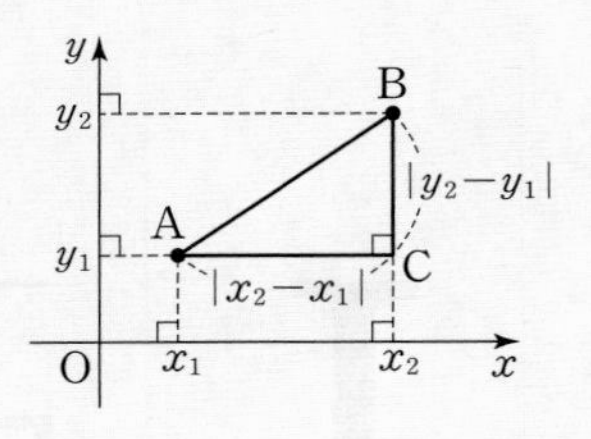

◆ 수직선에서 점 $A(x_1)$, $B(x_2)$ 사이의 거리는 $\overline{AB}=|x_2-x_1|$

2 좌표평면에서 선분의 내분점

점 $A(x_1, y_1)$, $B(x_2, y_2)$일 때, 선분 AB를 $m : n$으로

내분하는 점은 $P\left(\frac{mx_2+nx_1}{m+n}, \frac{my_2+ny_1}{m+n}\right)$

중점은 $M\left(\frac{x_1+x_2}{2}, \frac{y_1+y_2}{2}\right)$

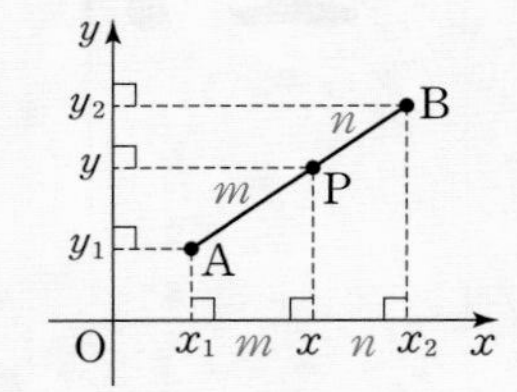

◆ 수직선에서 점 $A(x_1)$, $B(x_2)$일 때, 선분 AB를 $m : n$으로 내분하는 점은 $P\left(\frac{mx_2+nx_1}{m+n}\right)$ 중점은 $M\left(\frac{x_1+x_2}{2}\right)$

3 삼각형의 무게중심

점 $A(x_1, y_1)$, $B(x_2, y_2)$, $C(x_3, y_3)$일 때, 삼각형 ABC의 무게중심은

$$G\left(\frac{x_1+x_2+x_3}{3}, \frac{y_1+y_2+y_3}{3}\right)$$

4 직선의 방정식

(1) 기울기가 m이고 점 (x_1, y_1)을 지나는 직선의 방정식 ⇨ $y-y_1=m(x-x_1)$

(2) 점 (x_1, y_1), (x_2, y_2)를 지나는 직선의 방정식 ⇨ $y-y_1=\frac{y_2-y_1}{x_2-x_1}(x-x_1)$

(3) 점 (x_1, y_1)을 지나고 x축에 평행한 직선의 방정식 ⇨ $y=y_1$

(4) 점 (x_1, y_1)을 지나고 y축에 평행한 직선의 방정식 ⇨ $x=x_1$

◆ x절편이 a, y절편이 b인 직선의 방정식은 $\frac{x}{a}+\frac{y}{b}=1$

5 정점을 지나는 직선

(1) $y-y_1=m(x-x_1)$ ⇨ 기울기가 m이고 점 (x_1, y_1)을 지나는 직선

(2) $ax+by+c+k(a'x+b'y+c')=0$

⇨ 두 직선 $ax+by+c=0$, $a'x+b'y+c'=0$의 교점을 지나는 직선

◆ $y-y_1=m(x-x_1)$은 직선 $y=y_1$과 $x=x_1$의 교점 (x_1, y_1)을 지나는 직선이라 생각해도 된다.

6 두 직선의 위치 관계

두 직선	$\begin{cases} y=mx+n \\ y=m'x+n' \end{cases}$	$\begin{cases} ax+by+c=0 \\ a'x+b'y+c'=0 \end{cases}$	연립방정식의 해
평행	$m=m'$, $n\neq n'$	$\frac{a}{a'}=\frac{b}{b'}\neq\frac{c}{c'}$	해가 없다.
일치	$m=m'$, $n=n'$	$\frac{a}{a'}=\frac{b}{b'}=\frac{c}{c'}$	해가 무수히 많다.
한 점에서 만난다.	$m\neq m'$	$\frac{a}{a'}\neq\frac{b}{b'}$	해가 1개
수직	$mm'=-1$	$aa'+bb'=0$	

◆ 직선 $ax+by+c=0$과 평행한 직선은 $ax+by+c'=0$ 수직인 직선은 $bx-ay+c''=0$ 꼴이다.

7 점과 직선 사이의 거리

점 $P(x_1, y_1)$과 직선 $ax+by+c=0$ 사이의 거리는

$$d=\frac{|ax_1+by_1+c|}{\sqrt{a^2+b^2}}$$

참고 평행한 두 직선 l, l' 사이의 거리는 직선 l' 위의 한 점과 직선 l 사이의 거리이다.

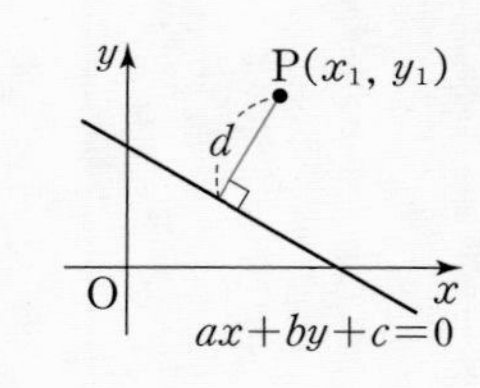

시험에 꼭 나오는 문제

Time attack 1분

정답 및 풀이 5쪽

유형 1 두 점 사이의 거리

01

좌표평면 위의 두 점 A(4, 0), B(2, 2)로부터 같은 거리에 있고 y축 위에 있는 점 P의 좌표는?

① (0, −2) ② $\left(0, -\frac{3}{2}\right)$ ③ (0, −1)
④ $\left(0, -\frac{1}{2}\right)$ ⑤ (0, 1)

02

좌표평면 위의 두 점 A(−5, −1), B(3, 0)으로부터 같은 거리에 있고 직선 $y=x+2$ 위에 있는 점 P의 좌표가 (a, b)일 때, $a+b$의 값을 구하시오.

03

좌표평면 위에 세 점 O(0, 0), A(a, −3), B(b, a)가 있다. 삼각형 OAB에서 ∠AOB=90°일 때, b의 값을 구하시오. (단, $a\neq0$)

04

그림과 같이 점 P는 점 A(9, 0)에서 매초 1의 속력으로 x축을 따라 왼쪽으로 움직이고, 점 Q는 점 B(0, 3)에서 매초 2의 속력으로 y축을 따라 아래쪽으로 움직인다.

P, Q가 동시에 출발할 때, P, Q 사이의 거리의 최솟값은?

① $3\sqrt{5}$ ② 7 ③ $4\sqrt{5}$
④ 25 ⑤ 45

유형 2 내분점

05

좌표평면 위에 두 점 A(1, −4), B(7, 8)과 두 점 P, Q가 있다. P는 선분 AB를 1 : 2로 내분하고, B는 선분 PQ를 2 : 3으로 내분할 때, 선분 PQ의 길이를 구하시오.

06

두 점 A(a, 4), B(−9, 0)에 대하여 선분 AB를 4 : 3으로 내분하는 점이 y축 위에 있을 때, a의 값은?

① 6 ② 8 ③ 10
④ 12 ⑤ 14

07

세 점 A(1, 4), B(−1, 0), C(−5, 1)이 꼭짓점인 삼각형이 있다. ∠A의 이등분선이 변 BC와 만나는 점 D의 좌표를 (a, b)라 할 때, $a+b$의 값은?

① $-\frac{11}{5}$ ② −1 ③ 0
④ 1 ⑤ $\frac{11}{5}$

08

평행사변형 ABCD의 네 꼭짓점의 좌표가

A(5, a), B(b, 3), C(1, 5), D(1, 2)

일 때, 대각선 AC와 BD의 길이의 제곱의 합은?

① 57 ② 58 ③ 59
④ 60 ⑤ 61

STEP A 시험에 꼭 나오는 문제

유형 3 삼각형의 무게중심

09

좌표평면 위에 세 점 $A(-1, 1)$, $B(2, 5)$, $C(a, b)$가 있다. 삼각형 ABC의 무게중심의 좌표가 $(-1, 3)$일 때, $a+b$의 값은?

① -5 ② -3 ③ -1
④ 1 ⑤ 3

10

꼭짓점 A의 좌표가 $(1, -2)$인 삼각형 ABC에서 변 BC의 중점 M의 좌표가 $(-2, 4)$일 때, 삼각형 ABC의 무게중심의 좌표를 구하시오.

11

좌표평면 위의 세 점 $A(2, 4)$, $B(-2, 6)$, $C(6, 8)$이 꼭짓점인 삼각형 ABC가 있다. 변 AB의 중점을 P, 변 BC의 중점을 Q, 변 CA의 중점을 R이라 하자. 삼각형 PQR의 무게중심의 좌표를 (a, b)라 할 때, $a+b$의 값을 구하시오.

12

세 점 $A(2, 2)$, $B(0, 3)$, $C(4, 4)$에 대하여 $\overline{PA}^2+\overline{PB}^2+\overline{PC}^2$의 값이 최소일 때, 점 P의 좌표는?

① $(1, 2)$ ② $(1, 3)$ ③ $(2, 2)$
④ $(2, 3)$ ⑤ $(3, 1)$

유형 4 평행 또는 수직인 직선

13

직선 $2x+y+3=0$과 평행하고, 점 $(4, -5)$를 지나는 직선이 점 $(-1, k)$를 지날 때, k의 값을 구하시오.

14

두 직선 $x+3y=-6$, $2x-y=-5$의 교점을 지나고 직선 $3x+2y=1$에 수직인 직선의 y절편은?

① -1 ② $-\frac{1}{2}$ ③ $\frac{1}{2}$
④ 1 ⑤ $\frac{3}{2}$

15

점 $(1, 1)$에서 직선 $y=2x+1$에 내린 수선의 발의 좌표는?

① $\left(\frac{1}{2}, 3\right)$ ② $\left(\frac{1}{3}, \frac{5}{3}\right)$ ③ $\left(\frac{1}{5}, \frac{7}{5}\right)$
④ $\left(-\frac{1}{3}, \frac{1}{3}\right)$ ⑤ $\left(-\frac{3}{4}, -\frac{1}{2}\right)$

16

좌표평면 위의 서로 다른 세 점

$A(-2k-1, 5)$, $B(k, -k-10)$, $C(2k+5, k-1)$

이 일직선 위에 있을 때, k의 값의 곱을 구하시오.

정답 및 풀이 6쪽

17

좌표평면에서 세 직선

$x+2y-3=0$, $3x-y-2=0$, $ax-4y=0$

이 삼각형을 이루지 않을 때, 실수 a의 값의 합을 구하시오.

18

세 직선

$2x+3y-5=0$, $x-2y+1=0$, $m(x+1)+y=0$

으로 둘러싸인 삼각형이 직각삼각형일 때, m의 값을 모두 구하시오.

유형 5 정점을 지나는 직선

19

직선 $y=mx+m-1$이 두 점 $A(0, 2)$, $B(2, 1)$을 잇는 선분과 만날 때, $a \le m \le b$이다. ab의 값은?

① -2　② -1　③ 1
④ 2　⑤ 3

20

직선 $(1+k)x-2y-2k=0$이 제4사분면을 지나지 않을 때, 실수 k의 값의 범위는?

① $k \le -1$　② $k \ge -1$
③ $-1 \le k \le 0$　④ $k \ge 0$
⑤ $k \le -1$ 또는 $k \ge 0$

21

직선 $(k+1)x-(k-2)y-3=0$에 대하여 **보기**에서 옳은 것만을 있는 대로 고른 것은?

보기

ㄱ. $k=-1$이면 점 $(1, 0)$을 지난다.
ㄴ. $k=2$이면 y축에 평행하다.
ㄷ. k의 값에 관계없이 점 $(1, 1)$을 지난다.

① ㄷ　② ㄱ, ㄴ　③ ㄱ, ㄷ
④ ㄴ, ㄷ　⑤ ㄱ, ㄴ, ㄷ

유형 6 직선과 도형의 넓이

22

좌표평면 위에 세 점 $O(0, 0)$, $A(2, 4)$, $B(6, 2)$가 있다. 직선 $y=mx-2m+4$가 삼각형 OAB의 넓이를 이등분할 때, m의 값은?

① -1　② -3　③ -5
④ -6　⑤ -9

23

좌표평면 위에 세 점 $A(4, 2)$, $B(0, -2)$, $C(4, 0)$이 있다. 직선 $x=k$가 삼각형 ABC의 넓이를 이등분할 때, k의 값을 구하시오.

24

좌표평면 위에 점 $A(5, 0)$, $B(5, 1)$, $C(3, 1)$, $D(3, 3)$, $E(0, 3)$이 있다. 원점 O를 지나는 직선 l이 도형 OABCDE의 넓이를 이등분할 때, 직선 l의 기울기를 구하시오.

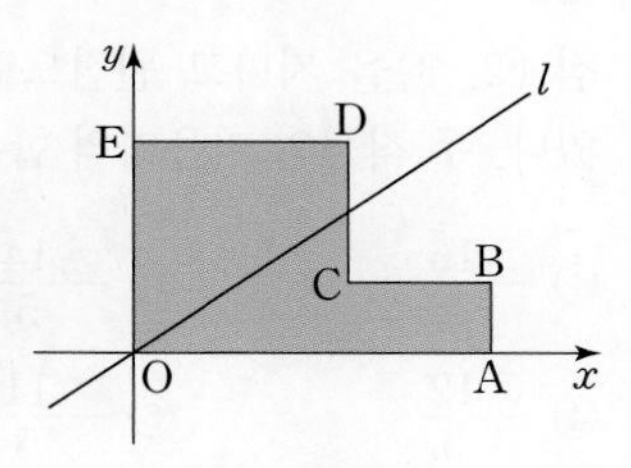

STEP A 시험에 꼭 나오는 문제

정답 및 풀이 9쪽

25

좌표평면 위에 세 점 A(1, 1), B(4, 2), C(3, 4)와 직선 AB 위의 점 P가 있다. 삼각형 APC의 넓이가 삼각형 ABC의 넓이의 3배일 때, P의 좌표를 모두 구하시오.

26

좌표평면 위에 네 점 O(0, 0), A(5, 3), B(2, 1), C(3, 0)이 있다. 점 D가 선분 OC 위에 있고, 삼각형 ABC의 넓이와 삼각형 ADC의 넓이가 같을 때, 직선 AD의 기울기는?

① $\frac{5}{7}$ ② $\frac{3}{4}$ ③ $\frac{7}{9}$
④ $\frac{4}{5}$ ⑤ $\frac{9}{11}$

유형 7 점과 직선 사이의 거리

27

두 직선 $x+2y=5$, $y=2x-2$에서 같은 거리에 있는 y축 위의 점의 좌표를 모두 구하시오.

28

점 (2, 3)을 지나고 원점으로부터의 거리가 3인 직선은 2개 있다. 두 직선의 기울기의 합은?

① $-\frac{16}{5}$ ② $-\frac{14}{5}$ ③ $-\frac{13}{5}$
④ $-\frac{12}{5}$ ⑤ $-\frac{11}{5}$

29

좌표평면 위에 세 점 O(0, 0), A(5, 0), B(3, a)가 있다. 삼각형 OAB의 내심이 직선 $y=\frac{1}{2}x$ 위에 있을 때, a의 값을 구하시오.

30

a, b가 실수이고 $a^2+b^2=9$일 때, 두 직선

$ax+by=-6$, $ax+by=3$

사이의 거리는?

① 3 ② 6 ③ 9
④ 12 ⑤ 15

31

점 A(2, 3)과 직선 $y=mx+2$ 위의 두 점 B, C가 있다. 삼각형 ABC가 정삼각형이고, 변 BC의 중점이 y축 위에 있을 때, C의 좌표를 구하시오. (단, C의 x좌표가 양수이다.)

32

좌표평면 위에 점 A(5, 0)이 있다. A와 원점 O에서 직선 $3x+4y-30=0$에 내린 수선의 발을 각각 B, C라 할 때, 사다리꼴 OABC의 넓이를 구하시오.

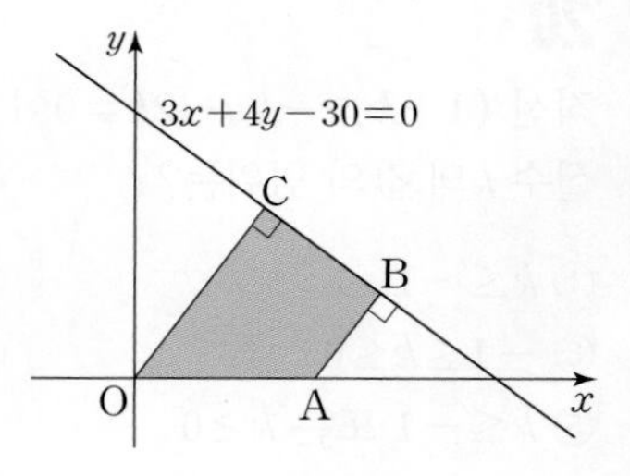

1등급 도전 문제

정답 및 풀이 11쪽

01

좌표평면 위에 세 점 $A(2,\ -2)$, $B(4,\ 2)$, $C(a,\ 0)$이 있다. 삼각형 ABC가 이등변삼각형일 때, a의 값의 합은?

① 12　② 13　③ 14　④ 15　⑤ 16

02

세 점 $A(3,\ 5)$, $B(7,\ 10)$, $C(a,\ b)$에 대하여

$$\sqrt{(a-7)^2+(b-10)^2}+\sqrt{(a-3)^2+(b-5)^2}$$

의 최솟값은?

① $\sqrt{29}$　② $\sqrt{33}$　③ $\sqrt{37}$　④ $\sqrt{41}$　⑤ $\sqrt{43}$

03

좌표평면 위에 점 $A(3,\ 2)$, B, C가 있다. 삼각형 ABC의 외심 $(0,\ 1)$이 변 BC 위에 있을 때, $\overline{AB}^2+\overline{AC}^2$의 값은?

① 40　② 44　③ 48　④ 52　⑤ 56

04

두 점 $A(-2,\ 5)$, $B(6,\ -3)$을 잇는 선분 AB를 $t:(1-t)$로 내분하는 점이 제1사분면 위에 있을 때, t의 값의 범위는? (단, $0<t<1$)

① $\frac{1}{8}<t<\frac{1}{4}$　② $\frac{1}{4}<t<\frac{5}{8}$　③ $\frac{3}{8}<t<\frac{3}{4}$　④ $\frac{1}{2}<t<\frac{7}{8}$　⑤ $\frac{5}{8}<t<1$

05 집중 연습

좌표평면 위에 점 $A(5,\ 2)$와 직선 $l:2x+3y+5=0$이 있다. 점 P가 직선 l 위를 움직일 때, 선분 AP를 $2:1$로 내분하는 점 Q가 움직이는 도형의 방정식을 구하시오.

06 서술형

좌표평면 위의 세 점 $P(3,\ 7)$, $Q(1,\ 1)$, $R(9,\ 3)$으로부터 같은 거리에 있는 직선 l이 두 선분 PQ, PR과 만나는 점을 각각 A, B라 하고, 선분 QR의 중점을 C라 하자.
삼각형 ABC의 무게중심의 좌표를 구하시오.

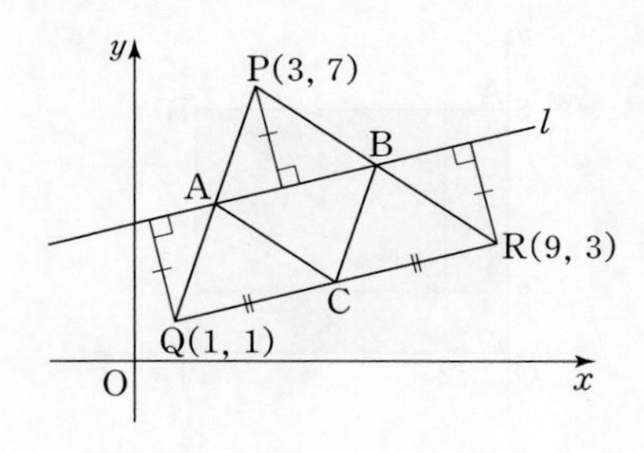

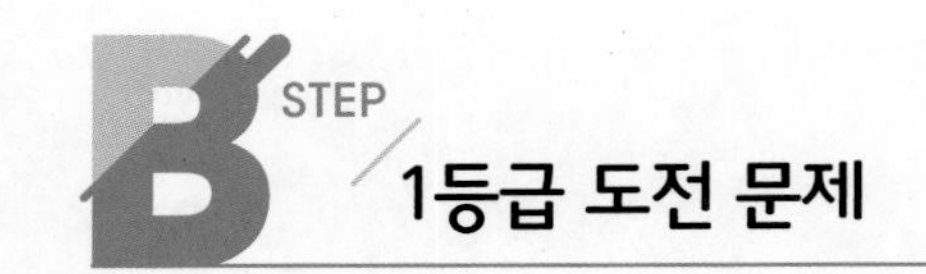

07

좌표평면 위에 세 점 A$(1,\ 0)$, B, C가 있다.
선분 AB의 중점을 D, 선분 AC의 중점을 E라 할 때, 삼각형 ADE의 무게중심의 좌표가 $(4,\ -2)$이다.
직선 BE와 직선 CD의 교점의 좌표를 구하시오.

08

좌표평면 위에 마름모 ABCD가 있다. A$(1,\ 3)$, C$(5,\ 1)$이고, 두 점 B, D를 지나는 직선 l의 방정식이 $2x+ay+b=0$일 때, ab의 값은?

① 3　② 4　③ 5
④ 6　⑤ 7

09 집중 연습

좌표평면 위에 네 점 O$(0,\ 0)$, A$(0,\ 8)$, B$(10,\ 8)$, C$(10,\ 0)$이 있다. 직사각형 OABC를 그림과 같이 두 부분 P, Q로 나눌 때, P와 Q의 넓이를 동시에 이등분하는 직선의 방정식을 구하시오.

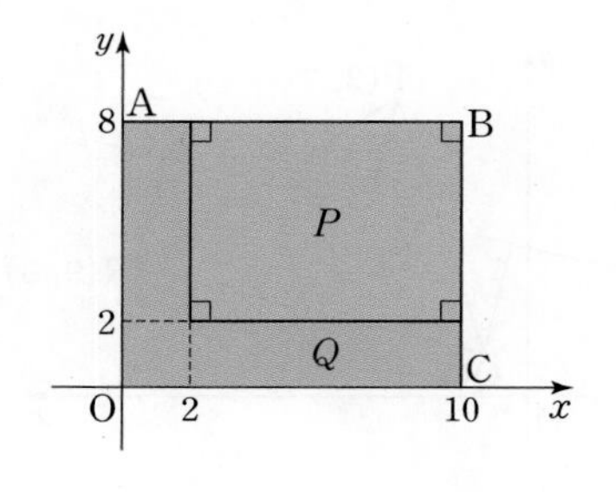

10

두 직선 $y=ax$, $y=bx$ $(a>b)$가
직선 $\frac{x}{6}+\frac{y}{15}=1$과 x축 및 y축으로 둘러싸인 부분의 넓이를 삼등분할 때, $\frac{a}{b}$의 값을 구하시오.

11

좌표평면 위의 네 점 O$(0,\ 0)$, A$(k,\ 0)$, B$(k,\ 3)$, C$(0,\ 3)$을 꼭짓점으로 하는 사각형 OABC에 대하여 기울기가 3인 두 직선 l, m이 그림과 같이 사각형 OABC의 넓이를 삼등분한다. l이 변 OA와 만나는 점을 P, m이 변 BC와 만나는 점을 Q라 하면 직선 PQ의 기울기가 $\frac{3}{4}$이다. 직선 l의 방정식을 구하시오.
(단, $k>6$)

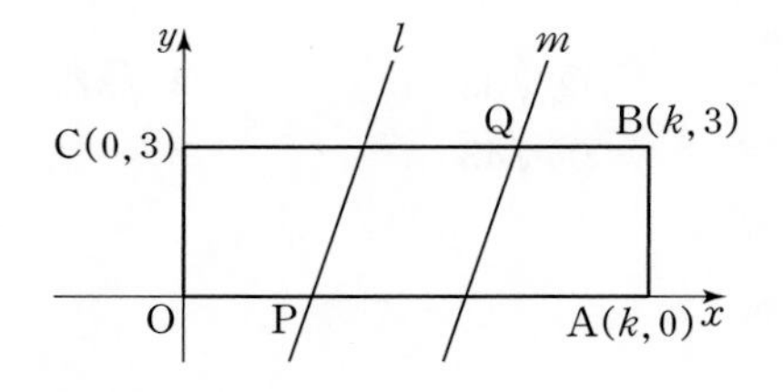

12

좌표평면 위에 세 점 A$(6,\ 3)$, B$(2,\ 1)$, C$(3,\ 0)$이 있다.
선분 AB와 선분 BC는 그림의 직사각형을 두 부분으로 나누는 경계선이다. 두 부분의 넓이가 변하지 않게 점 A를 지나는 직선으로 경계를 바꿀 때, 이 직선의 기울기를 구하시오.

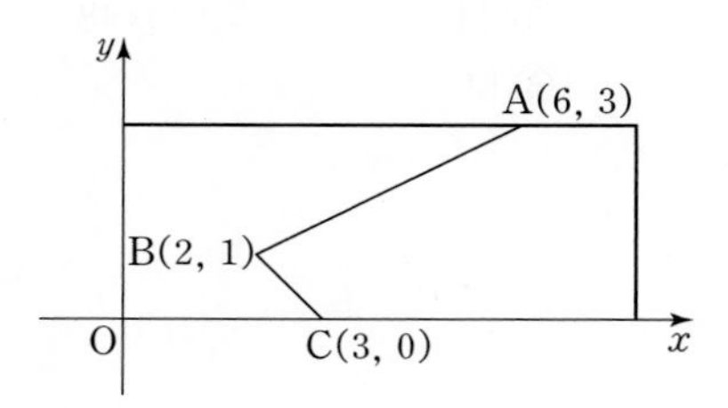

정답 및 풀이 13쪽

13 집중 연습

좌표평면 위에 두 점 A(5, 0), B(12, 6)이 있다. 변 OB와 수직인 직선이 두 변 OB, AB와 만나는 점을 각각 P, Q라 하자. 삼각형 BPQ의 넓이가 삼각형 OAB의 넓이의 $\frac{1}{6}$일 때, P의 좌표를 구하시오. (단, O는 원점)

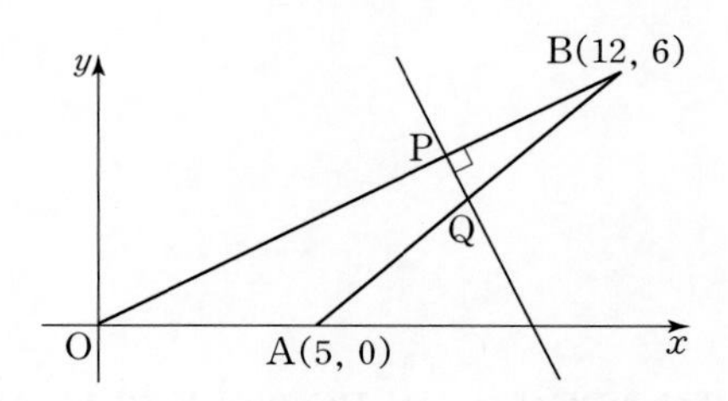

14

그림과 같이 좌표평면 위에 $\overline{OA}=3$, $\overline{OC}=4$인 직사각형 모양의 종이 OABC를 두고 점 C가 변 OA를 1 : 2로 내분하는 점과 겹치게 선분 DE를 접는 선으로 하여 접었다.
점 E의 좌표를 구하시오.

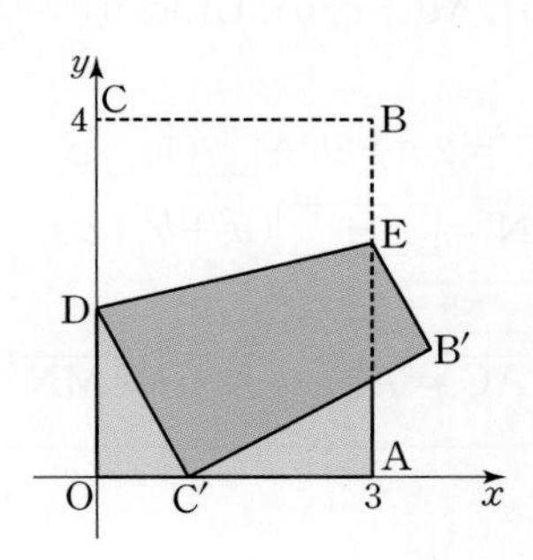

15 서술형

서로 다른 세 직선

$$3x+y-1=0,\ x+5y+9=0,\ ax+(a^2+3)y+7=0$$

이 좌표평면을 여섯 부분으로 나눌 때, 실수 a의 값의 곱을 구하시오.

16

a, b가 실수이고, 네 직선

$$x+ay+1=0,\ x-(b-2)y-1=0,$$
$$2x+by+2=0,\ 2x+by-2=0$$

의 교점이 꼭짓점인 사각형이 직사각형일 때, a^2+b^2의 값은?

① 2 ② 4 ③ 6
④ 8 ⑤ 10

17

두 직선 $3x+y+3=0$, $3mx+y-9m-2=0$이 제3사분면에서 만날 때, $\alpha<m<\beta$이다. $\alpha\beta$의 값은?

① $\frac{5}{54}$ ② $\frac{7}{54}$ ③ $\frac{1}{6}$
④ $\frac{5}{6}$ ⑤ $\frac{7}{6}$

18

m이 실수일 때, 점 A(4, 3)과 직선 $mx-y+2m=0$ 사이의 거리의 최댓값은?

① $2\sqrt{10}$ ② $\sqrt{42}$ ③ $2\sqrt{11}$
④ $3\sqrt{5}$ ⑤ $4\sqrt{3}$

1등급 도전 문제

정답 및 풀이 16쪽

19

좌표평면 위에 네 점 O(0, 0), A(6, −1), B(4, 6), C(1, 4)를 꼭짓점으로 하는 사각형 OABC의 내부에 점 P가 있다. $\overline{PO}+\overline{PA}+\overline{PB}+\overline{PC}$가 최소가 되는 P의 좌표를 구하시오.

20

좌표평면 위에 세 점 A(3, 1), B(1, −3), C(4, 0)이 있다. 삼각형 ABC의 외심과 직선 $3x-4y+10=0$ 사이의 거리를 구하시오.

21 서술형

세 직선

l: $4x-3y+21=0$

m: $y+5=0$

n: $3x+4y-28=0$

으로 둘러싸인 삼각형의 내심의 좌표를 구하시오.

22 서술형

x, y에 대한 방정식

$$3x^2+2y^2-5x+5xy-4y+2=0$$

은 두 직선을 나타낸다. 이 두 직선과 x축으로 둘러싸인 부분의 넓이를 구하시오.

23

다음은 삼각형 ABC에서 선분 BC 위의 두 점 M, N에 대하여 $\overline{BM}=\overline{MN}=\overline{NC}$일 때,

$$\overline{AB}^2+\overline{AC}^2=\overline{AM}^2+\overline{AN}^2+4\overline{MN}^2$$

임을 보이는 과정이다. (가), (나), (다)에 알맞은 수를 써넣으시오.

> 직선 BC를 x축, 선분 BC의 중점을 원점으로 하는 좌표평면을 생각하자.
>
> $A(a, b)$, $N(c, 0)$ $(c>0)$
>
> 이라 하면
>
> $B(-3c, 0)$, $M(-c, 0)$, $C(3c, 0)$
>
> 이므로
>
> $\overline{AB}^2+\overline{AC}^2=2a^2+2b^2+$ (가) c^2
>
> $\overline{AM}^2+\overline{AN}^2=$ (나) $(a^2+b^2+c^2)$
>
> $4\overline{MN}^2=$ (다) c^2
>
> $\therefore \overline{AB}^2+\overline{AC}^2=\overline{AM}^2+\overline{AN}^2+4\overline{MN}^2$

24

사각형 ABCD는 $\overline{AB}=3$, $\overline{BC}=5$, $\overline{AC}=6$인 평행사변형이다. $\overline{BD}^2$의 값은?

① 30 ② 32 ③ 34 ④ 36 ⑤ 38

STEP

절대등급 완성 문제

정답 및 풀이 18쪽

01

좌표평면 위에 네 점

$A(-1, 0)$, $B(-1, -1)$, $C(0, -1)$, $D(a, a)$

가 있다. y축이 사각형 ABCD의 넓이를 이등분할 때, 양수 a의 값은?

① $\frac{-1+\sqrt{5}}{2}$ ② $\frac{\sqrt{5}}{2}$ ③ $\frac{1+\sqrt{5}}{2}$

④ $\frac{2+\sqrt{5}}{2}$ ⑤ $\sqrt{5}$

02

그림과 같이 직선 $y=x$와 곡선 $y=x^2$으로 둘러싸인 도형이 있다. 곡선 $y=x^2$ 위에 두 점 A, B를 잡고, 직선 $y=x$ 위에 두 점 C, D를 잡아 정사각형 ABCD를 그릴 때, 정사각형 ABCD의 대각선의 길이를 구하시오.

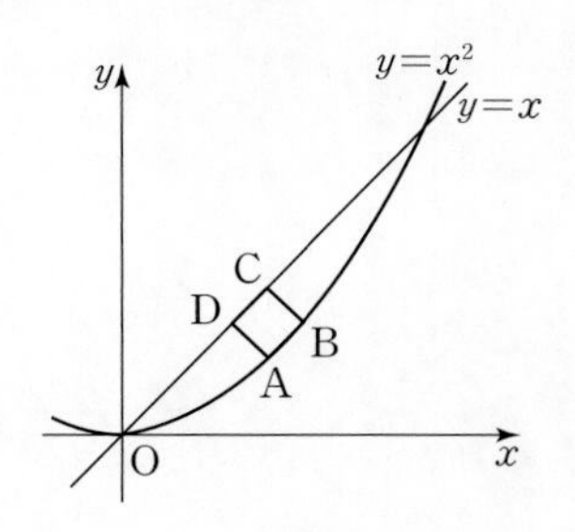

03 집중 연습

좌표평면 위에 세 점 O(0, 0), A(6, 0), B(4, 6)이 있다. 선분 OA 위의 한 점 P를 지나고 선분 OB에 평행한 직선이 선분 AB와 만나는 점을 Q, Q를 지나고 선분 OA에 평행한 직선이 선분 OB와 만나는 점을 R, R을 지나고 선분 AB에 평행한 직선이 선분 OA와 만나는 점을 S라 하자.

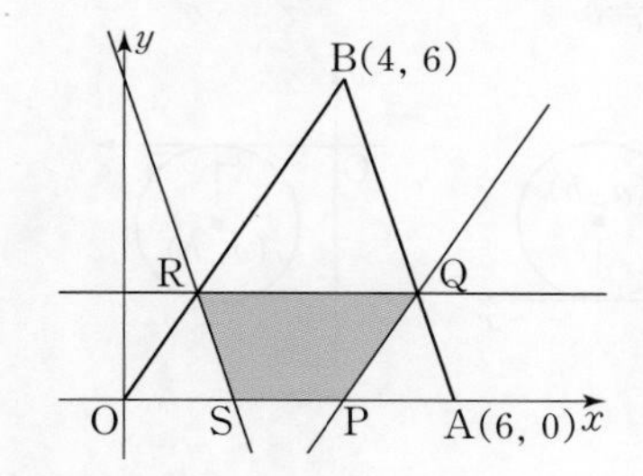

S의 x좌표가 P의 x좌표보다 작을 때, 사각형 PQRS의 넓이의 최댓값을 구하시오.

04 집중 연습

좌표평면 위에 세 점 A(1, 0), B(4, 0), C(5, 0)과 기울기가 양수인 세 직선 l, m, n이 있다. l은 A를 지나는 직선이고, m, n은 서로 평행하고 각각 B, C를 지나는 직선이다. 또, l과 m이 만나는 점을 D, l과 n이 만나는 점을 E라 하면 $\overline{BD}=\overline{ED}$이다. 삼각형 ABD의 넓이가 최대일 때, D의 좌표를 구하시오.

02 원의 방정식

1 원의 방정식

중심의 좌표가 $(a,\ b)$이고 반지름의 길이가 r인 원의 방정식은

$$(x-a)^2+(y-b)^2=r^2$$

◆ 왼쪽 식을 전개하면 $x^2+y^2+Ax+By+C=0$ 꼴로 나타낼 수 있다. 세 점을 지나는 원의 방정식을 구할 때는 이 꼴을 이용한다.

2 축에 접하는 원의 방정식

원 $(x-a)^2+(y-b)^2=r^2$이 x축 또는 y축에 접하는 경우를 정리하면 다음과 같다.

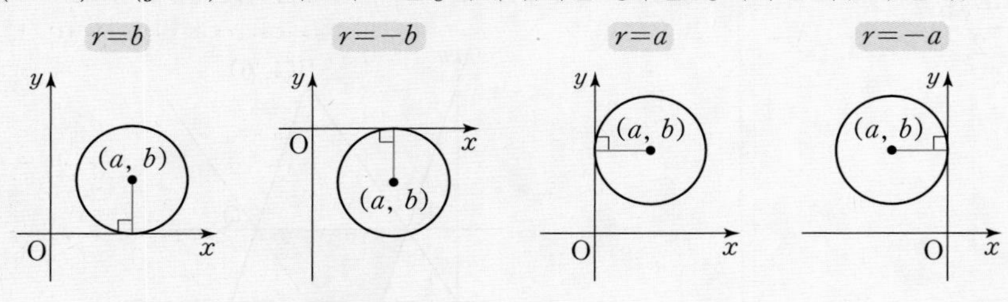

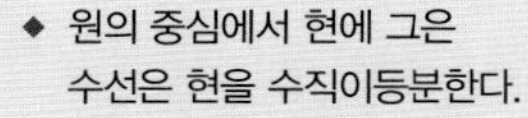

◆ 원의 중심에서 현에 그은 수선은 현을 수직이등분한다.

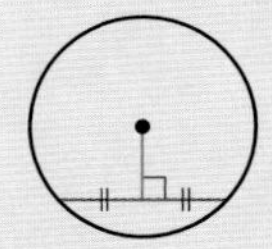

3 원과 직선

(1) 원의 중심과 직선 사이의 거리를 d, 원의 반지름의 길이를 r이라 할 때, 원과 직선의 위치 관계는

$d<r$ ⇨ 두 점에서 만난다.

$d=r$ ⇨ 한 점에서 만난다.(접한다.)

$d>r$ ⇨ 만나지 않는다.

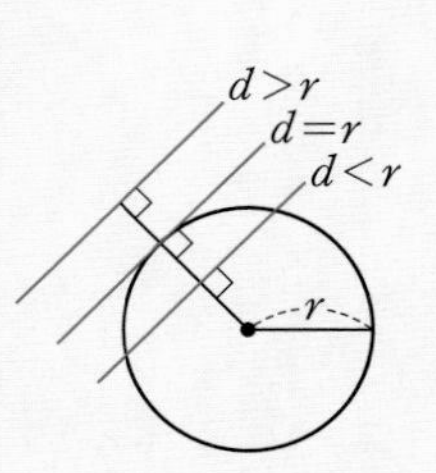

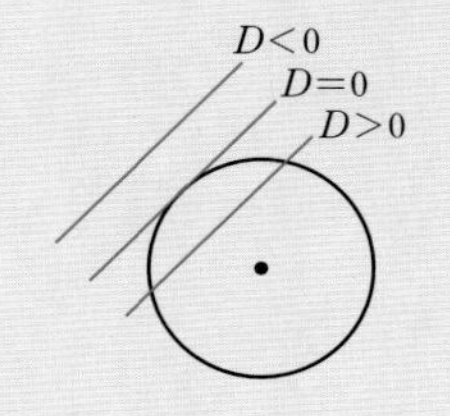

(2) 원의 방정식 $f(x,\ y)=0$과 직선의 방정식 $y=mx+n$에서 y를 소거한 이차방정식 $f(x,\ mx+n)=0$의 실근이 원과 직선이 만나는 점의 x좌표이다.

4 원의 접선의 방정식

(1) 원 $f(x,\ y)=0$과 직선 $y=mx+n$이 접하면

두 식에서 y를 소거한 방정식 $f(x,\ mx+n)=0$은 중근을 가진다.

이를 이용하여 접선의 방정식을 구한다.

(2) 접선 l이 원 O와 점 A에서 접하면

l은 반지름 OA에 수직이다.

이를 이용하여 접선을 구해도 된다.

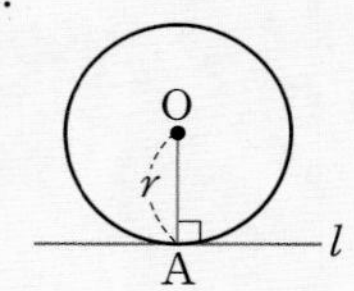

(3) 접선 공식

① 원 $x^2+y^2=r^2$에 접하고 기울기가 m인 접선의 방정식은 $y=mx\pm r\sqrt{m^2+1}$

② 원 $x^2+y^2=r^2$ 위의 점 $(x_1,\ y_1)$에서의 접선의 방정식은 $x_1x+y_1y=r^2$

5 두 원 사이의 관계

반지름의 길이가 r_1, r_2이고 중심 사이의 거리가 d인 두 원의 위치 관계

◆ 두 원이 접한다고 하면 내접하는 경우와 외접하는 경우를 모두 생각한다.

① 외부에 있다.

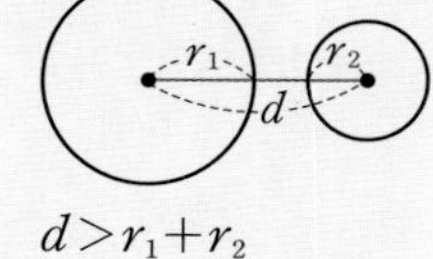

$d>r_1+r_2$

② 외접한다.

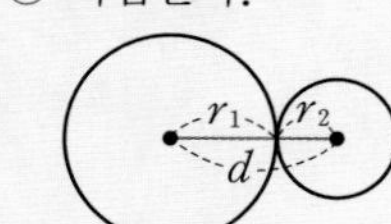

$d=r_1+r_2$

③ 두 점에서 만난다.

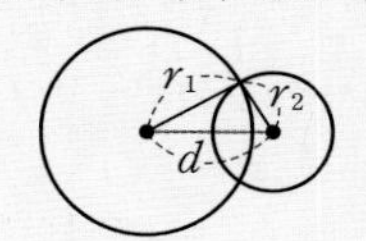

$|r_1-r_2|<d<r_1+r_2$

④ 내접한다.

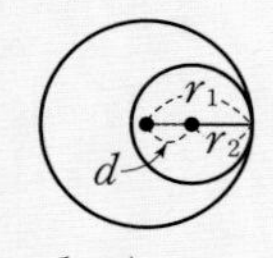

$d=|r_1-r_2|$

⑤ 내부에 있다.

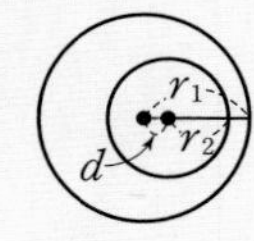

$d<|r_1-r_2|$

시험에 꼭 나오는 문제

Time attack 1분

정답 및 풀이 20쪽

유형 1 원의 방정식

01

x, y에 대한 방정식 $x^2+y^2-2x+4y+2k=0$이 원을 나타낼 때, 자연수 k의 개수는?

① 1 ② 2 ③ 3
④ 4 ⑤ 5

02

원 $x^2+y^2+2ax-8y+4a-9=0$의 넓이의 최솟값은?

① 15π ② 17π ③ 19π
④ 21π ⑤ 23π

03

두 점 $\mathrm{A}(-2,\ -4)$, $\mathrm{B}(6,\ 2)$를 지름의 양 끝 점으로 하는 원의 중심의 좌표를 $(a,\ b)$, 반지름의 길이를 r이라 할 때, $a+b+r$의 값은?

① 5 ② 6 ③ 7
④ 8 ⑤ 9

04

그림과 같이 좌표평면 위에 두 점 $\mathrm{A}(0,\ 4)$, $\mathrm{B}(6,\ 6)$이 있다. x축 위의 점 P가 원점 O와 두 점 A, B를 지나는 원 위에 있을 때, P의 좌표를 구하시오. (단, P의 x좌표는 0보다 크다.)

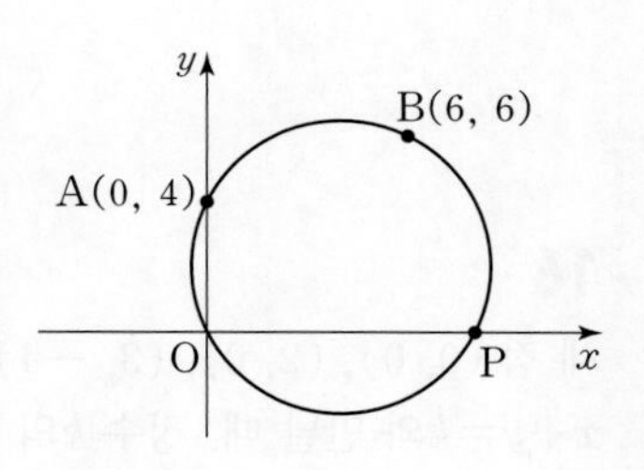

05

원 $x^2+y^2-2x-4y=0$의 넓이를 두 직선 $y=ax$, $y=bx+c$가 4등분할 때, abc의 값은?

① -3 ② $-\frac{5}{2}$ ③ -2
④ $-\frac{3}{2}$ ⑤ -1

유형 2 축에 접하는 원의 방정식

06

원 $(x-a)^2+(y-a^2+1)^2=4a^2$이 x축에 접할 때, 양수 a의 값을 모두 구하시오.

07

중심이 직선 $y=x-1$ 위에 있고 y축에 접하며 점 $(3,\ -1)$을 지나는 원의 반지름의 길이는?

① 2 ② 3 ③ 4
④ 5 ⑤ 6

08

점 $(2,\ -1)$을 지나고 x축과 y축에 동시에 접하는 원은 두 개이다. 두 원의 중심 사이의 거리는?

① $\sqrt{2}$ ② 2 ③ $2\sqrt{2}$
④ $3\sqrt{2}$ ⑤ $4\sqrt{2}$

STEP A 시험에 꼭 나오는 문제

유형 3 두 원 사이의 관계

09

두 원 $x^2+y^2=18$, $(x-2)^2+(y-2)^2=r^2$이 접할 때, 양수 r의 값의 합은?

① $3\sqrt{2}$ ② $4\sqrt{2}$ ③ $5\sqrt{2}$
④ $6\sqrt{2}$ ⑤ $7\sqrt{2}$

10

두 원 $x^2+y^2=16$, $(x-a)^2+(y-b)^2=1$이 외접할 때, 점 (a, b)가 그리는 도형의 길이는?

① 10π ② 12π ③ 14π
④ 16π ⑤ 18π

11

원 $(x-3)^2+(y-2)^2=1$과 외접하고 x축, y축에 동시에 접하는 원은 두 개 있다. 두 원의 반지름의 길이의 합을 구하시오.

12

두 원

$$(x-2)^2+y^2=8,\ (x-a)^2+(y-a)^2=28$$

이 두 점 P, Q에서 만난다. 선분 PQ의 길이가 최대일 때, a의 값을 모두 구하시오.

13

두 원

$$x^2+y^2-6y+4=0,\ x^2+y^2+ax-4y+2=0$$

의 교점과 원점을 지나는 원의 넓이가 10π일 때, 양수 a의 값은?

① 2 ② 3 ③ 4
④ 5 ⑤ 6

유형 4 원과 직선

14

좌표평면 위의 제1사분면에 점 A가 있다. 선분 OA를 지름으로 하는 원 C가 있다. 점 P(2, 3)이 원 C 위의 점일 때, 직선 AP의 방정식을 구하시오. (단, O는 원점)

15

원 $x^2+y^2-4x-2y=a-3$이 x축과 만나고, y축과 만나지 않을 때, 실수 a의 값의 범위는?

① $a>-2$ ② $a\geq-1$ ③ $-1\leq a<2$
④ $-2<a\leq2$ ⑤ $-2\leq a<3$

16

세 점 (0, 0), (2, 0), (3, −1)을 지나는 원이 직선 $x+y=k$와 만날 때, 정수 k의 개수를 구하시오.

정답 및 풀이 21쪽

17

원 $(x-1)^2+(y-a)^2=21$과 직선 $ax+2y=0$이 두 점 P, Q에서 만난다. 선분 PQ의 길이가 8일 때, 양수 a의 값은?

① $\sqrt{2}$ ② $\sqrt{3}$ ③ 2
④ $\sqrt{5}$ ⑤ $\sqrt{6}$

18

그림과 같이 원 $(x-5)^2+(y-2)^2=20$과 직선 $y=mx$가 두 점 A, B에서 만난다. 원의 중심을 C라 하면 두 직선 CA와 CB가 서로 수직이다. m의 값의 합을 구하시오.

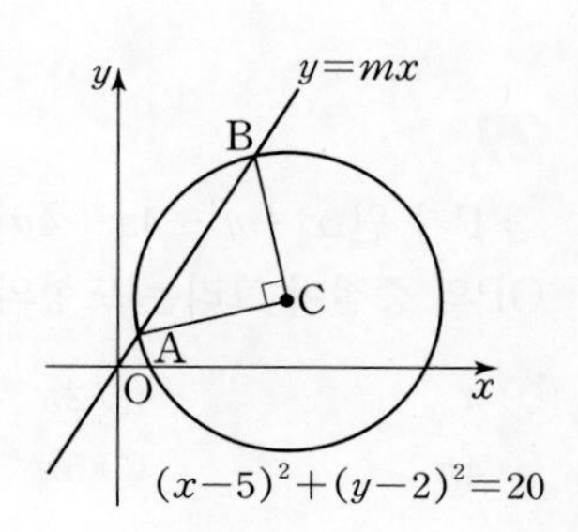

19

점 P$(-1,\ 2)$를 지나고, 원 $x^2+y^2=9$와 만나서 생기는 현의 길이가 $3\sqrt{2}$인 두 직선이 있다. 두 직선의 기울기의 합은?

① $\frac{2}{7}$ ② $\frac{4}{7}$ ③ $\frac{8}{7}$
④ $\frac{10}{7}$ ⑤ $\frac{12}{7}$

유형 5 원의 접선

20

좌표평면 위에 두 점 A$(1,\ -1)$, B$(4,\ 8)$이 있다. 중심이 선분 AB를 $2:1$로 내분하는 점이고, 직선 $3x-4y-9=0$에 접하는 원의 반지름의 길이를 구하시오.

21

원 $x^2+y^2-2x-4y=0$ 위의 점 A$(2,\ 4)$에서 접하는 직선의 방정식이 $y=px+q$일 때, $p+q$의 값은?

① $\frac{7}{2}$ ② $\frac{9}{2}$ ③ 5
④ $\frac{11}{2}$ ⑤ 6

22

좌표평면에서 원 C는 중심이 직선 $y=\frac{1}{2}x$ 위에 있고 직선 $y=\frac{4}{3}x$에 접한다. 원 C가 점 $(4,\ 0)$을 지날 때, C의 반지름의 길이를 구하시오.

23

그림과 같이 마름모의 모든 변에 접하는 원의 둘레의 길이는?

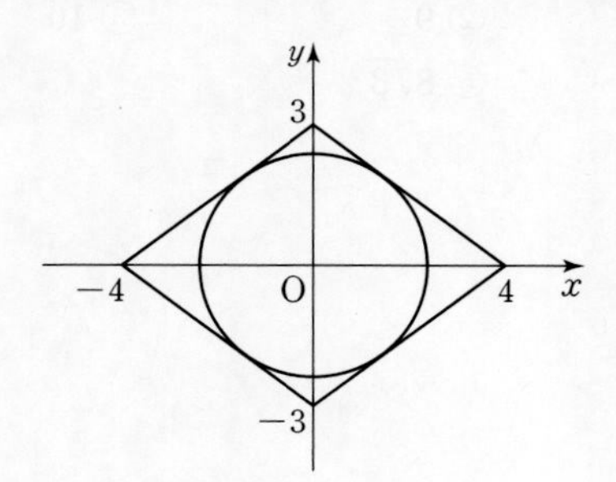

① $\frac{19}{5}\pi$ ② $\frac{21}{5}\pi$ ③ $\frac{22}{5}\pi$
④ $\frac{23}{5}\pi$ ⑤ $\frac{24}{5}\pi$

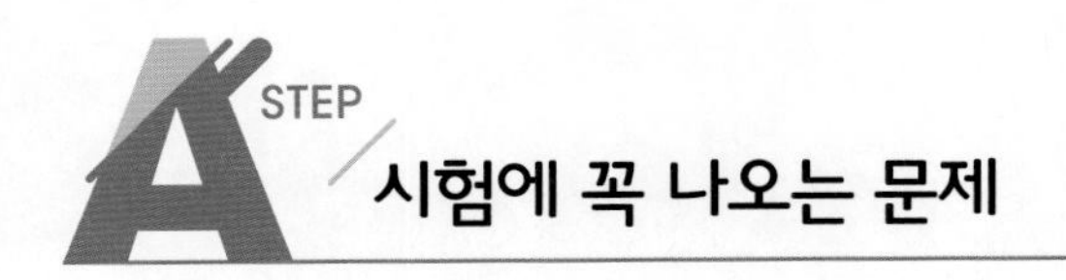

시험에 꼭 나오는 문제

정답 및 풀이 25쪽

24

점 P가 원 $(x-2)^2+(y-3)^2=5$ 위를 움직인다.
점 A(5, -1)과 P를 지나는 직선의 기울기의 최댓값과 최솟값을 구하시오.

25

원 $(x-2)^2+(y+1)^2=r^2$ 밖의 한 점 A(2, 3)에서 이 원에 그은 두 접선이 수직일 때, 양수 r의 값은?

① $\sqrt{2}$ ② 2 ③ $2\sqrt{2}$
④ 3 ⑤ $2\sqrt{3}$

유형 6 원과 점 사이의 거리

26

점 P(a, b)가 원 $(x+1)^2+(y+2)^2=4$ 위를 움직일 때, $\sqrt{(a-5)^2+(b-6)^2}$의 최솟값은?

① 8 ② 9 ③ 10
④ $8\sqrt{2}$ ⑤ $8\sqrt{3}$

27

점 A(1, 4)와 원 $x^2+y^2-8x+12=0$ 위의 점 P에 대하여 선분 AP의 길이가 정수가 되는 P의 개수를 구하시오.

28

점 P는 원 $(x-4)^2+(y-1)^2=1$ 위를 움직이고, 점 Q는 직선 $y=x+1$ 위를 움직인다. 선분 PQ의 길이의 최솟값은?

① $\sqrt{5}-1$ ② $\sqrt{2}$ ③ $2\sqrt{2}-1$
④ 3 ⑤ 5

29

점 P가 원 $x^2+y^2-4x+4y-4=0$ 위를 움직일 때, 선분 OP의 중점이 그리는 도형의 넓이는? (단, O는 원점)

① π ② 2π ③ 3π
④ 4π ⑤ 5π

유형 7 원의 활용

30

그림과 같이 5 km 떨어진 곳까지 빛을 비추는 등대가 지점 O에 있고, 지점 O에서 정서쪽으로 6 km 떨어진 지점 A에 배가 있다. 이 배가 북동쪽 45°의 방향으로 움직일 때, 배에서 등대의 불빛을 볼 수 있는 구간을 나타내는 선분 BC의 길이를 구하시오.

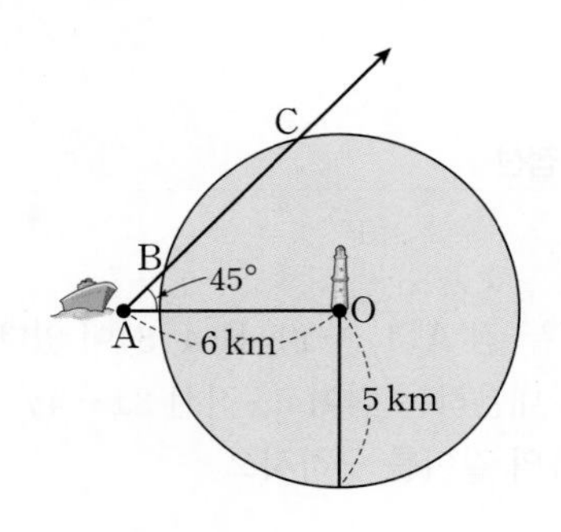

1등급 도전 문제

Time attack 3분

정답 및 풀이 27쪽

01

A 공장에서 서쪽으로 2 km 떨어진 지점에 B 공장이 있고, A 공장에서 동쪽으로 2 km, 남쪽으로 4 km 떨어진 지점에 C 공장이 있다. A, B, C 세 공장으로부터 거리가 같은 지점에 창고를 지을 때, 각 공장에서 창고까지의 거리는?
(단, 세 공장 A, B, C와 창고는 같은 평면 위에 있고, 세 공장과 창고의 크기는 무시한다.)

① $\sqrt{10}$ km ② $\sqrt{11}$ km ③ $2\sqrt{3}$ km
④ $\sqrt{13}$ km ⑤ $\sqrt{14}$ km

02

그림과 같이 한 변의 길이가 10인 정사각형 ABCD에 내접하는 원이 있다. 선분 BC를 1 : 2로 내분하는 점을 P라 하고 선분 AP가 원과 만나는 두 점을 각각 Q, R이라 할 때, 선분 QR의 길이를 구하시오.

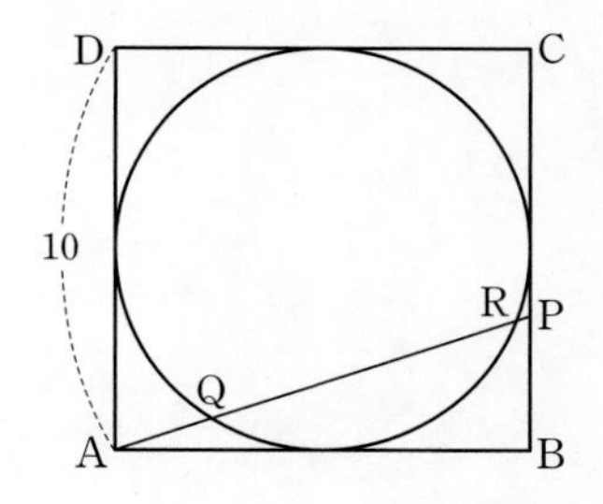

03

원 $x^2+y^2=25$와 직선 $x+2y+5=0$의 두 교점을 지나는 원 중에서 넓이가 최소인 원의 반지름의 길이는?

① $2\sqrt{2}$ ② $2\sqrt{3}$ ③ 4
④ $3\sqrt{2}$ ⑤ $2\sqrt{5}$

04 집중 연습

점 A$(5,\ 2)$에서 원 $(x+1)^2+y^2=r^2$에 그은 두 접선과 원의 교점을 각각 P, Q라 하자. 삼각형 APQ가 정삼각형일 때, 직선 PQ의 방정식을 구하시오.

05

원 $(x-2)^2+(y-4)^2=r^2$이 원 $(x-1)^2+(y-1)^2=4$의 둘레의 길이를 이등분할 때, 양수 r의 값은?

① 3 ② $2\sqrt{3}$ ③ $\sqrt{14}$
④ 4 ⑤ $\sqrt{17}$

06 서술형

두 원

$$x^2+y^2-4x-2my-16=0,\ x^2+y^2-2mx-4y-8=0$$

이 만나는 점에서의 각 원의 접선이 서로 수직일 때, m의 값을 구하시오.

07 집중 연습

직선 $y=kx$가 원 $x^2+y^2-2x-4y-5=0$과 만나는 두 점 사이의 거리를 $f(k)$라 할 때, $f(k)$의 최솟값은?

① $\sqrt{5}$ ② $2\sqrt{5}$ ③ $\sqrt{10}$
④ $2\sqrt{10}$ ⑤ 20

STEP

1등급 도전 문제

08

그림과 같이 반지름의 길이가 8인 원을 접어 접힌 호가 지름 AB 위의 점 P에서 접하도록 하였다. 원의 중심 O와 P 사이의 거리가 6일 때, O와 접힌 호 위의 점 사이의 거리의 최솟값은?

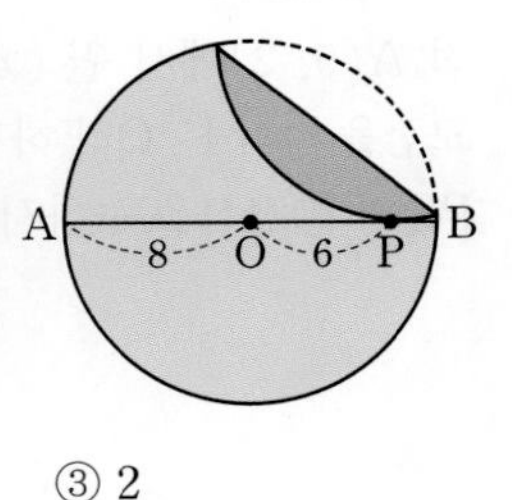

① $\sqrt{2}$ ② $\sqrt{3}$ ③ 2
④ $2\sqrt{2}$ ⑤ 3

09

그림과 같이 좌표평면 위에 원과 반원으로 이루어진 모양이 있다. 이 모양과 직선 $y=a(x-1)$의 교점이 5개일 때, a의 값의 범위를 구하시오.

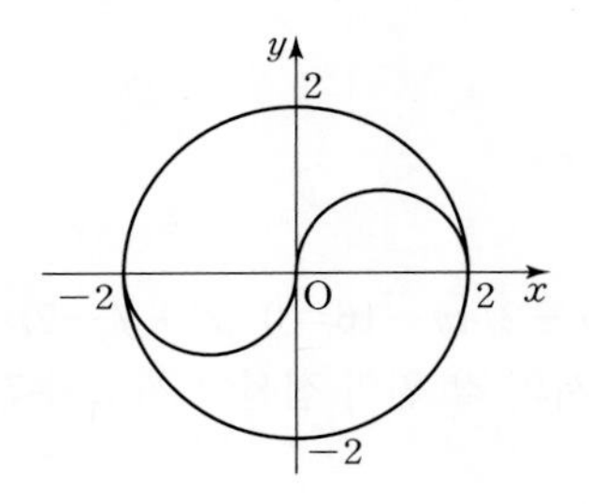

10 서술형

원 $(x-2)^2+y^2=1$ 밖의 점 $(0, k)$에서 이 원에 그은 두 접선의 기울기의 곱이 1일 때, 양수 k의 값을 구하시오.

11

점 $\mathrm{P}(a, b)$가 원 $x^2+y^2+2x+4y+2=0$ 위를 움직일 때, $\dfrac{b-3}{a-4}$의 최댓값과 최솟값의 곱은?

① -3 ② -1 ③ 1
④ 3 ⑤ 5

12

실수 x, y가 $x^2+y^2+2x+2y-2=0$을 만족시킬 때, x^2+y^2-4x의 최댓값과 최솟값을 구하시오.

13

이차함수 $y=2x^2$의 그래프와 원 $x^2+(y+1)^2=1$에 모두 접하는 직선의 방정식이 $y=ax+b$일 때, a^2+b의 값은? (단, $b<0$)

① 64 ② 66 ③ 68
④ 70 ⑤ 72

정답 및 풀이 29쪽

14

두 원 $x^2+y^2=4$, $(x-10)^2+y^2=9$에 모두 접하는 직선들의 서로 다른 x절편의 합은?

① 16 ② 10 ③ 0
④ -10 ⑤ -16

15

원 $x^2+y^2=13$ 위의 두 점 $A(-3, -2)$, $B(2, -3)$과 원 위를 움직이는 점 P가 있다. 삼각형 ABP의 넓이의 최댓값을 구하시오.

16

좌표평면에서 원 $x^2+y^2=2$ 위를 움직이는 점 A와 직선 $y=x-4$ 위를 움직이는 두 점 B, C를 연결하여 정삼각형 ABC를 만들었다. 정삼각형 ABC의 넓이의 최솟값과 최댓값의 비는?

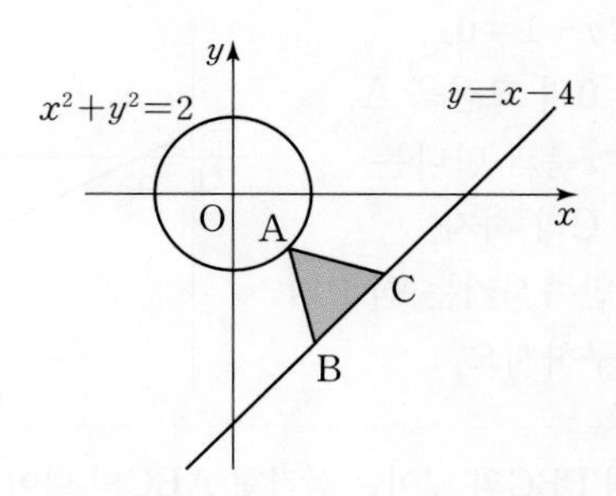

① 1 : 7 ② 1 : 8 ③ 1 : 9
④ 1 : 10 ⑤ 1 : 11

17 서술형

좌표평면 위에 두 점 $A(-\sqrt{5}, -1)$, $B(\sqrt{5}, 3)$이 있다. 직선 $y=x-2$ 위의 서로 다른 두 점 P, Q에 대하여 $\angle APB=\angle AQB=90°$일 때, 선분 PQ의 길이를 구하시오.

18 집중 연습

좌표평면 위에 점 $A(-2, 2)$, $B(6, -4)$가 있다. 점 P가 $\angle APB=45°$를 만족시키며 움직일 때, P의 x좌표의 최댓값과 최솟값을 구하시오.

19

좌표평면 위에 두 점 $A(5, 2)$, $B(3, 4)$가 있다. 점 P는 $\overline{PA}^2+\overline{PB}^2=12$를 만족시키고, 점 Q는 원 $(x+1)^2+(y-2)^2=1$ 위를 움직인다. 선분 PQ의 길이의 최댓값과 최솟값을 구하시오.

정답 및 풀이 33쪽

20

좌표평면 위에 중심이 원점이고 점 $A(3a, 4a)$ $(a>0)$를 지나는 원 C_1과 중심이 x축 위에 있는 두 원 C_2, C_3이 있다. 세 원이 다음 조건을 만족시킨다.

> (가) 원 C_2는 원 C_1의 오른쪽에서 외접한다.
> (나) 원 C_1, C_2는 원 C_3에 내접한다.
> (다) 점 A에서 원 C_2에 그은 두 접선 중 한 접선은 x축에 평행하고, 다른 접선과 원 C_3의 중심 사이의 거리는 2이다.

$8a$의 값을 구하시오.

21

점 P에서 두 원

$$(x+1)^2+(y-2)^2=8,\ (x-2)^2+(y+3)^2=4$$

에 그은 접선의 길이가 같을 때, P가 그리는 도형의 방정식을 구하시오. (단, 접선의 길이는 접점과 P 사이의 거리이다.)

22 집중 연습

원 $x^2+y^2-2x-35=0$ 위를 움직이는 점 P와 원 위의 두 점 $A(-5, 0)$, $B(7, 0)$에 대하여 삼각형 PAB의 무게중심이 그리는 도형의 길이는?

① 2π ② $\frac{5}{2}\pi$ ③ 3π
④ $\frac{7}{2}\pi$ ⑤ 4π

23

원 $(x+1)^2+y^2=25$ 밖의 한 점 P에서 원에 그은 두 접선의 접점을 Q, R이라 하자. 선분 QR의 길이가 원의 반지름의 길이와 같을 때, P가 그리는 도형의 방정식은?

① $x^2+y^2=\frac{100}{3}$ ② $x^2+(y+1)^2=25$
③ $x^2+(y+1)^2=\frac{100}{3}$ ④ $(x+1)^2+y^2=25$
⑤ $(x+1)^2+y^2=\frac{100}{3}$

24 집중 연습

좌표평면 위에 두 점 $A(-2, 2)$, $B(4, 2)$와 원 $x^2+y^2=1$ 위를 움직이는 점 P가 있다. $\overline{PA}^2+\overline{PB}^2$의 최솟값은?

① $2\sqrt{5}+40$ ② $-2\sqrt{5}+40$ ③ $4\sqrt{5}+30$
④ $-4\sqrt{5}+30$ ⑤ $5\sqrt{5}+20$

25

두 직선 $x+2y-1=0$, $2x-y-12=0$의 교점을 A, 이 두 직선이 x축과 만나는 점을 각각 B, C라 하자. 다음 조건을 만족시키는 점 P의 좌표를 모두 구하시오.

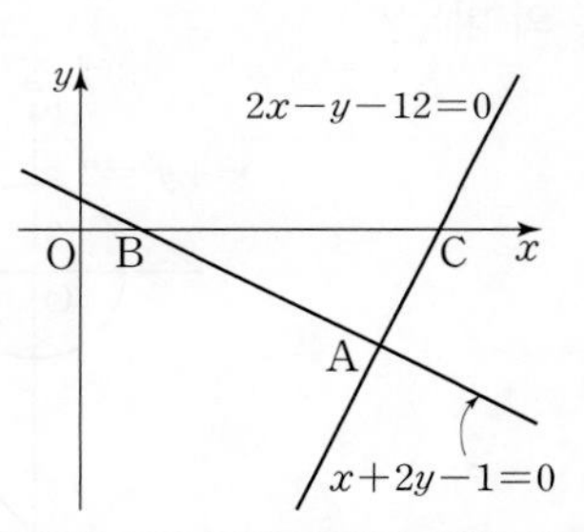

> (가) 삼각형 PBC의 넓이는 삼각형 ABC의 넓이의 3배이다.
> (나) 삼각형 PBC의 무게중심은 지름이 $\overline{BC}$인 원 위의 점이다.

절대등급 완성 문제

정답 및 풀이 35쪽

01

좌표평면 위에 점 A(0, 2), B(−2, −2), C(10, −8)이 있다. 삼각형 ABC와 원 $x^2+y^2=r^2$의 교점이 3개일 때, 양수 r의 값의 곱은?

① $\frac{12\sqrt{10}}{5}$ ② 8 ③ $\frac{24\sqrt{5}}{5}$
④ $\frac{48\sqrt{5}}{5}$ ⑤ $\frac{96}{5}$

02 집중 연습

반지름의 길이가 r이고 다음 조건을 만족시키는 원이 3개일 때, r의 값을 구하시오.

(가) 중심이 함수 $y=x^2-2x-3$의 그래프 위에 있다.
(나) 직선 $y=2x+9$에 접한다.

03 서술형

좌표평면 위에 세 점 A(6, 0), B(6, 6), C(0, 6)이 있다. 원 $x^2-2ax+y^2-4ay+5a^2-\frac{1}{2}=0$이 삼각형 ABC의 내부에 있을 때, 실수 a의 값의 범위를 구하시오.

04

양수 m, k에 대하여 함수 $f(x)$, $g(x)$를

$$f(x)=\frac{1}{2}x^2-k,\quad g(x)=mx$$

라 하고, 포물선 $y=f(x)$와 직선 $y=g(x)$가 만나는 두 점을 A, B라 하자. 지름이 선분 AB인 원 C는 포물선 $y=f(x)$의 꼭짓점 P를 지나고, A, B가 아닌 포물선 $y=f(x)$ 위의 점 Q를 지난다. 삼각형 ABP와 삼각형 ABQ의 넓이의 비가 1 : 3일 때, $f(m)g(k)$의 값을 구하시오.

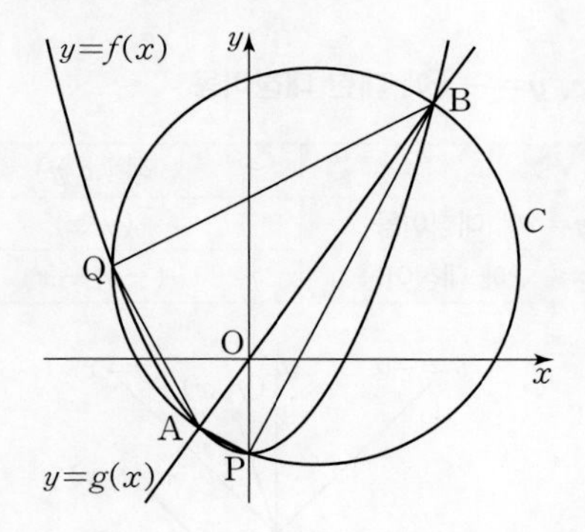

03 도형의 이동

1 평행이동

점 (x, y)와 도형 $f(x, y)=0$을 x축 방향으로 m만큼, y축 방향으로 n만큼 평행이동하면

$(x, y) \longrightarrow (x+m, y+n)$

$f(x, y)=0 \longrightarrow f(x-m, y-n)=0$ ← m, n의 부호가 바뀐다.

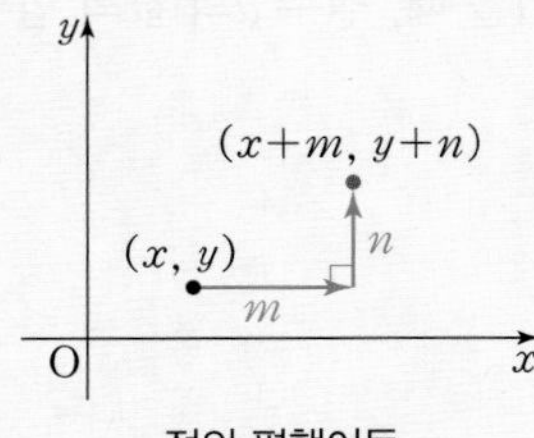

점의 평행이동

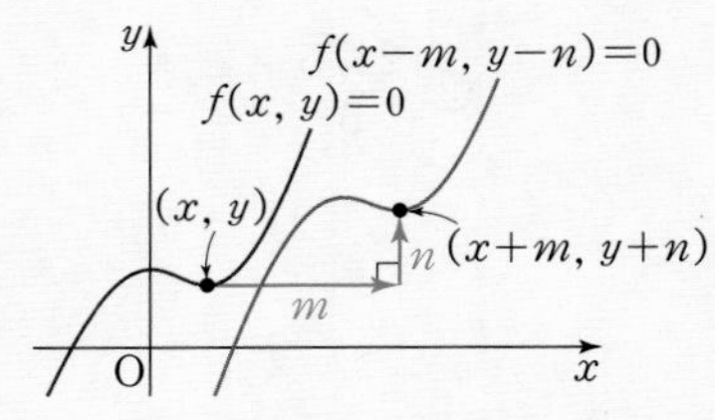

도형의 평행이동

2 축, 원점에 대한 대칭이동

	점 (x, y)	도형 $f(x, y)=0$
x축에 대칭이동	$(x, -y)$	$f(x, -y)=0$
y축에 대칭이동	$(-x, y)$	$f(-x, y)=0$
원점에 대칭이동	$(-x, -y)$	$f(-x, -y)=0$

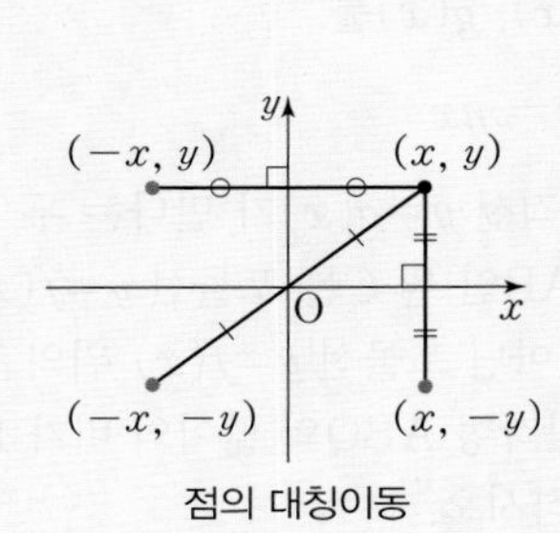

점의 대칭이동

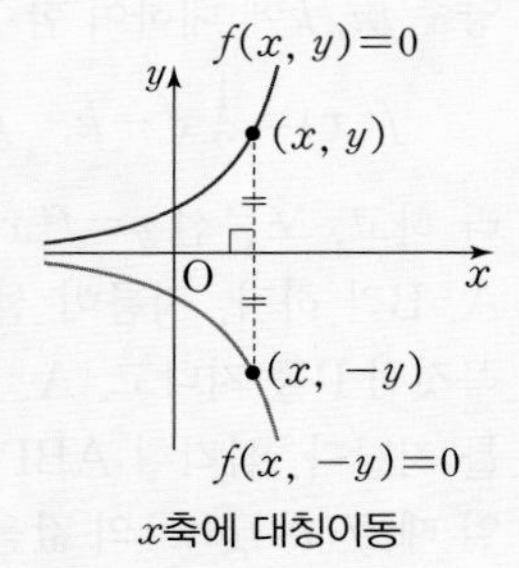

x축에 대칭이동

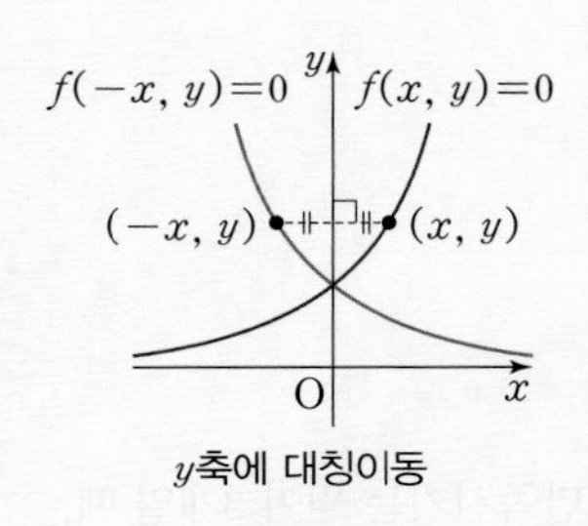

y축에 대칭이동

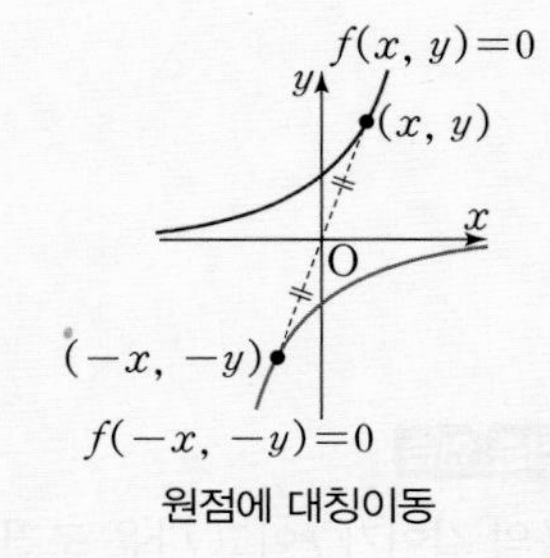

원점에 대칭이동

3 직선 $y=x$, $y=-x$에 대한 대칭이동

	점 (x, y)	도형 $f(x, y)=0$
직선 $y=x$에 대칭이동	(y, x)	$f(y, x)=0$
직선 $y=-x$에 대칭이동	$(-y, -x)$	$f(-y, -x)=0$

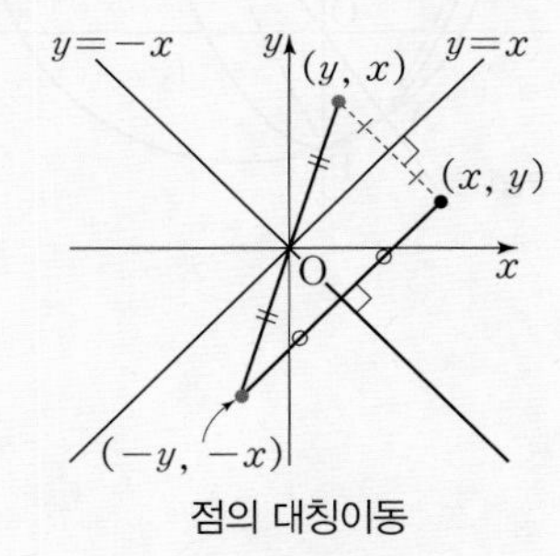

점의 대칭이동

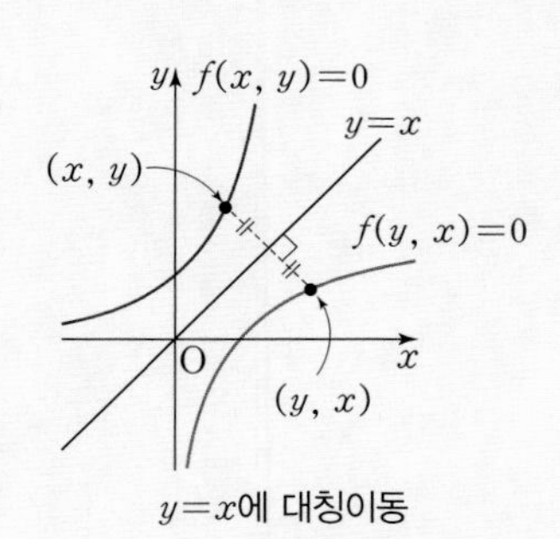

$y=x$에 대칭이동

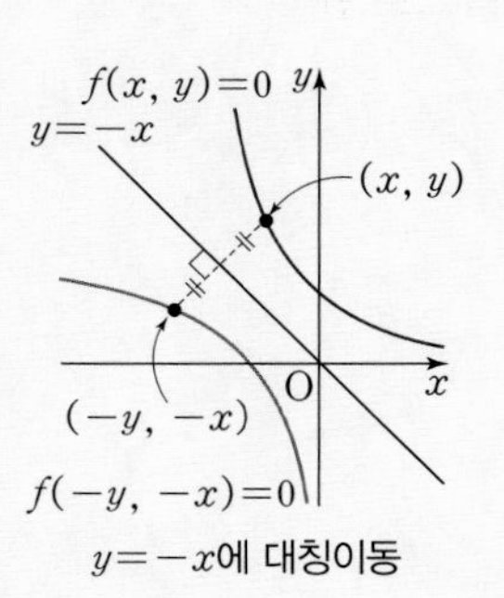

$y=-x$에 대칭이동

4 점과 직선에 대한 대칭이동

(1) 점 P를 점 A에 대칭이동한 점 P′의 좌표 ⇨ 선분 PP′의 중점이 A이다.

(2) 점 P를 직선 l에 대칭이동한 점 P′의 좌표 ⇨ (i) 직선 PP′과 직선 l은 수직이다.
(ii) 선분 PP′의 중점이 직선 l 위에 있다.

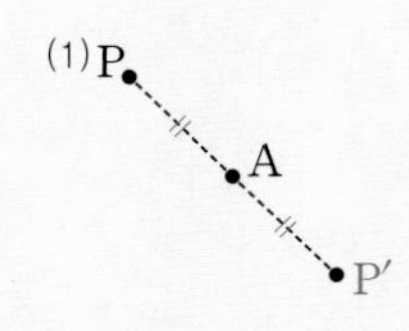

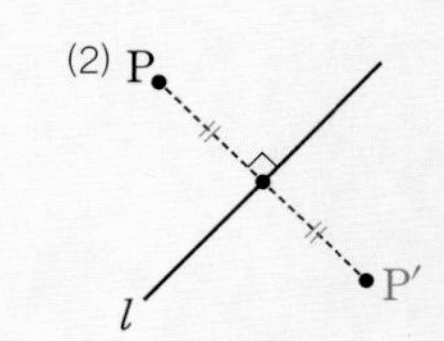

시험에 꼭 나오는 문제

Time attack 1분

정답 및 풀이 37쪽

유형 1 평행이동, 대칭이동 – 점, 직선

01

점 $(1,\ 3)$을 직선 $y=x$에 대칭이동한 다음 x축 방향으로 -3만큼, y축 방향으로 1만큼 평행이동한 점의 좌표가 $(p,\ q)$일 때, $p+q$의 값은?

① 2 ② 3 ③ 4 ④ 5 ⑤ 6

02

직선 $x-3y+4=0$을 x축 방향으로 2만큼, y축 방향으로 -3만큼 평행이동한 직선의 방정식은 $x-3y+a=0$이다. a의 값은?

① -7 ② -1 ③ 3 ④ 9 ⑤ 15

03

좌표평면 위에 두 점 $\mathrm{A}(4,\ 1)$, $\mathrm{B}(1,\ 5)$가 있다. A를 x축에 대칭이동한 점을 A′이라 하고, B를 x축 방향으로 k만큼, y축 방향으로 $2k$만큼 평행이동한 점을 B′이라 하자. 두 직선 A′B와 AB′이 서로 수직으로 만날 때, $3k$의 값을 구하시오.

04

두 점 $\mathrm{A}(3,\ 1)$, $\mathrm{B}(a,\ b)$가 직선 $3x-2y-20=0$에 대칭일 때, 점 B의 좌표를 구하시오.

05

직선 $y=2x$를 x축 방향으로 a만큼, y축 방향으로 b만큼 평행이동한 직선의 방정식이 $y=2x+4$일 때, 점 $\mathrm{P}(a,\ b)$와 원점 사이의 거리의 최솟값은?

① $\frac{2\sqrt{5}}{5}$ ② $\frac{3\sqrt{5}}{5}$ ③ $\frac{4\sqrt{5}}{5}$ ④ $\sqrt{5}$ ⑤ $\frac{6\sqrt{5}}{5}$

유형 2 평행이동, 대칭이동 – 원

06

원 $x^2+y^2=9$를 x축, y축 방향으로 각각 $a,\ b$만큼 평행이동한 원은 처음 원과 외부에서 접한다. a^2+b^2의 값을 구하시오.

07

직선 $x-y+2=0$을 원점에 대칭이동한 다음 직선 $y=x$에 대칭이동하면 원 $(x-1)^2+(y-a)^2=1$의 둘레의 길이를 이등분한다. a의 값은?

① 2 ② 3 ③ 4 ④ 5 ⑤ 6

08

원 $x^2+y^2-4x+6y+k=0$을 x축에 대칭이동한 다음 y축 방향으로 2만큼 평행이동하면 직선 $x-y+1=0$에 접한다. k의 값을 구하시오.

정답 및 풀이 39쪽

09

원 $C_1 : x^2-2x+y^2+4y+4=0$을 직선 $y=x$에 대칭이동한 원을 C_2라 하자. 점 P는 원 C_1 위를, 점 Q는 원 C_2 위를 움직일 때, P, Q 사이의 거리의 최솟값은?

① $2\sqrt{3}-2$ ② $2\sqrt{3}+2$ ③ $3\sqrt{2}-2$
④ $3\sqrt{2}+2$ ⑤ $3\sqrt{3}-2$

10

두 원 $x^2+6x+y^2-2y+9=0$, $x^2+2x+y^2+6y+9=0$이 직선 l에 대칭일 때, l의 방정식을 구하시오.

11

원 C_1: $x^2+(y-3)^2=9$를 x축 방향으로 m만큼 평행이동한 원을 C_2, 원 C_2를 y축 방향으로 n만큼 평행이동한 원을 C_3이라 하자. 두 원 C_2, C_3이 각각 직선 $3x-4y=0$에 접할 때, 양수 m, n의 값을 구하시오.

유형 3 대칭과 거리의 최솟값

12

좌표평면 위에 두 점 A$(2, 1)$, B$(5, 6)$이 있다.
점 P가 x축 위를 움직일 때, $\overline{AP}+\overline{PB}$의 최솟값은?

① $\sqrt{34}$ ② $\sqrt{53}$ ③ $\sqrt{58}$
④ $\sqrt{65}$ ⑤ $\sqrt{73}$

13

가로의 길이가 3, 세로의 길이가 2인 직사각형 ABCD가 있다. 그림과 같이 변 AB의 중점을 P, 변 AD를 $1:2$로 내분하는 점을 S라 하자. 두 점 Q, R이 각각 변 BC와 변 CD 위를 움직일 때, $\overline{PQ}+\overline{QR}+\overline{RS}$의 최솟값을 구하시오.

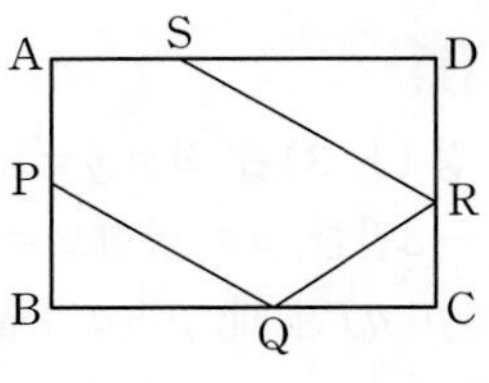

유형 4 대칭과 그래프

14

어떤 도형을 원점에 대칭이동할 때, 자기 자신과 일치하는 도형의 방정식을 **보기**에서 모두 고르시오.

보기
ㄱ. $y=-x$ ㄴ. $|x+y|=1$
ㄷ. $x^2+y^2=2(x+y)$

15

함수 $y=f(x)$의 그래프가 그림과 같을 때, 다음 중 함수 $y=-f(1-x)+1$의 그래프로 옳은 것은?

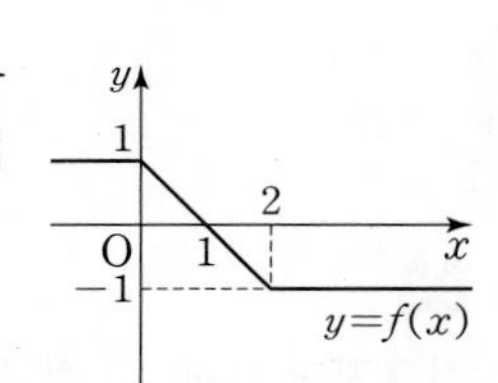

①
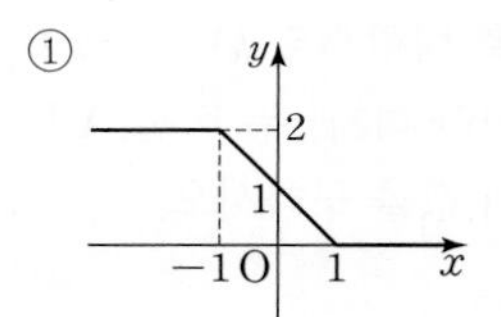

②
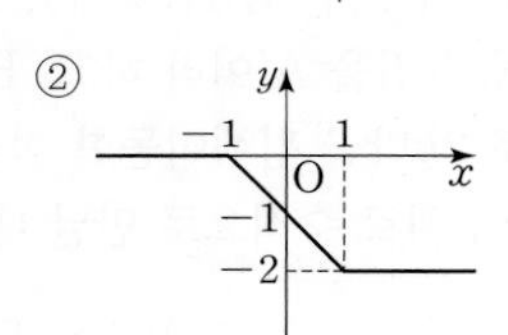

③
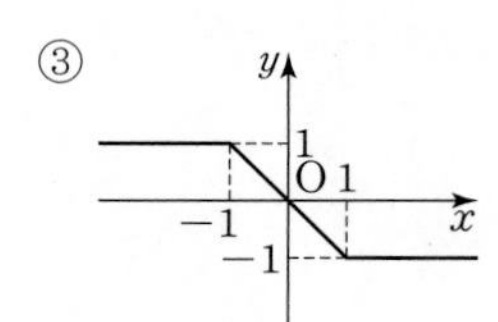

④
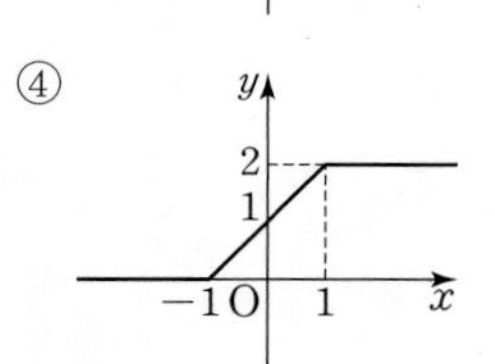

⑤
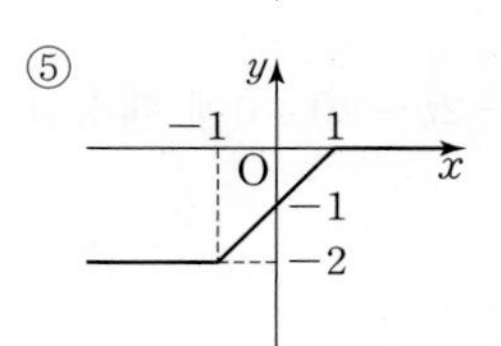

1등급 도전 문제

정답 및 풀이 40쪽

01 서술형

좌표평면에서 점 $(1, 4)$를 점 $(-2, a)$로 옮기는 평행이동에 의해 원 $x^2+y^2+8x-6y+21=0$은
원 $x^2+y^2+bx-18y+c=0$으로 옮겨진다. a, b, c의 값을 구하시오.

02 집중 연습

직선 $y=x+2$ 위에 있고, 제1사분면 위에 있는 한 점 A를 직선 $y=x$에 대칭이동한 점을 B, 점 B를 원점에 대칭이동한 점을 C라 하자. 삼각형 ABC의 넓이가 16일 때, 점 A의 좌표는?

① $(1, 3)$ ② $(2, 4)$ ③ $(3, 5)$
④ $(4, 6)$ ⑤ $(5, 7)$

03

원 C_1: $x^2+2x+y^2-10y+24=0$을 직선 $y=x$에 대칭이동한 원을 C_2라 하자. 두 점 A$(1, 1)$, B$(3, 3)$과 원 C_1 위를 움직이는 점 P, 원 C_2 위를 움직이는 점 Q에 대하여 사각형 APBQ의 넓이의 최댓값은?

① 8 ② 10 ③ 12
④ 14 ⑤ 16

04

직선 $ax+3y-4=0$을 y축에 대칭이동한 후 직선 $y=-x$에 대칭이동하였더니 원 $x^2+y^2-4x+4y+4=0$의 넓이를 이등분하였다. a의 값을 구하시오.

05

원 $x^2+y^2-4x-6y+9=0$을 직선 $x+y-2=0$에 대칭이동한 원의 방정식이 $(x-a)^2+(y-b)^2=r^2$일 때, $ab+r$의 값은? (단, $r>0$)

① 1 ② 2 ③ 3
④ 4 ⑤ 5

06

이차함수 $y=x^2$의 그래프 위의 서로 다른 두 점이 직선 $y=-x+3$에 대칭일 때, 두 점 사이의 거리는?

① $\sqrt{10}$ ② $2\sqrt{3}$ ③ $\sqrt{14}$
④ 4 ⑤ $3\sqrt{2}$

1등급 도전 문제

정답 및 풀이 42쪽

07

좌표평면 위에 두 점 A(0, 2), B(4, 4)와 x축 위를 움직이는 점 P가 있다. $|\overline{\text{AP}}-\overline{\text{BP}}|$가 최대가 되는 P의 좌표와 최댓값을 구하시오.

08

원 $x^2+y^2=25r^2$을 x축 방향으로 $3r$만큼, y축 방향으로 $2r$만큼 평행이동한 원을 C라 하자. 다음 조건을 만족시키는 점 P가 3개일 때, 이 세 점 P를 연결하여 만든 삼각형의 넓이를 구하시오. (단, $r>0$)

> 원 C가 x축과 만나는 두 점과 원 C 위의 점 P를 연결하여 만든 삼각형의 넓이가 $9\sqrt{21}$이다.

09

좌표평면 위에 세 점 O(0, 0), A(−2, 2), B(−4, 0)이 꼭짓점인 삼각형 OAB와 네 점 O, P(2, 0), Q(2, 2), R(0, 2)가 꼭짓점인 사각형 OPQR이 있다. 삼각형 OAB를 x축 방향으로 t만큼 평행이동한 도형이 사각형 OPQR과 겹치는 부분의 넓이를 $S(t)$라 할 때, $S(t)$의 최댓값을 구하시오.
(단, $0<t<6$)

10 서술형

그림과 같이 좌표평면 위에 점 P(2, 1)과 직선 $y=x$ 위를 움직이는 점 Q, x축 위를 움직이는 점 R이 있다. 삼각형 PQR의 둘레의 길이가 최소일 때, R의 좌표를 구하시오.

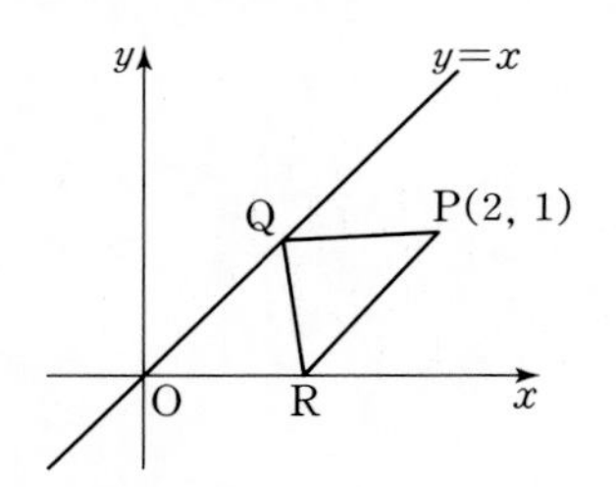

11

좌표평면 위에 두 점 A(0, 3), B(4, 3)이 있다.
점 P는 x축, 점 Q는 직선 $y=2$, 점 R은 직선 $y=1$ 위를 움직일 때, $\overline{\text{AP}}+\overline{\text{PQ}}+\overline{\text{QR}}+\overline{\text{RB}}$의 최솟값을 구하시오.

12

좌표평면 위에 세 점 O(0, 0), A(6, 0), B(6, 6)이 꼭짓점인 삼각형 OAB가 있다. 점 Q, R은 $\overline{\text{QR}}=\sqrt{2}$가 되도록 변 OB 위를 움직이고, 점 S는 변 OA 위를 움직인다. P(6, 3)일 때, 사각형 PQRS의 둘레의 길이의 최솟값을 구하시오.
(단, 점 Q의 y좌표는 점 R의 y좌표보다 크다.)

절대등급 완성 문제

정답 및 풀이 45쪽

01

방정식 $f(x,\ y)=0$이 나타내는 도형이 그림과 같을 때, 다음 중 방정식 $f(y,\ -x+1)=0$이 나타내는 도형은?

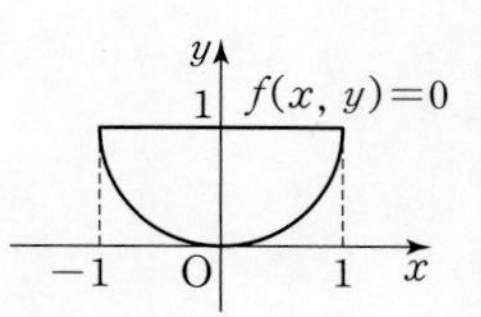

① 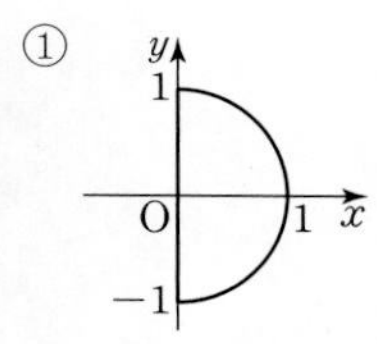

② 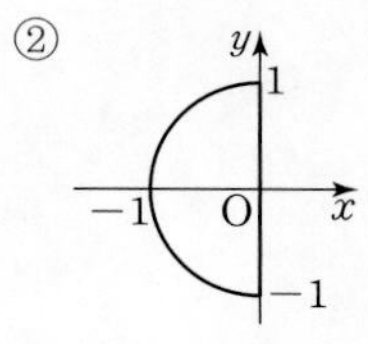

③ 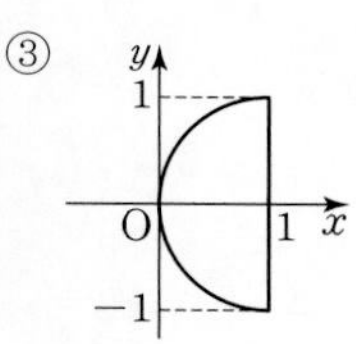

④ 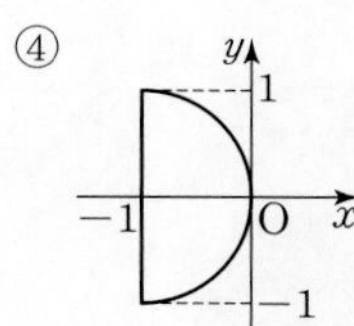

⑤ 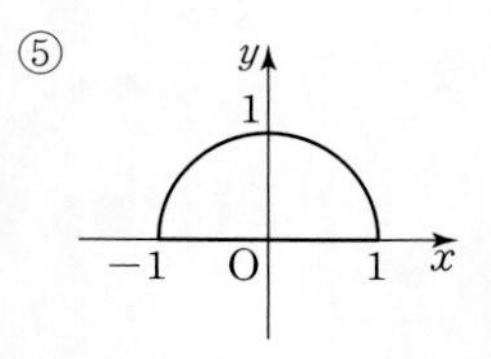

02 집중 연습

그림과 같이 세 점 $\mathrm{O}(0,\ 0)$, $\mathrm{A}(10,\ 10)$, $\mathrm{B}(15,\ 0)$에 대하여 삼각형 OAB의 세 변 AO, OB, BA 위의 세 점을 각각 P, Q, R이라 하자. 삼각형 PQR의 둘레의 길이의 최솟값을 구하시오. (단, P, Q, R은 변의 양 끝 점이 아니다.)

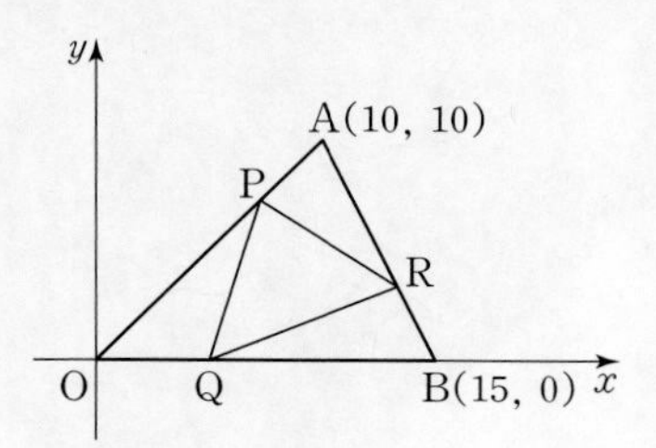

03

x가 실수일 때, 다음 물음에 답하시오.

(1) $\sqrt{x^2+2x+26}+\sqrt{x^2-6x+10}$이 최소일 때, x의 값과 식의 최솟값을 구하시오.

(2) $\left|\sqrt{x^2+2x+26}-\sqrt{x^2-6x+10}\right|$이 최대일 때, x의 값과 식의 최댓값을 구하시오.

Ⅱ. 집합과 명제

Ⅱ. 집합과 명제

04 집합

1 집합

(1) 대상이 분명한 모임을 집합이라 하고, 집합을 이루는 각각을 원소라 한다.

a가 집합 A의 원소 ⇨ $a \in A$

(2) 집합의 표현법

① 원소나열법: { } 안에 원소를 ,로 구분하여 나타낸다.

② 조건제시법: $\{x | x$에 대한 조건$\}$ 꼴로 나타낸다.

(3) 원소가 없는 집합을 공집합이라 하고 $\varnothing$으로 나타낸다.

◆ 집합은 대문자 $A, B, C, \dots$ 원소는 소문자 $a, b, c, \dots$ 로 나타낸다.

◆ 집합 A의 원소의 개수는 $n(A)$로 나타낸다.

2 부분집합

(1) 집합 A의 모든 원소가 집합 B의 원소일 때, A는 B의 부분집합이라 하고, $A \subset B$로 나타낸다.

$A \subset B$ ⇨ $x \in A$이면 $x \in B$

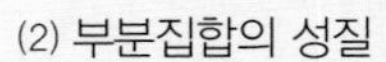

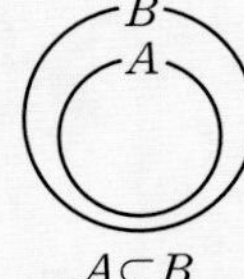

$A \subset B$

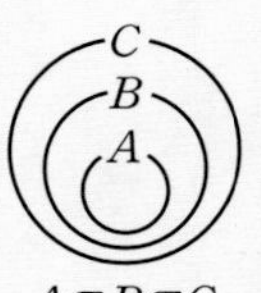

$A \subset B \subset C$

(2) 부분집합의 성질

① $\varnothing \subset A$, $A \subset A$

② $A \subset B$, $B \subset C$이면 $A \subset C$

③ $A \subset B$, $B \subset A$이면 $A = B$

(3) 부분집합의 개수

$A = \{a_1, a_2, \dots, a_n\}$일 때

① A의 부분집합의 개수는 2^n

② $a_1, a_2, \dots, a_k$를 포함하지 않는 부분집합의 개수는 2^{n-k}

③ $a_1, a_2, \dots, a_k$를 포함하는 부분집합의 개수는 2^{n-k}

◆ 어떤 집합에서 부분집합을 생각할 때, 처음에 주어진 집합을 전체집합이라 하고 U로 나타낸다.

◆ 두 집합 A, B의 원소가 같을 때, 같다고 하고 $A=B$로 나타낸다.

3 집합의 연산

(1) 교집합: $A \cap B = \{x | x \in A$이고 $x \in B\}$

(2) 합집합: $A \cup B = \{x | x \in A$ 또는 $x \in B\}$

(3) 여집합: $A^C = \{x | x \in U$이고 $x \notin A\}$

(4) 차집합: $A - B = \{x | x \in A$이고 $x \notin B\}$

$A - B = A \cap B^C$

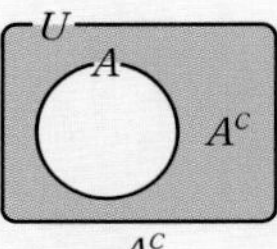

A^C

$A-B$

◆ $A \cap B = \varnothing$이면 A, B를 서로소라 한다.

◆ 여집합은 전체집합이 있을 때만 생각한다.

4 집합의 연산 법칙

(1) 교환법칙: $A \cup B = B \cup A$, $A \cap B = B \cap A$

(2) 결합법칙: $(A \cup B) \cup C = A \cup (B \cup C)$

$(A \cap B) \cap C = A \cap (B \cap C)$

(3) 분배법칙: $A \cup (B \cap C) = (A \cup B) \cap (A \cup C)$

$A \cap (B \cup C) = (A \cap B) \cup (A \cap C)$

(4) 드모르간의 법칙: $(A \cup B)^C = A^C \cap B^C$, $(A \cap B)^C = A^C \cup B^C$

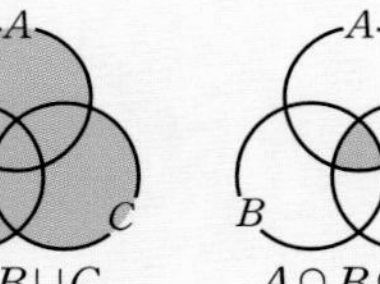

$A \cup B \cup C$ $A \cap B \cap C$

◆ 결합법칙이 성립하므로 $A \cup B \cup C$, $A \cap B \cap C$ 와 같이 쓴다.

5 집합의 성질

(1) $A \subset B$이면 $A \cap B = A$, $A \cup B = B$

(2) $A \cap \varnothing = \varnothing$, $A \cap U = A$, $A \cap (A \cap B) = A \cap B$, $A \cap (A \cup B) = A$

(3) $A \cup \varnothing = A$, $A \cup U = U$, $A \cup (A \cap B) = A$, $A \cup (A \cup B) = A \cup B$

(4) $(A^C)^C = A$, $A \cap A^C = \varnothing$, $A \cup A^C = U$

(5) $\varnothing^C = U$, $U^C = \varnothing$

◆ 벤 다이어그램을 그리면 왼쪽 성질을 확인할 수 있다.

6 집합의 원소의 개수

(1) $n(A \cup B) = n(A) + n(B) - n(A \cap B)$

(2) $n(A \cup B \cup C) = n(A) + n(B) + n(C) - n(A \cap B) - n(B \cap C) - n(C \cap A)$
$+ n(A \cap B \cap C)$

◆ $n(A)=a$, $n(B)=b$, $n(A \cap B)=c$일 때

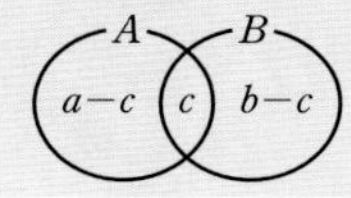

시험에 꼭 나오는 문제

정답 및 풀이 46쪽

유형 1 집합, 원소, 부분집합

01

집합

$A=\{x^2+x,\ x+1,\ 3\}$, $B=\{x^2+2x,\ -2,\ 6\}$

에 대하여 $A=B$일 때, x의 값을 구하시오.

02

집합

$A=\{z \mid z=i^n,\ n$은 자연수$\}$

$B=\{2{z_1}^2+5{z_2}^2 \mid z_1\in A,\ z_2\in A\}$

일 때, B의 원소의 개수를 구하시오.

03

집합

$A=\{x \mid x$는 56의 양의 약수$\}$

$B=\left\{y \,\middle|\, y=\frac{x}{2},\ x\in A\right\}$

일 때, 다음 중 옳지 않은 것을 모두 고르면? (정답 2개)

① $7\in A$　② $\{1, 2, 4\}\subset A$　③ $\{1, 2, 4\}\subset B$
④ $n(A)>n(B)$　⑤ $B\subset A$

04

집합

$A=\{0, 1, 2\}$

$B=\{x+y \mid x\in A,\ y\in A\}$

$C=\{xy \mid x\in A,\ y\in A\}$

의 포함 관계로 옳은 것은?

① $A\subset B\subset C$　② $A\subset C\subset B$　③ $B\subset A\subset C$
④ $B\subset C\subset A$　⑤ $C\subset A\subset B$

05

집합

$A=\{x \mid x$는 a의 배수$\}$, $B=\{x \mid x$는 6의 배수$\}$

에 대하여 $B\subset A$일 때, 1보다 큰 자연수 a의 값의 합은?

① 5　② 8　③ 9
④ 11　⑤ 13

유형 2 집합의 연산

06

전체집합이 $U=\{1, 2, 3, 4, 5, 6\}$이고,

$A=\{1, 2, 4\}$, $B=\{4, 5, 6\}$

일 때, $A\cup B^C$를 구하시오.

07

전체집합이 $U=\{x \mid x$는 10 이하의 자연수$\}$이고,

$A=\{x \mid x$는 홀수$\}$, $B=\{x \mid x$는 3의 배수$\}$

일 때, $n(A-B^C)$는?

① 1　② 2　③ 3
④ 4　⑤ 5

08

집합

$A=\{1, 3, a+2\}$, $B=\{a, b, c\}$

에 대하여 $A\cap B=\{3, 6\}$일 때, $A\cup B$의 모든 원소의 합은?

① 13　② 14　③ 15
④ 16　⑤ 17

STEP A 시험에 꼭 나오는 문제

09

전체집합이 U이고, 집합 A, B에 대하여

$A=\{2, 3, 4, 5, 6\}$, $A\cap B^C=\{2, 6\}$

일 때, $A\cap B$를 구하시오.

10

전체집합이 $U=\{1, 2, 3, 4, 5\}$이고, $A=\{1, 4, 5\}$이다.

$A\cap(A-B)=A$, $A\cup B=U$

일 때, 집합 B의 모든 원소의 합은?

① 2　② 3　③ 5　④ 7　⑤ 9

11

전체집합이 $U=\{x|x$는 자연수$\}$이고,

$P=\{x|x$는 10 이하의 자연수$\}$

$Q=\{x|x$는 소수$\}$

$R=\{x|x$는 홀수$\}$

일 때, $(P\cap Q^C)-R$을 구하시오.

12

자연수 k에 대하여 A_k는 k의 배수의 집합이라 하자.

$A_4\cap A_6=A_a$, $(A_6\cup A_{12})\subset A_b$

일 때, $a+b$의 최댓값을 구하시오.

유형 3 집합의 연산 법칙

13

전체집합이 $U=\{x|x$는 10 이하의 자연수$\}$이고,
집합 A, B에 대하여

$A^C\cap B^C=\{5, 7, 10\}$, $A\cap B^C=\{2, 6, 8\}$

$A^C\cap B=\{4, 9\}$

일 때, A를 구하시오.

14

전체집합이 $U=\{1, 2, 3, \dots, 10\}$이고,

$A=\{2, 3, 4, 5\}$, $B=\{1, 3, 5, 7\}$, $C=\{5, 6, 7, 8\}$

일 때, $A\cap(B^C\cup C^C)$를 구하시오.

15

집합 A, B, C에 대하여

$A\cap B=\{2, 3, 4, 5\}$, $A\cap C=\{1, 3, 5\}$

일 때, $A\cap(B\cup C)$를 구하시오.

16

전체집합이 $U=\{x|x$는 20 이하의 소수$\}$이고,

$A=\{2, 11, a-7\}$, $B=\{a^2-10a-19, a+5\}$

이다. $(A\cap B^C)\cup(A^C\cap B)=\{2, 11, 17\}$일 때, a의 값을 구하시오.

정답 및 풀이 47쪽

17

전체집합이 $U=\{x|x$는 6과 서로소인 15 이하의 자연수$\}$이고, 집합 A, B에 대하여

$A-B=\{5, 7\}$, $A^{C}\cup B^{C}=\{5, 7, 11\}$

이다. B의 모든 원소의 합의 최댓값을 M, 최솟값을 m이라 할 때, $M+m$의 값을 구하시오.

18

전체집합이 U일 때, 집합 A, B에 대하여

$(B\cup A^{C})^{C}\cup(A-B^{C})$

를 간단히 하면?

① A ② B ③ $A-B$
④ $A\cap B$ ⑤ $A\cup B$

19

전체집합이 U이고, 집합 A, B에 대하여

$(A-B^{C})\cup(B^{C}-A^{C})=A\cap B$

일 때, 다음 중 항상 옳은 것을 모두 고르면? (정답 2개)

① $B\subset A$ ② $B^{C}\subset A^{C}$ ③ $B-A=\varnothing$
④ $A\cup B=A$ ⑤ $A\cap B^{C}=\varnothing$

20

전체집합이 U이고, 집합 A, B에 대하여

$(A\cup B^{C})^{C}=B$

일 때, **보기**에서 항상 옳은 것만을 있는 대로 고른 것은?

보기

ㄱ. $B\subset A^{C}$ ㄴ. $A\cup B=U$ ㄷ. $A-B=A$

① ㄱ ② ㄴ ③ ㄱ, ㄴ
④ ㄱ, ㄷ ⑤ ㄴ, ㄷ

유형 4 벤 다이어그램

21

다음 중 벤 다이어그램의 색칠한 부분을 나타내지 않는 집합은?

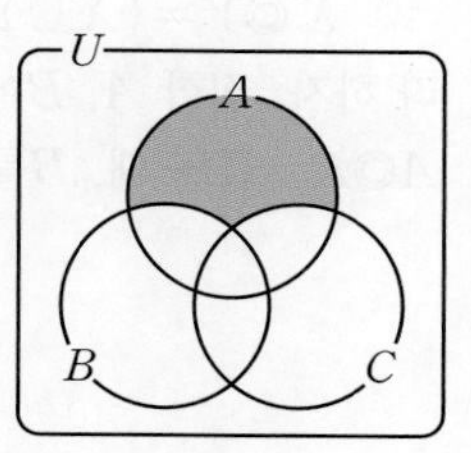

① $(A-B)\cap(A-C)$
② $A-(B\cup C)$
③ $(A-B)-C$
④ $(A\cup B)\cap(A\cup C)$
⑤ $A\cap(B\cup C)^{C}$

22

다음 중 벤 다이어그램의 색칠한 부분을 나타내는 집합은?

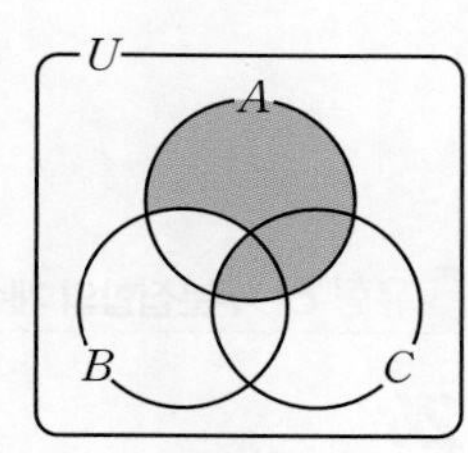

① $(A\cup B)-C$
② $A-(B-C)$
③ $(A\cup C)-B$
④ $A-(B\cup C)$
⑤ $A-(B\cap C)$

유형 5 새로 정의하는 집합

23

집합

$A=\{1, 2, 3, 4, 5\}$
$B=\{x|x$는 10 이하의 소수$\}$
$C=\{2n|1\le n\le 5$, n은 자연수$\}$

에 대하여 $A\triangle B=(A-B)\cup(B-A)$라 할 때, $A\triangle(B\triangle C)$를 구하시오.

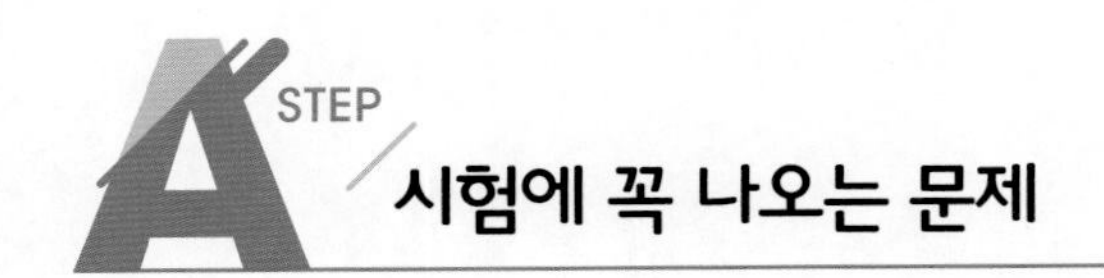

시험에 꼭 나오는 문제

24

전체집합이 자연수 전체의 집합일 때, 집합 X, Y에 대하여

$X◎Y=(X\cup Y)-(X\cap Y)$

라 하자. 집합 A, B에 대하여 $A=\{1, 2, 3, 4, 5\}$이고 $A◎B=\varnothing$일 때, B를 구하시오.

25

전체집합이 U일 때, 집합 A, B에 대하여

$A\diamond B=(A-B)\cup(B-A)$

라 하자. $A^C\diamond B=U$일 때, 다음 중 $A\diamond B$와 같은 집합은?

① $\varnothing$ ② A^C ③ $A\cap B$
④ B ⑤ $A\cup B$

유형 6 부분집합의 개수

26

집합 $A=\{2, 3, 4, 5, 6, 7\}$, $B=\{1, 2, 6, 8, 9\}$에 대하여

$B\cup X=B$, $A\cap X=\varnothing$

일 때, 공집합이 아닌 집합 X의 개수는?

① 4 ② 7 ③ 8
④ 15 ⑤ 16

27

집합 $A=\{1, 2, 3, 4\}$, $B=\{2, 4, 6, 8, 10\}$에 대하여

$A\cap X=X$, $(A-B)\cup X=X$

를 만족시키는 집합 X의 개수는?

① 0 ② 2 ③ 4
④ 6 ⑤ 8

28

전체집합이 $U=\{x|x$는 8 이하의 자연수$\}$이다.

$A=\{1, 3, 5, 7\}$, $B^C-A^C=\{1\}$

을 만족시키는 집합 B의 개수를 구하시오.

29

전체집합이 $U=\{1, 2, 3, 4, 5, 6, 7\}$이고,

$A=\{2, 3, 4, 5\}$, $B=\{1, 3\}$

일 때, $A\cup C=B\cup C$를 만족시키는 집합 C의 개수는?

① 8 ② 12 ③ 16
④ 20 ⑤ 24

30

전체집합이 $U=\{x|x$는 24의 양의 약수$\}$이고,

$A=\{x|x$는 4의 양의 약수$\}$

$B=\{x|x$는 12의 양의 약수$\}$

이다. $A\cap X=A$, $B\not\subset X$를 만족시키는 집합 X의 개수는?

① 16 ② 20 ③ 24
④ 28 ⑤ 32

31

전체집합이 $U=\{1, 2, 3, 4, 5, 6\}$일 때,

$\{3, 4\}\cap A\neq\varnothing$을 만족시키는 집합 A의 개수는?

① 24 ② 36 ③ 48
④ 60 ⑤ 72

정답 및 풀이 49쪽

유형 7 방정식, 부등식과 집합

32
집합

$A=\{x \mid x^3-7x^2+14x-8=0\}$

$B=\{x \mid x^4-5x^2+4=0\}$

에 대하여 $(A-B)\cup(B-A)$를 구하시오.

33
집합

$A=\{x \mid 1\le x<3\}$

$B=\{x \mid x^2-2ax+a^2-4<0\}$

에 대하여 $A\subset B$일 때, 실수 a의 값의 범위를 구하시오.

34
집합

$A=\{x \mid x^2-8x+12\le 0\}$, $B=\{x \mid x^2+ax+b<0\}$

에 대하여 $A\cap B=\varnothing$, $A\cup B=\{x \mid -1<x\le 6\}$일 때, $a+b$의 값은?

① -6 ② -5 ③ -4
④ -3 ⑤ -2

유형 8 원소의 개수

35
전체집합이 U이고, 집합 A, B에 대하여

$n(U)=50$, $n(A)=26$

$n(B)=33$, $n(A^C\cap B^C)=6$

일 때, $n(B-A)$는?

① 10 ② 12 ③ 14
④ 16 ⑤ 18

36
어느 반 40명의 학생 중에서 축구를 좋아하는 학생이 21명, 야구를 좋아하는 학생이 16명, 축구와 야구 중 어느 것도 좋아하지 않는 학생이 8명이다. 축구만 좋아하는 학생 수는?

① 12 ② 13 ③ 14
④ 15 ⑤ 16

37
어느 놀이공원 입장객 100명 중 롤러코스터를 이용한 사람은 72명, 범퍼카를 이용한 사람은 50명이었다. 롤러코스터와 범퍼카를 모두 이용한 사람 수의 최댓값을 M, 최솟값을 m이라 할 때, $M+m$의 값은?

① 35 ② 42 ③ 50
④ 62 ⑤ 72

38
어느 반 학생 32명에게 수학 문제 A, B를 풀게 하였더니 A 문제, B 문제를 맞힌 학생은 각각 17명, 9명이었다. 이때 한 문제도 맞히지 못한 학생 수의 최댓값과 최솟값을 구하시오.

39
어느 학교에서 방과 후 활동으로 바둑, 서예, 피아노 강좌를 개설하였다. 한 가지 이상 신청한 학생은 70명, 바둑 또는 서예를 신청한 학생은 43명, 서예 또는 피아노를 신청한 학생은 51명이라고 한다. 바둑과 피아노를 동시에 신청한 학생이 없을 때, 서예를 신청한 학생 수를 구하시오.

STEP

1등급 도전 문제

Time attack 3분

01

집합 $A=\{\varnothing, a, \{a, b\}\}$에 대하여 **보기**에서 옳은 것만을 있는 대로 고른 것은?

보기

ㄱ. $\varnothing \in A$

ㄴ. $\{a, b\} \subset A$

ㄷ. A의 부분집합의 개수는 16이다.

① ㄱ ② ㄴ ③ ㄷ
④ ㄱ, ㄴ ⑤ ㄱ, ㄷ

02

집합 A의 원소는 서로 다른 세 자연수이고, 집합

$$B=\{x+y \mid x\in A,\ y\in A\}$$

이다. B의 원소 중 최솟값은 8, 최댓값은 24, $n(B)=5$일 때, $B-A$의 모든 원소의 합은?

① 36 ② 42 ③ 48
④ 54 ⑤ 60

03 서술형

n이 자연수이고,

$$A=\{1, 2, 4, 7, 8\}$$

$$B=\left\{x \,\middle|\, \frac{x}{n}\text{는 기약분수, } x\text{는 한 자리 자연수}\right\}$$

이다. $A=B$일 때, n의 최솟값을 구하시오.

04

전체집합이 자연수 전체의 집합이다.

$$x\in A\text{이면 } \frac{16}{x}\in A$$

를 만족시키고 공집합이 아닌 집합 A의 개수는?

① 7 ② 8 ③ 9
④ 10 ⑤ 11

05 집중 연습

집합 $A=\{1, 2, 3, 4, a\}$, $B=\{1, 3, 5\}$에 대하여 집합

$$X=\{x+y \mid x\in A,\ y\in B\}$$

라 하자. $n(X)=10$일 때, 모든 a의 값의 합은?

① -5 ② 0 ③ 5
④ 10 ⑤ 15

06

전체집합이 $U=\{1, 2, 3, \dots, 10\}$이고,
집합 A, B, C에 대하여

$$A-(B\cup C)=\{2, 5, 10\}$$

$$A-(B\cap C)=\{1, 2, 5, 9, 10\}$$

$$B-C=\{3, 6, 9\}$$

일 때, $(A\cup B)-C$를 구하시오.

정답 및 풀이 52쪽

07 서술형

전체집합이 복소수 전체의 집합이고,

$A=\{x\mid x^3-1=0\}$
$B=\{a\times b\mid a\in A,\ b\in A\}$
$C=\{a+b\mid a\in A,\ b\in A\}$

이다. $B\cup C$의 원소의 합을 구하시오.

08

전체집합이 U일 때, 집합 A, B에 대하여

$\{(A\cup B)\cap(A^C\cup B)\}\cup\{(A^C\cup B^C)\cap(A\cup B^C)\}$

를 간단히 하면?

① $\varnothing$ ② A ③ B
④ B^C ⑤ U

09

전체집합이 U일 때, 집합 A, B, C에 대하여 다음 중 옳은 것을 모두 고르면? (정답 2개)

① $(A-B)\cup(A-C)=A-(B\cap C)$
② $(A-B)-C=A-(B\cap C)$
③ $\{(A-B)\cup(A^C\cup B)\}\cap B=A$
④ $\{A\cap(A-B)^C\}\cup\{(B-A)\cap A\}=A$
⑤ $(A\cup B)\cap(A\cap B)^C=(A-B)\cup(B-A)$

10 서술형 집중 연습

함수 $f(x)$, $g(x)$에 대하여 집합 A, B, C를

$A=\{x\mid f(x)=0\}$
$B=\{x\mid g(x)=0\}$
$C=\{x\mid (f(x)+g(x))^3=(f(x))^3+(g(x))^3\}$

이라 하자. $n(A)=4$, $n(B)=3$일 때, $n(C)$의 최솟값을 구하시오.

11

집합

$A=\{x\mid x^2-2x\le 0\}$
$B=\{x\mid x^2-2ax+2a+3>0\}$

에 대하여 $A-B=\varnothing$일 때, 실수 a의 값의 범위를 구하시오.

12

100 이하의 자연수 중에서 자연수 k의 배수의 집합을 A_k로 나타낼 때, $A_2\cap(A_3\cup A_4)$의 원소의 개수를 구하시오.

STEP B

1등급 도전 문제

13

n이 자연수일 때, 집합 A_n, B_n을

$A_n=\{x|x$는 n 이하의 소수$\}$

$B_n=\{x|x$는 n의 양의 약수$\}$

라 하자. **보기**에서 옳은 것만을 있는 대로 고른 것은?

• 보기 •

ㄱ. A_3과 B_5는 서로소이다.

ㄴ. $n\le k$이면 $A_n\subset A_k$이다.

ㄷ. $B_m\subset B_n$이면 n은 m의 배수이다.

① ㄱ ② ㄱ, ㄴ ③ ㄱ, ㄷ
④ ㄴ, ㄷ ⑤ ㄱ, ㄴ, ㄷ

14 집중 연습

전체집합이 자연수 전체의 집합이고, 자연수 k에 대하여

$A_k=\{x|x$는 k와 서로소인 자연수$\}$

라 할 때, **보기**에서 옳은 것만을 있는 대로 고른 것은?

• 보기 •

ㄱ. $A_2=A_4$

ㄴ. $A_3{}^C\cap A_4{}^C=A_6{}^C$

ㄷ. m, n의 최소공배수가 l일 때,
$A_m\cap A_n=A_k$인 k의 최솟값은 l이다.

① ㄱ ② ㄱ, ㄴ ③ ㄱ, ㄷ
④ ㄴ, ㄷ ⑤ ㄱ, ㄴ, ㄷ

15

전체집합이 $U=\{x|x$는 10 이하의 자연수$\}$이고,

$A=\{2, 5, 8\}$, $B=\{1, 3, 5, 7, 9\}$

일 때, $(C\cap A)\subset(C\cap B)$를 만족시키는 집합 C의 개수는?

① 4 ② 32 ③ 64
④ 128 ⑤ 256

16 집중 연습

전체집합이 $U=\{x|x$는 10보다 작은 자연수$\}$이고,

$A=\{x|x$는 소수$\}$, $B=\{x|x$는 홀수$\}$

일 때, 다음 조건을 만족시키는 집합 X의 개수를 구하시오.

(가) $A-X=B-X$
(나) $(A\cap B)\subset\{(A-X)\cup(B-X)\}$
(다) $(X-A)\cap(X-B)\neq\varnothing$

17

전체집합이 $U=\{1, 2, 3, 4, 5\}$일 때, 공집합이 아니고 모든 원소의 곱이 짝수인 집합의 개수를 구하시오.

18

집합

$A=\{1, 2, 3, 4, 5, 6\}$, $B=\{1, 3, 5, 7, 9\}$

에 대하여 $n(A\cap B\cap X)\ge2$이고 $A\cap X=X$인 집합 X의 개수는?

① 16 ② 20 ③ 24
④ 28 ⑤ 32

정답 및 풀이 55쪽

19

전체집합이 $U=\{1, 2, 3, 4, 5, 6, 7\}$이다. 원소가 2개 이상인 집합 A에 대하여 A의 가장 큰 원소와 가장 작은 원소의 차를 $f(A)$라 하자. $f(A)\geq 4$인 A의 개수는?

① 88 ② 92 ③ 96
④ 100 ⑤ 104

20 서술형

전체집합이 $U=\{1, 2, 3, 4, 5, 6, 7, 8\}$이고, $A=\{1, 3\}$, $B=\{2, 4\}$일 때, $A\cup X$의 원소의 합이 $B\cup X$의 원소의 합보다 큰 집합 X의 개수를 구하시오.

21

집합 $A=\{1, 2, 3, 4, 5\}$의 부분집합 중 원소가 2개 이상인 집합에 대하여 각 집합의 가장 큰 원소를 모두 더한 값을 구하시오.

22

전체집합이 $U=\{1, 3, 5, 7, 9, 11\}$이고, 집합 A, B에 대하여 $A-B=\{1, 3, 5\}$일 때, 순서쌍 (A, B)의 개수는?

① 17 ② 21 ③ 24
④ 27 ⑤ 31

23

전체집합이 $U=\{1, 2, 3, 4, 5\}$일 때,

$$A\cup B=U,\ A\cap B\neq\varnothing$$

을 만족시키는 집합 A, B의 순서쌍 (A, B)의 개수를 구하시오.

24

전체집합이 U이고, 집합 A, B에 대하여

$$A\bigstar B=A^C\cap B^C$$

라 하자. $(A\bigstar B)\bigstar A=\varnothing$일 때, **보기**에서 옳은 것만을 있는 대로 고른 것은?

보기

ㄱ. $A=\{1, 2, 3, 4\}$일 때, 가능한 B는 16개이다.
ㄴ. $A\cap B=A$
ㄷ. $B^C\cup A=U$

① ㄱ ② ㄷ ③ ㄱ, ㄴ
④ ㄴ, ㄷ ⑤ ㄱ, ㄷ

STEP

B 1등급 도전 문제

25

전체집합이 U이고, 집합 A, B에 대하여

$A \triangle B=(A\cap B^C)\cup(B\cap A^C)$

라 하자. **보기**에서 항상 옳은 것만을 있는 대로 고른 것은?

보기

ㄱ. $A\triangle\varnothing=A$

ㄴ. $A\subset B$이면 $A\triangle B=A$이다.

ㄷ. $A\triangle B=A$이면 $B=\varnothing$이다.

① ㄱ ② ㄱ, ㄴ ③ ㄱ, ㄷ
④ ㄴ, ㄷ ⑤ ㄱ, ㄴ, ㄷ

26

집합 S의 부분집합의 개수를 $P(S)$, 원소의 개수를 $n(S)$라 하자.

$P(A)+P(B)=P(A\cup B)$, $n(A)=6$

일 때, $n(A\cap B)$를 구하시오.

27

집합 M이 공집합이 아닐 때, $f(M)$을 M의 모든 원소의 곱이라 하자. 전체집합이 $U=\{1, 2, 3, \dots, 2000\}$이고 집합 A, B가 공집합이 아닐 때, **보기**에서 옳은 것만을 있는 대로 고른 것은?

보기

ㄱ. $A\subset B$이면 $f(A)\le f(B)$이다.

ㄴ. $A\cap B=\varnothing$이면 $f(A\cup B)=f(A)f(B)$이다.

ㄷ. $f(A^C)=\dfrac{f(U)}{f(A)}$

① ㄱ ② ㄷ ③ ㄱ, ㄴ
④ ㄴ, ㄷ ⑤ ㄱ, ㄴ, ㄷ

28 집중 연습

자연수 k에 대하여 전체집합 $U=\{x\,|\,x$는 k 이하의 자연수$\}$의 부분집합 A, B가 다음 조건을 만족시킨다.

(가) $A-B=\{2, 7\}$
(나) B 원소의 합은 $A-B$ 원소의 합의 2배이다.
(다) $B\cup A^C$ 원소의 합은 $A-B$ 원소의 합의 3배이다.

가능한 B의 개수를 구하시오.

29 서술형

집합 A, B의 원소가 실수이고,

$n(A)=5$, $B=\left\{\dfrac{x+a}{2}\,\middle|\,x\in A\right\}$

이다. 다음이 성립할 때, 실수 a의 값을 구하시오.

(가) A의 원소의 합은 28이다.
(나) $A\cup B$의 원소의 합은 49이다.
(다) $A\cap B=\{10, 13\}$

30 집중 연습

집합 $A=\{1, 2, 3, 4, 5, 6\}$, $B=\{x\,|\,x$는 8의 양의 약수$\}$가 있다. A의 부분집합 중 B와 서로소인 집합을 X_1, X_2, X_3, $\dots$, X_n이라 하고, X_i의 원소의 합을 $S(X_i)$ $(i=1, 2, 3, \dots, n)$이라 하자. $S(X_1)+S(X_2)+S(X_3)+\cdots+S(X_n)$의 값은? (단, $S(\varnothing)=0$)

① 46 ② 50 ③ 53
④ 56 ⑤ 60

정답 및 풀이 58쪽

31

전체집합이 $U=\{x \mid x$는 202 이하의 자연수$\}$이다.
집합 S에 속하는 서로 다른 두 원소의 합이 5의 배수가 아닐 때, $n(S)$의 최댓값은?

① 80 ② 81 ③ 82
④ 83 ⑤ 84

32 서술형

어느 학급에서 방과 후 보충 수업으로 수학과 영어에 대한 참가 신청을 받았다. 수학, 영어를 신청한 학생 수는 각각 학급 전체의 $\frac{5}{8}$, $\frac{7}{10}$이고 두 과목 모두 신청한 학생 수는 학급 전체의 $\frac{2}{5}$이었다. 한 과목도 신청하지 않은 학생이 3명일 때, 방과 후 보충 수업을 신청한 학생 수를 구하시오.

33

집합 X, Y에 대하여

$X \triangle Y=(X-Y) \cup (Y-X)$

라 하자. 집합 A, B, C에 대하여

$n(A \cup B \cup C)=40$

$n(A \triangle B)=n(B \triangle C)=20$, $n(C \triangle A)=22$

일 때, $n(A \cap B \cap C)$는?

① 8 ② 9 ③ 10
④ 11 ⑤ 12

34

집합 A, B, C에 대하여

$n(A)=32$, $n(B)=18$, $n(C)=40$

$n(A \cap B)=15$, $n(A \cap B \cap C)=4$

일 때, $n(C-(A \cup B))$의 최솟값은?

① 13 ② 14 ③ 15
④ 16 ⑤ 17

35

진우 반 학생 40명 중에서 탁구를 좋아하는 학생은 21명, 배드민턴을 좋아하는 학생은 29명, 테니스를 좋아하는 학생은 16명이고, 세 종목을 모두 좋아하는 학생은 6명이다. 진우 반 학생 모두는 탁구, 배드민턴, 테니스 중 적어도 하나는 좋아한다고 할 때, 2종목만 좋아하는 학생 수는?

① 11 ② 14 ③ 21
④ 26 ⑤ 31

36

어느 고등학교 1학년 학생을 대상으로 학교 축제 홍보 포스터를 선정하기 위하여 세 가지 안 A, B, C에 대해 선호도를 조사하였더니 A를 좋아하는 학생이 전체의 62 %, B를 좋아하는 학생이 전체의 42 %, C를 좋아하는 학생이 전체의 52 %이었다. 한 가지 안만 좋아하는 학생은 전체의 48 %, 세 가지 안을 모두 좋아하는 학생은 전체의 16 %, 세 가지 안을 모두 좋아하지 않는 학생이 21명이었다. 두 가지 안만 좋아하는 학생 수를 구하시오.

STEP

절대등급 완성 문제

01 집중 연습

전체집합이 $U=\{x|x$는 30 이하의 자연수$\}$이고,

$$A=\left\{x\left|\frac{30-x}{6}\in U\right.\right\}$$

$$B_k=\{x|(x-k)(y-k)=30,\ y-k\in U\}$$

이다. $n(A\cap B_k)\geq 2$인 자연수 k의 값을 모두 구하시오.

02

전체집합이 양의 실수 전체의 집합일 때, 자연수 n에 대하여

$$A_n=\left\{x\left|x-[x]=\frac{1}{n}\right.\right\}$$

$$B_n=\{x|x-<x>=n\}$$

이라 하자. $B_5\cap(A_5\cup A_6\cup A_7\cup A_8\cup A_9)$의 모든 원소의 합을 a라 할 때, $[a]$의 값을 구하시오. (단, $[x]$는 x보다 크지 않은 최대 정수이고, $<x>$는 x의 소수 부분이다.)

03

집합 $S=\{x|x$는 9 이하의 자연수$\}$의 부분집합 X가 다음 조건을 만족시킬 때, X의 개수를 구하시오.

(가) $n(X)\geq 2$
(나) X의 원소끼리는 서로소이다.

04

공집합이 아닌 집합 X의 원소의 합을 $S(X)$라 하자. 집합 $A=\{1, 2, 3, 4\}$의 공집합이 아닌 부분집합 B, C가 다음 조건을 만족시킬 때, 순서쌍 (B, C)의 개수는?

(가) $B\subset C$
(나) $S(B)+S(C)$의 값은 짝수이다.

① 35 ② 36 ③ 37
④ 38 ⑤ 39

정답 및 풀이 61쪽

05 집중 연습

집합 $S=\{1, 2, 3, 4, \dots, 10\}$, $A=\{1, 2, 3\}$, $B=\{3, 4\}$이다. X가 S의 부분집합일 때, $X-A$와 $X-B$의 원소의 합을 각각 $f_A(X)$, $f_B(X)$라 하자.
집합 $T=\{X \mid X$는 $f_A(X)>f_B(X)\}$로 정의할 때, **보기**에서 옳은 것만을 있는 대로 고른 것은?

• 보기 •
ㄱ. $S \in T$
ㄴ. $X \in T$이면 $B \cap X \neq \varnothing$이다.
ㄷ. 집합 T의 원소의 개수는 512이다.

① ㄱ ② ㄴ ③ ㄱ, ㄴ
④ ㄱ, ㄷ ⑤ ㄱ, ㄴ, ㄷ

06 집중 연습

전체집합 $U=\{x \mid x$는 20 이하의 자연수$\}$의 부분집합 A, B가 다음 조건을 만족시킨다.

(가) $n(A)=n(B)=7$, $n(A\cap B)=1$
(나) A의 서로 다른 두 원소의 곱은 6의 배수가 아니다.
(다) B의 서로 다른 두 원소의 합은 8의 배수가 아니다.

A, B의 모든 원소의 합을 각각 $S(A)$, $S(B)$라 할 때, $S(A)-S(B)$의 최댓값을 구하시오.

07 집중 연습

$f(x)$와 $g(x)$는 x^2의 계수가 각각 2, -1인 이차함수이다.
전체집합이 실수 전체의 집합이고,

$A=\{x \mid f(x)=g(x)\}$
$B=\{x \mid f(x)g(x)=0\}$
$C=\{x \mid (f(x)-k)(g(x)-k)=0,\ k$는 자연수$\}$

라 하자. $A=\{\alpha, \beta\}$, $B=\{\alpha, \beta+4\}$, $n(C)=3$이고 C의 원소의 합이 6일 때, 가능한 k의 값을 모두 구하시오.
(단, $\alpha<\beta$)

08

어느 고등학교에서 1학년 학생 300명을 대상으로 봉사 활동 A, B, C에 대한 신청을 받았다. 봉사 활동 A, B, C를 신청한 학생은 각각 110명이고, 봉사 활동 A, B, C를 모두 신청한 학생은 30명이었다. 봉사 활동 A, B, C를 모두 신청하지 않은 학생 수의 최댓값과 최솟값을 구하시오.

Ⅱ. 집합과 명제

05 명제

1 명제와 조건

(1) 참, 거짓을 구분할 수 있는 문장을 명제라 하고,
변수의 값에 따라 참, 거짓이 정해지는 문장이나 식을 조건이라 한다.

(2) 조건 $p(x)$가 참이 되는 x의 값의 집합을 p의 진리집합이라 하고 P로 나타낸다.
$P=\{x|p(x)\}$

(3) 명제나 조건 p의 부정은 $\sim p$로 나타낸다.
$\sim(p$이고 $q)=\sim p$ 또는 $\sim q$, $\sim(p$ 또는 $q)=\sim p$이고 $\sim q$

◆ 진리집합은
$\sim p$ ⇨ P^C
p이고 q ⇨ $P\cap Q$
p 또는 q ⇨ $P\cup Q$

2 $p \longrightarrow q$

(1) 조건 p, q에 대하여 'p이면 q' 꼴의 명제를 생각할 때, p를 가정, q를 결론이라 하고
$p \longrightarrow q$로 나타낸다. 또 $p \longrightarrow q$가 참이면 $p \Longrightarrow q$로 나타낸다.

(2) $p \longrightarrow q$가 참이면 $P\subset Q$이고,
역으로 $P\subset Q$이면 $p \longrightarrow q$가 참이다.

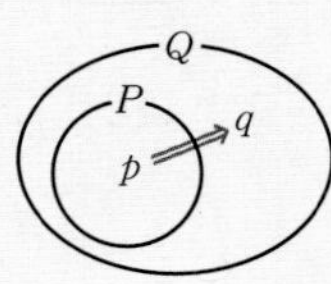

(3) (삼단논법) $p \longrightarrow q$와 $q \longrightarrow r$이 참이면 $p \longrightarrow r$이 참이다.
$p \Longrightarrow q$이고 $q \Longrightarrow r$이면 $p \Longrightarrow r$

◆ $p \longrightarrow q$가 거짓이면
$P\not\subset Q$이고
$P-Q$의 원소를 반례라고 한다.

3 모든과 어떤

(1) '모든 x에 대하여 p이다.'가 참이면 진리집합은 전체집합이고
'어떤 x에 대하여 p이다.'가 거짓이면 진리집합은 공집합이다.

(2) 모든 x에 대하여 $p \xrightarrow{\text{부정}}$ 어떤 x에 대하여 $\sim p$

어떤 x에 대하여 $p \xrightarrow{\text{부정}}$ 모든 x에 대하여 $\sim p$

◆ 조건 p, q는 명제가 아니지만
$p \longrightarrow q$나 모든 p, 어떤 p는
명제이다.

4 역과 대우

(1)

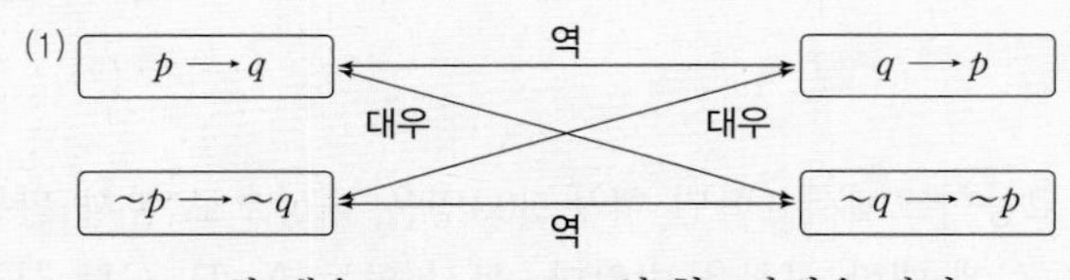

(2) $p \longrightarrow q$와 대우 $\sim q \longrightarrow \sim p$의 참, 거짓은 같다.

◆ $p \longrightarrow q$의 참, 거짓을
판정하기 어려운 경우
대우 $\sim q \longrightarrow \sim p$의
참, 거짓을 조사한다.

5 필요조건과 충분조건

(1) $p \Longrightarrow q$일 때, p는 q이기 위한 충분조건, q는 p이기 위한 필요조건이라 한다.

(2) $p \Longrightarrow q$이고 $q \Longrightarrow p$일 때 p는 q이기 위한 필요충분조건이라 하고 $p \Longleftrightarrow q$로 나타낸다.

◆ p는 q이기 위한 충분조건
$=p \Longrightarrow q$
$=P\subset Q$

6 간접증명법

(1) 대우증명법: 대우가 참임을 증명한다.

(2) 귀류법: 명제의 결론을 부정한 다음 모순임을 보여 원래 명제가 참임을 보인다.

7 절대부등식

(1) 기본 부등식

① $a^2\pm ab+b^2\geq 0$ (단, 등호는 $a=b=0$일 때 성립)

② $a^2+b^2+c^2-ab-bc-ca\geq 0$ (단, 등호는 $a=b=c$일 때 성립)

(2) 산술평균과 기하평균의 관계

$a>0$, $b>0$일 때, $\dfrac{a+b}{2}\geq\sqrt{ab}$ (단, 등호는 $a=b$일 때 성립)

(3) 코시-슈바르츠 부등식

$(a^2+b^2)(x^2+y^2)\geq(ax+by)^2$ $\left(\text{단, 등호는 } \dfrac{x}{a}=\dfrac{y}{b}\text{일 때 성립}\right)$

◆ 부등식은 실수에서만 생각한다.

◆ 실수의 대소에 대한 성질
① $a>b \Longleftrightarrow a-b>0$
② $a^2\geq 0$
③ $a>0$, $b>0$이면 $ab>0$
④ $a<b$이면 $a+c<b+c$

시험에 꼭 나오는 문제

정답 및 풀이 66쪽

유형 1 명제와 조건

01

다음 중 참인 명제를 모두 고르면? (정답 2개)

① 12의 약수이면 4의 약수이다.
② 이등변삼각형이면 정삼각형이다.
③ x가 6으로 나누어떨어지면 x는 3으로 나누어떨어진다.
④ $x^2-1=0$이면 $x^3-1=0$이다.
⑤ a, b가 실수일 때, $a^2+b^2=0$이면 $a+b=0$이다.

02

$y=x+\sqrt{2}$일 때, 다음 중 참인 명제는?

① x가 무리수이면 y도 무리수이다.
② x가 무리수이면 y는 유리수이다.
③ x가 유리수이면 y는 무리수이다.
④ x가 유리수이면 $x+y$도 유리수이다.
⑤ x가 실수이면 $x+y$는 유리수이다.

03

x, y, z가 실수일 때, 조건 $x^2+y^2+z^2=0$의 부정과 같은 것은?

① x, y, z는 모두 0이 아니다.
② x, y, z는 모두 다른 수이다.
③ x, y, z 중 적어도 하나는 0이다.
④ x, y, z 중 적어도 하나는 0이 아니다.
⑤ x, y, z 중 적어도 하나는 다른 수이다.

유형 2 진리집합

04

$0\le x\le 3$, $0\le y\le 3$인 정수 x, y에 대하여 조건 p, q가

p: $x^2-4x+y^2-4y+7=0$, q: $x-y=1$

일 때, '$\sim p$이고 $\sim q$'를 만족시키는 순서쌍 (x, y)의 개수를 구하시오.

05

실수에서 정의된 조건 p, q, r이

p: $-2\le x\le 4$ 또는 $x\ge 7$, q: $x\ge -3$, r: $x<-2$

일 때, 다음 중 참인 명제는?

① $p \longrightarrow q$ ② $p \longrightarrow r$ ③ $q \longrightarrow p$
④ $q \longrightarrow r$ ⑤ $r \longrightarrow p$

06

실수에서 정의된 조건

p: $x\le 0$ 또는 $x\ge 1$, q: $a-1<x<a+1$

에 대하여 명제 $\sim p \longrightarrow q$가 참일 때, 실수 a의 값의 범위를 구하시오.

07

전체집합을 U, 조건 p, q의 진리집합을 P, Q라 하자. 명제 $p \longrightarrow \sim q$가 참일 때, 다음 중 항상 옳은 것은?

① $P^C\cup Q=U$ ② $P^C\cap Q=\varnothing$ ③ $P-Q=P$
④ $P\cap Q=P$ ⑤ $P\cap Q=Q$

08

전체집합이 U이고 조건 p, q, r의 진리집합이 P, Q, R이다. P, Q, R의 벤 다이어그램이 오른쪽과 같을 때, 다음 중 참인 명제를 모두 고르면? (정답 2개)

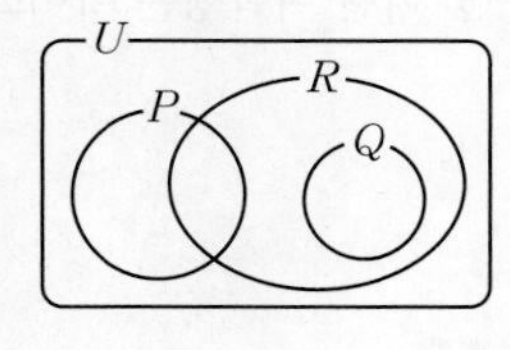

① $\sim p \longrightarrow q$ ② $\sim r \longrightarrow \sim q$
③ $p \longrightarrow \sim r$ ④ (p이고 r) $\longrightarrow \sim q$
⑤ (p 또는 q) $\longrightarrow r$

STEP A 시험에 꼭 나오는 문제

09

전체집합을 U, 조건 p, q의 진리집합을 P, Q라 하자.
명제 $\sim p \longrightarrow \sim q$가 거짓임을 보일 수 있는 원소가 속하는 집합은?

① P^C　② Q^C　③ $P-Q$
④ $Q-P$　⑤ $(P \cup Q)^C$

유형 3 '모든'과 '어떤'을 포함한 명제

10

전체집합 $U=\{-3, -2, -1, 0, 1, 2, 3\}$이고
x, y가 U의 원소일 때, 다음 중 참인 명제는?

① 모든 x에 대하여 $x^2>0$이다.
② 어떤 x에 대하여 $x^2>11$이다.
③ 모든 x에 대하여 $|x+1|<3$이다.
④ 어떤 x, y에 대하여 $x^2+y^2=1$이다.
⑤ 모든 x, y에 대하여 $x^2+y^2>0$이다.

11

'모든 여학생은 아이스크림을 좋아한다.'의 부정으로 옳은 것은?

① 모든 여학생은 아이스크림을 좋아하지 않는다.
② 여학생이라면 아이스크림을 좋아하지 않는다.
③ 아이스크림을 좋아하지 않는 여학생도 있다.
④ 아이스크림을 좋아하는 여학생은 없다.
⑤ 어떤 여학생은 아이스크림을 좋아한다.

12

전체집합이 실수 전체의 집합이고 명제

'어떤 실수 x에 대하여 $x^2-2kx-2k+3<0$이다.'

의 부정이 참일 때, 실수 k의 값의 범위를 구하시오.

13

보기에서 부정이 참인 명제만을 있는 대로 고른 것은?

보기
ㄱ. 모든 실수 x에 대하여 $x+1<3$이다.
ㄴ. 모든 짝수 x에 대하여 x^2은 짝수이다.
ㄷ. 어떤 실수 x에 대하여 $x^2+2=0$이다.

① ㄱ　② ㄴ　③ ㄱ, ㄷ
④ ㄴ, ㄷ　⑤ ㄱ, ㄴ, ㄷ

14

두 명제

'$x>0$인 어떤 실수 x에 대하여 $x+a<0$',
'$x<1$인 모든 실수 x에 대하여 $x-a-2\le 0$'

이 모두 참일 때, 실수 a의 값의 범위를 구하시오.

15

실수에서 정의된 조건

p: $x^2-2x-15<0$,　q: $k-2<x\le k+3$

에 대하여 명제 '어떤 x에 대하여 p이고 q이다.'가 참일 때, 실수 k의 값의 범위를 구하시오.

16

P가 전체집합 $U=\{1, 2, 3, 6\}$의 공집합이 아닌 부분집합일 때, 명제

'집합 P의 어떤 원소는 3의 배수이다.'

가 참인 P의 개수는?

① 4　② 8　③ 12
④ 16　⑤ 20

정답 및 풀이 67쪽

유형 4 역과 대우

17

x, y가 실수일 때, 다음 명제 중 대우가 거짓인 것을 모두 고르면? (정답 2개)

① x가 4의 배수이면 x는 16의 배수이다.
② $x=2$이면 $x^3=8$이다.
③ $xy\neq 0$이면 $x\neq 0$이다.
④ $x^2>3x$이면 $x>3$이다.
⑤ $x>1$이면 $x^2>1$이다.

18

보기에서 역이 참인 명제만을 있는 대로 고른 것은?

보기
ㄱ. n이 자연수일 때, n이 홀수이면 n^2은 홀수이다.
ㄴ. m, n이 자연수일 때, $m+n$이 짝수이면 mn은 짝수이다.
ㄷ. x, y가 실수일 때, $xy<0$이면 $x^2+y^2>0$이다.

① ㄱ ② ㄷ ③ ㄱ, ㄴ
④ ㄴ, ㄷ ⑤ ㄱ, ㄴ, ㄷ

19

실수에서 정의된 조건

p: $-3\leq x<\frac{a}{2}$, q: $x\leq -a$ 또는 $x>4$

에 대하여 명제 $\sim q \longrightarrow p$의 역이 참일 때,
양수 a의 값의 범위를 구하시오.

20

명제 '$x^2-6x+4\neq 0$이면 $x-a\neq 0$이다.'가 참일 때, a의 값의 합을 구하시오.

유형 5 필요조건, 충분조건

21

x, y가 실수일 때, 다음 중 조건 p, q에 대하여 다음 중 p는 q이기 위한 필요조건이지만 충분조건이 아닌 것은?

① p: $x=1$ q: $x^2+x-2=0$
② p: $xy=0$ q: $x^2+y^2=0$
③ p: $x^2=y^2$ q: $|x|=|y|$
④ p: $xy<0$ q: $x<0$ 또는 $y<0$
⑤ p: x는 8의 배수 q: x는 2의 배수

22

a, b가 실수일 때, 조건

p: $|a|+|b|=0$, q: $a^2-2ab+b^2=0$
r: $|a+b|=|a-b|$

에 대하여 **보기**에서 옳은 것만을 있는 대로 고른 것은?

보기
ㄱ. r은 q이기 위한 충분조건이다.
ㄴ. p는 q이기 위한 충분조건이다.
ㄷ. q이고 r은 p이기 위한 필요충분조건이다.

① ㄱ ② ㄷ ③ ㄱ, ㄷ
④ ㄴ, ㄷ ⑤ ㄱ, ㄴ, ㄷ

23

실수에서 정의된 조건 p, q, r이 다음과 같다.

p: $x^2-3x-40<0$, q: $x^2+2x-8\leq 0$
r: $|x-a|\leq 6$

r은 p이기 위한 충분조건이고 q이기 위한 필요조건일 때, 실수 a의 값의 범위를 구하시오.

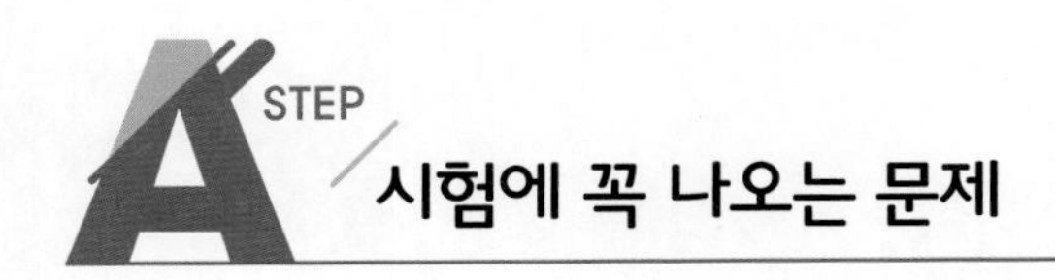

STEP A 시험에 꼭 나오는 문제

24

조건 p, q가 다음과 같다.

p: $x^2-x-6=0$, q: $x^3+ax^2+bx+c=0$

p는 q이기 위한 필요충분조건일 때, 실수 a, b, c의 값을 모두 구하시오.

25

조건 p, q, r에 대하여 명제 $\sim q \longrightarrow p$와 $\sim r \longrightarrow \sim q$가 모두 참일 때, 다음 중 참인 명제는?

① $p \longrightarrow r$ ② $p \longrightarrow \sim q$ ③ $\sim p \longrightarrow r$
④ $r \longrightarrow q$ ⑤ $q \longrightarrow p$

유형 6 절대부등식

26

a, b, c가 실수일 때, 다음 중 참이 아닌 부등식을 모두 고르면? (정답 2개)

① $a^2-ab+b^2 \geq 0$
② $a+b \geq 2\sqrt{ab}$
③ $a^2+b^2+c^2-ab-bc-ca>0$
④ $|a+b| \leq |a|+|b|$
⑤ $|a-b| \geq |a|-|b|$

27

a, b가 양수일 때,

$$A=\sqrt{\frac{a^2+b^2}{2}},\ B=\sqrt{ab},\ C=\frac{a^2+b^2}{a+b}$$

의 대소 관계는?

① $A<B<C$ ② $A \leq C \leq B$ ③ $B<C<A$
④ $B \leq A \leq C$ ⑤ $C \leq B \leq A$

유형 7 산술평균과 기하평균의 관계

28

$x>0$, $y>0$일 때, $\left(4x+\frac{1}{y}\right)\left(\frac{1}{x}+16y\right)$의 최솟값은?

① 34 ② 36 ③ 38
④ 40 ⑤ 42

29

x, y가 실수이고 $x^2+3y^2=6$일 때, xy의 최솟값은?

① $-2\sqrt{3}$ ② $-\sqrt{3}$ ③ 0
④ $\sqrt{3}$ ⑤ $2\sqrt{3}$

30

$a>0$, $b>0$이고 $a+b=4$일 때, $\frac{a^2+1}{a}+\frac{b^2+1}{b}$의 최솟값을 구하시오.

31

어느 농부가 길이가 60 m인 철망으로 그림과 같이 작은 직사각형 4개로 이루어진 직사각형 모양의 우리를 만들려고 한다. 우리 전체 넓이의 최댓값은? (단, 철망의 두께는 생각하지 않는다.)

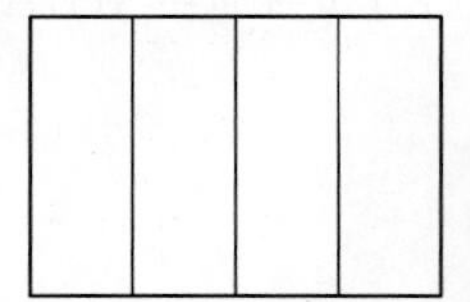

① 60 m^2 ② 70 m^2 ③ 80 m^2
④ 90 m^2 ⑤ 100 m^2

정답 및 풀이 69쪽

유형 8 명제의 증명과 활용

32

n이 자연수일 때, 명제

'n^2이 3의 배수이면 n은 3의 배수이다.'

가 참임을 증명하는 과정이다.

> 주어진 명제의 대우가 참임을 증명한다.
>
> '[(대우)]'
>
> n이 자연수이고 3의 배수가 아니면
>
> $n=3k-1$ 또는 $n=3k-2$ (k는 자연수)이다.
>
> (i) $n=3k-1$인 경우
>
> $n^2=3($ (가) $)+1$이고 (가) 는 자연수이므로
>
> n^2은 3의 배수가 아니다.
>
> (ii) $n=3k-2$인 경우
>
> $n^2=3($ (나) $)+1$이고 (나) 는 음이 아닌 정수이므로 n^2은 3의 배수가 아니다.
>
> 따라서 주어진 명제는 참이다.

주어진 명제의 대우를 쓰고, (가), (나)에 알맞은 식을 써넣으시오.

33

귀류법을 이용하여 a, b가 자연수일 때, 명제

'방정식 $x^2+ax-b=0$의 한 근이 자연수이면

a, b 중 적어도 하나는 짝수이다.'

가 참임을 증명하는 과정이다.

> a, b가 모두 (가) 라 가정하자.
>
> 방정식 $x^2+ax-b=0$의 자연수인 근을 m이라 하면
>
> $m^2+am=b$
>
> (i) m이 홀수일 때, m^2은 홀수, am은 홀수이다.
>
> $b=m^2+am$은 (나) 이므로 가정에 모순이다.
>
> (ii) m이 짝수일 때, m^2은 짝수, am은 (다) 이다.
>
> $b=m^2+am$은 (나) 이므로 가정에 모순이다.
>
> (i), (ii)에서 a, b 중 적어도 하나는 짝수이다.

(가), (나), (다)에 차례로 알맞은 것은?

① 짝수, 짝수, 짝수　② 홀수, 짝수, 짝수
③ 짝수, 홀수, 홀수　④ 홀수, 홀수, 홀수
⑤ 홀수, 짝수, 홀수

34

귀류법을 이용하여 다음 명제를 증명하시오.

'$\sqrt{2}$는 무리수이다.'

35

한쪽 면에는 숫자, 다른 쪽 면에는 영어 알파벳이 한 개씩 적힌 카드 6장과 다음 규칙이 있다.

> [규칙] 카드의 한쪽 면에 홀수가 적혀 있으면
> 다른 쪽 면에는 알파벳 자음이 적혀 있다.

카드의 한쪽 면에 1, 4, 7, a, g, i가 한 개씩 적혀 있을 때, 규칙에 맞는 카드인지 알기 위해 다른 쪽 면을 반드시 확인해야 할 카드에 적힌 것을 모두 고른 것은?

① 1, 4, g　② 1, 7, g　③ 1, 7, a, i
④ 4, a, i　⑤ 4, 7, a, i

36

A, B, C, D 네 사람 중 한 사람만 휴대폰을 가지고 있다. 그런데 네 사람이 다음과 같이 엇갈린 말을 하고 있다.

> A: B는 휴대폰을 가지고 있다.
> B: C는 휴대폰을 가지고 있지 않다.
> C: 나는 휴대폰을 가지고 있다.
> D: C는 거짓말을 하고 있다.

이 중 한 사람의 말만 거짓일 때, 거짓말을 한 사람과 휴대폰을 가지고 있는 사람은?

	거짓말을 한 사람	휴대폰을 가지고 있는 사람
①	A	B
②	A	D
③	B	C
④	C	B
⑤	D	A

STEP

1등급 도전 문제

01

조건 p, q, r의 진리집합을 P, Q, R이라 하자.
$(P\cup Q)\cap R=\varnothing$일 때, 다음 중 참인 명제는?

① $p \longrightarrow q$　② $q \longrightarrow r$
③ $p \longrightarrow \sim r$　④ $\sim q \longrightarrow r$
⑤ $\sim r \longrightarrow p$

02

전체집합을 U, 조건 p, q, r의 진리집합을 P, Q, R이라 하자.
$U\neq\varnothing$이고

$$P-Q=\varnothing,\ Q^{C}\cup R=U,\ P\cup R=U$$

일 때, 다음 중 참인 명제를 모두 고르면? (정답 2개)

① $r \longrightarrow p$　② $\sim p \longrightarrow q$
③ $\sim q \longrightarrow r$　④ (p 또는 $\sim q$) $\longrightarrow r$
⑤ ($\sim p$이고 r) $\longrightarrow q$

03

전체집합을 U, 조건 p, q, r의 진리집합을 P, Q, R이라 하자.

$$\sim p \longrightarrow r,\ r \longrightarrow \sim q,\ \sim r \longrightarrow q$$

가 모두 참일 때, **보기**에서 항상 옳은 것만을 있는 대로 고른 것은?

보기
ㄱ. $P^{C}\subset R$　ㄴ. $P\subset Q$　ㄷ. $P\cap Q=R^{C}$

① ㄱ　② ㄴ　③ ㄱ, ㄷ
④ ㄴ, ㄷ　⑤ ㄱ, ㄴ, ㄷ

04

실수 x에 대하여 조건

$$p: x^2-3ax+2a^2\leq 0,\ \ q: x^2-3x-10\leq 0$$

이 있다. 명제 $p \longrightarrow q$와 $p \longrightarrow \sim q$가 모두 거짓일 때, 정수 a의 개수를 구하시오.

05 서술형

전체집합이 $U=\{x\,|\,0\leq x\leq 2\}$이고 명제

'어떤 실수 x에 대하여 $x^2-2kx+k^2-9\geq 0$'

의 부정이 참일 때, 실수 k의 값의 범위를 구하시오.

06 집중 연습

전체집합이 U이고 집합 A, B, C는 공집합이 아니다.

(가) $x\in A$인 어떤 x에 대하여 $x\in B$이다.
(나) $x\in C$인 모든 x에 대하여 $x\notin B$이다.
(다) $x\notin A$인 모든 x에 대하여 $x\notin C$이다.

(가), (나), (다)가 모두 참일 때, 다음 중 옳지 않은 것은?

① $(A\cap C)\subset B^{C}$　② $A\cap B\cap C=\varnothing$
③ $B\cap(B\cap C)^{C}=B$　④ $A^{C}\cup B\cup C=U$
⑤ $(A\cup C)-(A\cap C)=A\cap C^{C}$

정답 및 풀이 72쪽

07

전체집합이 U이고

$A\cap B=\{1, 2\}$, $A^C\cup B^C=\{3, 4, 5, 6\}$

이다. 다음 조건을 만족시키는 집합 B를 구하시오.

(가) $S=\{X \mid X\subset U\}$
(나) S의 어떤 원소 X에 대하여 $A\cap X=\{3, 6\}$이다.
(다) S의 모든 원소 X에 대하여 $n((A\cup X)-B)=2$이다.

08 집중 연습

전체집합이 $U=\{x \mid x^2-4x+3\le 0\}$일 때, 다음 명제가 참인 m, n의 값의 범위를 구하시오.

'모든 x에 대하여 $m(2x-1)<x^2+2<n(2x-1)$'

09

a, b가 실수일 때, 다음 중 역과 대우가 모두 참인 명제는?

① 정삼각형은 이등변삼각형이다.
② $a>1$이고 $b>1$이면 $a+b>2$이다.
③ $ab>0$이면 $a>0$이고 $b>0$이다.
④ $|a|+|b|=0$이면 $a=0$이고 $b=0$이다.
⑤ $ab\ne 8$이면 $a\ne 2$ 또는 $b\ne 4$이다.

10 서술형

실수에서 정의된 조건

p: $a<x<a+4b+1$, q: $b+1<x<ab+2a$

에 대하여 명제 $p \longrightarrow q$의 역과 대우가 모두 참일 때, 실수 a, b의 값을 모두 구하시오.

11

조건 p, q, r, s에 대하여 명제 $p \longrightarrow \sim q$와 $\sim s \longrightarrow r$이 모두 참이다. 다음 중 $\sim r \longrightarrow \sim q$가 참이기 위해 필요한 참인 명제를 모두 고르면? (정답 2개)

① $s \longrightarrow p$
② $s \longrightarrow q$
③ $q \longrightarrow \sim r$
④ $\sim p \longrightarrow r$
⑤ $\sim q \longrightarrow \sim r$

12

학생 A, B, C, D가 어떤 문제를 풀려고 시도하였다. 다음이 모두 참일 때, 문제를 푼 학생을 모두 쓰시오.

(가) A가 풀었으면 C도 풀었다.
(나) B가 못 풀었으면 C도 못 풀었다.
(다) D가 풀었으면 A도 풀었다.
(라) A가 못 풀었거나 B가 풀었으면 D는 풀었다.

B STEP 1등급 도전 문제

13

전체집합을 U, 조건 p, q의 진리집합을 P, Q라 하자. q는 $\sim p$이기 위한 충분조건이지만 필요조건은 아닐 때, 다음 중 항상 옳은 것을 모두 고르면? (정답 2개)

① $P \cup Q = P$　② $P \cap Q = \varnothing$
③ $P \cap Q^C = \varnothing$　④ $P \cup Q^C = U$
⑤ $P \cup Q \neq U$

14

실수에서 정의된 조건

p: $x^2-2x-15>0$,　q: $x^2-(2+a)x+2a \le 0$

에 대하여 $\sim p$는 q이기 위한 필요조건일 때, 정수 a의 개수는?

① 7　② 8　③ 9
④ 10　⑤ 11

15

$a>0$, $b>0$, $c>0$일 때, **보기**에서 옳은 것만을 있는 대로 고른 것은?

보기

ㄱ. $\frac{1}{a}+\frac{1}{b} \ge \frac{4}{a+b}$
ㄴ. $\sqrt{a}+\sqrt{b} > \sqrt{a+b}$
ㄷ. $a+b+c > \sqrt{ab}+\sqrt{bc}+\sqrt{ca}$

① ㄱ　② ㄱ, ㄴ　③ ㄱ, ㄷ
④ ㄴ, ㄷ　⑤ ㄱ, ㄴ, ㄷ

16 서술형

$x>2$일 때, $\frac{3x^2-6x+27}{x-2}$의 최솟값을 구하고, 최솟값을 가질 때 x의 값을 구하시오.

17

x, y, z가 양수일 때, $\left(\frac{1}{x+y}+\frac{1}{z}\right)(x+y+9z)$의 최솟값은?

① 12　② 14　③ 16
④ 18　⑤ 20

18

a, b가 양수이고 $3a+2b=1$이다. $\frac{3}{a}+\frac{2}{b}$의 최솟값을 구하고, 최솟값을 가질 때 a, b의 값을 구하시오.

정답 및 풀이 74쪽

19 집중 연습

$a>0$, $b>0$이고 $ab+2a+3b=18$일 때, ab의 최댓값을 구하시오.

20

좌표평면 위에서 점 $(2,\ 8)$을 지나는 직선이 있다. 이 직선이 양의 x축과 만나는 점을 A, 양의 y축과 만나는 점을 B라 할 때, $\overline{OA}+\overline{OB}$의 최솟값은? (단, O는 원점)

① 14 ② 16 ③ 18
④ 20 ⑤ 22

21 집중 연습

그림과 같이 $\overline{AB}=3$, $\overline{AC}=6$, $\angle A=30°$인 삼각형 ABC가 있다. 변 BC 위의 한 점 P에서 두 직선 AB, AC에 내린 수선의 발을 각각 M, N이라 할 때,

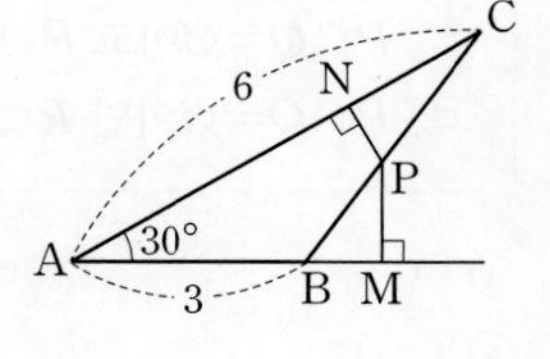

$\dfrac{3}{\overline{PM}}+\dfrac{6}{\overline{PN}}$의 최솟값을 구하시오.

22

다음은 명제

'm, n이 자연수일 때, m^4+4^n이 소수이고
$m\neq 1$ 또는 $n\neq 1$이면 m은 홀수이고 n은 짝수이다.'

가 참임을 증명한 것이다.

> m이 짝수이거나 n이 홀수라 가정하자.
>
> (i) m이 짝수이면 $m=2j$ (j는 자연수)라 할 수 있다.
> $$m^4+4^n=4\times(4j^4+4^{n-1})$$
> 곧, m^4+4^n은 [(가)].
> 따라서 가정에 모순이므로 m은 홀수이다.
>
> (ii) n이 홀수이면 $n=2k-1$ (k는 자연수)라 할 수 있다.
> $$m^4+4^n=(\boxed{\text{(나)}})(m^2+m\times 2^k+2\times 4^{k-1})$$
> m^4+4^n은 소수이므로
> [(나)]$=1$ 또는 $m^2+m\times 2^k+2\times 4^{k-1}=1$
> 그런데 $m^2+m\times 2^k+2\times 4^{k-1}>1$이므로
> [(나)]$=1$이다.
> 또, [(나)]$=($[(다)]$)^2+4^{k-1}=1$이므로
> $k=1$, $m=1$이다.
> 따라서 $m=1$, $n=1$이고, 가정에 모순이므로
> n은 짝수이다.
>
> (i), (ii)에서 주어진 명제는 참이다.

위 증명에서 (가), (나), (다)에 알맞은 것을 순서대로 적은 것은?

	(가)	(나)	(다)
①	소수가 아니다	$m^2-m\times 2^k+2\times 4^{k-1}$	$m-2^{k-1}$
②	소수이다	$m^2-m\times 2^k+2\times 4^{k-1}$	$m-2^{k-1}$
③	소수가 아니다	$m^2-m\times 2^{k+1}+5\times 4^{k-1}$	$m-2^k$
④	소수이다	$m^2-m\times 2^{k+1}+5\times 4^{k-1}$	$m-2^k$
⑤	소수가 아니다	$m^2-m\times 2^{k+1}+17\times 4^{k-1}$	$m-2^{k+1}$

23

n이 2 이상인 자연수일 때, $\sqrt{n^2-1}$이 무리수임을 증명하시오.

STEP

절대등급 완성 문제

01 집중 연습

명제

'$|x|+|y|=k$를 만족시키는 어떤 실수의 순서쌍 (x, y)에 대하여 $x^2+y^2=4$이다.'

가 참일 때, 실수 k의 최솟값을 m, 최댓값을 M이라 하자. m^2+M^2의 값은?

① 8 ② 10 ③ 12
④ 14 ⑤ 16

02

전체집합이 $U=\{x|x$는 100 이하의 자연수$\}$이고, A는 U의 부분집합이다. 명제

'$2a\in A$이면 $a\notin A$이다.'

가 참일 때, $n(A)$의 최댓값은?

① 65 ② 67 ③ 69
④ 71 ⑤ 73

03 집중 연습

이차함수 $f(x)=x^2+1$에 대하여

$g(x)=-2f(x-t)+12$,

$$h(x)=\begin{cases} f(x) & (f(x)\geq g(x)) \\ g(x) & (f(x)\leq g(x)) \end{cases}$$

라 하자. 다음 명제가 참일 때 가능한 자연수 k의 개수를 구하시오.

'어떤 실수 t에 대하여 $y=h(x)$의 그래프와 직선 $y=k$는 서로 다른 세 점에서 만난다.'

04 집중 연습

a, b, c가 양수이고 실수에서 정의된 세 조건

p: $ax^2-bx+c<0$,

q: $cx^2-bx+a<0$,

r: $(x-1)^2\leq 0$

의 진리집합을 각각 P, Q, R이라 할 때, **보기**에서 항상 옳은 것만을 있는 대로 고른 것은?

보기

ㄱ. $R\subset P$이면 $R\subset Q$이다.

ㄴ. $P\cap Q=\varnothing$이고 $P\cup Q\neq\varnothing$이면 $R\subset P$ 또는 $R\subset Q$이다.

ㄷ. $P\cap Q\neq\varnothing$이면 $R\subset(P\cap Q)$이다.

① ㄱ ② ㄴ ③ ㄱ, ㄷ
④ ㄴ, ㄷ ⑤ ㄱ, ㄴ, ㄷ

정답 및 풀이 78쪽

05

$\overline{AB}=3$, $\overline{BC}=4$이고 $\angle B=90^\circ$인 삼각형 ABC가 있다. 점 P와 Q는 각각 변 AB와 BC 위를 움직이고 삼각형 PBQ의 넓이는 삼각형 ABC의 넓이의 $\frac{1}{6}$이다. 점 R이 변 AC를 $1:4$로 내분하는 점일 때, 삼각형 PQR의 넓이의 최솟값을 구하시오.

06

높이가 6인 정삼각형 ABC의 내부의 한 점 P에서 그림과 같이 각 변에 내린 수선의 길이를 각각 x, y, z라 할 때, 다음을 구하시오.

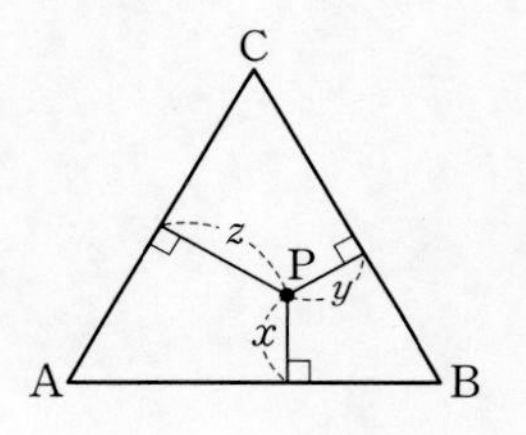

(1) $x^2+y^2+z^2$의 최솟값

(2) $xy+yz+zx$의 최댓값

07 집중 연습

한 변의 길이가 1인 정사각형이 있다. 서로 수직인 두 선분을 이용하여 그림과 같이 직사각형 네 개로 나누고 넓이를 각각 A, B, C, D라 하자. **보기**에서 옳은 것만을 있는 대로 고른 것은?

A	B
C	D

보기

ㄱ. $A>\frac{1}{4}$이면 $C<\frac{1}{4}$이다.

ㄴ. $A<\frac{1}{4}$이면 $D>\frac{1}{4}$이다.

ㄷ. $A>\frac{1}{4}$이면 $D<\frac{1}{4}$이다.

① ㄱ ② ㄴ ③ ㄷ
④ ㄱ, ㄷ ⑤ ㄴ, ㄷ

08

귀류법을 이용하여 $x^2+y^2=1004$인 정수 x, y가 존재하지 않음을 증명하시오.

Ⅲ. 함수와 그래프

06 함수

1 함수

(1) 집합 X의 모든 원소에 집합 Y의 원소가 하나씩 대응할 때, 이 대응을 함수라 한다.
함수 f에 의해 X의 원소 x에 대응하는 Y의 원소 y를 x의 함숫값이라 하고 $y=f(x)$로 나타낸다.

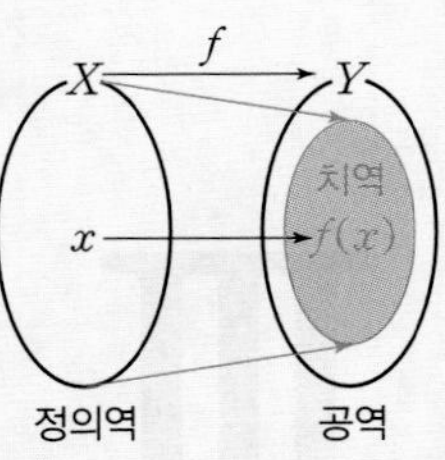

(2) 함수 $f: X \longrightarrow Y$에서 X를 정의역, Y를 공역, 함숫값의 집합 $\{f(x) | x \in X\}$를 치역이라 한다.

(3) 순서쌍의 집합 $\{(x, f(x)) | x \in X\}$를 f의 그래프라 한다.
X와 Y가 실수의 부분집합이면 그래프는 좌표평면에 나타낼 수 있다.

◆ 함수 f, g의 정의역과 공역이 같고 정의역의 모든 원소 x에 대하여 $f(x)=g(x)$이면 $f=g$이다.

2 여러 가지 함수

함수 $f: X \longrightarrow Y$에 대하여

(1) 일대일함수: X의 모든 원소 x_1, x_2에 대하여 $x_1 \neq x_2$이면 $f(x_1) \neq f(x_2)$이다.

참고 대우 '$f(x_1)=f(x_2)$이면 $x_1=x_2$이다.'가 성립하는 함수라 해도 된다.

(2) 일대일대응: f가 일대일함수이고, 치역과 공역이 같다.

(3) 항등함수: 모든 x에 대하여 $f(x)=x$, 곧 x에 자기 자신 x가 대응한다.

(4) 상수함수: $f(x)=c$, 곧 함숫값이 항상 c이다.

◆ 항등함수를 I로도 나타낸다. 곧, $I(x)=x$

3 합성함수

(1) 함수 $f: X \longrightarrow Y$, $g: Y \longrightarrow Z$에 대하여
X의 원소 x에 집합 Z의 원소 $g(f(x))$를 대응시키는 함수를 f와 g의 합성함수라 하고 $g \circ f$로 나타낸다.

$$(g \circ f)(x)=g(f(x))$$

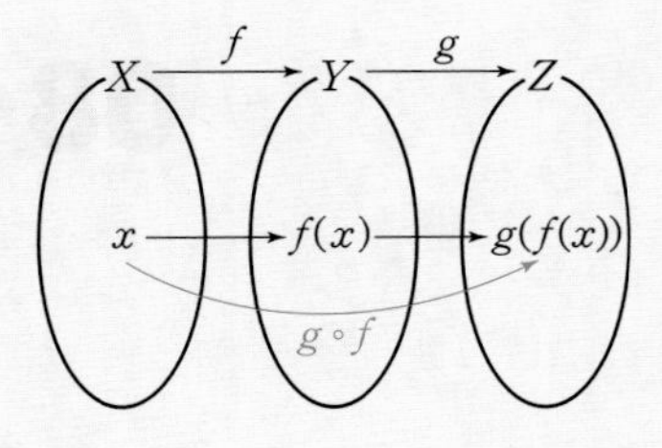

(2) 합성함수의 성질

① 교환법칙이 성립하지 않는다. 곧, $f \circ g \neq g \circ f$

② 결합법칙이 성립한다. 곧, $(f \circ g) \circ h = f \circ (g \circ h)$
결합법칙이 성립하므로 괄호를 생략하고 $f \circ g \circ h$로 나타낸다.

③ 항등함수 I에 대하여 $f \circ I = f$, $I \circ f = f$

◆ $g(f(x))$는 $g(x)$의 x에 $f(x)$를 대입하여 구한다.

◆ $f \circ g \neq g \circ f$라는 것은 모든 f, g에 대하여 성립하지는 않는다는 뜻이다.

4 역함수

(1) $f: X \longrightarrow Y$가 일대일대응일 때, Y의 $f(x)$에 X의 x를 대응시키는 함수를 f의 역함수라 하고 f^{-1}로 나타낸다.

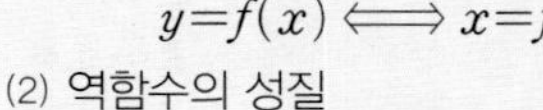

$$y=f(x) \Longleftrightarrow x=f^{-1}(y)$$

(2) 역함수의 성질

① 역함수의 정의역은 원함수의 치역, 역함수의 치역은 원함수의 정의역이다.

② 역함수의 역함수는 자기 자신이다. 곧, $(f^{-1})^{-1}=f$

③ $(f^{-1} \circ f)(x)=x$, $(f \circ f^{-1})(y)=y$, 곧 $f^{-1} \circ f = I$, $f \circ f^{-1} = I$

④ g의 역함수가 있을 때 $(g \circ f)^{-1} = f^{-1} \circ g^{-1}$

◆ 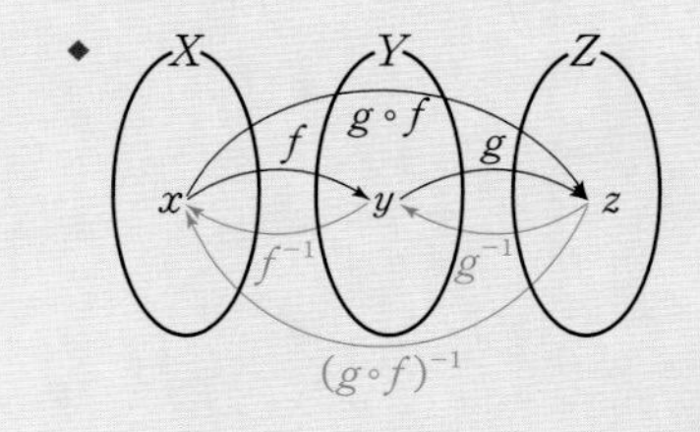

(3) 역함수의 그래프

점 (a, b)가 $y=f(x)$의 그래프 위의 점이면 $b=f(a)$, 곧 $a=f^{-1}(b)$이므로 점 (b, a)는 $y=f^{-1}(x)$의 그래프 위의 점이다.

$y=f(x)$와 $y=f^{-1}(x)$의 그래프는 직선 $y=x$에 대칭이다.

(4) 역함수를 구하는 방법

① $y=f(x)$에서 $x=$(y에 대한 식)으로 정리한다.

② x와 y를 바꾸고, 필요하면 역함수의 정의역($f(x)$의 치역)을 나타낸다.

시험에 꼭 나오는 문제

정답 및 풀이 81쪽

유형 1 함수

01

집합 $X=\{-1, 0, 1, 2\}$에서 집합 $Y=\{0, 1, 2, 3, 4\}$로의 함수가 아닌 것을 모두 고르면?

① $y=x+2$ ② $y=(x-1)^2$
③ $y=-|x|+1$ ④ $y=x^3-1$
⑤ $y=\begin{cases} 2 & (x>0) \\ 0 & (x\le 0) \end{cases}$

02

정의역이 $X=\{1, \sqrt{2}, \sqrt{3}, 2\}$인 함수

$$f(x)=\begin{cases} 2x & (x\text{는 유리수}) \\ x^2 & (x\text{는 무리수}) \end{cases}$$

의 치역을 구하시오.

03

정의역이 $X=\{x|x\ge a\}$인 함수 $f(x)=x^2-2x+4$의 치역이 $Y=\{y|y\ge b\}$일 때, **보기**에서 옳은 것만을 있는 대로 고른 것은?

보기
ㄱ. $a=0$이면 $b=4$이다.
ㄴ. $a>1$이면 $b=f(a)$이다.
ㄷ. $b=3$이면 $a\le 1$이다.

① ㄱ ② ㄴ ③ ㄱ, ㄴ
④ ㄴ, ㄷ ⑤ ㄱ, ㄴ, ㄷ

04

집합 $X=\left\{-\frac{1}{2}, \frac{1}{2}\right\}$에서 집합 $Y=\{-1, 0, 1\}$로의 함수 f, g를

$$f(x)=[x]^2-1,\quad g(x)=ax+b$$

라 하자. $f=g$일 때, a, b의 값을 구하시오.
(단, $[x]$는 x보다 크지 않은 최대 정수)

유형 2 일대일함수, 일대일대응, 항등함수

05

실수 전체의 집합 R에서 R로의 함수

$$f(x)=|x-2|+kx-6$$

이 일대일대응일 때, k의 값의 범위를 구하시오.

06

집합 $X=\{x|x\le k\}$에서 집합 $Y=\{y|y\ge k+3\}$으로의 함수 $f(x)=x^2-x$가 일대일대응일 때, k의 값은?

① -1 ② 0 ③ 1
④ 2 ⑤ 3

07

실수 전체의 집합 R에서 R로의 함수

$$f(x)=\begin{cases} x^2+8x+9 & (x\ge -1) \\ (-a+7)x+b & (x<-1) \end{cases}$$

이 일대일대응일 때, 자연수 a, b의 순서쌍 (a, b)의 개수는?

① 3 ② 4 ③ 5
④ 6 ⑤ 7

08

집합 $X=\{1, 2, 3\}$에서 X로의 함수 f, g, h가 다음 조건을 만족시킨다.

(가) f는 일대일대응, g는 항등함수, h는 상수함수이다.
(나) $f(1)=g(2)=h(3)$
(다) $f(2)+g(1)+h(1)=6$

$f(3)$과 $g(3)$의 값을 구하시오.

STEP A

시험에 꼭 나오는 문제

09

정의역이 실수의 부분집합 X인 함수

$f(x)=x^4-3x^3+x^2+4x-2$

가 있다. f가 항등함수일 때, 공집합이 아닌 X의 개수는?

① 2 ② 3 ③ 4
④ 7 ⑤ 15

10

집합 $X=\{-1, 0, 1\}$에서 X로의 함수 중 $f(x)=f(-x)$를 만족시키는 함수 f의 개수는?

① 1 ② 2 ③ 4
④ 6 ⑤ 9

11

집합 $X=\{1, 2, 3\}$에서 집합 $Y=\{4, 5, 6, 7\}$로의 함수 중에서 (가)를 만족시키는 함수 f의 개수를 m, (나)를 만족시키는 함수 f의 개수를 n이라 하자. $m+n$의 값을 구하시오.

(가) $x_1 \neq x_2$이면 $f(x_1) \neq f(x_2)$이다.
(나) $x_1 < x_2$이면 $f(x_1) < f(x_2)$이다.

유형 3 합성함수

12

함수

$$f(x)=\begin{cases} -2x+5 & (x \geq 2) \\ 1 & (x<2) \end{cases}, \quad g(x)=x^2+x-1$$

일 때, $(f \circ g)(3)+(g \circ f)(0)$의 값은?

① -10 ② -12 ③ -13
④ -15 ⑤ -16

13

함수 $f(x)=\frac{1}{2}x+1$, $g(x)=-x^2+5$이다. 함수 h가 $(f \circ h)(x)=g(x)$를 만족시킬 때, $h(3)$의 값을 구하시오.

14

함수 $f(x)=|x|-3$, $g(x)=\begin{cases} x^2+3 & (x \geq 0) \\ -x^2+3 & (x<0) \end{cases}$이다.

$(g \circ f)(k)=4$일 때, 실수 k의 값의 곱은?

① -16 ② -4 ③ 4
④ 8 ⑤ 16

15

함수 $f(x)=x^2-1$, $g(x)=[x]$, $h(x)=\frac{1}{2}x+1$일 때, **보기**에서 옳은 것만을 있는 대로 고른 것은?
(단, $[x]$는 x보다 크지 않은 최대 정수)

보기
ㄱ. $(f \circ g \circ h)(3)=3$
ㄴ. $(h \circ f)(3)=(g \circ h)(9)$
ㄷ. x가 정수이면 $(g \circ h)(x)=(h \circ g)(x)$이다.

① ㄱ ② ㄱ, ㄴ ③ ㄱ, ㄷ
④ ㄴ, ㄷ ⑤ ㄱ, ㄴ, ㄷ

16

함수 $f(x)=-x^2+a$, $g(x)=\begin{cases} 2x-3 & (x \geq a) \\ x^2+1 & (x<a) \end{cases}$이다.

$(g \circ f)(1)+(f \circ g)(2)=7$일 때, 실수 a의 값을 모두 구하시오.

정답 및 풀이 82쪽

17

함수 $f(x)=2x-3$이고 $g(x)$는 일차함수이다.
$f\circ g=g\circ f$일 때, $y=g(x)$의 그래프가 항상 지나는 점의 좌표를 구하시오.

18

실수 전체의 집합에서 정의된 함수 f, g, h가 다음 조건을 만족시킨다.

> (가) $(h\circ g)(x)=2x-1$
> (나) $(h\circ(g\circ f))(x)=-2x+b$

$f(x)=ax+1$일 때, $a+b$의 값은?

① -3　② -1　③ 0　④ 1　⑤ 3

19

집합 $X=\{1, 2, 3, 4\}$에서 X로의 함수 f는 일대일대응이다.

$(f\circ f)(2)=1$, $(f\circ f)(3)=3$

일 때, $f(1)+f(4)$의 값은?

① 3　② 4　③ 5　④ 6　⑤ 7

20

집합 $X=\{1, 2, 3\}$에서 X로의 함수 중 $(f\circ f)(x)=x$를 만족시키는 함수 f의 개수는?

① 1　② 2　③ 3　④ 4　⑤ 5

유형 4 최대 · 최소, 방정식, 부등식

21

함수 $f(x)=|x-1|+3$, $g(x)=-x^2+8x+1$이다.
$0\le x\le 4$일 때, $y=(g\circ f)(x)$의 최댓값과 최솟값을 구하시오.

22

함수 $f(x)=x^2-4x+k$, $g(x)=-3x^2+6x-5$에 대하여 $(f\circ g)(x)$의 최솟값이 17일 때, k의 값을 구하시오.

23

함수 $y=f(x)$의 그래프가 그림과 같을 때, 방정식 $f(f(x+3))=4$의 서로 다른 실근의 합을 구하시오.
(단, $x<2$ 또는 $x>19$일 때 $f(x)<0$이다.)

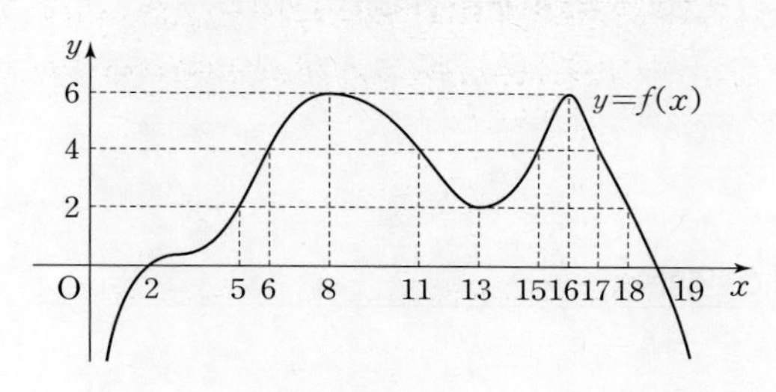

유형 5 f^n의 계산

24

집합 $X=\{1, 2, 3, 4\}$에서 X로의 함수 f가 그림과 같다.

$f^1(x)=f(x)$,
$f^{n+1}(x)=f(f^n(x))$
$(n=1, 2, 3, \dots)$

일 때, $f^{1002}(2)+f^{1005}(3)$의 값은?

① 4　② 5　③ 6　④ 7　⑤ 8

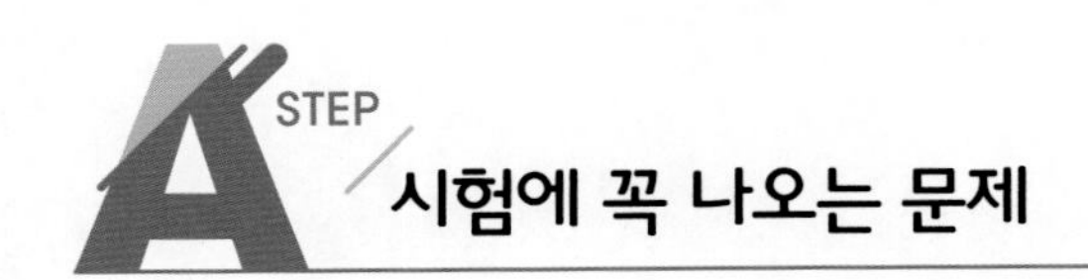

25

실수 전체의 집합에서 정의된 함수 $f(x)=\begin{cases} x-2 & (x\geq 0) \\ x+2 & (x<0) \end{cases}$에 대하여 $f^{2030}(9)+f^{2030}(11)$의 값은?
(단, $f^1=f$, $f^{n+1}=f\circ f^n$, n은 자연수)

① 6 ② 4 ③ 2
④ 0 ⑤ -2

26

$0\leq x\leq 2$에서 함수 $y=f(x)$의 그래프가 그림과 같을 때, 집합

$$A=\left\{f^n\left(\frac{5}{4}\right)\middle| n\text{은 자연수}\right\}$$

라 하자. 집합 A를 원소나열법으로 나타내시오. (단, $f^1(x)=f(x)$, $f^{n+1}(x)=f(f^n(x))$, n은 자연수)

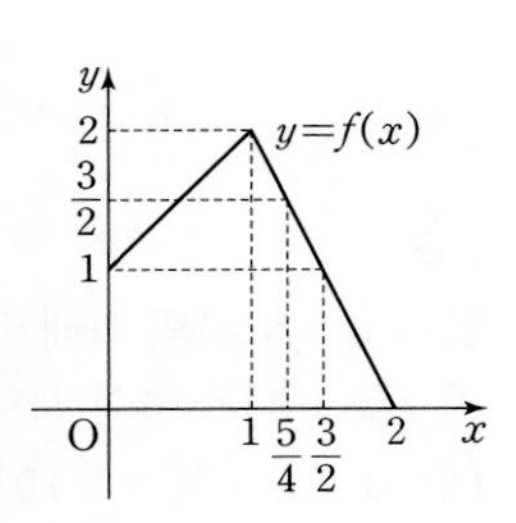

유형 6 역함수

27

함수 $f(x)=\begin{cases} x+5 & (x<3) \\ 3x-1 & (x\geq 3) \end{cases}$일 때, $f(2)+f^{-1}(14)$의 값은?

① 10 ② 12 ③ 14
④ 16 ⑤ 18

28

함수 $f(x)=2x-1$, $g(x)=-3x+2$이다.
$(f\circ g^{-1})(k)=-7$일 때, k의 값은?

① 7 ② 8 ③ 9
④ 10 ⑤ 11

29

함수 $f(x)=\begin{cases} x & (x\geq 1) \\ -x^2+2x & (x<1) \end{cases}$, $g(x)=x-5$이다.
$(g\circ(f\circ g)^{-1}\circ g)(2)$의 값은?

① -1 ② $-\frac{1}{2}$ ③ 0
④ 1 ⑤ 3

30

함수 f, g에 대하여
$f(x)=3x+1$, $f^{-1}(x)=g(5x-2)$
일 때, $g(1)$의 값을 구하시오.

31

함수 f, g는 양의 실수 전체의 집합 X에서 X로의 일대일대응이다.
$f^{-1}(x)=x^2$, $(f\circ g^{-1})(x^2)=x$
일 때, $(f\circ g)(20)$의 값은?

① $2\sqrt{5}$ ② $4\sqrt{10}$ ③ 40
④ 200 ⑤ 400

32

집합 $X=\{x|-2\leq x\leq 2\}$에서 집합 $Y=\{y|-1\leq y\leq 5\}$로의 함수 $f(x)=ax+b$의 역함수가 있을 때, a^2+b^2의 값은?

① $\frac{17}{2}$ ② $\frac{25}{4}$ ③ $\frac{19}{4}$
④ $\frac{17}{4}$ ⑤ $\frac{7}{2}$

정답 및 풀이 85쪽

33

집합 $X=\{x\,|\,x\leq k\}$, $Y=\{y\,|\,y\leq 2\}$에 대하여

$$f: X \longrightarrow Y,\quad f(x)=-x^2+2x+1$$

이다. f의 역함수가 있을 때, 실수 k의 값을 구하시오.

유형 7 역함수와 그래프

34

함수 $y=f(x)$의 그래프가 그림과 같을 때, $(f^{-1}\circ f^{-1})(c)$의 값은? (단, 모든 점선은 x축 또는 y축에 평행하다.)

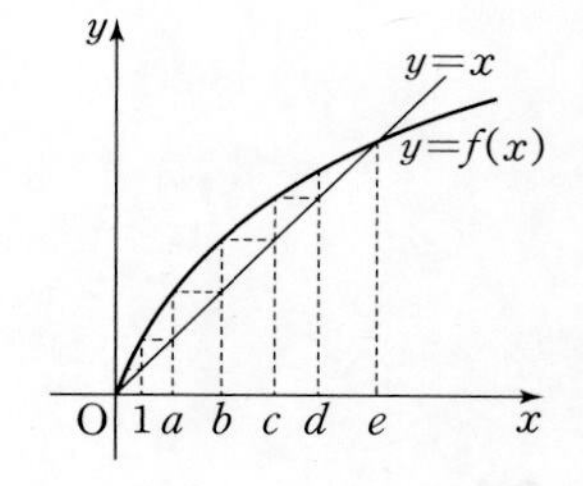

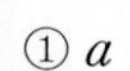

① a ② b
③ c ④ d
⑤ e

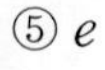

35

함수 $y=f(x)$, $y=g(x)$의 그래프가 그림과 같을 때, $(f\circ(g^{-1}\circ f)^{-1}\circ f^{-1})(d)$의 값은? (단, 모든 점선은 x축 또는 y축에 평행하다.)

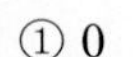

① 0 ② a
③ b ④ c
⑤ d

36

함수 $f(x)=ax+b$에 대하여 $y=f(x)$의 그래프와 $y=f^{-1}(x)$의 그래프가 모두 점 (2, 5)를 지날 때, a, b의 값을 구하시오.

37

$f(x)=\frac{1}{3}x^2-\frac{4}{3}$는 $x\geq 0$에서 정의된 함수이다. $y=f(x)$의 그래프와 $y=f^{-1}(x)$의 그래프가 만나는 점의 좌표를 (a, b)라 할 때, $a+b$의 값은?

① 4 ② 6 ③ 8
④ 10 ⑤ 12

유형 8 함숫값 구하기

38

함수 f는 모든 실수 x에 대하여

$$(x+2)f(2-x)+(2x+1)f(2+x)=1$$

이다. $f(5)$의 값은?

① 1 ② $\frac{1}{3}$ ③ $\frac{1}{5}$
④ $\frac{1}{7}$ ⑤ $\frac{1}{9}$

39

자연수 전체의 집합을 N, 집합 $K=N\cup\{0\}$이라 할 때, 함수 $f: N \longrightarrow K$가 다음 조건을 만족시킨다.

> (가) $f(1)=0$
> (나) x가 소수일 때, $f(x)=1$이다.
> (다) 자연수 m, n에 대하여 $f(mn)=nf(m)+mf(n)$이다.

$f(8)+(f\circ f)(51)$의 값은?

① 20 ② 24 ③ 36
④ 48 ⑤ 56

STEP

1등급 도전 문제

01

R은 실수 전체의 집합이고, X는 R의 부분집합이다.
X에서 R로의 함수 $f(x)=x|x|-2x$, $g(x)=x+2$에 대하여 $f=g$일 때, **보기**에서 옳은 것만을 있는 대로 고른 것은?

보기

ㄱ. $a \in X$이면 $f(a)=a+2$이다.
ㄴ. 공집합이 아닌 X는 7개이다.
ㄷ. X의 원소의 합의 최솟값은 -3이다.

① ㄱ　② ㄴ　③ ㄱ, ㄴ　④ ㄱ, ㄷ　⑤ ㄱ, ㄴ, ㄷ

02

집합 $X=\{x \mid a \le x \le a+2\}$에서 집합 $Y=\{y \mid b \le y \le 4b\}$로의 함수 $f(x)=x^2$이 일대일대응일 때, a, b의 값을 모두 구하시오.

03 집중 연습

실수 전체의 집합에서 정의된 함수 f, g에 대하여 함수 h를 $h(x)=\frac{1}{4}f(x)+\frac{3}{4}g(x)$라 할 때, **보기**에서 옳은 것만을 있는 대로 고른 것은?

보기

ㄱ. $y=f(x)$, $y=g(x)$의 그래프가 만나면 $y=h(x)$의 그래프는 $y=f(x)$와 $y=g(x)$의 그래프의 교점을 지난다.
ㄴ. $y=f(x)$, $y=g(x)$의 그래프가 각각 원점에 대칭이면 $y=h(x)$의 그래프도 원점에 대칭이다.
ㄷ. f, g가 일대일대응이면 h도 일대일대응이다.

① ㄱ　② ㄴ　③ ㄱ, ㄴ　④ ㄴ, ㄷ　⑤ ㄱ, ㄴ, ㄷ

04 집중 연습

집합 $X=\{1, 2, 3, 4\}$에서 X로의 함수 f, g가 다음 조건을 만족시킨다.

(가) $f(4)=2$
(나) $g(1)=2$, $g(2)=1$, $g(3)=3$, $g(4)=3$

함수 $h: X \longrightarrow X$, $h(x)=\begin{cases} f(x) & (f(x) \ge g(x)) \\ g(x) & (g(x) > f(x)) \end{cases}$가 일대일대응일 때, $f(3)$과 $h(1)$의 값을 구하시오.

05

집합 $A=\{1, 2, 3, 4, 5, 6\}$에 대하여 다음 조건을 만족시키는 일대일대응 $f: A \longrightarrow A$의 개수는?

(가) $f(1)=6$
(나) $k \ge 2$이면 $f(k) \le k$

① 4　② 8　③ 10　④ 14　⑤ 16

06

집합 $X=\{1, 2, 3, 4, 5, 6\}$에서 X로의 일대일함수 중 다음 조건을 만족시키는 함수 f의 개수를 구하시오.

$x=1$, 2일 때, $f(f(x))+f^{-1}(x)=2x+2$이다.

정답 및 풀이 87쪽

07

전체집합 $U=\{1, 2, 3, 4, 5, 6, 7\}$에 대하여

$A\cup B=U,\quad n(A\cap B)=1$

을 만족시키는 집합 A, B를 정하고, A에서 B로의 일대일대응 f를 생각할 때, f의 개수를 구하시오.

08

함수 $f(x)=\begin{cases} 2 & (x>2) \\ x & (|x|\le 2) \\ -2 & (x<-2) \end{cases}$, $g(x)=x^2-2$이다.

보기에서 옳은 것만을 있는 대로 고른 것은?

보기

ㄱ. $(f\circ g)(2)=2$

ㄴ. $(g\circ f)(-x)=(g\circ f)(x)$

ㄷ. $(f\circ g)(x)=(g\circ f)(x)$

① ㄱ ② ㄷ ③ ㄱ, ㄴ
④ ㄴ, ㄷ ⑤ ㄱ, ㄴ, ㄷ

09 서술형

함수 f와 일차함수 g에 대하여

$(f\circ g)(x)=\{g(x)\}^2+4,$

$(g\circ f)(x)=4\{g(x)\}^2+1$

일 때, $g(x)$를 구하시오.

10 집중 연습

이차함수 $f(x)$, $g(x)$가

$f(x)=x^2-4x-4,\quad g(x)=2x^2+x-8$

일 때, 방정식 $f(g(x))=f(x)$의 해를 모두 구하시오.

11

함수 $f(x)=\begin{cases} 3x-6 & (x\ge 0) \\ -3x+6 & (x<0) \end{cases}$, $g(x)=x^2+k$에 대하여

방정식 $f(g(x))=9$가 서로 다른 세 실근을 가질 때, 근의 제곱의 합은?

① 8 ② 10 ③ 12
④ 14 ⑤ 16

12

$0\le x\le 3$에서 정의된 함수 $y=f(x)$의 그래프가 그림과 같을 때, 방정식 $(f\circ f)(x)=2-f(x)$의 해의 곱은?

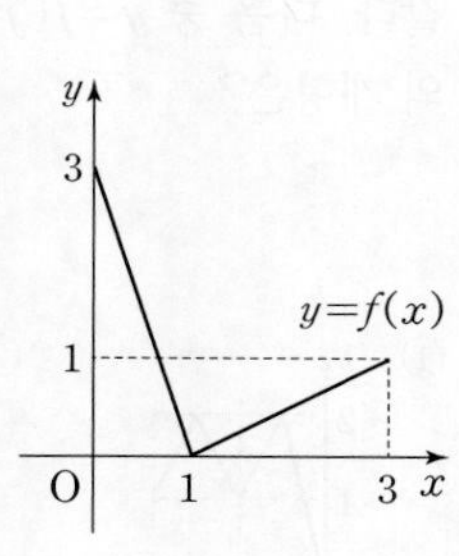

① 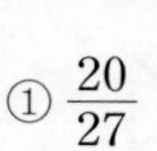 $\frac{20}{27}$ ② $\frac{8}{9}$

③ 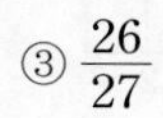 $\frac{26}{27}$ ④ 1

⑤ 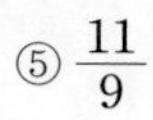 $\frac{11}{9}$

13

함수

$$f(x)=\begin{cases} x-5 & (x>2) \\ -2x+1 & (-1\le x\le 2), \\ 3 & (x<-1) \end{cases}$$

$$g(x)=\begin{cases} 4 & (x>4) \\ x & (|x|\le 4) \\ -4 & (x<-4) \end{cases}$$

일 때, 방정식 $(g\circ f)(x)=-g(x)$의 해를 구하시오.

14

함수 $f(x)=x^2+x-6$, $g(x)=x^2-2ax+11$이다.
모든 실수 x에 대하여 $(f\circ g)(x)\ge 0$이 성립하는 실수 a의 값의 범위를 구하시오.

15

$f(x)$는 $0\le x\le 2$에서 정의된 함수이고 $y=f(x)$의 그래프가 오른쪽과 같다. 다음 중 $y=f(f(x))$의 그래프의 개형은?

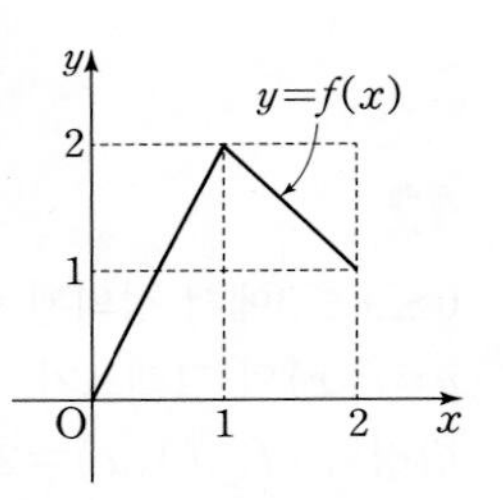

①
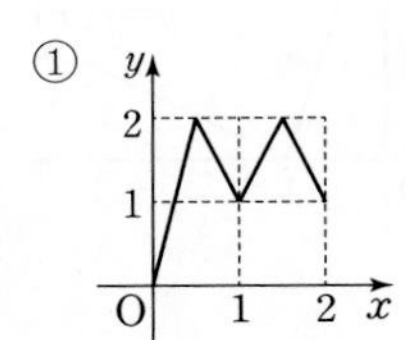

②
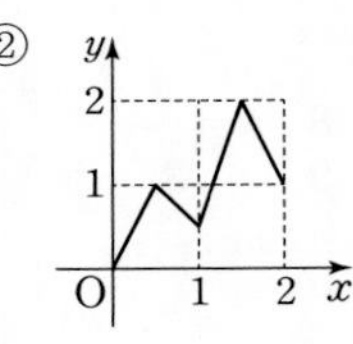

③
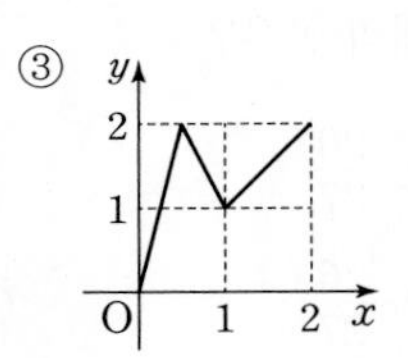

④
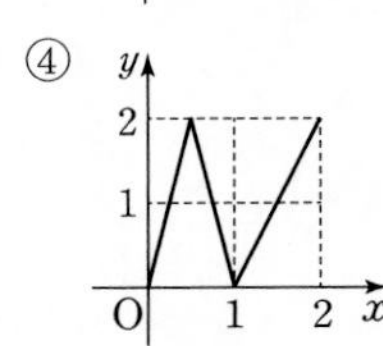

⑤
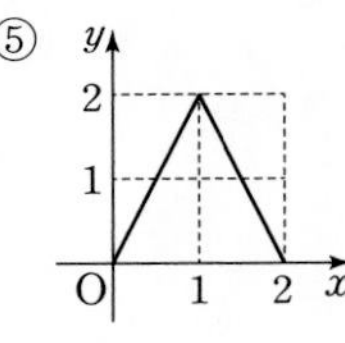

16 서술형

함수 $y=f(x)$의 그래프가 그림과 같다.

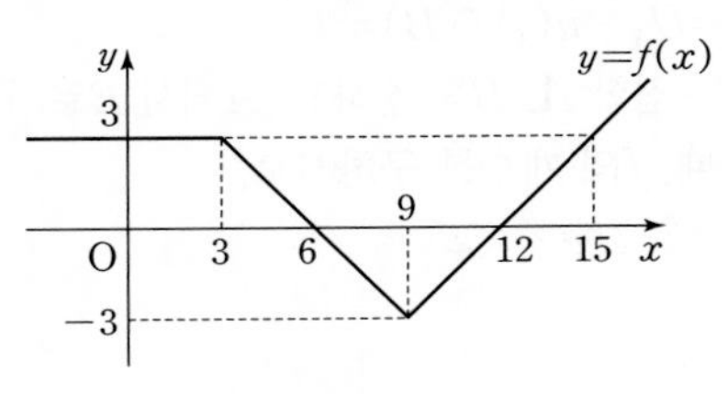

$0\le x\le 24$에서 $y=f(f(x))$의 그래프와 x축, y축으로 둘러싸인 부분의 넓이를 구하시오.

17 집중 연습

함수 $f(x)=|x-1|$에 대하여 n이 자연수일 때,

$$f^1(x)=f(x),\quad f^{n+1}(x)=(f\circ f^n)(x)$$

라 하자. $y=f^5(x)$의 그래프와 x축으로 둘러싸인 부분의 넓이는?

① 4　② 5　③ 6
④ 7　⑤ 8

18

집합 $X=\{1, 2, 3, 4\}$에서 X로의 함수 f에 대하여

$$f(1)=2,\quad f(4)=4,\quad f^3(1)=1$$

일 때, $f^{100}(1)+f^{101}(2)+f^{102}(3)$의 값을 구하시오.
(단, $f^1=f$, $f^{n+1}=f\circ f^n$, n은 자연수)

19 집중 연습

집합 $X=\{1, 2, 3, 4\}$에서 X로의 함수 f는 일대일대응이고 다음 조건을 만족시킨다.

(가) 모든 x에 대하여 $(f \circ f)(x)=x$이다.
(나) 어떤 x에 대하여 $f(x)=2x$이다.

f의 개수를 구하시오.

20

집합 $X=\{a, b, c, d\}$에서 X로의 함수 f, g가 있다. **보기**에서 옳은 것만을 있는 대로 고른 것은?

• 보기 •
ㄱ. f, g가 일대일대응이면 $f \circ g$도 일대일대응이다.
ㄴ. $f \circ g$가 항등함수이면 f, g는 항등함수이다.
ㄷ. $f \circ g$가 일대일대응이면 f, g는 일대일대응이다.

① ㄱ ② ㄱ, ㄴ ③ ㄱ, ㄷ
④ ㄴ, ㄷ ⑤ ㄱ, ㄴ, ㄷ

21

함수 $f(x)=2x-3$, $g(x)=-3x+5$에 대하여

$$(g^{-1} \circ (f \circ g^{-1})^{-1} \circ g)(x)=ax+b$$

일 때, a, b의 값을 구하시오.

22

함수 $f(x)$의 역함수를 $g(x)$라 할 때,
다음 중 $y=\frac{1}{2}g(3x-1)+4$의 역함수는?

① $y=\frac{1}{3}f(2x-8)+\frac{1}{3}$ ② $y=\frac{1}{2}f(3x-1)+4$
③ $y=f(2x-8)$ ④ $y=2f(x)-8$
⑤ $y=2f(3x-1)-8$

23

실수 전체의 집합 R에서 R로의 함수

$$f(x)=\begin{cases} x^2-ax+3 & (x \geq 1) \\ -x^2+2bx-3 & (x<1) \end{cases}$$

의 역함수가 있을 때, $3a+2b$의 최댓값은?

① 10 ② 12 ③ 14
④ 16 ⑤ 18

24 서술형

함수 $f(x)=x-2$, $g(x)=-3x^2+6x+1$에 대하여 함수 h가 $f \circ f \circ h=g$를 만족시킨다. $x \geq a$에서 h의 역함수가 있을 때, a의 최솟값과 a가 최솟값을 가질 때의 $h^{-1}(-4)$의 값을 구하시오.

1등급 도전 문제

정답 및 풀이 95쪽

25

함수 $f(x)=\begin{cases} 2x+3 & (x<-1) \\ \frac{1}{2}x+\frac{3}{2} & (x\geq -1) \end{cases}$ 일 때,

방정식 $\{f(x)\}^2=f(x)f^{-1}(x)$의 실근의 곱은?

① $-\frac{27}{2}$　② $-\frac{9}{2}$　③ $-\frac{3}{2}$

④ $\frac{9}{2}$　⑤ $\frac{27}{2}$

26

함수 $f(x)=x^2+4x+a\ (x\geq -2)$에 대하여
$y=f(x)$와 $y=f^{-1}(x)$의 그래프가 두 점에서 만나고,
두 점 사이의 거리가 1일 때, a의 값을 구하시오.

27 서술형

실수 전체의 집합에서 정의된 함수 $f(x)=ax-2|x-1|$의 역함수를 $g(x)$라 하자. $y=f(x)$와 $y=g(x)$의 그래프가 두 점에서 만나고, 두 함수의 그래프로 둘러싸인 부분의 넓이가 4이다. 양수 a의 값을 구하시오.

28

정의역이 실수 전체의 집합인 함수 f가 모든 실수 x, y에 대하여

$$f(2x+y)=4f(x)+f(y)+xy+4$$

를 만족시킨다. $f(6)$의 값은?

① 7　② 8　③ 9

④ 10　⑤ 11

29

자연수 전체의 집합에서 정의된 함수

$$f(n)=\begin{cases} n-2 & (n\geq 100) \\ f(f(n+4)) & (n<100) \end{cases}$$

에 대하여 $f(81)+f(82)+f(83)+\cdots+f(99)+f(100)$의 값을 구하시오.

30

집합 $S=\{n\,|\,1\leq n<100,\ n\text{은 9의 배수}\}$의 공집합이 아닌 부분집합 X와 집합 $Y=\{0, 1, 2, 3, 4, 5, 6\}$에 대하여
함수 $f: X \longrightarrow Y$를

$$f(n)=(n\text{을 7로 나눈 나머지})$$

라 하자. 함수 f의 역함수가 있을 때, 집합 X의 개수를 구하시오.

STEP 절대등급 완성 문제

정답 및 풀이 97쪽

01 서술형

$f(x)=ax^2+bx+1$은 집합 $A=\{x|1\leq x\leq 5\}$에서 $B=\{y|2\leq y\leq 100\}$으로의 함수이다. 정수 a, b의 순서쌍 (a, b)의 개수를 구하시오. (단, $ab\geq 0$)

02

집합 $A=\{x|0\leq x\leq 1\}$에 대하여 A에서 A로의 함수 $y=f(x)$의 그래프가 그림과 같다. X에서 X로의 함수 $y=(f\circ f\circ f)(x)$가 항등함수일 때, A의 공집합이 아닌 부분집합 X의 개수는?

① 255 ② 256
③ 511 ④ 512
⑤ 1023

03 집중 연습

$0\leq x\leq 4$에서 정의된 함수 $y=f(x)$의 그래프가 그림과 같다. $g(x)=f(f(x))$가 집합 $X=\{a, b\}$에서 X로의 함수이다. $g(a)=f(a)$, $g(b)=f(b)$를 만족시키는 집합 X의 개수는? (단, $0\leq a<b\leq 4$)

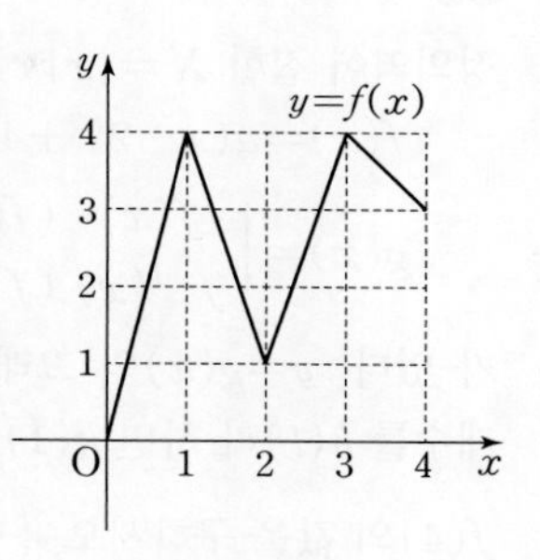

① 11 ② 13 ③ 15
④ 17 ⑤ 19

04

실수 전체의 집합 R에서 R로의 함수

$$f(x)=x^2-4,\quad g(x)=-x^2+2x+2,$$

$$h(x)=\begin{cases} f(x-a) & (x<2) \\ g(x-b) & (x\geq 2) \end{cases}$$

가 있다. $h(x)$의 역함수가 존재하고 a가 자연수일 때, 실수 b의 값을 모두 구하시오.

정답 및 풀이 99쪽

05

정의역이 집합 $X=\{x|x\geq 2\}$인 두 함수

$$f(x)=a(x-2)^2+4a,$$

$$g(x)=\begin{cases} f(x) & (f(x)\leq f^{-1}(x)) \\ f^{-1}(x) & (f^{-1}(x)\leq f(x)) \end{cases}$$

가 있다. $y=g(x)$의 그래프와 직선 $y=x-t$가 만나는 점의 개수를 $h(t)$라 하면 $h(1)>h(2)>h(4)$이다.

$f(4)$의 값을 구하시오. $\left(\text{단, } 0<a<\frac{1}{2},\ t\geq 0\right)$

06

집합 $A=\{1, 2, 3, 4\}$, $B=\{2, 3, 4, 5\}$에 대하여 함수 $f: A \longrightarrow B$, $g: B \longrightarrow A$가 다음 조건을 만족시킨다.

(가) $f(3)=5$, $g(2)=3$
(나) $x\in B$인 어떤 x에 대하여 $g(x)=x$
(다) $x\in A$인 모든 x에 대하여 $(f\circ g\circ f)(x)=x+1$

$f(1)+g(3)$의 값은?

① 5　② 6　③ 7　④ 8　⑤ 9

07

모든 자연수 n에서 정의된 함수 f가

$$f(1)=1,\ f(2n)=f(n),\ f(2n+1)=f(n)+1$$

을 만족시킬 때, $1\leq n\leq 128$에서 $f(n)$의 최댓값과 이때 n의 값을 구하시오.

08

$f(x)=[x]+\left[x+\frac{1}{100}\right]+\left[x+\frac{2}{100}\right]+\cdots+\left[x+\frac{99}{100}\right]$가 있다. n이 100보다 작은 자연수이고 $\frac{n}{100}\leq x<\frac{n+1}{100}$일 때,

$$f(f(x)-1)=nf(x)-1$$

을 만족시키는 n의 값의 합을 구하시오.
(단, $[x]$는 x를 넘지 않는 최대 정수)

Ⅲ. 함수와 그래프

유리함수

1 유리식의 성질과 사칙연산

(1) 유리식 $\frac{A}{B}$와 다항식 $C\ (C\neq 0)$에 대하여

$$\frac{A}{B}=\frac{A\times C}{B\times C},\ \frac{A}{B}=\frac{A\div C}{B\div C}$$

(2) $\frac{A}{B}\pm\frac{C}{D}=\frac{AD}{BD}\pm\frac{BC}{BD}=\frac{AD\pm BC}{BD}$

$\frac{A}{B}\times\frac{C}{D}=\frac{AC}{BD},\ \frac{A}{B}\div\frac{C}{D}=\frac{A}{B}\times\frac{D}{C}=\frac{AD}{BC}$

◆ $A, B\ (B\neq 0)$가 다항식일 때, $\frac{A}{B}$를 유리식이라 한다.

◆ 두 분수식 $\frac{A}{B}, \frac{C}{D}$의 덧셈이나 뺄셈을 하기 위해서는 $\frac{AD}{BD}, \frac{BC}{BD}$와 같이 분모를 같게 만들어야 한다.

2 비례식

(1) $a:b=c:d=e:f \Longleftrightarrow \frac{a}{b}=\frac{c}{d}=\frac{e}{f} \Longleftrightarrow a=bk,\ c=dk,\ e=fk\ (k\neq 0)$

(2) $a:b=c:d=e:f \Longleftrightarrow a:c:e=b:d:f$

3 유리함수 $y=\frac{k}{x}\ (k\neq 0)$의 그래프

(1) 정의역: $\{x|x\neq 0$인 실수$\}$, 치역: $\{y|y\neq 0$인 실수$\}$
(2) 원점에 대칭이고, 점근선은 x축, y축이다.
(3) $k>0$이면 제1, 3사분면에 있고,
$k<0$이면 제2, 4사분면에 있다.
(4) $|k|$의 값이 클수록 곡선은 원점에서 멀어진다.
(5) 두 직선 $y=x$와 $y=-x$에 대칭이다.

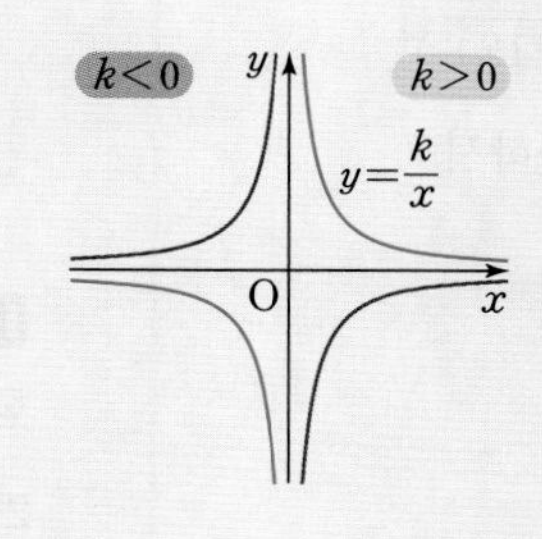

4 유리함수 $y=\frac{k}{x-p}+q\ (k\neq 0)$의 그래프

(1) $y=\frac{k}{x}$의 그래프를 x축 방향으로 p만큼,
y축 방향으로 q만큼 평행이동한 것이다.
(2) 정의역: $\{x|x\neq p$인 실수$\}$,
치역: $\{y|y\neq q$인 실수$\}$
(3) 점 $(p,\ q)$에 대칭이고, 점근선은 $x=p,\ y=q$이다.
(4) 점 $(p,\ q)$를 지나고 기울기가 1 또는 -1인 직선에 대칭이다.

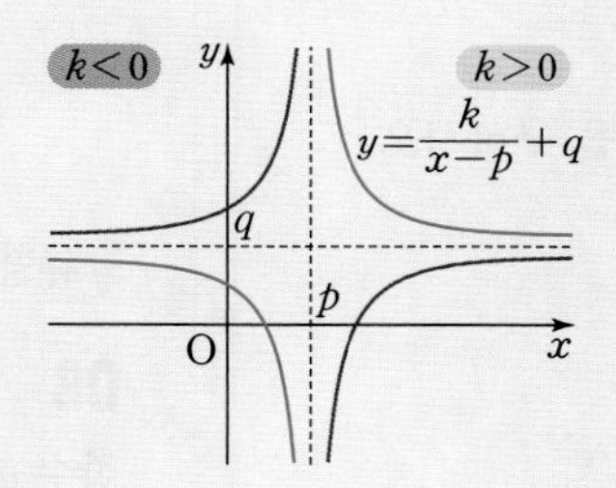

◆ $y=\frac{ax+b}{cx+d}$의 그래프는 $y=\frac{k}{x-p}+q$ 꼴로 변형하여 그린다.

5 유리함수의 역함수

(1) $f(x)=\frac{k}{x-p}+q$의 역함수는 $f^{-1}(x)=\frac{k}{x-q}+p$이다.
(2) 점근선이 직선 $x=p,\ y=q$에서 직선 $x=q,\ y=p$로 바뀐다.
(3) $y=\frac{ax+b}{cx+d}$는 $x=\frac{ay+b}{cy+d}$로 놓고
$y=(\quad)$의 형태로 정리하면 역함수를 구할 수 있다.

◆ 역함수의 그래프는 직선 $y=x$에 대칭이다.

6 유리함수의 그래프와 직선

유리함수 $y=\frac{ax+b}{cx+d}$의 그래프와 직선 $y=mx+n$의 교점의 x좌표는 두 식에서 y를 소거한 방정식 $\frac{ax+b}{cx+d}=mx+n$의 해이다.
그리고 양변에 $cx+d$를 곱하고 정리한 이차방정식에서 $D=0$이면 접한다.

시험에 꼭 나오는 문제

Time attack 1분

유형 1 유리식의 계산

01

$\frac{2x+6}{x^2-2x-3}=\frac{a}{x-3}+\frac{b}{x+1}$가 x에 대한 항등식일 때, ab의 값은?

① -3 ② -1 ③ 2
④ 3 ⑤ 6

02

$\frac{3}{x(x+3)}+\frac{4}{(x+3)(x+7)}+\frac{5}{(x+7)(x+12)}$를 간단히 하면 $\frac{a}{x(x+b)}$일 때, a, b의 값을 구하시오.

03

$\frac{1+\frac{2x}{x+1}}{2-\frac{x-1}{x+1}}=\frac{a}{x+b}+c$일 때, $a+b+c$의 값을 구하시오.

유형 2 유리함수 그래프의 평행이동과 점근선

04

함수 $y=\frac{2x-1}{x-1}$의 그래프는 함수 $y=\frac{1}{x}$의 그래프를 x축 방향으로 p만큼, y축 방향으로 q만큼 평행이동한 것이다. $p+q$의 값을 구하시오.

05

$f(x)=\frac{3x+2}{x}$, $g(x)=\frac{2}{x+2}$일 때, 함수 $y=f(x)$의 그래프를 x축 방향으로 m만큼, y축 방향으로 n만큼 평행이동하면 함수 $y=g(x)$의 그래프와 일치한다. $m+n$의 값은?

① -5 ② -3 ③ -1
④ 1 ⑤ 3

06

함수 $y=\frac{3x+1}{x-1}$의 그래프가 점 P에 대칭이다. P의 좌표를 구하시오.

07

함수 $y=\frac{x+a}{x-1}$의 그래프를 x축 방향으로 1만큼, y축 방향으로 2만큼 평행이동하면 좌표평면 위의 모든 사분면을 지난다. a의 값의 범위를 구하시오.

유형 3 유리함수의 그래프

08

함수 $y=\frac{2x+1}{x-3}$에 대하여 **보기**에서 옳은 것만을 있는 대로 고른 것은?

보기

ㄱ. 점근선의 방정식은 $x=3$, $y=4$이다.
ㄴ. 그래프는 제3사분면을 지난다.
ㄷ. 그래프는 직선 $y=x-1$에 대칭이다.

① ㄱ ② ㄷ ③ ㄱ, ㄴ
④ ㄴ, ㄷ ⑤ ㄱ, ㄴ, ㄷ

정답 및 풀이 101쪽

09

함수 $y=\frac{ax+b}{x+c}$의 그래프는 점근선이 직선 $x=1$, $y=3$이고 점 $(2, 8)$을 지난다. abc의 값은?

① -6　② -3　③ 0
④ 3　⑤ 6

10

함수 $y=\frac{4x+6}{-x-1}$의 그래프는 두 직선에 각각 대칭이다. 두 직선과 x축으로 둘러싸인 부분의 넓이는?

① 16　② 17　③ 18
④ 19　⑤ 20

11

$0\leq x\leq 2$에서 함수 $y=\frac{3x+1}{x+2}$의 최댓값과 최솟값의 합은?

① $\frac{1}{2}$　② $\frac{3}{2}$　③ $\frac{7}{4}$
④ $\frac{9}{4}$　⑤ $\frac{10}{3}$

12

함수 $y=\frac{2x-1}{x-1}$의 치역이 $\{y|2<y\leq 3\}$일 때, 정의역은?

① $\{x|-2\leq x<1\}$　② $\{x|-2<x<1\}$
③ $\{x|1<x\leq 2\}$　④ $\{x|1\leq x\leq 2\}$
⑤ $\{x|x\geq 2\}$

13

함수 $y=\frac{ax+b}{x+c}$의 그래프가 그림과 같을 때, 그래프가 x축과 만나는 점의 좌표를 구하시오.

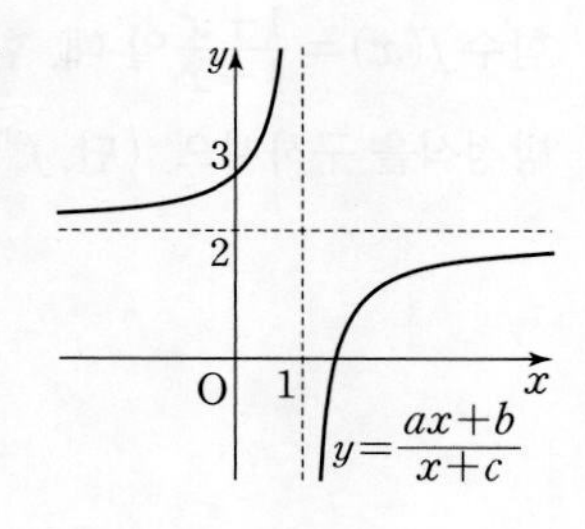

14

함수 $y=\frac{1}{2x-8}+3$의 그래프와 x축, y축으로 둘러싸인 부분에 포함되고 x좌표와 y좌표가 모두 자연수인 점의 개수는?

① 3　② 4　③ 5
④ 6　⑤ 7

15

함수 $y=\frac{-2x-2a+7}{x-2}$의 그래프가 제2사분면을 지나지 않을 때, 자연수 a의 값의 합은?

① 4　② 5　③ 6
④ 7　⑤ 8

유형 4 유리함수의 합성함수와 역함수

16

함수 $f(x)=\frac{2x-3}{x+2}$, $g(x)=\frac{x+7}{x-2}$에 대하여 곡선 $y=f(g(x))$의 점근선의 방정식을 구하시오.

시험에 꼭 나오는 문제

정답 및 풀이 104쪽

17

함수 $f(x)=\dfrac{1+x}{1-x}$일 때, 함수 $y=f^{7}(x)$의 그래프의 점근선의 방정식을 구하시오. (단, $f^{1}=f$, $f^{n+1}=f^{1}\circ f^{n}$, n은 자연수)

18

함수 $f(x)=\dfrac{ax+b}{x+1}$에 대하여 $y=f(x)$의 그래프와 $y=f^{-1}(x)$의 그래프가 모두 점 $(2,\ 1)$을 지날 때, $b-a$의 값은?

① -6 ② -4 ③ -1
④ 4 ⑤ 6

19

함수 $y=f(x)$의 그래프가 그림과 같다. $f(x)$의 역함수가 $g(x)=\dfrac{ax+b}{x+c}$일 때, $a^2+b^2+c^2$의 값은?

① 2 ② 4
③ 6 ④ 8
⑤ 10

20

함수 $f(x)=\dfrac{ax+b}{cx+d}$ $(c\neq 0)$의 그래프가 직선 $y=x-4$와 직선 $y=-x+2$에 각각 대칭이다. $f(4)=1$일 때, $f^{-1}(0)$의 값을 구하시오.

유형 5 유리함수 그래프의 활용

21

함수 $y=\dfrac{3x-8}{x-2}$의 그래프와 직선 $y=ax$가 접할 때, 실수 a의 값의 합은?

① 0 ② $\dfrac{1}{2}$ ③ $\dfrac{9}{4}$
④ $\dfrac{9}{2}$ ⑤ 5

22

원 $x^2+y^2=5$와 함수 $y=\dfrac{k}{x}$ $(k>0)$의 그래프가 제1사분면의 두 점에서 만난다. 두 점의 x좌표의 비가 $1:2$일 때, k의 값을 구하시오.

23

원 $(x-2)^2+(y+1)^2=10$과 함수 $y=\dfrac{1-x}{x-2}$의 그래프가 네 점 $(x_1,\ y_1)$, $(x_2,\ y_2)$, $(x_3,\ y_3)$, $(x_4,\ y_4)$에서 만난다. $x_1<x_2<x_3<x_4$일 때, $\dfrac{y_1+y_4}{x_2+x_3}$의 값을 구하시오.

24

점 $(a,\ b)$가 함수 $y=\dfrac{8}{x-2}+4$의 그래프 위의 점일 때, $2a+b$의 최솟값을 구하시오. (단, $a>2$)

1등급 도전 문제

Time attack 3분

정답 및 풀이 106쪽

01

$\frac{x+y}{2z}=\frac{y+2z}{x}=\frac{2z+x}{y}$일 때, $\frac{x^3+y^3+z^3}{xyz}$의 값을 구하시오.
(단, $x+y+2z\neq0$)

02

두 저항 R_1, R_2를 직렬연결하면 전체 저항 R은 $R=R_1+R_2$이고, 병렬연결하면 $\frac{1}{R}=\frac{1}{R_1}+\frac{1}{R_2}$이다. 세 저항 R, $R+2$, $2R$을 그림과 같이 연결한 회로의 전체 저항은?

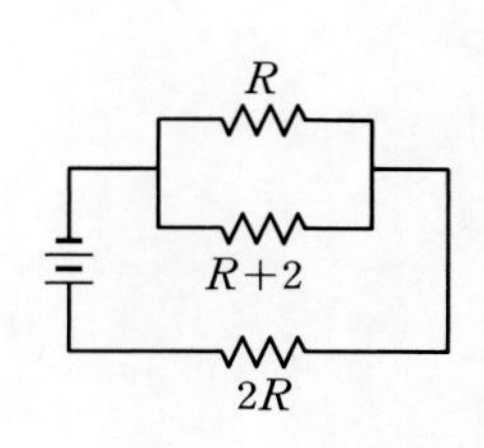

① $\frac{R^2+R}{R+2}$ ② $\frac{R^2+6R}{R+1}$ ③ $\frac{5R^2+6R}{2R+2}$
④ $\frac{5R^2+R}{2R+3}$ ⑤ $\frac{6R^2+2R}{3R+3}$

03

함수 $y=\frac{kx+1}{x-1}$의 그래프는 직선 $y=x+5$에 대칭이고, 직선 $y=ax+b$에 대칭이다. $a\neq1$일 때, ab의 값은?

① -7 ② -6 ③ 5
④ 6 ⑤ 7

04

함수 $f(x)=\frac{bx}{ax+1}$의 정의역과 치역이 같다.
$y=f(x)$의 그래프의 두 점근선의 교점이 직선 $y=2x+3$ 위에 있을 때, $a+b$의 값은? (단, $ab\neq0$)

① $-\frac{2}{3}$ ② $-\frac{1}{3}$ ③ 0
④ $\frac{1}{3}$ ⑤ $\frac{2}{3}$

05

다항함수가 아닌 유리함수 $y=\frac{ax+b}{cx+d}$ $(c\neq0)$의 그래프가 직선 $y=x$에 대칭이기 위한 필요충분조건은?

① $a+d=0$ ② $a-d=0$ ③ $ad=1$
④ $ad=-1$ ⑤ $ad-bc=0$

06

함수 $y=\frac{2x+4}{|x|+1}$의 치역을 구하시오.

STEP

1등급 도전 문제

07

$2\le x\le 4$에서 $ax+2\le\frac{2x}{x-1}\le bx+2$일 때, $b-a$의 최솟값은?

① $\frac{5}{6}$　② 1　③ $\frac{7}{6}$
④ $\frac{3}{2}$　⑤ 2

08 집중 연습

좌표평면에서 제1사분면 위를 움직이는 점 P와 점 A$(-2,\ -2)$가 있다. P에서 x축, y축에 내린 수선의 발을 각각 Q, R이라 하면 $\overline{PA}=\overline{PQ}+\overline{PR}$이다. P가 그리는 도형이 직선 $y=ax+b$에 대칭일 때, $a+b$의 값을 구하시오.

09 서술형

함수 $y=\frac{2}{x-1}+2$의 그래프 위를 움직이는 점 P에서 그래프의 두 점근선에 내린 수선의 발을 각각 Q, R이라 하고, 두 점근선의 교점을 S라 하자. 직사각형 PQSR의 둘레의 길이의 최솟값을 구하시오. (단, P는 제1사분면 위의 점이다.)

10

그림과 같이 직선 $y=x$ 위의 한 점 P를 지나고 x축, y축에 수직인 직선이 함수 $y=\frac{2x-3}{x-1}$의 그래프와 만나는 점을 각각 Q, R이라 하자. $\overline{PQ}=\frac{2}{3}\overline{PR}$일 때, 삼각형 PQR의 넓이는? (단, P의 x좌표는 1보다 크다.)

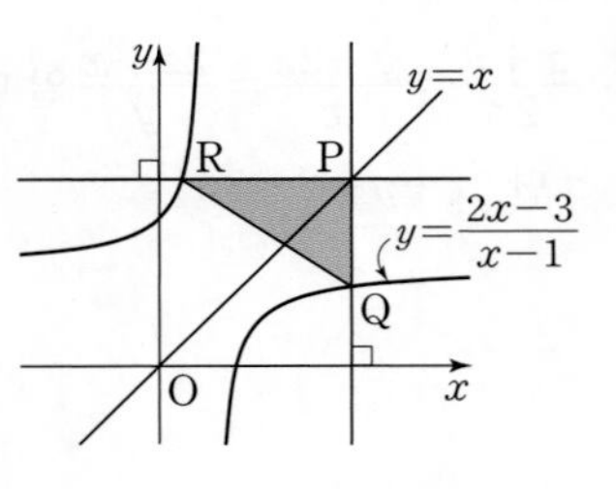

① $\frac{49}{12}$　② $\frac{49}{10}$　③ $\frac{49}{8}$
④ $\frac{49}{6}$　⑤ $\frac{49}{4}$

11

$k>-1$일 때, 함수 $y=\frac{x+k}{x-1}$의 그래프와 직선 $y=x$가 만나는 두 점을 P, Q라 하자. 선분 PQ의 길이가 $6\sqrt{2}$일 때, k의 값은?

① -9　② -8　③ 8
④ 9　⑤ 17

12

곡선 $xy-2x-2y=k$와 직선 $x+y=8$이 만나는 두 점을 P, Q라 하자. 두 점 P, Q의 x좌표의 곱이 14일 때, $\overline{OP}\times\overline{OQ}$의 값을 구하시오. (단, $k\ne-4$이고, O는 원점)

정답 및 풀이 107쪽

13

함수 $y=\frac{2}{x}$의 그래프와 직선 $y=-x+k$가 제1사분면에서 만나는 두 점을 A, B라 하자. 점 C가 $y=\frac{2}{x}$의 그래프 위에 있고 $\overline{AC}=2\sqrt{5}$, $\angle ABC=90°$일 때, k^2의 값을 구하시오.

14

함수 $f(x)=\frac{x+1}{x-2}$, $g(x)=\frac{ax+b}{x+c}$에 대하여 $(f\circ g)(x)=\frac{1}{x}$일 때, a, b, c의 값을 구하시오.

15

함수 $f(x)=\frac{x}{x+1}$에 대하여

$f^1=f$, $f^{n+1}=f\circ f^n$ (n은 자연수)

라 하자. $f^{10}(1)$의 값은?

① $\frac{1}{11}$ ② $\frac{1}{10}$ ③ $\frac{9}{10}$
④ $\frac{10}{11}$ ⑤ $\frac{10}{9}$

16 집중 연습

함수 $f(x)=\frac{bx+7}{x+a}$이라 하면 $y=|f(x)|$의 그래프와 직선 $y=2$가 한 점에서 만난다. $f^{-1}(x)=f(x-4)-4$일 때, a, b의 값을 모두 구하시오.

17

집합 $X=\{x|0\le x\le 12\}$에서 X로의 함수

$$f(x)=\begin{cases} ax+b & (0\le x<3) \\ \frac{24}{x}-2 & (3\le x\le 12) \end{cases}$$

의 역함수가 있다. $(f\circ f\circ f)(k)=10$일 때, k의 값은?

① $\frac{7}{5}$ ② 2 ③ $\frac{11}{2}$
④ 8 ⑤ $\frac{48}{5}$

18

함수 $f(x)=\frac{bx+1}{ax+1}$이 다음을 만족시킨다.

$x_1+x_2=1$이면 $f(x_1)+f(x_2)=3$이다.

$(f\circ f)(2)$의 값을 구하시오. (단, $a\ne 0$)

절대등급 완성 문제

정답 및 풀이 111쪽

01

함수 f에 대하여 $f^n(x)=x$를 만족시키는 자연수 n의 최솟값을 $D(f)$라 하자. $h(x)=\frac{x-3}{x-2}$이 집합

$X=\{x\,|\,x\neq1,\ x\neq2$인 실수$\}$에서 X로의 함수일 때,

$D(h)+D(h^2)+D(h^3)+\cdots+D(h^{100})$의 값은?

(단, $f^1=f$, $f^{n+1}=f\circ f^n$, n은 자연수)

① 225 ② 228 ③ 231
④ 234 ⑤ 237

02 집중 연습

함수 $f(x)=\frac{bx}{x+a}$ $(a>0,\ b\neq0)$에 대하여 함수

$$g(x)=\begin{cases} f(x-2a)+a & (x\leq -a) \\ -f(x) & (x>-a) \end{cases}$$

라 하자. $y=g(x)$의 그래프와 직선 $y=t$의 교점의 개수를 $h(t)$라 하면

$\{t\,|\,h(t)=1\}=\{t\,|\,t<-2$ 또는 $0\leq t<k\}$

이다. $g(k)$의 값을 구하시오.

03

함수 $f(x)=\frac{k}{x-1}+k$ $(k>1)$에 대하여

점 $\mathrm{P}(1,\ k)$와 원점 O를 지나는 직선이 $y=f(x)$의 그래프와 만나는 점 중에서 원점이 아닌 점을 A라 하자.

P를 지나고 원점으로부터 거리가 1인 직선 l에 대하여 l이 $y=f(x)$의 그래프와 제1사분면에서 만나는 점을 B, l이 x축과 만나는 점을 C라 하자. 삼각형 PCO의 넓이가 삼각형 PBA의 넓이의 2배일 때, k의 값을 구하시오.

(단, l은 좌표축과 평행하지 않다.)

04

함수 $f(x)$는 다음을 만족시킨다.

(가) $-2\leq x\leq2$에서 $f(x)=x^2+2$
(나) 모든 실수 x에 대하여 $f(x)=f(x+4)$

$y=f(x)$와 $y=\frac{ax}{x+2}$의 그래프가 무수히 많은 점에서 만날 때, 정수 a의 값의 합은?

① 14 ② 16 ③ 18
④ 20 ⑤ 22

Ⅲ. 함수와 그래프

무리함수

1 무리식의 성질

(1) $(\sqrt{A})^2=A$, $(-\sqrt{A})^2=A$

(2) $\sqrt{A^2}=|A|=\begin{cases} A & (A\geq 0) \\ -A & (A<0) \end{cases}$

◆ $\sqrt{\ }$ 안에 문자를 포함한 식 중 유리식으로 나타낼 수 없는 식을 무리식이라 한다.

2 무리식의 연산

(1) $\sqrt{a}\sqrt{b}=\sqrt{ab}$ $(a>0,\ b>0)$

(2) $\dfrac{\sqrt{a}}{\sqrt{b}}=\sqrt{\dfrac{a}{b}}$ $(a>0,\ b>0)$

(3) $\dfrac{1}{\sqrt{a}+\sqrt{b}}=\dfrac{\sqrt{a}-\sqrt{b}}{(\sqrt{a}+\sqrt{b})(\sqrt{a}-\sqrt{b})}=\dfrac{\sqrt{a}-\sqrt{b}}{a-b}$ $(a>0,\ b>0,\ a\neq b)$

3 무리함수 $y=\sqrt{ax}$ $(a\neq 0)$의 그래프

(1) $a>0$이면 정의역: $\{x|x\geq 0\}$, 치역: $\{y|y\geq 0\}$
(2) $a<0$이면 정의역: $\{x|x\leq 0\}$, 치역: $\{y|y\geq 0\}$
(3) $y=-\sqrt{ax}$의 그래프는 $y=\sqrt{ax}$의 그래프를 x축에 대칭이동한 것이다.
(4) $|a|$의 값이 클수록 그래프는 x축에서 멀어진다.
(5) $y=\sqrt{ax}$와 $y=\sqrt{-ax}$의 그래프는 y축에 대칭이고, $y=\sqrt{ax}$와 $y=-\sqrt{-ax}$의 그래프는 원점에 대칭이다.

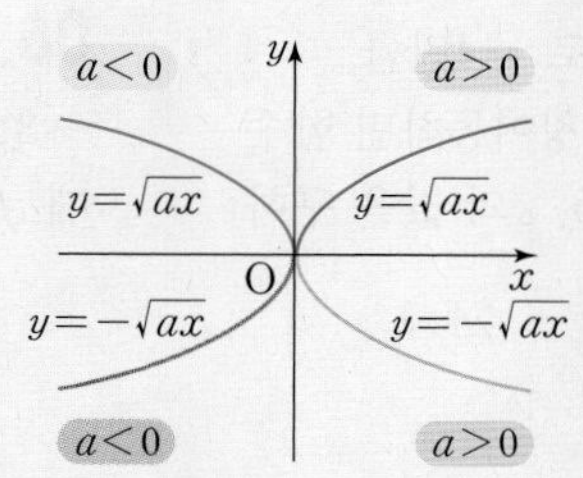

◆ 무리함수에서 (근호 안에 있는 식의 값)≥0

4 무리함수 $y=\sqrt{a(x-m)}+n$ $(a\neq 0)$의 그래프

(1) 무리함수 $y=\sqrt{ax}$의 그래프를 x축 방향으로 m만큼, y축 방향으로 n만큼 평행이동한 것이다.
(2) $a>0$이면 정의역: $\{x|x\geq m\}$, 치역: $\{y|y\geq n\}$
(3) $a<0$이면 정의역: $\{x|x\leq m\}$, 치역: $\{y|y\geq n\}$

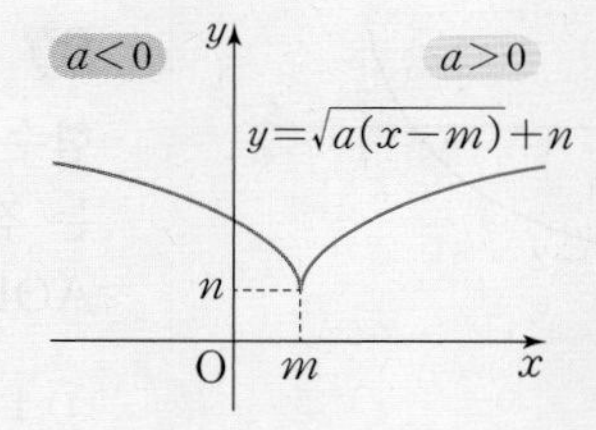

◆ $y=\sqrt{ax+b}+c$ $(a\neq 0)$의 그래프는 $y=\sqrt{a\left(x+\frac{b}{a}\right)}+c$ 꼴로 변형하여 그린다.

5 무리함수의 역함수

(1) $f(x)=\sqrt{x}$의 역함수는 $f^{-1}(x)=x^2$ $(x\geq 0)$이다.
(2) 무리함수의 역함수는 정의역이 있는 이차함수 꼴이다.
(3) 무리함수의 그래프는 이차함수의 그래프 중 축을 기준으로 어느 한 쪽을 직선 $y=x$에 대칭한 꼴이다.
(4) $y=-\sqrt{x}$의 역함수는 $y=x^2$ $(x\leq 0)$이다.

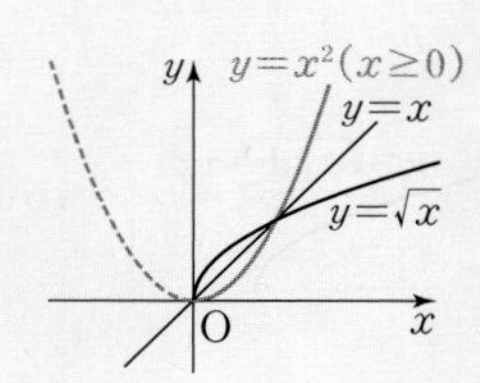

◆ 이차함수와 무리함수를 같이 포함한 문제에서 두 그래프의 꼭짓점이 같은 경우 역함수 꼴인지 확인해야 한다.

6 무리함수의 그래프와 직선

(1) 무리함수 $y=\sqrt{x}$의 그래프와 직선 $y=mx+n$이 만나는 점의 x좌표는 방정식 $\sqrt{x}=mx+n$의 양변을 제곱하여 푼 이차방정식의 해이다.
이때 그림과 같이 $y=-\sqrt{x}$의 그래프와 직선 $y=mx+n$의 해는 제외해야 함에 주의한다.
(2) 접선을 구할 때에도 마찬가지로 주의한다.

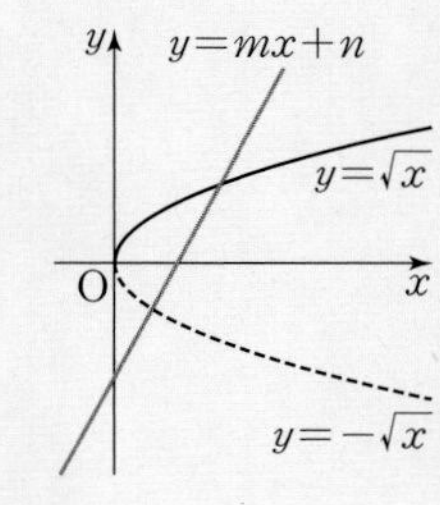

◆ 양변을 제곱하여 방정식을 풀면 $-a=a$ 꼴의 해도 포함되므로 이 경우를 빼야 한다.

A STEP

시험에 꼭 나오는 문제

Time attack 1분

유형 1 무리함수의 그래프

01

함수 $y=\sqrt{-2x+6}-6$의 그래프는 함수 $y=\sqrt{ax}$의 그래프를 x축 방향으로 m만큼, y축 방향으로 n만큼 평행이동한 것이다. amn의 값은?

① -36 ② -18 ③ 0
④ 18 ⑤ 36

02

함수 $y=\sqrt{ax+b}+c$의 그래프를 x축 방향으로 -4만큼, y축 방향으로 3만큼 평행이동한 후, y축에 대칭이동하면 함수 $y=\sqrt{-2x+9}+6$의 그래프와 일치한다. a, b, c의 값을 구하시오.

03

함수 $f(x)=-\sqrt{ax+b}+c$의 그래프가 그림과 같을 때, $f(-5)$의 값을 구하시오.

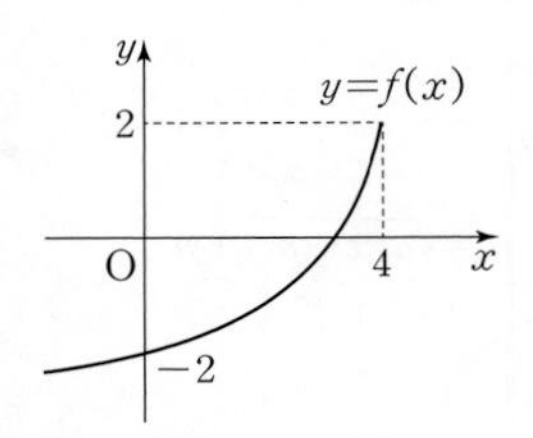

04

함수 $y=\sqrt{ax+b}+c$의 그래프가 그림과 같을 때, 함수 $y=\dfrac{cx+a}{ax+b}$의 그래프는 점 $(\alpha,\ \beta)$에 대칭이다. $\alpha+\beta$의 값은?

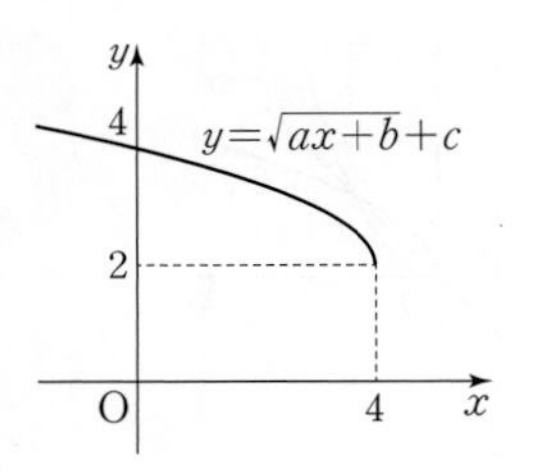

① 1 ② 2
③ 3 ④ 4
⑤ 5

05

함수 $y=\sqrt{x+3}+b$의 정의역은 $\{x|x\geq a\}$, 치역은 $\{y|y\geq -1\}$이다. $a+b$의 값은?

① -4 ② -2 ③ 0
④ 2 ⑤ 4

06

$-3\leq x\leq 5$에서 함수 $f(x)=\sqrt{-3x+16}+a$의 최댓값이 9일 때, $f(a)$의 값을 구하시오.

07

함수 $y=\sqrt{a(6-x)}$ $(a>0)$과 함수 $y=\sqrt{x}$의 그래프가 만나는 점을 A라 하자. 원점 O와 점 B(6, 0)에 대하여 삼각형 AOB의 넓이가 6일 때, a의 값은?

① 1 ② 2 ③ 3
④ 4 ⑤ 5

08

함수 $f(x)=\sqrt{x+4}-3$, $g(x)=\sqrt{-x+4}+3$의 그래프와 직선 $x=-4$, $x=4$로 둘러싸인 부분의 넓이를 구하시오.

정답 및 풀이 113쪽

유형 2 무리함수의 역함수

09

함수 $f(x)=a\sqrt{x+1}+2$에 대하여 $f^{-1}(10)=3$일 때, $f(0)$의 값은?

① 3 ② 4 ③ 5
④ 6 ⑤ 7

10

정의역이 $\{x|x>1\}$인 두 함수

$$f(x)=\frac{x+2}{x-1},\quad g(x)=\sqrt{2x-2}+1$$

에 대하여 $(f\circ(g\circ f)^{-1}\circ f)(4)$의 값은?

① $\frac{3}{2}$ ② 2 ③ $\frac{5}{2}$
④ 3 ⑤ $\frac{7}{2}$

11

함수 $f(x)=\begin{cases}\sqrt{4-x}+3 & (x\le 4)\\ -(x-a)^2+4 & (x>4)\end{cases}$의 역함수가 있을 때, a의 값을 구하시오.

12

함수 $f(x)=\sqrt{2x-4}+2$에 대하여 $y=f(x)$와 $y=f^{-1}(x)$의 그래프가 만나는 두 점 사이의 거리는?

① $\sqrt{2}$ ② 2 ③ $2\sqrt{2}$
④ 4 ⑤ $4\sqrt{2}$

유형 3 무리함수 그래프의 활용

13

함수 $y=\sqrt{x-1}$의 그래프와 직선 $y=x+a$가 접할 때, a의 값은?

① -2 ② $-\frac{3}{4}$ ③ 0
④ $\frac{1}{2}$ ⑤ $\frac{2}{3}$

14

함수 $y=\sqrt{2x-3}$의 그래프와 직선 $y=mx+1$이 만날 때, 실수 m의 최댓값을 a, 최솟값을 b라 하자. $a-b$의 값은?

① $\frac{2}{3}$ ② 1 ③ $\frac{4}{3}$
④ $\frac{5}{3}$ ⑤ 2

15

함수 $y=\sqrt{x+2}$의 그래프와 직선 $y=\frac{1}{2}x+k$가 서로 다른 두 점에서 만날 때, 실수 k의 값의 범위를 구하시오.

16

a, b가 양수이고 함수 $f(x)=a\sqrt{x-b}$이다. $y=f(x)$와 $y=f^{-1}(x)$의 그래프가 한 점에서 만날 때, $b-a$의 최솟값은?

① -1 ② -2 ③ -3
④ -4 ⑤ -5

1등급 도전 문제

Time attack 3분

01 서술형

함수 $y=4\sqrt{x}$의 그래프 위에 점 $\mathrm{P}(a,\ b)$, $\mathrm{Q}(c,\ d)$가 있다. $\frac{b+d}{2}=4$일 때, 직선 PQ에 수직이고 점 $(2,\ 6)$을 지나는 직선의 y절편을 구하시오.

02

함수 $y=\frac{ax+1}{bx+c}$의 그래프가 오른쪽 그림과 같을 때, 다음 중 함수 $y=a\sqrt{bx+a}+c$의 그래프의 개형은?

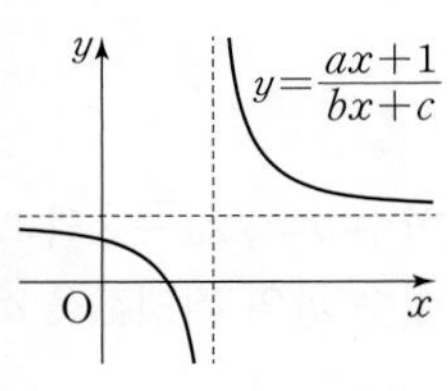

①

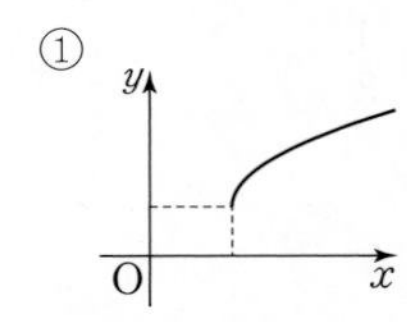

②

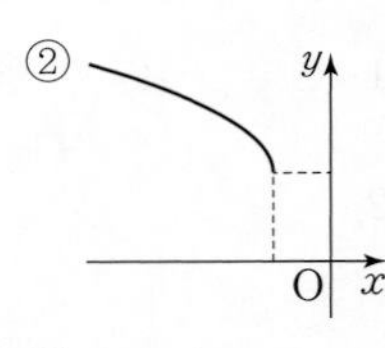

③

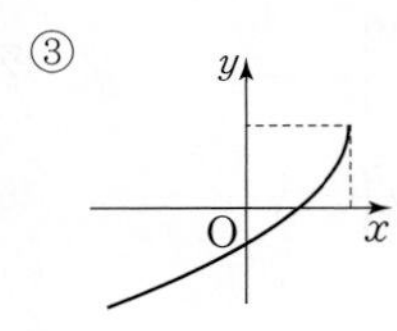

④

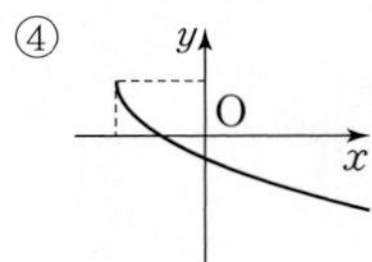

⑤

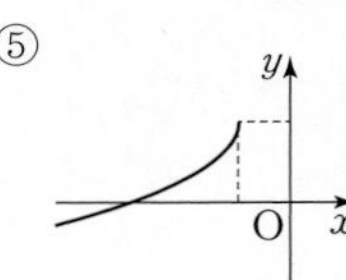

03

집합 $X=\{x\,|\,x\geq a\}$에서 $Y=\{y\,|\,y\geq 2a\}$로의 함수 $f(x)=\sqrt{4x+3}$의 역함수가 있을 때, 실수 a의 값은?

① $-\frac{1}{2}$ ② 0 ③ $\frac{1}{2}$
④ 1 ⑤ $\frac{3}{2}$

04 집중 연습

함수 $y=k\sqrt{x}$의 그래프가 네 점 $\mathrm{A}(n^2,\ n^2)$, $\mathrm{B}(4n^2,\ n^2)$, $\mathrm{C}(4n^2,\ 4n^2)$, $\mathrm{D}(n^2,\ 4n^2)$을 꼭짓점으로 하는 사각형 ABCD와 만나는 정수 k의 개수를 a_n이라 하자. $a_n\geq 70$일 때, 자연수 n의 최솟값은?

① 19 ② 20 ③ 21
④ 22 ⑤ 23

05

함수 $f(x)$는 다음을 만족시킨다.

(가) $-1\leq x<1$에서 $f(x)=\sqrt{1-|x|}$
(나) 모든 실수 x에 대하여 $f(x)=f(x+2)$

$y=f(x)$와 $y=ax+1$의 그래프의 교점이 8개일 때, a의 값의 범위를 구하시오.

06

기울기가 1인 직선 l_1이 $y=2\sqrt{x+1}$의 그래프와 접하는 점을 A, l_1의 x절편을 B라 하자. 또 기울기가 1인 직선 l_2가 $y=-2\sqrt{-x-1}$의 그래프와 접하는 점을 C, l_2의 x절편을 D라 하자. 사각형 ABCD의 넓이를 구하시오.

정답 및 풀이 116쪽

07

함수 $f(x)=\sqrt{2x}-1$, $g(x)=\sqrt{x}-1$의 그래프가 만나는 점을 A라 하고, 두 함수의 그래프가 직선 $x=p$와 만나는 점을 각각 B, C라 하자. 삼각형 ABC의 넓이가 $2-\sqrt{2}$일 때, p의 값은? (단, $p>0$)

① $\sqrt{3}$ ② 2 ③ 3
④ $2\sqrt{3}$ ⑤ 4

08 서술형

$x\le -\frac{1}{2}$에서

$$ax+1\le\sqrt{-2x-1}\le bx+1$$

일 때, $b-a$의 최댓값을 구하시오.

09

함수 $y=\sqrt{x+|x|}$의 그래프와 직선 $y=x+k$가 서로 다른 세 점에서 만날 때, k의 값의 범위를 구하시오.

10

함수 $f(x)=\frac{4}{x}$, $g(x)=\sqrt{x-k}+k$이고, $y=f(x)$와 $y=g(x)$의 그래프가 한 점에서 만난다. 정수 k의 개수는?

① 1 ② 2 ③ 3
④ 4 ⑤ 5

11

실수 전체의 집합 X에서 집합 $Y=\{y\,|\,y>2\}$로의 함수

$$f(x)=\begin{cases}\sqrt{3-x}+a & (x<3)\\ \dfrac{2x+3}{x-2} & (x\ge 3)\end{cases}$$

이 일대일대응이다. $f(2)f(k)=40$일 때, k의 값은?

① $\frac{3}{2}$ ② $\frac{5}{2}$ ③ $\frac{7}{2}$
④ $\frac{9}{2}$ ⑤ $\frac{11}{2}$

12 집중 연습

함수 $f(x)=-\sqrt{k(x+1)}+5$, $g(x)=\sqrt{-k(x-3)}-3$이 있다. $y=f(x)$와 $y=g(x)$의 그래프가 두 점에서 만날 때, 실수 k의 최댓값을 구하시오.

STEP

1등급 도전 문제

정답 및 풀이 120쪽

13

$f(x)=\begin{cases} \frac{1}{x}-1 & (0<x<1) \\ \sqrt{x-1} & (x\geq 1) \end{cases}$ 은 $x>0$에서 정의된 함수이다.

x축에 평행한 직선이 $y=f(x)$의 그래프와 만나는 두 점의 x좌표를 a, b라 할 때, ab의 최솟값은?

① $\sqrt{3}-1$ ② $2\sqrt{2}-2$ ③ 1
④ $\frac{\sqrt{2}}{2}$ ⑤ $\frac{\sqrt{3}}{2}$

14

$x\geq 2$에서 정의된 두 함수

$f(x)=\sqrt{x-2}+2,\quad g(x)=x^2-4x+6$

의 그래프는 두 점에서 만난다. 두 점 사이의 거리는?

① 1 ② $\sqrt{2}$ ③ 2
④ $2\sqrt{2}$ ⑤ 4

15

함수 $f(x)=\frac{1}{5}x^2+\frac{1}{5}k\ (x\geq 0)$, $g(x)=\sqrt{5x-k}$이고, $y=f(x)$, $y=g(x)$의 그래프가 서로 다른 두 점에서 만날 때, 정수 k의 개수는?

① 5 ② 7 ③ 9
④ 11 ⑤ 13

16

함수 $f(x)=\frac{1}{2}\sqrt{4x-5}$에 대하여 $y=f(x)$와 $y=f^{-1}(x)$의 그래프가 직선 $y=-x+k$와 만나는 점을 각각 A, B라 하자. 선분 AB의 길이가 최소일 때, 삼각형 OAB의 넓이는? (단, O는 원점)

① 1 ② 2 ③ 3
④ 4 ⑤ 5

17

$f(x)=\begin{cases} \sqrt{x} & (x\geq 0) \\ x^2 & (x<0) \end{cases}$이고 함수 $y=f(x)$의 그래프와 직선 $x+3y-10=0$이 두 점 $\mathrm{A}(-2,\ 4)$, $\mathrm{B}(4,\ 2)$에서 만난다. $y=f(x)$의 그래프와 직선 $x+3y-10=0$으로 둘러싸인 부분의 넓이를 구하시오.

18

함수 $f(x)=-\sqrt{ax+b}+c$는 집합 $X=\left\{x \,\middle|\, x\geq -\frac{b}{a}\right\}$에서 집합 Y로의 함수이고, 공역과 치역이 같다.
$X\cap Y=\{2\}$이고, 실수 전체의 집합에서 정의된 함수 $g(x)$는 다음 조건을 만족시킨다.

> (가) $g(x)=g^{-1}(x)$
> (나) $x\in X$이면 $g(x)=f(x)$

$g(0)=6$일 때, $g(a)+g(b)+g(c)$의 값을 구하시오.

STEP

절대등급 완성 문제

정답 및 풀이 122쪽

01 집중 연습

함수 $f(x)=\sqrt{x+2}$와 $g(x)=x+|x-k|$가 있다. 방정식 $f(x)=g(x)$의 서로 다른 실근이 2개일 때, 실수 k의 값의 범위를 구하시오.

02

집합 $X=\{x|x\geq 0$인 실수$\}$에서 X로의 함수

$$f(x)=\begin{cases} \dfrac{4x+a}{2x+1} & (0\leq x<1) \\ \sqrt{2x-1}-b & (x\geq 1) \end{cases}$$

가 있다. $f(x)$는 역함수가 있고, $y=f(x)$의 그래프와 직선 $y=x+k$가 서로 다른 두 점에서 만날 때, 실수 k의 값의 범위를 구하시오.

03

함수 $f(x)=[x]-\sqrt{x-[x]}$와 $g(x)=ax-1$이 있다. $y=f(x)$와 $y=g(x)$의 그래프가 서로 다른 여섯 개의 점에서 만날 때, 실수 a의 값의 범위를 구하시오.
(단, $[x]$는 x보다 크지 않은 최대 정수)

04

함수

$$f(x)=\frac{1}{x-n}+n,\quad g(x)=\sqrt{x+n}\ (n\text{은 자연수})$$

에 대하여 다음 조건을 만족시키는 점 $\mathrm{P}(a, b)$의 개수를 A_n이라 하자.

(가) a, b는 자연수이다.
(나) $n<a\leq 3n$, $g(a)<b<f(a)$

$n\leq A_n\leq 3n$일 때, A_n의 값의 합은?

① 22 ② 25 ③ 28
④ 31 ⑤ 34

내신 1등급 문제서

절대등급

절대등급으로
수학 내신 1등급에
도전하세요.

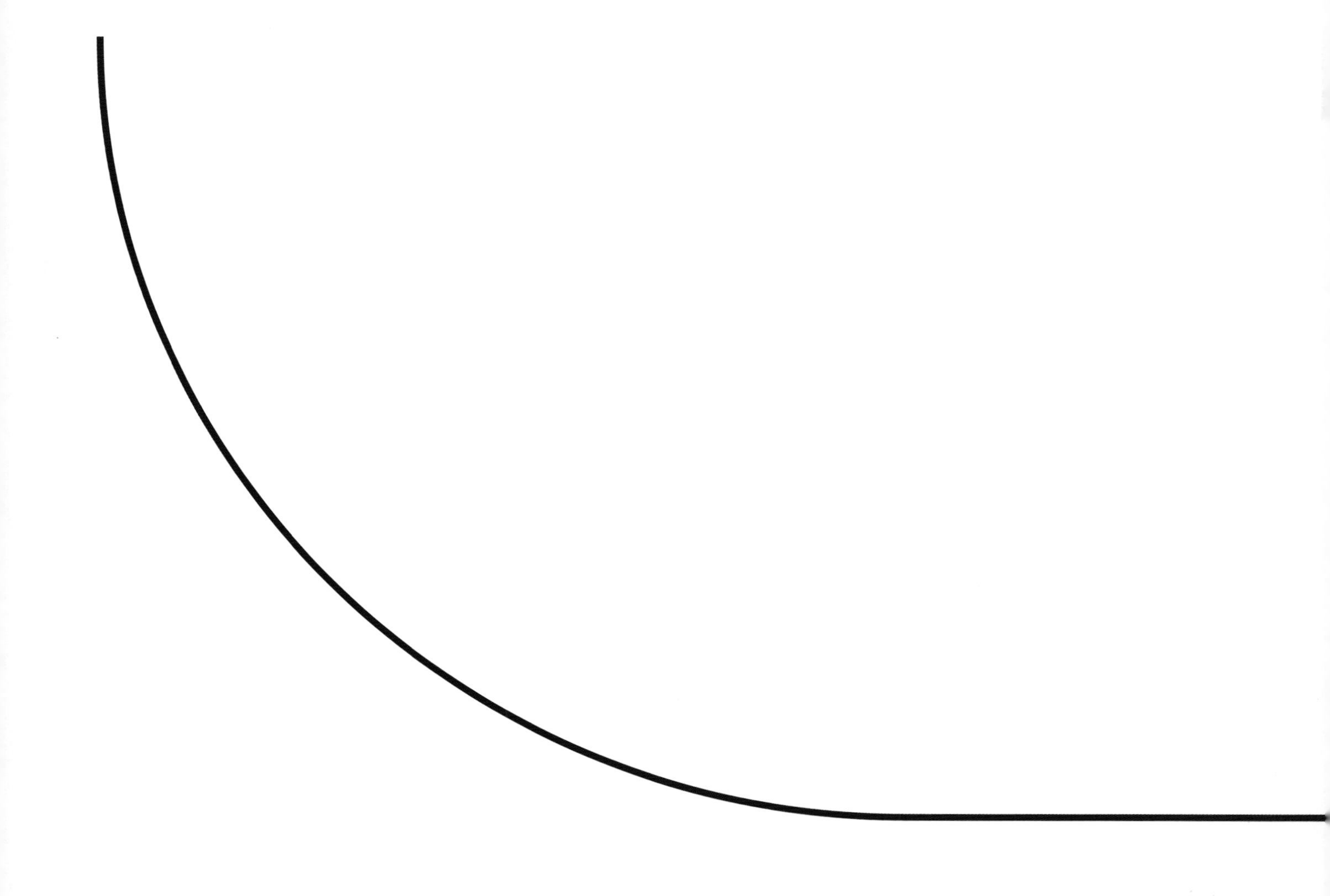

내신 1등급 문제서

절대등급

정답 및 풀이

공통수학 2

동아출판

내신 1등급 문제서

절대등급

공통수학 2

모바일
빠른 정답

QR코드를 찍으면 정답 및 풀이를
쉽고 빠르게 확인할 수 있습니다.

내신 1등급 문제서

절대등급

정답 및 풀이

공통수학 2

빠른 정답

I. 도형의 방정식

01 점과 직선

A STEP 시험에 꼭 나오는 문제 7~10쪽

01 ① **02** $-\frac{1}{3}$ **03** 3 **04** ① **05** $10\sqrt{5}$ **06** ④
07 ① **08** ② **09** ③ **10** $(-1, 2)$ **11** 8
12 ④ **13** 5 **14** ④ **15** ③ **16** 12 **17** 14
18 $-\frac{3}{2}$, 2 **19** ④ **20** ③ **21** ④ **22** ② **23** $2\sqrt{2}$
24 $\frac{7}{9}$ **25** $(-8, -2)$, $(10, 4)$ **26** ⑤
27 $(0, 1)$, $(0, 7)$ **28** ④ **29** 4 **30** ①
31 $\mathrm{C}\left(\frac{\sqrt{3}}{3}, \frac{6-2\sqrt{3}}{3}\right)$ **32** 18

B STEP 1등급 도전 문제 11~14쪽

01 ① **02** ④ **03** ① **04** ② **05** $2x+3y-2=0$
06 $\left(\frac{13}{3}, \frac{11}{3}\right)$ **07** $(7, -4)$ **08** ②
09 $y=x-1$ **10** 4 **11** $y=3\left(x-\frac{5}{2}\right)$ **12** $\frac{3}{5}$
13 $\mathrm{P}(8, 4)$ **14** $\mathrm{E}\left(3, \frac{21}{8}\right)$ **15** $-\frac{3}{2}$ **16** ④ **17** ①
18 ④ **19** $\mathrm{P}(2, 3)$ **20** 4 **21** $(1, 0)$ **22** $\frac{1}{6}$
23 (가): 18, (나): 2, (다): 16 **24** ②

C STEP 절대등급 완성 문제 15쪽

01 ③ **02** $2\sqrt{17}-8$ **03** 6 **04** $\mathrm{D}\left(\frac{35}{8}, \frac{9}{8}\right)$

02 원의 방정식

A STEP 시험에 꼭 나오는 문제 17~20쪽

01 ② **02** ④ **03** ② **04** $\mathrm{P}(8, 0)$ **05** ②
06 $1+\sqrt{2}$, $-1+\sqrt{2}$ **07** ② **08** ⑤ **09** ④ **10** ①
11 12 **12** -2, 4 **13** ② **14** $y=-\frac{2}{3}x+\frac{13}{3}$ **15** ③
16 7 **17** ④ **18** $\frac{4}{3}$ **19** ③ **20** 4 **21** ②
22 2 **23** ⑤ **24** 최댓값: $-\frac{1}{2}$, 최솟값: $-\frac{11}{2}$ **25** ③
26 ① **27** 8 **28** ③ **29** ③ **30** $2\sqrt{7}$ km

B STEP 1등급 도전 문제 21~24쪽

01 ① **02** $2\sqrt{15}$ **03** ⑤ **04** $3x+y-2=0$ **05** ③
06 -3 **07** ② **08** ③ **09** $0<a<\frac{\sqrt{3}}{3}$ **10** 2
11 ③ **12** 최댓값: $10+4\sqrt{10}$, 최솟값: $10-4\sqrt{10}$ **13** ④
14 ⑤ **15** $\frac{13}{2}(1+\sqrt{2})$ **16** ③ **17** $3\sqrt{2}$
18 최댓값: $5+5\sqrt{2}$, 최솟값: $-1-5\sqrt{2}$
19 최댓값: $\sqrt{26}+3$, 최솟값: $\sqrt{26}-3$ **20** 26
21 $3x-5y-6=0$ **22** ⑤ **23** ⑤ **24** ④
25 $(8, 6)$, $(8, -6)$, $(-1, 6)$, $(-1, -6)$

C STEP 절대등급 완성 문제 25쪽

01 ④ **02** $\frac{16\sqrt{5}}{5}$ **03** $\frac{7}{3}<a<3-\frac{\sqrt{2}}{4}$ **04** $-2\sqrt{2}$

03 도형의 이동

A STEP 시험에 꼭 나오는 문제 27~28쪽

01 ① **02** ① **03** -11 **04** $\mathrm{B}(9, -3)$ **05** ③
06 36 **07** ② **08** 11 **09** ③ **10** $y=\frac{1}{2}x$
11 $m=9$, $n=\frac{15}{2}$ **12** ③ **13** $\sqrt{34}$ **14** ㄱ, ㄴ **15** ①

B STEP 1등급 도전 문제 29~30쪽

01 $a=10$, $b=14$, $c=126$ **02** ③ **03** ⑤
04 -5 **05** ② **06** ⑤ **07** 최댓값: $2\sqrt{5}$, $\mathrm{P}(-4, 0)$
08 $36\sqrt{6}$ **09** 3 **10** $\mathrm{R}\left(\frac{5}{3}, 0\right)$ **11** $4\sqrt{5}$
12 $\sqrt{2}+4\sqrt{5}$

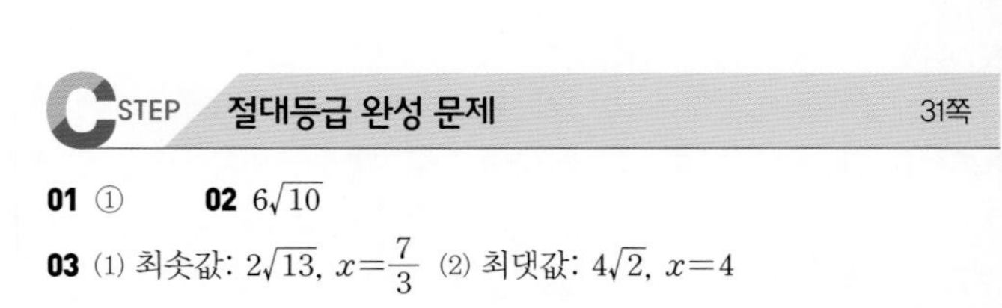

C STEP 절대등급 완성 문제 31쪽

01 ① **02** $6\sqrt{10}$
03 (1) 최솟값: $2\sqrt{13}$, $x=\frac{7}{3}$ (2) 최댓값: $4\sqrt{2}$, $x=4$

Ⅱ. 집합과 명제

04 집합

A STEP 시험에 꼭 나오는 문제 35~39쪽

01 -3 02 4 03 ④, ⑤ 04 ② 05 ④
06 $\{1, 2, 3, 4\}$ 07 ② 08 ② 09 $\{3, 4, 5\}$
10 ③ 11 $\{4, 6, 8, 10\}$ 12 18 13 $\{1, 2, 3, 6, 8\}$
14 $\{2, 3, 4\}$ 15 $\{1, 2, 3, 4, 5\}$ 16 12 17 39
18 ① 19 ②, ⑤ 20 ④ 21 ④ 22 ②
23 $\{1, 2, 6, 7, 8, 10\}$ 24 $\{1, 2, 3, 4, 5\}$ 25 ① 26 ②
27 ③ 28 16 29 ① 30 ④ 31 ③
32 $\{-2, -1, 4\}$ 33 $1 \le a < 3$ 34 ④ 35 ⑤
36 ⑤ 37 ⑤ 38 최댓값: 15, 최솟값: 6 39 24

B STEP 1등급 도전 문제 40~45쪽

01 ① 02 ⑤ 03 15 04 ① 05 ④
06 $\{2, 3, 5, 6, 9, 10\}$ 07 0 08 ⑤ 09 ①, ⑤ 10 4
11 $-\frac{3}{2} < a < \frac{7}{2}$ 12 33 13 ⑤ 14 ① 15 ⑤
16 7 17 24 18 ⑤ 19 ① 20 80 21 114
22 ④ 23 211 24 ⑤ 25 ③ 26 5 27 ⑤
28 4 29 12 30 ④ 31 ④ 32 37 33 ②
34 ④ 35 ② 36 105

C STEP 절대등급 완성 문제 46~47쪽

01 3, 9 02 25 03 94 04 ③ 05 ⑤ 06 72
07 8, 9 08 최댓값: 150, 최솟값: 30

05 명제

A STEP 시험에 꼭 나오는 문제 49~53쪽

01 ③, ⑤ 02 ③ 03 ④ 04 11 05 ①
06 $0 \le a \le 1$ 07 ③ 08 ②, ④ 09 ④ 10 ④
11 ③ 12 $-3 \le k \le 1$ 13 ③ 14 $-1 \le a < 0$
15 $-6 < k < 7$ 16 ③ 17 ①, ④ 18 ①
19 $3 < a \le 8$ 20 6 21 ② 22 ④
23 $1 < a < 2$
24 $a=1$, $b=-8$, $c=-12$ 또는 $a=-4$, $b=-3$, $c=18$
25 ③ 26 ②, ③ 27 ④ 28 ② 29 ② 30 5
31 ④ 32 풀이 참조 33 ② 34 풀이 참조
35 ③ 36 ④

B STEP 1등급 도전 문제 54~57쪽

01 ③ 02 ③, ④ 03 ③ 04 4 05 $-1 < k < 3$
06 ④ 07 $B=\{1, 2, 4, 5\}$ 08 $m<2$, $n>3$ 09 ④
10 $\begin{cases} a=1 \\ b=0 \end{cases}$ 또는 $\begin{cases} a=3 \\ b=2 \end{cases}$ 11 ①, ④ 12 A, B, C, D
13 ②, ⑤ 14 ③ 15 ② 16 최솟값: 24, $x=5$ 17 ③
18 최솟값: 25, $a=\frac{1}{5}$, $b=\frac{1}{5}$ 19 6 20 ③ 21 9
22 ① 23 풀이 참조

C STEP 절대등급 완성 문제 58~59쪽

01 ③ 02 ② 03 6 04 ③ 05 $-1+\frac{4\sqrt{6}}{5}$
06 (1) 12 (2) 12 07 ③ 08 풀이 참조

Ⅲ. 함수와 그래프

06 함수

A STEP 시험에 꼭 나오는 문제 63~67쪽

01 ③, ④ 02 $\{2, 3, 4\}$ 03 ④
04 $a=-1$, $b=-\frac{1}{2}$ 05 $k<-1$ 또는 $k>1$ 06 ① 07 ④
08 $f(3)=1$, $g(3)=3$ 09 ④ 10 ⑤ 11 28 12 ⑤
13 -10 14 ① 15 ② 16 -2, 6 17 $(3, 3)$ 18 ③
19 ① 20 ④ 21 최댓값: 17, 최솟값: 13 22 5
23 18 24 ⑤ 25 ④ 26 $A=\left\{0, 1, \frac{3}{2}, 2\right\}$ 27 ②
28 ⑤ 29 ① 30 $-\frac{2}{15}$ 31 ① 32 ② 33 1
34 ① 35 ② 36 $a=-1$, $b=7$ 37 ③ 38 ②
39 ③

Ⅲ. 함수와 그래프

B STEP 1등급 도전 문제 68~72쪽

01 ⑤ 02 $a=2$, $b=4$ 또는 $a=-4$, $b=4$ 03 ③
04 $f(3)=4$, $h(1)=2$ 05 ⑤ 06 8 07 3360 08 ⑤
09 $g(x)=\frac{1}{4}x$ 10 $x=-3$ 또는 $x=-2$ 또는 $x=2$
11 ③ 12 ① 13 $x=-3$ 또는 $x=1$ 또는 $x=\frac{5}{2}$
14 $-3\le a\le 3$ 15 ③ 16 $\frac{117}{2}$ 17 ① 18 6
19 4 20 ③ 21 $a=-\frac{3}{2}$, $b=4$ 22 ① 23 ②
24 a의 최솟값: 1, $h^{-1}(-4)=3$ 25 ⑤ 26 $\frac{17}{8}$
27 $1+\sqrt{2}$ 28 ② 29 1970 30 16

C STEP 절대등급 완성 문제 73~74쪽

01 49 02 ① 03 ② 04 $1-\sqrt{7}$, $1-\sqrt{6}$, $1-\sqrt{3}$
05 2 06 ② 07 최댓값: 7, $n=127$ 08 100

07 유리함수

A STEP 시험에 꼭 나오는 문제 76~78쪽

01 ① 02 $a=12$, $b=12$ 03 -2 04 3 05 ①
06 P(1, 3) 07 $a>5$ 08 ④ 09 ① 10 ①
11 ④ 12 ⑤ 13 $\left(\frac{3}{2}, 0\right)$ 14 ④ 15 ③
16 $x=-1$, $y=-\frac{1}{3}$ 17 $x=-1$, $y=1$ 18 ⑤ 19 ③
20 5 21 ⑤ 22 2 23 $-\frac{1}{2}$ 24 16

B STEP 1등급 도전 문제 79~81쪽

01 $\frac{17}{4}$ 02 ③ 03 ① 04 ① 05 ①
06 $\{y\,|\,-2<y\le 4\}$ 07 ① 08 1 09 $4\sqrt{2}$ 10 ①
11 ③ 12 36 13 9 14 $a=-1$, $b=-2$, $c=-1$
15 ① 16 $a=2$, $b=2$ 또는 $a=6$, $b=-2$ 17 ②
18 $\frac{12}{7}$

C STEP 절대등급 완성 문제 82쪽

01 ④ 02 2 03 $\sqrt{2}$ 04 ④

08 무리함수

A STEP 시험에 꼭 나오는 문제 84~85쪽

01 ⑤ 02 $a=2$, $b=1$, $c=3$ 03 -4 04 ② 05 ①
06 6 07 ② 08 48 09 ④ 10 ① 11 3
12 ③ 13 ② 14 ② 15 $1\le k<\frac{3}{2}$ 16 ①

B STEP 1등급 도전 문제 86~88쪽

01 7 02 ⑤ 03 ⑤ 04 ②
05 $-\frac{1}{7}<a<-\frac{1}{9}$ 또는 $\frac{1}{9}<a<\frac{1}{7}$ 06 4 07 ②
08 $-1-\sqrt{2}$ 09 $0<k<\frac{1}{2}$ 10 ④ 11 ⑤
12 16 13 ② 14 ② 15 ② 16 ① 17 10
18 23

C STEP 절대등급 완성 문제 89쪽

01 $-\frac{33}{8}<k\le -4$ 또는 $0\le k<2$ 02 $0\le k<\frac{1}{2}$
03 $\frac{2}{3}<a<\frac{3}{4}$ 또는 $\frac{4}{3}<a<\frac{3}{2}$ 04 ①

I. 도형의 방정식

01 점과 직선

A STEP 시험에 꼭 나오는 문제 7~10쪽

01 ①	**02** $-\frac{1}{3}$	**03** 3	**04** ①	**05** $10\sqrt{5}$	**06** ④
07 ①	**08** ②	**09** ③	**10** $(-1,\ 2)$		**11** 8
12 ④	**13** 5	**14** ④	**15** ③	**16** 12	**17** 14
18 $-\frac{3}{2}$, 2	**19** ④	**20** ③	**21** ④	**22** ②	**23** $2\sqrt{2}$
24 $\frac{7}{9}$	**25** $(-8,\ -2)$, $(10,\ 4)$			**26** ⑤	
27 $(0,\ 1)$, $(0,\ 7)$		**28** ④	**29** 4	**30** ①	
31 $C\left(\frac{\sqrt{3}}{3},\ \frac{6-2\sqrt{3}}{3}\right)$		**32** 18			

01 ········· 답 ①

◤y축 위의 점이므로 $P(0,\ b)$로 놓는다.

$P(0,\ b)$라 하면 $\overline{AP}^2=\overline{BP}^2$이므로

$(-4)^2+b^2=(-2)^2+(b-2)^2$

$b^2+16=b^2-4b+8 \qquad \therefore b=-2$

따라서 P의 좌표는 $(0,\ -2)$이다.

02 ········· 답 $-\frac{1}{3}$

◤$P(a,\ b)$는 직선 $y=x+2$ 위의 점이므로 $b=a+2$이다.

점 $P(a,\ b)$는 직선 $y=x+2$ 위의 점이므로 $b=a+2$

$\overline{PA}^2=\overline{PB}^2$이므로

$(a+5)^2+(a+2+1)^2=(a-3)^2+(a+2)^2$

$18a=-21$

$\therefore a=-\frac{7}{6},\ b=-\frac{7}{6}+2=\frac{5}{6}$

$a+b=-\frac{1}{3}$

03 ········· 답 3

◤삼각형 OAB가 직각삼각형이므로 피타고라스 정리를 이용한다.

직각삼각형 OAB에서 $\overline{OA}^2+\overline{OB}^2=\overline{AB}^2$

$a^2+(-3)^2+b^2+a^2=(a-b)^2+(-3-a)^2$

$2ab-6a=0,\ 2a(b-3)=0$

$a\neq0$이므로 $b=3$

다른 풀이

◤변 OA와 OB가 수직임을 이용한다.

변 OA, OB는 서로 수직이므로

직선 OA와 직선 OB의 기울기의 곱은 -1이다.

$\frac{-3}{a}\times\frac{a}{b}=-1 \qquad \therefore b=3$

04 ········· 답 ①

◤t초 후 P와 Q의 좌표를 t로 나타낸다.

t초 후 P와 Q의 좌표는 $P(9-t,\ 0)$, $Q(0,\ 3-2t)$이므로

$\overline{PQ}^2=(9-t)^2+(-3+2t)^2$

$=5t^2-30t+90$

$=5(t-3)^2+45\geq45$

곧, $\overline{PQ}^2$의 최솟값은 45이므로 $\overline{PQ}$의 최솟값은

$\sqrt{45}=3\sqrt{5}$

05 ········· 답 $10\sqrt{5}$

◤$A(x_1,\ y_1)$, $B(x_2,\ y_2)$일 때, 선분 AB를 $m:n$으로 내분하는 점은 $\left(\frac{mx_2+nx_1}{m+n},\ \frac{my_2+ny_1}{m+n}\right)$

선분 AB를 $1:2$로 내분하는 점 P는

$P\left(\frac{1\times7+2\times1}{1+2},\ \frac{1\times8+2\times(-4)}{1+2}\right)=P(3,\ 0)$

$Q(a,\ b)$라 하면 선분 PQ를 $2:3$으로 내분하는 점이 $B(7,\ 8)$이므로

$B\left(\frac{2\times a+3\times3}{2+3},\ \frac{2\times b+3\times0}{2+3}\right)=B(7,\ 8)$

$\frac{2a+9}{5}=7,\ \frac{2b}{5}=8 \qquad \therefore a=13,\ b=20$

따라서 $Q(13,\ 20)$이므로

$\overline{PQ}=\sqrt{(13-3)^2+20^2}=10\sqrt{5}$

Think More

A, B, P, Q를 직선 위에 나타내면 다음과 같다.

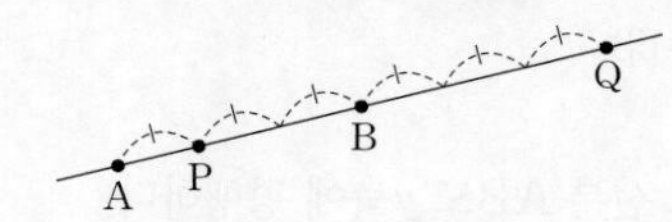

이때 $\overline{PB}=\frac{2}{3}\overline{AB}$, $\overline{BQ}=\overline{AB}$이므로

$\overline{PQ}=\overline{PB}+\overline{BQ}=\frac{5}{3}\overline{AB}$

06

두 점 A$(a, 4)$, B$(-9, 0)$에 대하여 선분 AB를 $4:3$으로 내분하는 점이 y축 위에 있으므로 내분점의 x좌표는 0이다.

$$\frac{4\times(-9)+3\times a}{4+3}=0 \qquad \therefore a=12$$

07

◤오른쪽 그림에서 $\angle BAD=\angle CAD$이면
$\overline{AB}:\overline{AC}=\overline{BD}:\overline{DC}$
이다. 기억하고 이용할 수 있어야 한다.

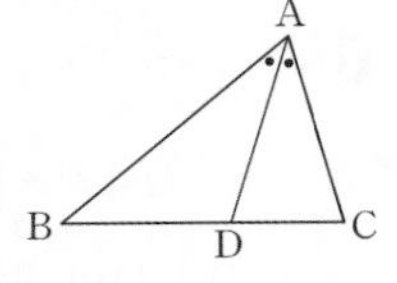

$$\overline{AB}=\sqrt{(-1-1)^2+(0-4)^2}=2\sqrt{5}$$
$$\overline{AC}=\sqrt{(-5-1)^2+(1-4)^2}=3\sqrt{5}$$

이므로

$$\overline{BD}:\overline{DC}=\overline{AB}:\overline{AC}=2:3$$

따라서 점 D는 선분 BC를 $2:3$으로 내분하는 점이다.

$$D\left(\frac{2\times(-5)+3\times(-1)}{2+3}, \frac{2\times1+3\times0}{2+3}\right)$$
$$=D\left(-\frac{13}{5}, \frac{2}{5}\right)$$
$$\therefore a=-\frac{13}{5}, b=\frac{2}{5}, a+b=-\frac{11}{5}$$

08

◤평행사변형의 꼭짓점의 좌표가 주어졌으므로 다음 중 하나를 이용한다.
1. 대각선의 중점이 일치한다.
2. 대변의 기울기가 각각 같다.
3. 대변의 길이가 각각 같다.

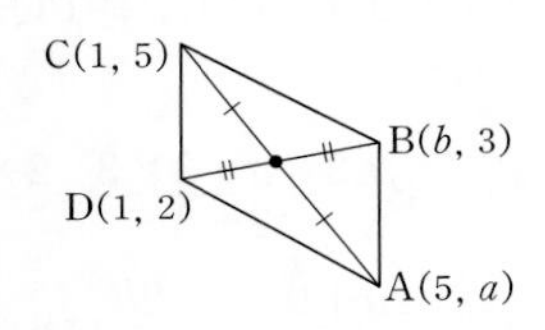

대각선 AC의 중점은 $\left(\frac{5+1}{2}, \frac{a+5}{2}\right)$

대각선 BD의 중점은 $\left(\frac{b+1}{2}, \frac{3+2}{2}\right)$

평행사변형의 두 대각선은 서로를 이등분하므로 대각선의 중점이 일치한다.

$$\therefore a=0, b=5$$
$$\therefore \overline{AC}=\sqrt{(1-5)^2+(5-0)^2}=\sqrt{41}$$
$$\overline{BD}=\sqrt{(1-5)^2+(2-3)^2}=\sqrt{17}$$

따라서 두 대각선의 길이의 제곱의 합은

$$\overline{AC}^2+\overline{BD}^2=41+17=58$$

다른 풀이

선분 CD가 y축에 평행하므로 선분 AB도 y축에 평행하다.

$$\therefore b=5$$

$\overline{AD}\,/\!/\,\overline{BC}$이므로 $\frac{a-2}{5-1}=\frac{3-5}{b-1} \qquad \therefore a=0$

09

답 ③

◤A(x_1, y_1), B(x_2, y_2), C(x_3, y_3)일 때
△ABC의 무게중심 ⇨ 점 $\left(\frac{x_1+x_2+x_3}{3}, \frac{y_1+y_2+y_3}{3}\right)$

삼각형 ABC의 무게중심의 좌표는

$$\left(\frac{-1+2+a}{3}, \frac{1+5+b}{3}\right)=\left(\frac{a+1}{3}, \frac{b+6}{3}\right)=(-1, 3)$$

이므로

$$\frac{a+1}{3}=-1, \frac{b+6}{3}=3$$
$$\therefore a=-4, b=3, a+b=-1$$

10

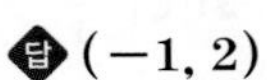

◤무게중심은 중선을 $2:1$로 내분한다.

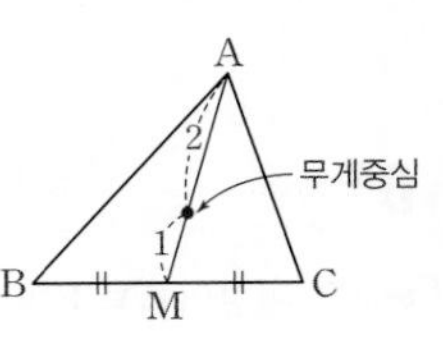

삼각형 ABC의 무게중심은 선분 AM을 $2:1$로 내분하는 점이므로 무게중심의 좌표는

$$\left(\frac{2\times(-2)+1\times1}{2+1}, \frac{2\times4+1\times(-2)}{2+1}\right)=(-1, 2)$$

다른 풀이

B(x_2, y_2), C(x_3, y_3)이라 하면 선분 BC의 중점 M의 좌표가 $(-2, 4)$이므로

$$\left(\frac{x_2+x_3}{2}, \frac{y_2+y_3}{2}\right)=(-2, 4)$$
$$\therefore x_2+x_3=-4, y_2+y_3=8$$

삼각형 ABC의 무게중심의 좌표는

$$\left(\frac{1+x_2+x_3}{3}, \frac{-2+y_2+y_3}{3}\right)=\left(\frac{1+(-4)}{3}, \frac{-2+8}{3}\right)$$
$$=(-1, 2)$$

11

P$(0, 5)$, Q$(2, 7)$, R$(4, 6)$이므로 삼각형 PQR의 무게중심의 좌표는

$$\left(\frac{0+2+4}{3}, \frac{5+7+6}{3}\right)=(2, 6)$$
$$\therefore a=2, b=6, a+b=8$$

Think More

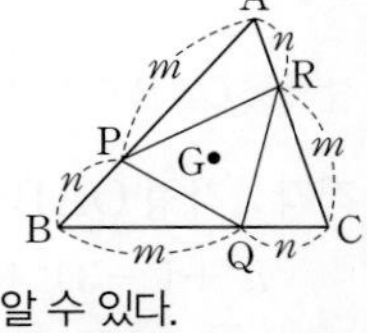

변 AB, BC, CA를 $m:n$으로 내분하는 점을 각각 P, Q, R이라 하면 △PQR의 무게중심 G는 △ABC의 무게중심과 같다.
A(x_1, y_1), B(x_2, y_2), C(x_3, y_3)이라 하고 P, Q, R의 좌표를 구한 다음 삼각형 PQR의 무게중심의 좌표를 구하면 삼각형 ABC의 무게중심의 좌표와 같다는 것을 알 수 있다.
이 문제에서는 P, Q, R이 각 변의 중점이고, 삼각형 PQR의 무게중심은 삼각형 ABC의 무게중심과 같다.

12 ······························ 답 ④

P(x, y)라 하고 $\overline{PA}^2+\overline{PB}^2+\overline{PC}^2$을 구한다.

P(x, y)라 하면

$$\overline{PA}^2+\overline{PB}^2+\overline{PC}^2$$
$$=\{(x-2)^2+(y-2)^2\}+\{x^2+(y-3)^2\}+\{(x-4)^2+(y-4)^2\}$$
$$=3x^2-12x+3y^2-18y+49$$
$$=3(x-2)^2+3(y-3)^2+10$$

따라서 $x=2$, $y=3$, 곧 P$(2, 3)$일 때 최소이다.

Think More

A(x_1, y_1), B(x_2, y_2), C(x_3, y_3)이라 하고 $\overline{PA}^2+\overline{PB}^2+\overline{PC}^2$을 계산하면

$x=\dfrac{x_1+x_2+x_3}{3}$, $y=\dfrac{y_1+y_2+y_3}{3}$

일 때 최소임을 알 수 있다.

곧, 점 P가 △ABC의 무게중심일 때, $\overline{PA}^2+\overline{PB}^2+\overline{PC}^2$이 최소이다.

13 ······························ 답 5

평행한 두 직선 ⇨ 기울기가 같다.

$2x+y+3=0$에서 $y=-2x-3$이므로 기울기가 -2이다.

기울기가 -2이고 점 $(4, -5)$를 지나는 직선의 방정식은

$y+5=-2(x-4)$ $\qquad \therefore y=-2x+3$ $\qquad \cdots$ ❶

❶이 점 $(-1, k)$를 지나므로

$k=-2\times(-1)+3$ $\qquad \therefore k=5$

Think More

❶은 다음과 같이 구할 수도 있다.

기울기가 -2인 직선의 방정식을 $y=-2x+b$로 놓자.

점 $(4, -5)$를 지나므로 $-5=-8+b$, $b=3$

$\therefore y=-2x+3$

14 ······························ 답 ④

수직인 두 직선 ⇨ 기울기의 곱이 -1이다.

$x+3y=-6$, $2x-y=-5$를 연립하여 풀면

$x=-3$, $y=-1$

따라서 교점의 좌표는 $(-3, -1)$이다.

또, $3x+2y=1$에서 $y=-\dfrac{3}{2}x+\dfrac{1}{2}$이므로

이 직선과 수직인 직선의 기울기는 $\dfrac{2}{3}$이다.

곧, 기울기가 $\dfrac{2}{3}$이고 점 $(-3, -1)$을 지나는 직선의 방정식은

$y+1=\dfrac{2}{3}(x+3)$ $\qquad \therefore y=\dfrac{2}{3}x+1$

따라서 이 직선의 y절편은 1이다.

15 ······························ 답 ③

점 $(1, 1)$을 지나고 직선 $y=2x+1$에 수직인 직선이 직선 $y=2x+1$과 만나는 점이 수선의 발이다.

$y=2x+1$ $\qquad \cdots$ ❶

❶에 수직인 직선의 기울기는 $-\dfrac{1}{2}$이다.

따라서 점 $(1, 1)$을 지나고 ❶에 수직인 직선의 방정식은

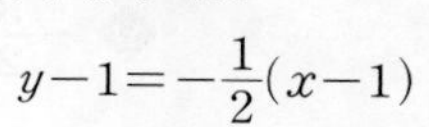

$y-1=-\dfrac{1}{2}(x-1)$

$\therefore y=-\dfrac{1}{2}x+\dfrac{3}{2}$ $\qquad \cdots$ ❷

❶, ❷를 연립하여 풀면 $x=\dfrac{1}{5}$, $y=\dfrac{7}{5}$

따라서 수선의 발의 좌표는 $\left(\dfrac{1}{5}, \dfrac{7}{5}\right)$이다.

16 ······························ 답 12

세 점 A, B, C가 일직선 위에 있으므로 다음 중 하나를 이용한다.

1. 직선 AB, BC(또는 AC)의 기울기가 같다.
2. 직선 AB 위에 점 C가 있다.

직선 AB와 직선 BC의 기울기가 같으므로

$$\frac{-k-10-5}{k-(-2k-1)}=\frac{k-1-(-k-10)}{2k+5-k}$$
$$\frac{-k-15}{3k+1}=\frac{2k+9}{k+5}$$

양변에 $(3k+1)(k+5)$를 곱하면

$-(k+15)(k+5)=(2k+9)(3k+1)$

$-k^2-20k-75=6k^2+29k+9$

$\therefore k^2+7k+12=0$ $\qquad \cdots$ ❶

따라서 k의 값의 곱은 12이다.

Think More

❶의 해는 $k=-3$ 또는 $k=-4$이다. 이때 A, B, C는 서로 다른 점이다.

17 ······························ 답 14

다음과 같은 경우 삼각형을 이루지 않는다.

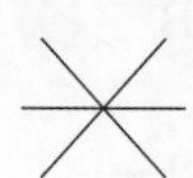

직선 $x+2y-3=0$, $3x-y-2=0$이 한 점에서 만나므로 세 직선 중 두 직선이 서로 평행하거나 세 직선이 한 점에서 만나면 된다.

(i) 두 직선이 평행한 경우

세 직선의 기울기는 각각 $-\dfrac{1}{2}$, 3, $\dfrac{a}{4}$이므로

$\dfrac{a}{4}=-\dfrac{1}{2}$ 또는 $\dfrac{a}{4}=3$ $\qquad \therefore a=-2$ 또는 $a=12$

(ii) 세 직선이 한 점에서 만나는 경우

직선 $x+2y-3=0$과 $3x-y-2=0$의 교점의 좌표는 $(1,\ 1)$이고, 직선 $ax-4y=0$이 이 교점을 지나면 되므로

$a-4=0 \qquad \therefore a=4$

(i), (ii)에서 a의 값의 합은 14이다.

18

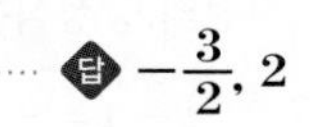

답 $-\frac{3}{2}$, 2

세 직선으로 둘러싸인 삼각형이 직각삼각형이면 어느 두 직선이 직각으로 만나야 한다.

$2x+3y-5=0 \qquad \cdots$ ❶

$x-2y+1=0 \qquad \cdots$ ❷

$m(x+1)+y=0 \qquad \cdots$ ❸

직선 ❶, ❷는 수직이 아니므로 ❶과 ❸ 또는 ❷와 ❸이 수직이다.

직선 ❸이 직선 ❶, ❷의 교점 $(1,\ 1)$을 지나면 삼각형이 생기지 않는다.

(i) ❶과 ❸이 수직일 때,

❶의 기울기가 $-\frac{2}{3}$, ❸의 기울기가 $-m$이므로 $m=-\frac{3}{2}$

이때 직선 $-\frac{3}{2}(x+1)+y=0$은 $(1,\ 1)$을 지나지 않는다.

(ii) ❷와 ❸이 수직일 때,

❷의 기울기가 $\frac{1}{2}$, ❸의 기울기가 $-m$이므로 $m=2$

이때 직선 $2(x+1)+y=0$은 $(1,\ 1)$을 지나지 않는다.

19

답 ④

$m(x+1)-(y+1)=0$이므로 m의 값에 관계없이 점 $(-1,\ -1)$을 지난다. 직선을 그려서 선분 AB와 만날 조건을 찾는다.

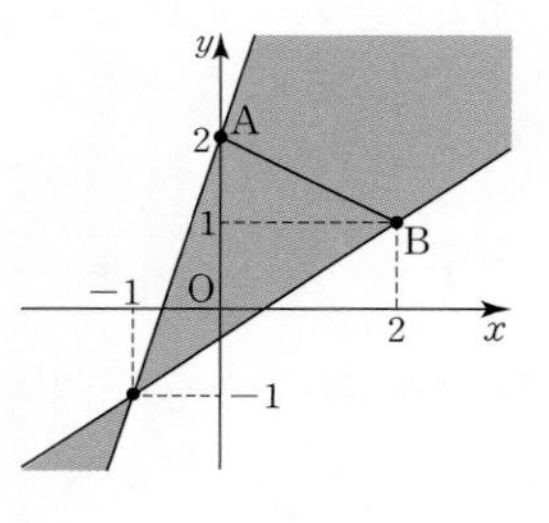

$y=mx+m-1$에서

$m(x+1)-(y+1)=0$

곧, 이 직선은 m의 값에 관계없이 점 $(-1,\ -1)$을 지난다.

따라서 직선이 오른쪽 그림의 색칠한 부분(경계 포함)에 있을 때, 선분 AB와 만난다.

(i) 직선이 $\mathrm{A}(0,\ 2)$를 지날 때 기울기 m은

$$m=\frac{2-(-1)}{0-(-1)}=3$$

(ii) 직선이 $\mathrm{B}(2,\ 1)$을 지날 때 기울기 m은

$$m=\frac{1-(-1)}{2-(-1)}=\frac{2}{3}$$

(i), (ii)에서 실수 m의 값의 범위는 $\frac{2}{3}\le m\le 3$

$\therefore a=\frac{2}{3},\ b=3,\ ab=2$

20

답 ③

$(\quad)k+(\quad)=0$ 꼴로 정리하면 직선이 k의 값에 관계없이 지나는 점을 찾을 수 있다.

$(1+k)x-2y-2k=0$에서

$(x-2)k+x-2y=0 \qquad \cdots$ ❶

k의 값에 관계없이

$x-2=0,\ x-2y=0 \qquad \cdots$ ❷

이면 ❶이 성립한다.

❷를 연립하여 풀면 $x=2,\ y=1$

직선 ❶은 k의 값에 관계없이 점 $(2,\ 1)$을 지난다.

따라서 ❶이 오른쪽 그림의 색칠한 부분(경계 포함)에 있을 때, 제4사분면을 지나지 않는다.

❶은 기울기가 $\frac{1+k}{2}$이고, 점 $(0,\ 1)$을 지날 때 기울기가 0, 점 $(0,\ 0)$을 지날 때 기울기가 $\frac{1}{2}$이므로

$0\le\frac{1+k}{2}\le\frac{1}{2},\ 0\le 1+k\le 1$

$\therefore -1\le k\le 0$

다른 풀이

직선 $y=\frac{1+k}{2}x-k$가 제4사분면을 지나지 않는 경우는

(i) 기울기가 양수이고, y절편이 0 이상일 때

$\frac{1+k}{2}>0,\ -k\ge 0 \qquad \therefore -1<k\le 0$

(ii) 기울기가 0이고, y절편이 0 이상일 때

$\frac{1+k}{2}=0,\ -k\ge 0 \qquad \therefore k=-1$

(i), (ii)에서 $-1\le k\le 0$

21

답 ④

ㄱ. $k=-1$이면 $y=1$이므로 점 $(0,\ 1)$을 지난다. (거짓)

ㄴ. $k=2$이면 $x=1$이므로 y축에 평행하다. (참)

ㄷ. 직선 $k(ax+by+c)+a'x+b'y+c'=0$은 k의 값에 관계없이 두 직선 $ax+by+c=0$, $a'x+b'y+c'=0$의 교점을 지난다.

k에 대해 정리하면

$k(x-y)+x+2y-3=0$이므로 k의 값에 관계없이

$x-y=0,\ x+2y-3=0$

이면 등식이 성립한다.

두 식을 연립하여 풀면 $x=1,\ y=1$

곧, 이 직선은 k의 값에 관계없이 점 $(1,\ 1)$을 지난다. (참)

따라서 옳은 것은 ㄴ, ㄷ이다.

22 ························ 답 ②

직선의 방정식에 문자 m이 있다.
직선의 방정식을 $m(\quad)+(\quad)=0$ 꼴로 정리한 다음
직선이 항상 지나는 점부터 찾는다.

$y=mx-2m+4$에서

$$m(x-2)+4-y=0$$

이므로 이 직선은 m의 값에 관계 없이 점 $(2, 4)$, 곧 A를 지난다.

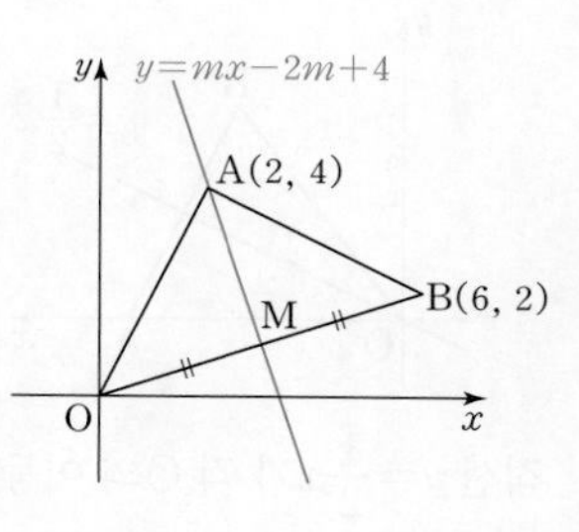

따라서 이 직선이 변 OB의 중점 $M(3, 1)$을 지나면 삼각형 OAB의 넓이를 이등분한다.

$$1=3m-2m+4 \qquad \therefore m=-3$$

23 ························ 답 $2\sqrt{2}$

좌표평면에서 도형의 넓이를 구할 때에는
꼭짓점의 좌표부터 구한다.

삼각형 ABC의 넓이는

$$\frac{1}{2}\times2\times4=4$$

직선 AB의 방정식은 $y=x-2$

직선 BC의 방정식은 $y=\frac{1}{2}x-2$

따라서 직선 $x=k$와 $\overline{AB}$, $\overline{BC}$의 교점을 각각 P, Q라 하면

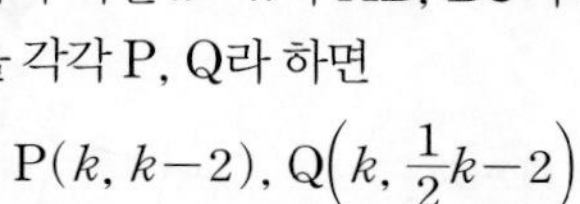

$$P(k, k-2),\ Q\left(k, \frac{1}{2}k-2\right)$$

삼각형 PBQ의 넓이가 2이므로

$$\frac{1}{2}\times\left\{(k-2)-\left(\frac{1}{2}k-2\right)\right\}\times k=2,\ k^2=8$$

$0<k<4$이므로 $k=2\sqrt{2}$

Think More

$\triangle PBQ \backsim \triangle ABC$이고 닮음비가 $k:4$이므로 넓이의 비 $k^2:16=1:2$임을 이용하여 k의 값을 구할 수도 있다.

24 ························ 답 $\frac{7}{9}$

직선 l이 변 DC와 만나는 점의 좌표부터 구한다.

점 D에서 x축에 내린 수선의 발을 P라 하고, $\overline{DP}$와 l이 만나는 점을 Q라 하자.
오른쪽 그림에서
도형 OABCDE의 넓이는

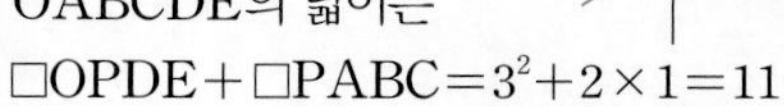

$$\square OPDE+\square PABC=3^2+2\times1=11$$

$\overline{DQ}=x$라 하면 $\square OQDE=\frac{11}{2}$이므로

$$\frac{1}{2}\times(x+3)\times3=\frac{11}{2} \qquad \therefore x=\frac{2}{3}$$

$Q\left(3, \frac{7}{3}\right)$이므로 l의 기울기는 $\frac{\frac{7}{3}}{3}=\frac{7}{9}$

Think More

점 Q에서 y축에 내린 수선의 발을 R이라 하면 $\triangle OQR=\triangle OPQ$이므로
$\square RQDE=\square PABC$임을 이용해도 된다. 곧,

$$3x=2 \qquad \therefore x=\frac{2}{3}$$

25 ························ 답 $(-8, -2)$, $(10, 4)$

삼각형 ABC와 APC의 넓이의 비에서

$$\overline{AB}:\overline{AP}=1:3$$

조건을 만족시키는 점 P는 그림과 같이 2개 있다.

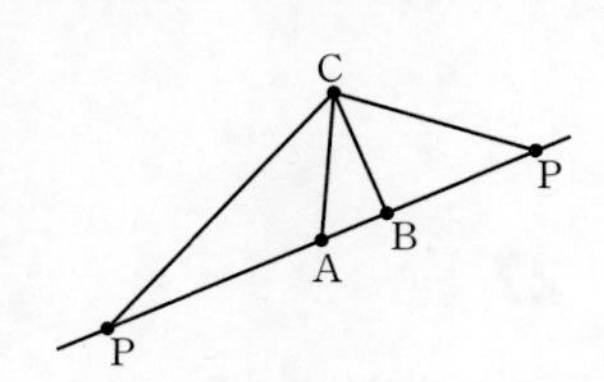

A, B, P가 일직선 위에 있으므로
내분을 생각하여 좌표를 구하면 편하다.

(i) P의 x좌표가 A의 x좌표보다 작을 때,
A(1, 1)은 선분 PB를 $3:1$로 내분하는 점이므로
$P(a, b)$라 하면

$$(1, 1)=\left(\frac{3\times4+1\times a}{3+1}, \frac{3\times2+1\times b}{3+1}\right)$$

$a=-8$, $b=-2$이므로 $P(-8, -2)$

(ii) P의 x좌표가 A의 x좌표보다 클 때,
B(4, 2)는 선분 AP를 $1:2$로 내분하는 점이므로
$P(a, b)$라 하면

$$(4, 2)=\left(\frac{1\times a+2\times1}{1+2}, \frac{1\times b+2\times1}{1+2}\right)$$

$a=10$, $b=4$이므로 $P(10, 4)$

26 ························ 답 ⑤

삼각형 ABC와 ADC의 넓이가 같으면
직선 l, m은 평행하다.
이와 같이 넓이가 같은 삼각형에서는
평행선을 찾아 이용해야 하는 문제도 있다.

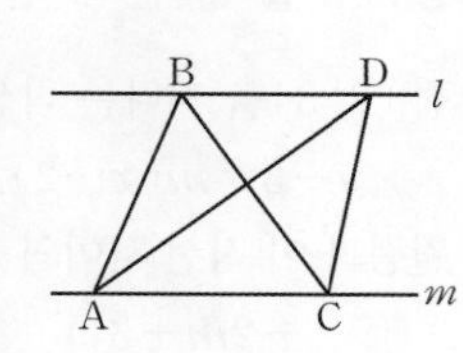

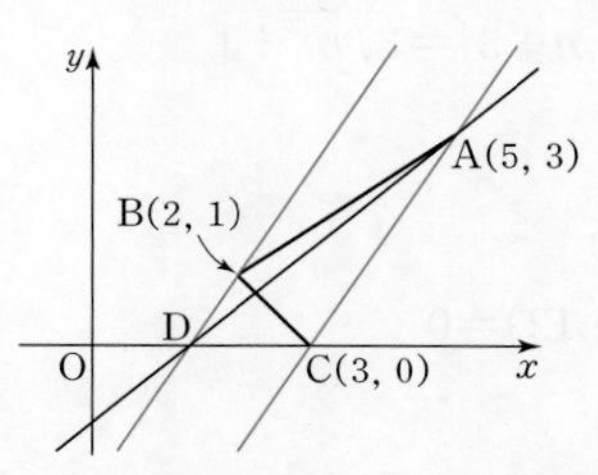

점 D가 점 B를 지나고 직선 AC와 평행한 직선 위에 있으면
삼각형 ABC의 넓이와 삼각형 ADC의 넓이가 같다.

직선 AC의 기울기가 $\frac{0-3}{3-5}=\frac{3}{2}$이므로

직선 BD의 기울기는 $\frac{3}{2}$이다.

직선 BD는 B를 지나므로

$y-1=\frac{3}{2}(x-2)$ ⋯ ❶

또, D는 직선 OC 위에 있고, 직선 OC는 x축이므로

D$(a, 0)$이라 하고 ❶에 $x=a$, $y=0$을 대입하면

$-1=\frac{3}{2}(a-2)$ $\therefore a=\frac{4}{3}$

D$\left(\frac{4}{3}, 0\right)$이므로 직선 AD의 기울기는

$$\frac{0-3}{\frac{4}{3}-5}=\frac{9}{11}$$

27 답 (0, 1), (0, 7)

y축 위의 점의 좌표를 $(0, b)$라 하고
점과 직선 사이의 거리를 생각한다.

y축 위의 점의 좌표를 $(0, b)$라 하자.

두 직선이 $x+2y-5=0$, $2x-y-2=0$이고,

점 $(0, b)$와 두 직선 사이의 각각의 거리가 같으므로

$$\frac{|2b-5|}{\sqrt{1^2+2^2}}=\frac{|-b-2|}{\sqrt{2^2+(-1)^2}},\ |2b-5|=|b+2|$$

$2b-5=-(b+2)$ 또는 $2b-5=b+2$

$\therefore b=1$ 또는 $b=7$

따라서 구하는 점의 좌표는 $(0, 1)$ 또는 $(0, 7)$이다.

Think More

$|x|=|y|$이면 $x=\pm y$

28 답 ④

점 $(2, 3)$을 지나는 직선은 $y-3=m(x-2)$로 놓을 수 있다.

점 $(2, 3)$을 지나는 직선은

$y-3=m(x-2)$, 곧 $mx-y-2m+3=0$

원점과 이 직선 사이의 거리가 3이므로

$$\frac{|-2m+3|}{\sqrt{m^2+(-1)^2}}=3,\ |-2m+3|=3\sqrt{m^2+1}$$

양변을 제곱하면

$4m^2-12m+9=9m^2+9$

$5m^2+12m=0$, $m(5m+12)=0$

$\therefore m=0$ 또는 $m=-\frac{12}{5}$

따라서 두 직선의 기울기의 합은 $-\frac{12}{5}$이다.

29 답 4

직선 $y=\frac{1}{2}x$가 꼭짓점 O를 지나므로 각 O의 이등분선이다.
따라서 이 직선 위의 한 점에서 두 변 OA, OB에 이르는 거리가 같다.

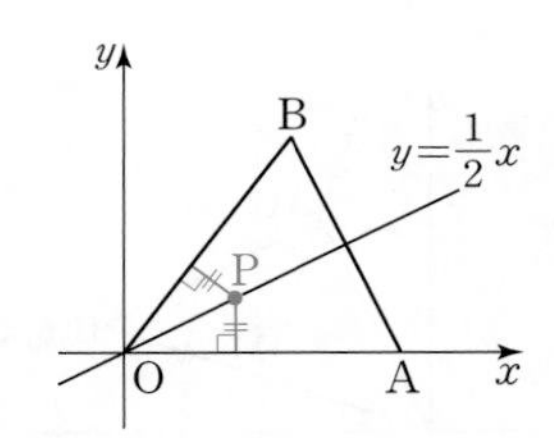

직선 $y=\frac{1}{2}x$가 각 O의 이등분선이므로 이 직선 위의 한 점

P$(2, 1)$에서 변 OA, OB에 이르는 거리가 같다.

변 OA는 x축이므로 P에서 변 OA에 이르는 거리는 1이다.

직선 OB의 방정식은 $y=\frac{a}{3}x$, 곧 $ax-3y=0$이다.

점 P와 이 직선 사이의 거리가 1이므로

$$\frac{|2a-3|}{\sqrt{a^2+9}}=1,\ |2a-3|=\sqrt{a^2+9}$$

양변을 제곱하면

$4a^2-12a+9=a^2+9$

$a^2-4a=0$, $a(a-4)=0$

$a>0$이므로 $a=4$

30 답 ①

직선 l과 l'이 평행하다고 하자.
그림과 같이 l과 l'에 수직인 선분을 생각하면
선분의 길이는 항상 일정하다.
따라서 l 위의 임의의 한 점을 잡고
이 점과 l' 사이의 거리를 구하면 l과 l' 사이의
거리를 구할 수 있다.

직선 $ax+by=-6$, $ax+by=3$은 평행하다.

직선 $ax+by=3$ 위의 한 점 $\left(0, \frac{3}{b}\right)$과 직선 $ax+by=-6$ 사이의 거리는

$$\frac{\left|b\times\frac{3}{b}+6\right|}{\sqrt{a^2+b^2}}=\frac{9}{\sqrt{a^2+b^2}}$$

$a^2+b^2=9$이므로 두 직선 사이의 거리는

$$\frac{9}{\sqrt{9}}=3$$

Think More

직선 $ax+by=3$ 위의 어떤 점을 잡아도 점과 직선 $ax+by=-6$ 사이의 거리는 같다.
직선 $ax+by=-6$ 위의 한 점과 직선 $ax+by=3$ 사이의 거리를 구해도 된다.

31 ········· 답 $C\left(\frac{\sqrt{3}}{3}, \frac{6-2\sqrt{3}}{3}\right)$

정삼각형의 한 꼭짓점에서 대변에 그은 수선은 대변을 수직이등분함을 이용하여 m의 값부터 구한다.

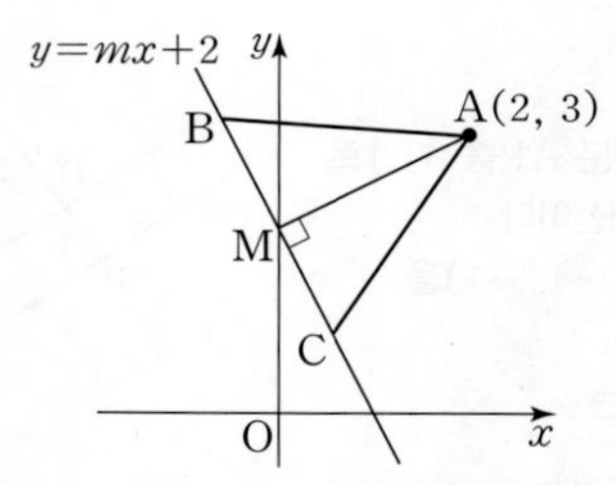

변 BC의 중점을 M이라 하면 M은 y축 위에 있으므로 M$(0, 2)$이다.

꼭짓점 A와 변 BC의 중점 M을 연결한 직선 AM은 변 BC와 수직이고, 직선 AM의 기울기가 $\frac{1}{2}$이므로

직선 $y=mx+2$의 기울기는 $m=-2$

또, 삼각형 ABC는 정삼각형이고, $\overline{AM}=\sqrt{2^2+1^2}=\sqrt{5}$이므로

$$\overline{CM}=\frac{\overline{AM}}{\tan 60^\circ}=\frac{\sqrt{5}}{\sqrt{3}},\ \overline{CM}^2=\frac{5}{3}$$

C가 직선 $y=-2x+2$ 위의 점이므로 $C(a, -2a+2)$로 놓으면

$$\overline{CM}^2=a^2+(-2a)^2=\frac{5}{3},\ a^2=\frac{1}{3}$$

$a>0$이므로 $a=\frac{\sqrt{3}}{3}$

$$\therefore C\left(\frac{\sqrt{3}}{3}, \frac{6-2\sqrt{3}}{3}\right)$$

32 ·········  18

$\overline{OC}$, $\overline{AB}$의 길이는 점과 직선 사이의 거리이다.

두 점 O, A와 직선

$3x+4y-30=0$ 사이의 거리는

$$\overline{OC}=\frac{|-30|}{\sqrt{3^2+4^2}}=6$$

$$\overline{AB}=\frac{|15-30|}{\sqrt{3^2+4^2}}=3$$

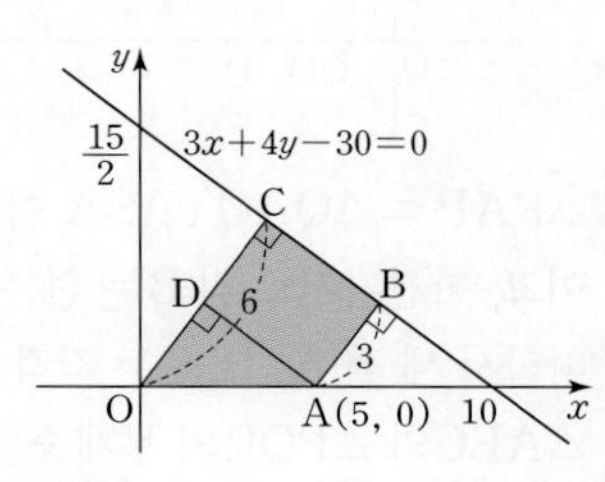

A에서 선분 OC에 내린 수선의 발을 D라 하면

$$\overline{OD}=\overline{OC}-\overline{CD}=\overline{OC}-\overline{AB}=6-3=3$$

직각삼각형 OAD에서

$$\overline{AD}=\sqrt{5^2-3^2}=4$$

따라서 사다리꼴 OABC의 넓이는

$$\frac{1}{2}\times(3+6)\times4=18$$

Think More

사다리꼴 OABC에서 $\overline{AD}$의 길이를 다음과 같이 구할 수도 있다.
직선 OC는 직선 $3x+4y-30=0$에 수직이고 원점을 지나므로
직선 OC의 방정식은 $4x-3y=0$
점 A와 직선 OC 사이의 거리는 $\overline{AD}=\frac{|20|}{\sqrt{4^2+(-3)^2}}=4$

B STEP 1등급 도전 문제 11~14쪽

01 ①	**02** ④	**03** ①	**04** ②	**05** $2x+3y-2=0$
06 $\left(\frac{13}{3}, \frac{11}{3}\right)$		**07** $(7, -4)$		**08** ②
09 $y=x-1$		**10** 4	**11** $y=3\left(x-\frac{5}{2}\right)$	**12** $\frac{3}{5}$
13 $P(8, 4)$	**14** $E\left(3, \frac{21}{8}\right)$		**15** $-\frac{3}{2}$	**16** ④
17 ①				
18 ④	**19** $P(2, 3)$	**20** 4	**21** $(1, 0)$	**22** $\frac{1}{6}$
23 (가): 18, (나): 2, (다): 16			**24** ②	

01 ········· 답 ①

세 점이 일직선 위에 있지 않고,
$\overline{AB}=\overline{AC}$ 또는 $\overline{BA}=\overline{BC}$ 또는 $\overline{CA}=\overline{CB}$
이면 된다.

(i) $\overline{AB}^2=\overline{AC}^2$일 때

$2^2+4^2=(a-2)^2+2^2$

$a^2-4a-12=0,\ (a+2)(a-6)=0$

$\therefore a=-2$ 또는 $a=6$

(ii) $\overline{AB}^2=\overline{BC}^2$일 때

$2^2+4^2=(a-4)^2+(-2)^2$

$a^2-8a=0,\ a(a-8)=0$

$\therefore a=0$ 또는 $a=8$

(iii) $\overline{AC}^2=\overline{BC}^2$일 때

$(a-2)^2+2^2=(a-4)^2+(-2)^2$

$-4a+8=-8a+20 \qquad \therefore a=3$

그런데 $C(3, 0)$이면 C가 선분 AB의 중점, 곧 세 점 A, B, C가 일직선 위에 있으므로 삼각형이 만들어지지 않는다.

(i), (ii), (iii)에서

$a=-2$ 또는 $a=0$ 또는 $a=6$ 또는 $a=8$

따라서 a의 값의 합은 12이다.

02 ········· 답 ④

$\sqrt{(a-7)^2+(b-10)^2}$, $\sqrt{(a-3)^2+(b-5)^2}$은 각각 선분 BC, AC의 길이이다.

$\sqrt{(a-7)^2+(b-10)^2}$은 선분 BC의 길이이고, $\sqrt{(a-3)^2+(b-5)^2}$은 선분 AC의 길이이므로 주어진 식은

$\overline{AC}+\overline{BC}$ ··· ❶

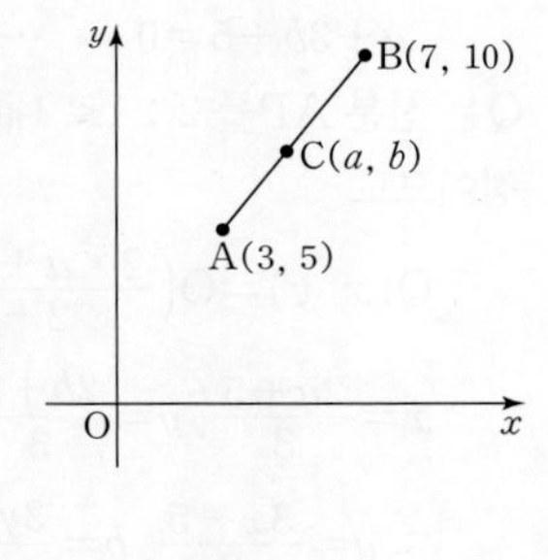

따라서 점 C가 선분 AB 위의 점일 때 ❶이 최소이고 최솟값은

$$\overline{AB}=\sqrt{(3-7)^2+(5-10)^2}=\sqrt{41}$$

03 ······························ 답 ①

◤변 BC가 외접원의 지름이므로 $\angle BAC=90°$이고 외심은 변 BC의 중심이다.

외심 D(0, 1)이 변 BC 위에 있으므로 변 BC는 외접원의 지름이고, $\angle A=90°$이다.

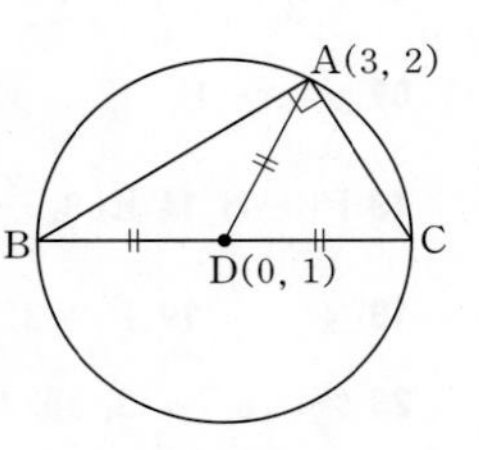

$$\overline{DA}=\sqrt{(3-0)^2+(2-1)^2}=\sqrt{10}$$

이므로 $\overline{BC}=2\sqrt{10}$

따라서 직각삼각형 ABC에서

$$\overline{AB}^2+\overline{AC}^2=\overline{BC}^2=40$$

04 ······························  ②

◤$m : n=\frac{m}{m+n} : \frac{n}{m+n}$ (m, n은 자연수)에서 $\frac{m}{m+n}=t$라 하면 $\frac{n}{m+n}=1-t$

따라서 $m : n$은 $t : (1-t)$ $(0<t<1)$로 나타낼 수 있다.

선분 AB를 $t : (1-t)$로 내분하는 점의 좌표는

$$\left(\frac{t\times6+(1-t)\times(-2)}{t+(1-t)}, \frac{t\times(-3)+(1-t)\times5}{t+(1-t)}\right)$$

$$=(8t-2, 5-8t)$$

이 점이 제1사분면 위에 있으면

$$8t-2>0,\ 5-8t>0 \qquad \therefore \frac{1}{4}<t<\frac{5}{8}$$

05 ······························ 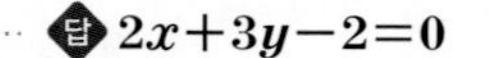 $2x+3y-2=0$

◤점 Q가 움직이는 도형의 방정식을 구한다는 것은 $Q(x, y)$로 놓고 x와 y의 관계식을 구한다는 것과 같다. $P(a, b)$로 놓고 a, b, x, y의 관계부터 구한다.

$P(a, b)$, $Q(x, y)$라 하자.

P는 l 위의 점이므로

$$2a+3b+5=0 \quad \cdots ❶$$

Q는 선분 AP를 2 : 1로 내분하는 점이므로

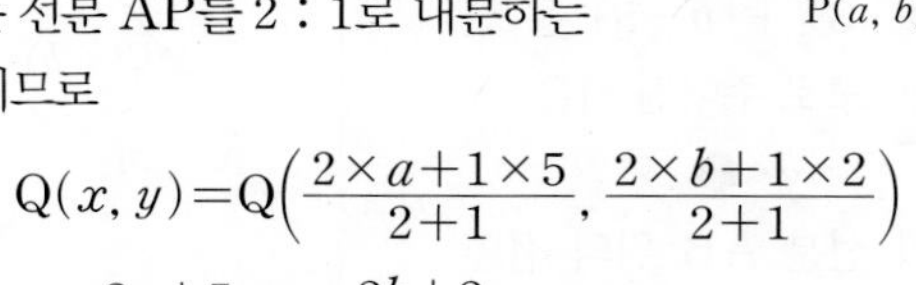

$$Q(x, y)=Q\left(\frac{2\times a+1\times5}{2+1}, \frac{2\times b+1\times2}{2+1}\right)$$

$$x=\frac{2a+5}{3},\ y=\frac{2b+2}{3}$$

$$\therefore a=\frac{3x-5}{2},\ b=\frac{3y-2}{2} \quad \cdots ❷$$

❷를 ❶에 대입하고 정리하면

$$2(3x-5)+3(3y-2)+10=0$$

$$\therefore 2x+3y-2=0$$

Think More

점 Q가 움직이는 도형은 직선 l 위의 한 점 P를 잡을 때, 선분 AP를 2 : 1로 내분하는 점을 지나고 l에 평행한 직선이다.

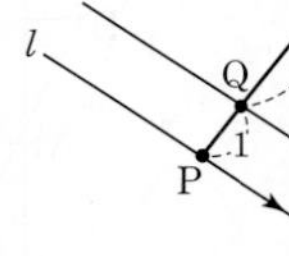

직선 $2x+3y+5=0$ 위의 한 점 $P(-1, -1)$을 생각하면

선분 AP를 2 : 1로 내분하는 점 Q는

$$Q\left(\frac{-2+5}{2+1}, \frac{-2+2}{2+1}\right)=Q(1, 0)$$

즉, 점 Q(1, 0)을 지나고 기울기가 $-\frac{2}{3}$인 직선의 방정식은

$$y=-\frac{2}{3}(x-1) \qquad \therefore 2x+3y-2=0$$

06 ······························ 답 $\left(\frac{13}{3}, \frac{11}{3}\right)$

◤A, B가 각각 변 PQ, PR의 중점임을 보이고 이를 이용하여 △ABC의 무게중심을 찾는다.

세 점 P, Q, R에서 직선 l에 내린 수선의 발을 각각 P′, Q′, R′이라 하자.

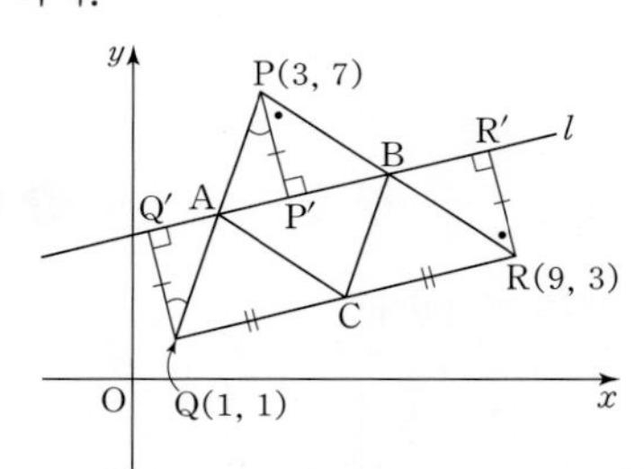

△PAP′≡△QAQ′(ASA 합동)이므로 점 A는 선분 PQ의 중점이고, 마찬가지로 점 B는 선분 PR의 중점이다. ··· ㉮

따라서 세 점 A, B, C는 각각 선분 PQ, PR, QR의 중점이므로 △ABC와 △PQR의 무게중심은 일치한다. ··· ㉯

△PQR의 무게중심의 좌표는

$$\left(\frac{3+1+9}{3}, \frac{7+1+3}{3}\right)=\left(\frac{13}{3}, \frac{11}{3}\right)$$

곧, △ABC의 무게중심의 좌표는 $\left(\frac{13}{3}, \frac{11}{3}\right)$이다. ··· ㉰

단계	채점 기준	배점
㉮	삼각형의 합동을 이용하여 두 점 A, B가 각각 선분 PQ, PR의 중점임을 보이기	40%
㉯	△ABC와 △PQR의 무게중심이 일치함을 보이기	30%
㉰	△ABC의 무게중심의 좌표 구하기	30%

Think More

세 점 P, Q, R로부터 같은 거리에 있는 직선은 직선 AB, AC, BC이다. 이 중 두 점 A, B를 지나는 직선이 l이다.

07 ············ 답 (7, −4)

D, E가 각각 선분 AB, AC의 중점이므로 선분 BE, CD는 삼각형 ABC의 중선이다.
곧, 직선 BE와 직선 CD의 교점은 삼각형 ABC의 무게중심이다.
$B(a, b)$, $C(c, d)$로 놓거나 $D(a, b)$, $E(c, d)$로 놓고 공식을 이용한다.

$D(a, b)$, $E(c, d)$로 놓으면
선분 AB와 AC의 중점이 각각 $D(a, b)$, $E(c, d)$이므로
$B(2a-1, 2b)$, $C(2c-1, 2d)$
삼각형 ADE의 무게중심의 좌표가 $(4, -2)$이므로

$$\frac{1+a+c}{3}=4,\ \frac{0+b+d}{3}=-2$$

$\therefore a+c=11,\ b+d=-6$ ··· ❶

D, E가 각각 선분 AB, AC의 중점이므로 직선 BE와 직선 CD의 교점은 삼각형 ABC의 무게중심이다.

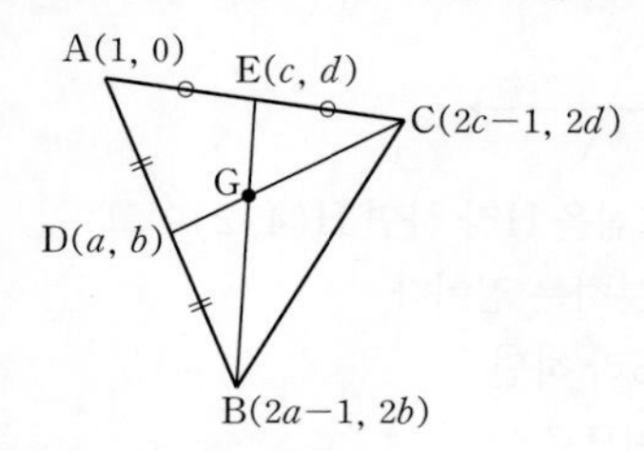

따라서 교점의 좌표는

$$\left(\frac{2a+2c-1}{3},\ \frac{2b+2d}{3}\right)$$

❶을 대입하면 $(7, -4)$

08 ············ 

직선 l이 마름모의 대각선의 연장선이다.
따라서 마름모의 두 대각선은 서로를 수직이등분함을 이용한다.

직선 l은 선분 AC의 수직이등분선이다.
직선 AC의 기울기가

$$\frac{1-3}{5-1}=-\frac{1}{2}$$

이므로 l의 기울기는 2
또, 선분 AC의 중점의 좌표는 $(3, 2)$
따라서 l의 방정식은

$$y-2=2(x-3)\qquad \therefore 2x-y-4=0$$

$\therefore a=-1,\ b=-4,\ ab=4$

09 ············ 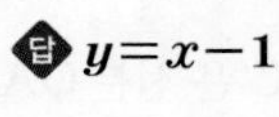

직사각형의 넓이를 이등분하는 직선은 두 대각선의 교점을 지난다.

직사각형 OABC의 넓이와 직사각형 P의 넓이를 동시에 이등분하는 직선은 Q의 넓이도 이등분한다.
또, 직사각형의 넓이를 이등분하는 직선은 직사각형의 두 대각선의 교점을 지난다.
직사각형 OABC의 두 대각선의 교점의 좌표는 $(5, 4)$
직사각형 P의 두 대각선의 교점의 좌표는 $(6, 5)$
따라서 P와 Q의 넓이를 동시에 이등분하는 직선의 방정식은

$$y-4=\frac{5-4}{6-5}(x-5)\qquad \therefore y=x-1$$

Think More
직사각형의 두 대각선의 교점은 한 대각선의 중점이다.

10 ············ 

오른쪽 그림에서 세 삼각형의 넓이가 같으면 세 변 AP, PQ, QB의 길이가 같다.
곧, P와 Q는 선분 AB를 삼등분하는 점이다.

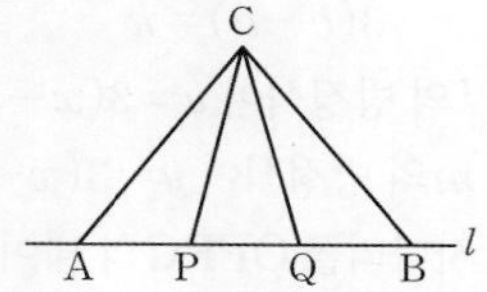

직선 $\frac{x}{6}+\frac{y}{15}=1$은 두 점 $A(0, 15)$, $B(6, 0)$을 지난다.
두 직선 $y=ax$, $y=bx$와 직선 $\frac{x}{6}+\frac{y}{15}=1$의 교점을 각각 P, Q라 하자.

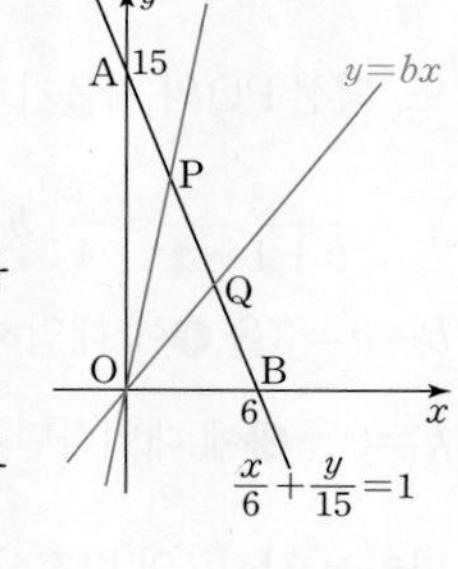

P는 선분 AB를 1 : 2로 내분하는 점이므로 P의 좌표는

$$\left(\frac{1\times6+2\times0}{1+2},\ \frac{1\times0+2\times15}{1+2}\right)$$
$$=(2, 10)$$

Q는 선분 AB를 2 : 1로 내분하는 점이므로 Q의 좌표는

$$\left(\frac{2\times6+1\times0}{2+1},\ \frac{2\times0+1\times15}{2+1}\right)=(4, 5)$$

$$\therefore a=\frac{10}{2}=5,\ b=\frac{5}{4},\ \frac{a}{b}=4$$

다른 풀이

두 직선 $y=ax$, $y=bx$와 직선 $\frac{x}{6}+\frac{y}{15}=1$의 교점을 각각 $P(x_1, y_1)$, $Q(x_2, y_2)$라 하자.
$\triangle OAB=\frac{1}{2}\times6\times15=45$이므로

$$\triangle OPA=15,\ \triangle OBQ=15$$

$\triangle OPA=15$이므로

$$\frac{1}{2}\times15\times x_1=15,\ x_1=2\qquad \therefore P(2, 10)$$

$\triangle OBQ=15$이므로

$$\frac{1}{2}\times6\times y_2=15,\ y_2=5\qquad \therefore Q(4, 5)$$

$$\therefore a=\frac{10}{2}=5,\ b=\frac{5}{4},\ \frac{a}{b}=4$$

11 ······ 답 $y=3\left(x-\frac{5}{2}\right)$

l, m의 x절편을 각각 a, b라 하고, 교점의 좌표를 a, b, k로 나타낸다.

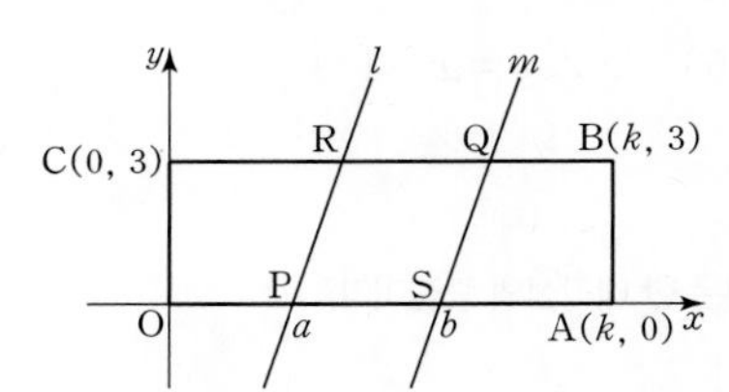

l, m이 x축과 만나는 점의 x좌표를 각각 a, b라 하고,
l이 변 BC와 만나는 점을 R, m이 변 OA와 만나는 점을 S라 하자.
직사각형 OABC의 넓이가 $3k$이므로
평행사변형 PSQR의 넓이는 k이다. 곧,

$3(b-a)=k$ ··· ❶

l의 방정식이 $y=3(x-a)$이므로 $\mathrm{R}(a+1, 3)$
m의 방정식이 $y=3(x-b)$이므로 $\mathrm{Q}(b+1, 3)$
사다리꼴 OPRC의 넓이가 k이므로

$\frac{3(2a+1)}{2}=k$ ··· ❷

또, 직선 PQ의 기울기가 $\frac{3}{4}$이므로

$\frac{3}{b+1-a}=\frac{3}{4}$, $b-a=3$

$b-a=3$을 ❶에 대입하면 $k=9$
$k=9$를 ❷에 대입하면 $a=\frac{5}{2}$
따라서 직선 l의 방정식은 $y=3\left(x-\frac{5}{2}\right)$

12 ······ 답 $\frac{3}{5}$

그림에서 삼각형 ABE와 CDE의 넓이가 같을 조건을 찾아야 한다.

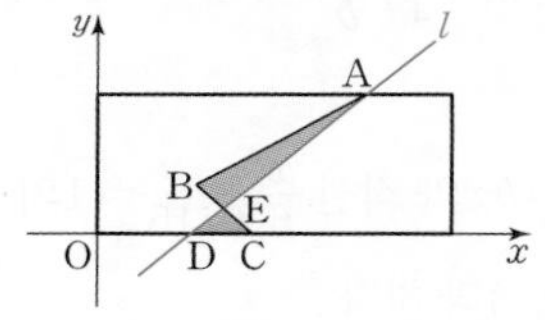

두 삼각형의 넓이를 바로 비교하기는 어렵지만
삼각형 ABC와 ADC의 넓이는 쉽게 비교할 수 있다.

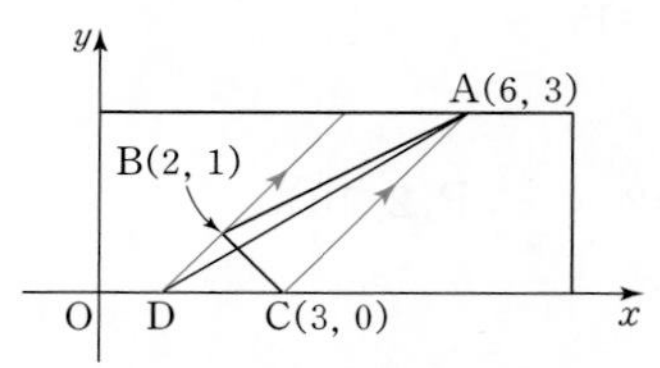

$\overline{\mathrm{AC}}$와 평행하고 점 B를 지나는 직선이 x축과 만나는 점을 D라 하면 $\triangle\mathrm{ABC}=\triangle\mathrm{ADC}$이다.
따라서 선분 AD를 경계로 하면 넓이가 변하지 않는다.
직선 AC의 기울기가 1이므로 직선 BD의 방정식은

$y-1=1\times(x-2)$ $\quad\therefore y=x-1$

따라서 $\mathrm{D}(1, 0)$이므로 직선 AD의 기울기는 $\frac{3}{5}$이다.

13 ······ 답 P(8, 4)

직선 OB의 방정식은 $y=\frac{1}{2}x$
직선 PQ는 직선 OB에 수직이므로 기울기가 -2이다.

점 A를 지나고 직선 PQ와 평행한 직선을 긋고,
삼각형의 넓이의 비를 생각한다.

점 A를 지나고 직선 PQ와 평행한 직선의 방정식은

$y=-2(x-5)$ ··· ❶

$y=\frac{1}{2}x$와 ❶을 연립하여 풀면

$x=4$, $y=2$

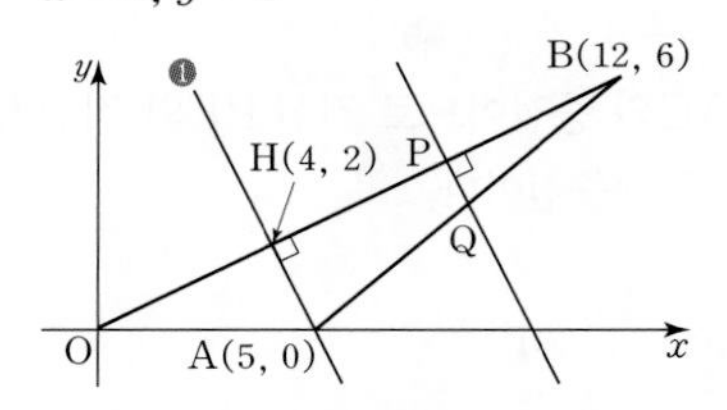

곧, 직선 OB와 직선 ❶의 교점을 H라 하면 H(4, 2)이고,
H는 선분 OB를 1 : 2로 내분하는 점이다.
또, 삼각형 BPQ의 넓이를 S라 하면
삼각형 OAB의 넓이는 $6S$이므로
삼각형 OHA의 넓이는 $2S$, 삼각형 BHA의 넓이는 $4S$이다.
삼각형 BPQ와 삼각형 BHA의 넓이의 비가 1 : 4이고
두 변 PQ, HA가 평행하므로
P와 Q는 각각 선분 BH와 BA의 중점이다.
따라서 점 P의 좌표는

$\left(\frac{4+12}{2}, \frac{2+6}{2}\right)=(8, 4)$

14 ······ 답 $\mathrm{E}\left(3, \frac{21}{8}\right)$

접은 도형이므로 사각형 DEBC와 DEB′C′은 합동이다.
따라서 직선 DE는 선분 CC′의 수직이등분선이다.

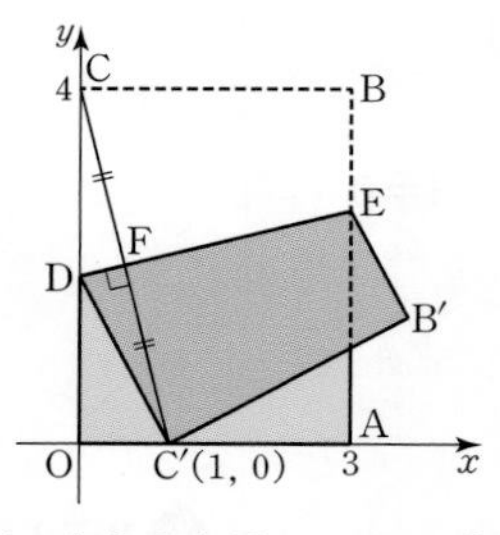

C′은 선분 OA를 1 : 2로 내분하는 점이므로 C′(1, 0)
선분 DE와 선분 CC′의 교점을 F라 하면
삼각형 DFC와 DFC′이 합동이므로
직선 DE는 선분 CC′의 수직이등분선이다.
선분 CC′의 중점은 $\mathrm{F}\left(\frac{1}{2}, 2\right)$
직선 CC′의 기울기가 -4이므로 직선 DE의 기울기는 $\frac{1}{4}$

따라서 직선 DE의 방정식은

$$y-2=\frac{1}{4}\left(x-\frac{1}{2}\right) \qquad \therefore y=\frac{1}{4}x+\frac{15}{8}$$

점 E의 x좌표가 3이므로 $x=3$을 대입하면 $y=\frac{21}{8}$

$$\therefore \mathrm{E}\left(3,\ \frac{21}{8}\right)$$

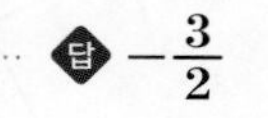

▸두 직선 $3x+y-1=0$, $x+5y+9=0$ 이 한 점에서 만나므로 가능한 경우는 오른쪽 그림과 같다.

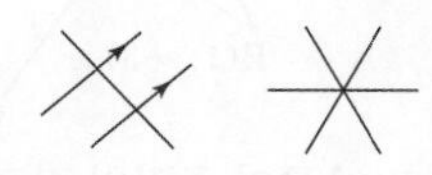

두 직선 $3x+y-1=0$, $x+5y+9=0$이 한 점에서 만나므로 두 직선이 평행하거나 세 직선이 한 점에서 만나면 된다. … ㉮

(i) 직선 $3x+y-1=0$, $ax+(a^2+3)y+7=0$이 평행할 때

$$\frac{a}{3}=\frac{a^2+3}{1}\neq\frac{7}{-1},\ 3a^2-a+9=0$$

$D_1=1-108<0$이므로 실수 a는 없다.

(ii) 직선 $x+5y+9=0$, $ax+(a^2+3)y+7=0$이 평행할 때

$$\frac{a}{1}=\frac{a^2+3}{5}\neq\frac{7}{9},\ a^2-5a+3=0$$

$D_2=25-12>0$이므로 실수 a의 값의 곱은 3 … ㉯

(iii) 세 직선이 한 점에서 만날 때

$3x+y-1=0$, $x+5y+9=0$을 연립하여 풀면

$x=1$, $y=-2$

$ax+(a^2+3)y+7=0$에 대입하면

$a-2a^2-6+7=0$, $2a^2-a-1=0$

$D_3=1+8>0$이므로 실수 a의 값의 곱은 $-\frac{1}{2}$ … ㉰

(i), (ii), (iii)에서 모든 실수 a의 값의 곱은

$$3\times\left(-\frac{1}{2}\right)=-\frac{3}{2}$$ … ㉱

단계	채점 기준	배점
㉮	여섯 부분으로 나누는 경우 찾기	20%
㉯	두 직선이 평행할 때, 실수 a의 값의 곱 구하기	40%
㉰	세 직선이 한 점에서 만날 때, 실수 a의 값의 곱 구하기	30%
㉱	모든 실수 a의 값의 곱 구하기	10%

16

▸네 직선이 만나 직사각형을 만들려면 $l_1 /\!/ l_2$, $m_1 /\!/ m_2$이고, l_1, l_2 중 한 직선과 m_1, m_2 중 한 직선이 서로 수직이다.

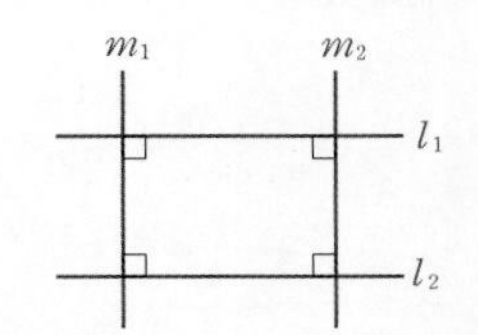

$x+ay+1=0$ … ❶

$x-(b-2)y-1=0$ … ❷

$2x+by+2=0$ … ❸

$2x+by-2=0$ … ❹

❸, ❹는 평행한 두 직선이다.

따라서 ❶, ❷는 ❸과 ❹에 수직이고 서로 평행한 직선이다.

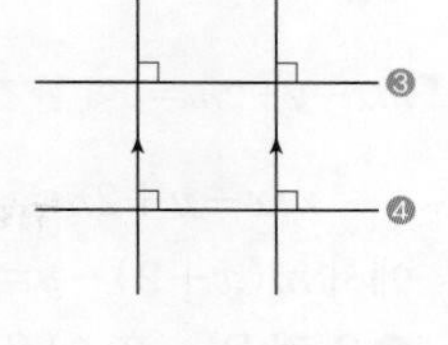

❶의 기울기는 $-\frac{1}{a}$이고 ❸, ❹의 기울기는 $-\frac{2}{b}$이므로

$$-\frac{1}{a}\times\left(-\frac{2}{b}\right)=-1 \qquad \therefore ab=-2$$

❷와 ❶이 평행하므로

$$\frac{1}{1}=\frac{-(b-2)}{a}\neq\frac{-1}{1}$$

$b-2=-a$, $a+b=2$

$$\therefore a^2+b^2=(a+b)^2-2ab$$
$$=2^2-2\times(-2)=8$$

다른 풀이

▸❷가 ❸ 또는 ❹와 수직임을 이용하여 구한다.

❷의 기울기는 $\frac{1}{b-2}$이므로

$$\frac{1}{b-2}\times\left(-\frac{2}{b}\right)=-1,\ b^2-2b-2=0$$

$$\therefore b=1\pm\sqrt{3}$$

$b=1+\sqrt{3}$일 때 $a=-\frac{2}{b}=-\frac{2}{1+\sqrt{3}}=1-\sqrt{3}$

$b=1-\sqrt{3}$일 때 $a=-\frac{2}{b}=-\frac{2}{1-\sqrt{3}}=1+\sqrt{3}$

$$\therefore a^2+b^2=(1+\sqrt{3})^2+(1-\sqrt{3})^2=8$$

17

▸$3mx+y-9m-2=0$은 한 정점을 지나는 직선이다. 이 점을 찾은 다음 두 직선의 교점을 생각한다.

$3x+y+3=0$ … ❶

$3mx+y-9m-2=0$ … ❷

❶은 x절편이 -1, y절편이 -3인 직선이다.

❷에서 $3m(x-3)+y-2=0$이므로 ❷는 점 $(3,\ 2)$를 지나고 기울기가 $-3m$인 직선이다.

따라서 ❶, ❷가 제3사분면에서 만나면 ❷는 색칠한 부분(경계 제외)에 있으면 된다.

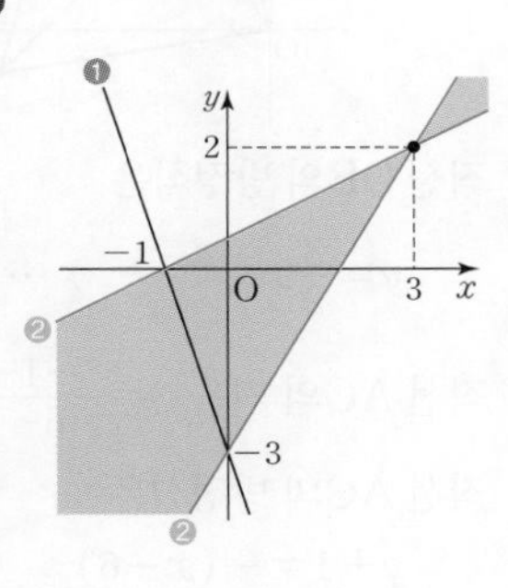

❷가 점 $(-1,\ 0)$을 지날 때 $m=-\frac{1}{6}$

❷가 점 $(0,\ -3)$을 지날 때 $m=-\frac{5}{9}$

$$\therefore -\frac{5}{9}<m<-\frac{1}{6}$$

$$\therefore \alpha=-\frac{5}{9},\ \beta=-\frac{1}{6},\ \alpha\beta=\frac{5}{54}$$

18 ·· 답 ④

▶ $mx-y+2m=0$이 한 정점을 지나는 직선임을 이용한다.

$mx-y+2m=0$ $\cdots$ ❶

에서 $m(x+2)-y=0$이므로

❶은 점 $\mathrm{P}(-2, 0)$을 지나는 직선이다.

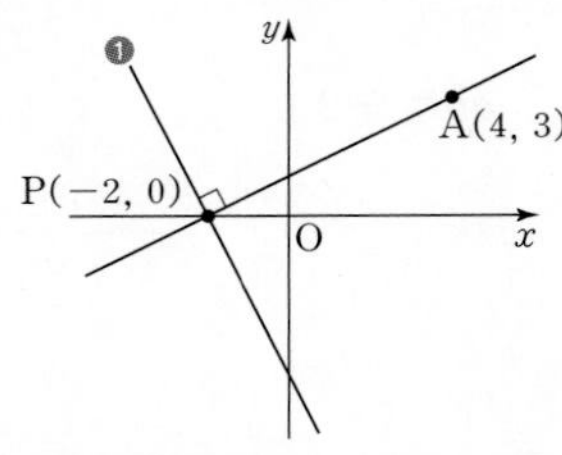

❶이 직선 PA에 수직일 때 점 A와 ❶ 사이의 거리가 최대이고, 거리는 $\overline{\mathrm{PA}}$이다.

따라서 거리의 최댓값은

$\sqrt{\{4-(-2)\}^2+3^2}=3\sqrt{5}$

19 ·· 답 $\mathrm{P}(2, 3)$

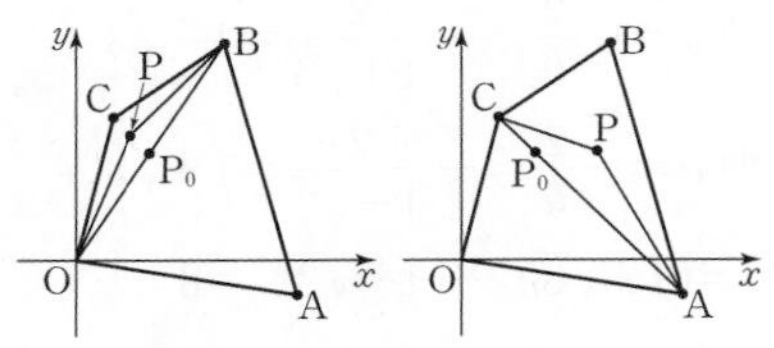

▶ 그림과 같이 대각선 OB 위에 점 $\mathrm{P_0}$을 잡으면

$\overline{\mathrm{PO}}+\overline{\mathrm{PB}}\geq\overline{\mathrm{OB}}=\overline{\mathrm{P_0O}}+\overline{\mathrm{P_0B}}$

따라서 P가 대각선 OB 위의 점일 때, $\overline{\mathrm{PO}}+\overline{\mathrm{PB}}$가 최소이다.

같은 이유로 P가 대각선 AC 위의 점일 때, $\overline{\mathrm{PA}}+\overline{\mathrm{PC}}$가 최소이다.

점 P가 대각선 OB와 AC의 교점일 때 최소이다.

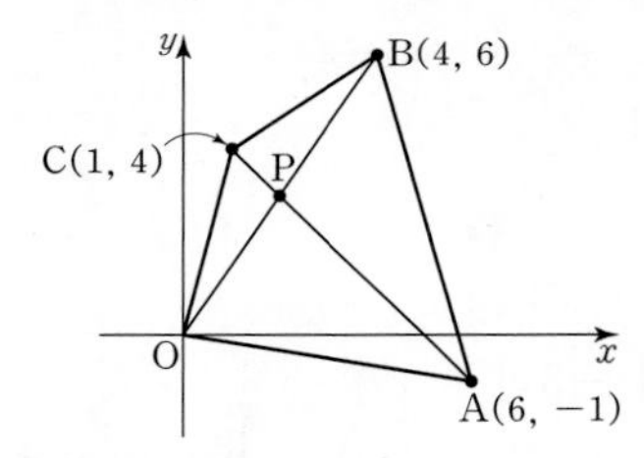

직선 OB의 방정식은

$y=\frac{3}{2}x$ $\cdots$ ❶

직선 AC의 기울기는 $\frac{-1-4}{6-1}=-1$이므로

직선 AC의 방정식은

$y+1=-(x-6)$

$\therefore y=-x+5$ $\cdots$ ❷

❶, ❷를 연립하여 풀면

$x=2, y=3$ $\therefore \mathrm{P}(2, 3)$

20 ·· 답 4

▶ 외심은 세 변의 수직이등분선의 교점이다.
또, 외심과 세 꼭짓점 사이의 거리는 같다.
따라서 변 AB와 BC의 수직이등분선의 교점을 구하거나, 외심을 $\mathrm{P}(x, y)$라 하고 $\overline{\mathrm{PA}}=\overline{\mathrm{PB}}=\overline{\mathrm{PC}}$를 푼다.

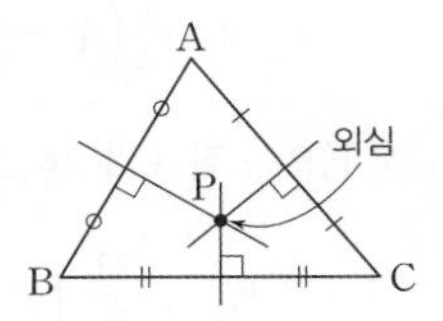

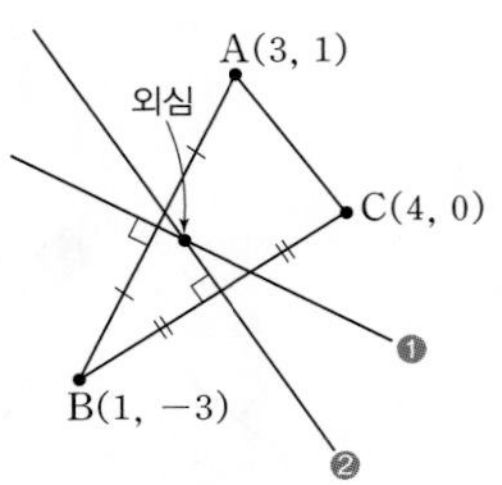

변 AB의 중점의 좌표가 $(2, -1)$이고 직선 AB의 기울기가 2이므로 변 AB의 수직이등분선의 방정식은

$y=-\frac{1}{2}(x-2)-1$

$\therefore x+2y=0$ $\cdots$ ❶

또, 변 BC의 중점의 좌표가 $\left(\frac{5}{2}, -\frac{3}{2}\right)$이고 직선 BC의 기울기가 1이므로 변 BC의 수직이등분선의 방정식은

$y=-\left(x-\frac{5}{2}\right)-\frac{3}{2}$

$\therefore x+y=1$ $\cdots$ ❷

❶, ❷를 연립하여 풀면

$x=2, y=-1$

곧, 삼각형 ABC의 외심의 좌표는

$(2, -1)$

따라서 외심과 직선 $3x-4y+10=0$ 사이의 거리는

$$\frac{|3\times2-4\times(-1)+10|}{\sqrt{3^2+(-4)^2}}=4$$

Think More

외심의 좌표를 $\mathrm{P}(x, y)$라 하면

$\overline{\mathrm{PA}}=\overline{\mathrm{PB}}=\overline{\mathrm{PC}}$

$\overline{\mathrm{PA}}^2=\overline{\mathrm{PB}}^2$이므로

$(x-3)^2+(y-1)^2=(x-1)^2+(y+3)^2$

$-6x+9-2y+1=-2x+1+6y+9$

$\therefore x+2y=0$ $\cdots$ ❸

$\overline{\mathrm{PB}}^2=\overline{\mathrm{PC}}^2$이므로

$(x-1)^2+(y+3)^2=(x-4)^2+y^2$

$-2x+1+6y+9=-8x+16$

$\therefore x+y=1$ $\cdots$ ❹

이때 ❶과 ❸, ❷와 ❹는 같은 식이다.

곧, 두 점으로부터 거리가 같은 점은 두 점을 연결하는 선분의 수직이등분선 위에 있다.

21 ············ 답 (1, 0)

삼각형의 내심은 내각의 이등분선의 교점이다.
내각의 이등분선 위의 점에서 세 변에 이르는 거리가 같다는 것을 이용하여 내각의 이등분선의 방정식을 찾는다.

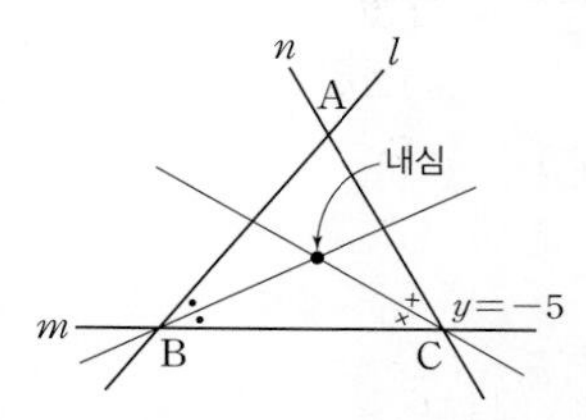

(i) l과 m이 이루는 각의 이등분선 위의 점을 $P(x, y)$라 하면
P에서 l, m에 이르는 거리가 같으므로

$\frac{|4x-3y+21|}{5}=|y+5|$

$4x-3y+21=5(y+5)$ 또는 $4x-3y+21=-5(y+5)$

$\therefore x-2y-1=0$ 또는 $2x+y+23=0$

이 중 삼각형의 내부를 지나는 직선의 방정식은

$x-2y-1=0$ ··· ❶ ··· ㉮

(ii) n과 m이 이루는 각의 이등분선 위의 점을 $Q(x, y)$라 하면
Q에서 n, m에 이르는 거리가 같으므로

$\frac{|3x+4y-28|}{5}=|y+5|$

$3x+4y-28=5(y+5)$ 또는 $3x+4y-28=-5(y+5)$

$\therefore 3x-y-53=0$ 또는 $x+3y-1=0$

이 중 삼각형의 내부를 지나는 직선의 방정식은

$x+3y-1=0$ ··· ❷ ··· ㉯

❶, ❷를 연립하여 풀면 $x=1$, $y=0$
따라서 내심의 좌표는 $(1, 0)$이다. ··· ㉰

단계	채점 기준	배점
㉮	두 직선 l, m이 이루는 각의 이등분선 위의 점과 이 두 직선 사이의 거리가 같음을 이용하여 삼각형 내부를 지나는 직선의 방정식 구하기	40%
㉯	두 직선 n, m이 이루는 각의 이등분선 위의 점과 이 두 직선 사이의 거리가 같음을 이용하여 삼각형 내부를 지나는 직선의 방정식 구하기	40%
㉰	㉮, ㉯에서 구한 두 직선의 방정식을 연립하여 풀고 삼각형의 내심의 좌표 구하기	20%

22 ············ 답 $\frac{1}{6}$

주어진 식이 두 직선을 나타낸다는 것은
좌변이 두 일차식의 곱으로 인수분해 된다는 것과 같다.

$3x^2+5(y-1)x+2y^2-4y+2=0$에서

$3x^2+5(y-1)x+2(y-1)^2=0$

$(3x+2y-2)(x+y-1)=0$ ··· ㉮

따라서 다음 두 직선을 나타낸다.

$3x+2y-2=0$ ··· ❶

$x+y-1=0$ ··· ❷

❶, ❷를 연립하여 풀면 $x=0$, $y=1$

또, ❶의 x절편은 $\frac{2}{3}$, ❷의 x절편은 1 ··· ㉯

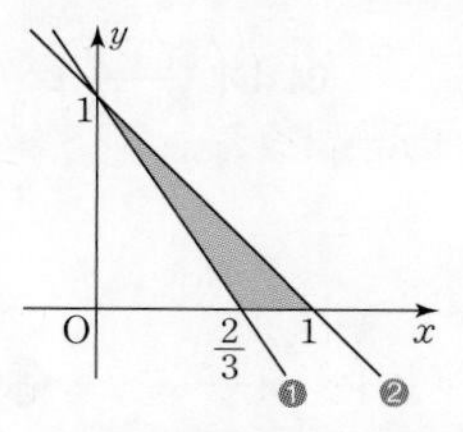

따라서 두 직선과 x축으로 둘러싸인 부분의 넓이는

$\frac{1}{2}\times\left(1-\frac{2}{3}\right)\times 1=\frac{1}{6}$ ··· ㉰

단계	채점 기준	배점
㉮	주어진 방정식의 좌변을 x, y에 대한 두 일차식의 곱으로 인수분해 하여 나타내기	40%
㉯	두 직선의 방정식을 연립하여 교점의 좌표를 구하고, 각각의 직선의 x절편 구하기	40%
㉰	두 직선과 x축으로 둘러싸인 부분의 넓이 구하기	20%

23 ············ 답 (가): 18, (나): 2, (다): 16

좌표평면을 이용하여 도형 문제를 해결할 때,
도형의 꼭짓점을 좌표로 나타낸다.
이때 원점과 축 위에 어떤 점을 둘지 주의한다.

$A(a, b)$, $N(c, 0)$ $(c>0)$이라 하면
$B(-3c, 0)$, $M(-c, 0)$, $C(3c, 0)$이므로

$\overline{AB}^2+\overline{AC}^2=(a+3c)^2+b^2+(a-3c)^2+b^2$

$=2a^2+2b^2+\boxed{18}c^2$

$\overline{AM}^2+\overline{AN}^2=(a+c)^2+b^2+(a-c)^2+b^2$

$=\boxed{2}(a^2+b^2+c^2)$

$4\overline{MN}^2=4\times(2c)^2=\boxed{16}c^2$

$\therefore \overline{AB}^2+\overline{AC}^2=\overline{AM}^2+\overline{AN}^2+4\overline{MN}^2$

$\therefore$ (가): 18, (나): 2, (다): 16

24 ············ 답 ②

다음 중선 정리를 이용한다.
△ABC에서 변 BC의 중점을 M이라 하면
$\overline{AB}^2+\overline{AC}^2=2(\overline{AM}^2+\overline{BM}^2)$

대각선 AC, BD의 교점을 M이라 하면

$\overline{AM}=\overline{CM}$, $\overline{BM}=\overline{DM}$

삼각형 ABC에서

$\overline{AB}^2+\overline{BC}^2=2(\overline{AM}^2+\overline{BM}^2)$

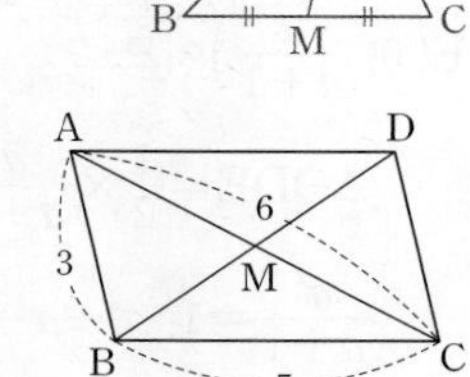

이므로 $3^2+5^2=2(3^2+\overline{BM}^2)$

$\therefore \overline{BM}^2=8$

$\therefore \overline{BD}^2=(2\overline{BM})^2=4\times 8=32$

Think More

$A(a, b)$, $B(-c, 0)$, $C(c, 0)$으로 놓고 앞의 **B STEP 23**번 문제와 같은 방법으로 증명할 수도 있다.

절대등급 완성 문제

15쪽

01 ③ **02** $2\sqrt{17}-8$ **03** 6 **04** $\mathrm{D}\left(\frac{35}{8}, \frac{9}{8}\right)$

01 ······ 답 ③

◤사각형 ABCD의 변 AD와 y축이 만나는 점의 좌표부터 구한다.

선분 AD와 y축의 교점을 E라 하자.
직선 AD의 방정식은

$$y=\frac{a}{a+1}(x+1)$$

$x=0$을 대입하면

$$y=\frac{a}{a+1} \qquad \therefore \mathrm{E}\left(0, \frac{a}{a+1}\right)$$

이때 사다리꼴 ABCE의 넓이는

$$\frac{1}{2}\times\left\{1+\left(\frac{a}{a+1}+1\right)\right\}\times1=\frac{1}{2}\times\frac{3a+2}{a+1}$$

삼각형 CDE의 넓이는

$$\frac{1}{2}\times\left(\frac{a}{a+1}+1\right)\times a=\frac{1}{2}\times\frac{2a^2+a}{a+1}$$

두 도형의 넓이가 같으므로

$$\frac{1}{2}\times\frac{3a+2}{a+1}=\frac{1}{2}\times\frac{2a^2+a}{a+1}$$

$$3a+2=2a^2+a,\ a^2-a-1=0$$

따라서 $a>0$이므로 $a=\frac{1+\sqrt{5}}{2}$

다른 풀이

◤사각형 ABCD가 직선 $y=x$에 대칭임을 이용한다.

선분 AD와 y축의 교점을 E라 하고,
선분 CD와 x축의 교점을 F라 하자.
직선 AD의 방정식은

$$y=\frac{a}{a+1}(x+1)$$

$x=0$을 대입하면

$$y=\frac{a}{a+1} \qquad \therefore \mathrm{E}\left(0, \frac{a}{a+1}\right)$$

한편 $\triangle$AOE$=\triangle$COF이므로 $\square$ABCO$=\square$OFDE

$$\therefore \triangle\mathrm{ODE}=\frac{1}{2}\square\mathrm{ABCO}=\frac{1}{2}$$

$\mathrm{E}\left(0, \frac{a}{a+1}\right)$이므로

$$\triangle\mathrm{ODE}=\frac{1}{2}\times\frac{a}{a+1}\times a=\frac{1}{2}$$

$$\frac{a^2}{a+1}=1,\ a^2-a-1=0$$

따라서 $a>0$이므로 $a=\frac{1+\sqrt{5}}{2}$

02 ······ 답 $2\sqrt{17}-8$

◤직선 CD가 x축의 양의 방향과 이루는 각의 크기가 45°이므로 대각선 AC는 y축에, 대각선 BD는 x축에 평행하다.

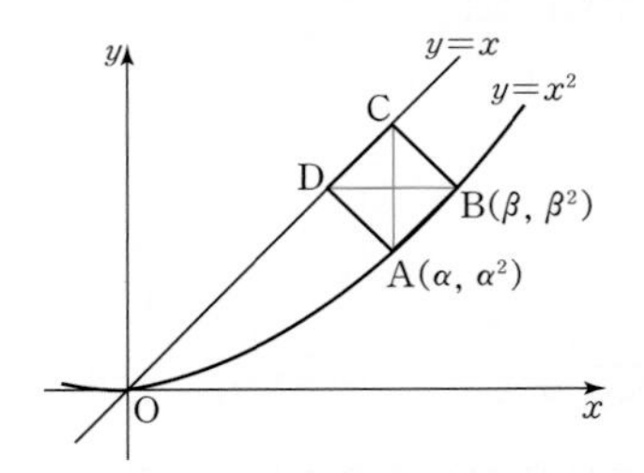

직선 CD가 x축의 양의 방향과 이루는 각의 크기가 45°이므로
대각선 AC는 y축에, 대각선 BD는 x축에 평행하다.
따라서 점 A의 좌표를 (α, α^2), 점 B의 좌표를 (β, β^2)이라 하면
점 C의 좌표는 (α, α), 점 D의 좌표는 (β^2, β^2)이고,
$x^2=x$에서 $x=0$ 또는 $x=1$이므로 α, β는 1보다 작은 양의 실수이다.
직선 AB의 기울기가 1이므로

$$\frac{\beta^2-\alpha^2}{\beta-\alpha}=1 \qquad \therefore \alpha+\beta=1$$

직선 AD의 기울기가 -1이므로

$$\frac{\beta^2-\alpha^2}{\beta^2-\alpha}=-1$$

$$(\beta-\alpha)(\beta+\alpha)=-\beta^2+\alpha$$

$\alpha=1-\beta$를 대입하면

$$2\beta-1=-\beta^2+1-\beta$$

$$\beta^2+3\beta-2=0$$

$\beta>0$이므로 $\beta=\frac{-3+\sqrt{17}}{2}$

따라서 대각선의 길이는

$$\overline{\mathrm{BD}}=\beta-\beta^2=\beta(1-\beta)$$

$$=\frac{-3+\sqrt{17}}{2}\times\frac{5-\sqrt{17}}{2}$$

$$=2\sqrt{17}-8$$

Think More

정사각형의 대각선의 성질을 이용할 수도 있다.
두 대각선의 중점이 일치하므로

$$\left(\alpha, \frac{\alpha+\alpha^2}{2}\right)=\left(\frac{\beta+\beta^2}{2}, \beta^2\right)$$

$$\therefore 2\alpha=\beta+\beta^2,\ \alpha+\alpha^2=2\beta^2 \qquad \cdots ❶$$

또, 대각선의 길이가 같으므로

$$\beta-\beta^2=\alpha-\alpha^2$$

$$(\alpha-\beta)-(\alpha^2-\beta^2)=0$$

$$(\alpha-\beta)(1-\alpha-\beta)=0$$

$\alpha\neq\beta$이므로 $\alpha+\beta=1$

❶에 대입하면

$$\beta^2+3\beta-2=0$$

03 ····· 답 6

P$(a, 0)$으로 놓고 필요한 좌표를 구한다.
평행선으로 만들어진 좌표 또는 도형이므로
평행사변형이 있는지부터 확인한다.

P$(a, 0)$으로 놓자.

$a=3$이면 삼각형 OAB에서 P, Q, R은 변 OA, AB, BO의 중점이고 S와 P가 일치한다.

따라서 S의 x좌표가 P의 x좌표보다 작으면 $3<a<6$이다.

사각형 OPQR이 평행사변형이므로 $\overline{RQ}=\overline{OP}=a$

사각형 AQRS가 평행사변형이므로 $\overline{SA}=\overline{RQ}=a$

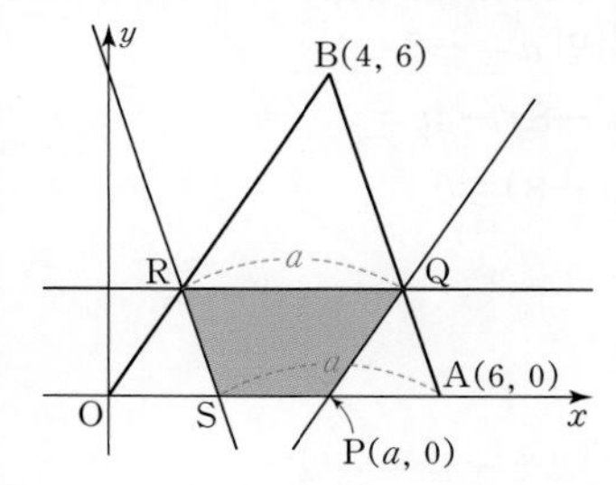

$\overline{OS}=6-a$이고, S$(6-a, 0)$이므로

$\overline{SP}=a-(6-a)=2a-6$

직선 OB의 방정식이 $y=\frac{3}{2}x$이므로

직선 PQ의 방정식은

$y=\frac{3}{2}(x-a)$ ⋯ ❶

직선 AB의 방정식은

$y=-3(x-6)$ ⋯ ❷

❶, ❷를 연립하여 풀면

$x=4+\frac{a}{3},\ y=6-a$

$\therefore$ Q$\left(4+\frac{a}{3}, 6-a\right)$

따라서 사각형 PQRS의 넓이를 $S(a)$라 하면

$$S(a)=\frac{1}{2}\times(a+2a-6)\times(6-a)$$
$$=-\frac{3}{2}(a-4)^2+6$$

따라서 넓이의 최댓값은 $a=4$일 때, 6이다.

Think More

삼각형 OAB와 삼각형 PAQ가 닮음이고 B$(4, 6)$임을 이용하여 Q의 좌표를 구할 수도 있다.

04 ····· 답 D$\left(\frac{35}{8}, \frac{9}{8}\right)$

직선의 방정식을 세우고 교점의 좌표를 구하면 문자를 포함한 방정식을 풀 수 있다.
평행선의 성질을 이용하여 좌표를 정하는 방법을 생각한다.

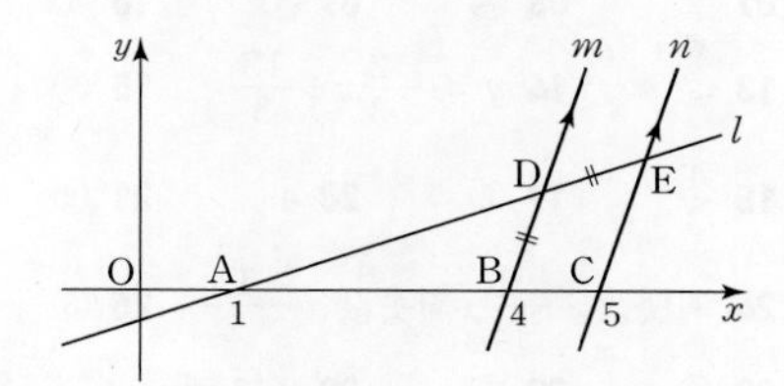

m과 n이 평행하므로

$\overline{AD}:\overline{AE}=\overline{AB}:\overline{AC}=3:4$

따라서 D$(3a+1, 3b)$라 하면 E$(4a+1, 4b)$이다.

$\overline{BD}=\overline{ED}$에서 $\overline{BD}^2=\overline{ED}^2$이므로

$$(3a+1-4)^2+(3b)^2=a^2+b^2$$
$$8b^2=-8a^2+18a-9$$
$$=-8\left(a-\frac{9}{8}\right)^2+\frac{9}{8}$$

$\triangle ABD=\frac{1}{2}\times3\times3b=\frac{9}{2}b$이므로

b가 최대일 때 삼각형 ABD의 넓이가 최대이다.

$a=\frac{9}{8}$일 때 b^2이 최대이고, 최댓값은 $\frac{9}{64}$이다.

또, l의 기울기가 양수이므로 b는 양수이다.

따라서 $a=\frac{9}{8},\ b=\frac{3}{8}$일 때 삼각형 ABD의 넓이가 최대이고

D의 좌표는 $\left(\frac{35}{8}, \frac{9}{8}\right)$이다.

Think More

D가 선분 AE를 $3:1$로 내분하는 점임을 이용하여 해결할 수도 있다.

E(a, b)로 놓으면 D$\left(\frac{3a+1}{4}, \frac{3b}{4}\right)$이다.

02 원의 방정식

A STEP 시험에 꼭 나오는 문제 17～20쪽

01 ②	**02** ④	**03** ②	**04** P(8, 0)	**05** ②
06 $1+\sqrt{2}$, $-1+\sqrt{2}$	**07** ②	**08** ⑤	**09** ④	**10** ①
11 12	**12** -2, 4	**13** ②	**14** $y=-\frac{2}{3}x+\frac{13}{3}$	**15** ③
16 7	**17** ④	**18** $\frac{4}{3}$	**19** ③ **20** 4	**21** ②
22 2	**23** ⑤	**24** 최댓값: $-\frac{1}{2}$, 최솟값: $-\frac{11}{2}$		**25** ③
26 ①	**27** 8	**28** ③	**29** ③ **30** $2\sqrt{7}$ km	

01 답 ②

$(x-a)^2+(y-b)^2=p$ 꼴로 고칠 때,
$p>0$이면 반지름의 길이가 $\sqrt{p}$인 원이다.

$x^2+y^2-2x+4y+2k=0$에서

$(x-1)^2+(y+2)^2=5-2k$

원의 방정식이려면 $5-2k>0$ $\quad\therefore k<\frac{5}{2}$

따라서 자연수 k는 1, 2이고, 2개이다.

02 답 ④

$x^2+y^2+2ax-8y+4a-9=0$에서

$(x+a)^2+(y-4)^2=a^2-4a+25$

반지름의 길이를 r이라 하면

$r^2=a^2-4a+25=(a-2)^2+21$

$a=2$일 때 r^2의 최솟값은 21이므로 원의 넓이의 최솟값은 21π이다.

03 답 ②

지름의 중점이 원의 중심이다.

원의 중심은 지름 AB의 중점이므로

$\left(\frac{-2+6}{2}, \frac{-4+2}{2}\right)=(2, -1)$

반지름의 길이는

$\frac{1}{2}\overline{AB}=\frac{1}{2}\sqrt{(6+2)^2+(2+4)^2}=5$

$\therefore a=2, b=-1, r=5, a+b+r=6$

04 답 P(8, 0)

세 점을 지나는 원의 방정식은 $x^2+y^2+ax+by+c=0$에 세 점의 좌표를 대입하여 구한다.

원의 방정식을 $x^2+y^2+ax+by+c=0$이라 하자.

원점 O를 지나므로 $c=0$

점 A(0, 4)를 지나므로

$16+4b+c=0$ $\quad\cdots$ ❶

점 B(6, 6)을 지나므로

$36+36+6a+6b+c=0$ $\quad\cdots$ ❷

❶에 $c=0$을 대입하면 $b=-4$

❷에 $b=-4$, $c=0$을 대입하면 $a=-8$

따라서 원의 방정식은 $x^2+y^2-8x-4y=0$

$y=0$일 때, $x^2-8x=0$, $x(x-8)=0$

$x>0$이므로 $x=8$

곧, P의 좌표는 (8, 0)이다.

다른 풀이

원주각의 성질을 이용하여 P의 좌표를 구할 수도 있다.

$\angle AOP=90°$이므로 $\overline{AP}$는 원의 지름이다.

따라서 $\angle ABP=90°$이다.

P$(a, 0)$이라 하면 직각삼각형 APB에서

$\overline{AB}^2+\overline{BP}^2=\overline{AP}^2$

$(6^2+2^2)+\{(6-a)^2+6^2\}=a^2+(-4)^2$

$\therefore a=8$, P(8, 0)

05 답 ②

원을 이등분하는 직선은 원의 중심을 지난다.
따라서 원을 사등분하는 두 직선은 원의 중심에서 수직으로 만난다.

$x^2+y^2-2x-4y=0$에서 $(x-1)^2+(y-2)^2=5$이므로

원의 중심의 좌표는 (1, 2)이다.

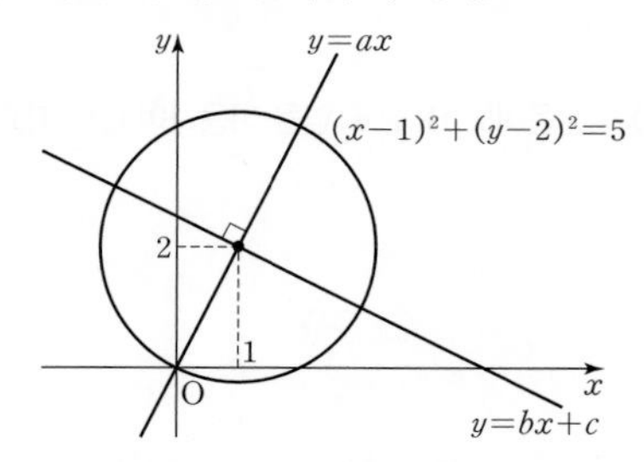

두 직선이 원의 중심을 지나고 서로 수직이다.

직선 $y=ax$가 점 (1, 2)를 지나므로 $a=2$

직선 $y=bx+c$가 점 (1, 2)를 지나므로 $2=b+c$

또, $ab=-1$이므로 $b=-\frac{1}{2}$, $c=\frac{5}{2}$

$\therefore abc=-\frac{5}{2}$

06 ························ 답 $1+\sqrt{2},\ -1+\sqrt{2}$

> x축에 접하므로 원의 중심의 좌표가 (a, b)이면 반지름의 길이는 $|b|$이다.

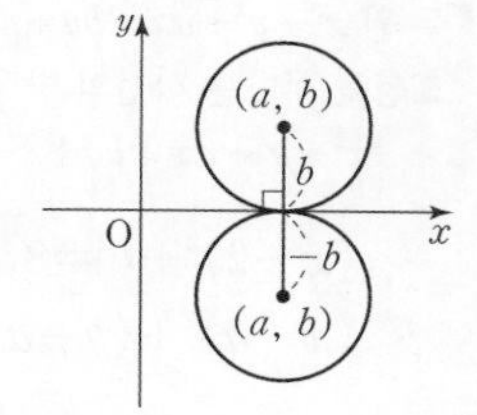

주어진 원의 중심의 좌표는 $(a,\ a^2-1)$이고, $a>0$이므로 반지름의 길이는 $2a$이다.

x축에 접하므로

$$2a=a^2-1 \text{ 또는 } 2a=-a^2+1$$

(i) $2a=a^2-1$일 때

$$a^2-2a-1=0$$

$a>0$이므로 $a=1+\sqrt{2}$

(ii) $2a=-a^2+1$일 때

$$a^2+2a-1=0$$

$a>0$이므로 $a=-1+\sqrt{2}$

(i), (ii)에서

$$a=1+\sqrt{2} \text{ 또는 } a=-1+\sqrt{2}$$

07 ························ 

> y축에 접하므로 원의 중심의 좌표가 (a, b)이면 반지름의 길이는 $|a|$이다.

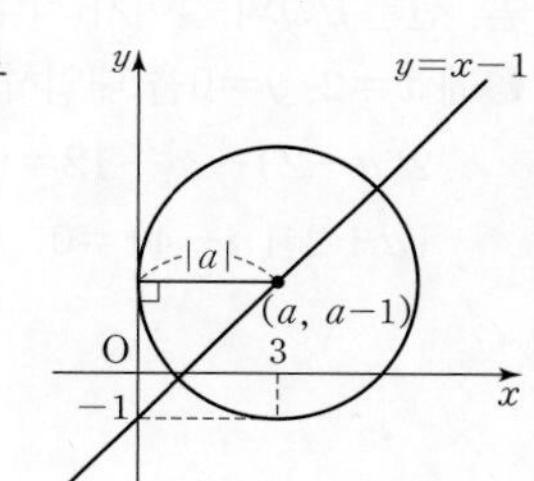

중심이 직선 $y=x-1$ 위에 있으므로 중심의 좌표를 $(a,\ a-1)$이라 하면 y축에 접하므로 반지름의 길이는 $|a|$이다.

원의 방정식은

$$(x-a)^2+(y-a+1)^2=a^2$$

점 $(3,\ -1)$을 지나므로

$$(3-a)^2+(-1-a+1)^2=a^2$$

$$(3-a)^2=0 \qquad \therefore a=3$$

따라서 원의 반지름의 길이는 3이다.

08 ························ 

> x축, y축에 동시에 접하는 원의 반지름의 길이가 r이면 중심의 좌표는 (r, r), $(r, -r)$, $(-r, r)$, $(-r, -r)$이다.

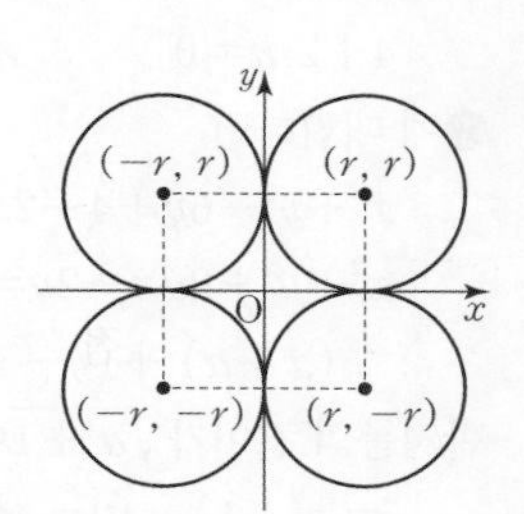

점 $(2,\ -1)$을 지나고 x축과 y축에 동시에 접하는 원의 중심은 제4사분면 위에 있다.

따라서 반지름의 길이를 $a\ (a>0)$라 하면 중심의 좌표는 $(a,\ -a)$이므로 원의 방정식은

$$(x-a)^2+(y+a)^2=a^2$$

점 $(2,\ -1)$을 지나므로

$$(2-a)^2+(-1+a)^2=a^2$$

$$a^2-6a+5=0$$

$$\therefore a=1 \text{ 또는 } a=5$$

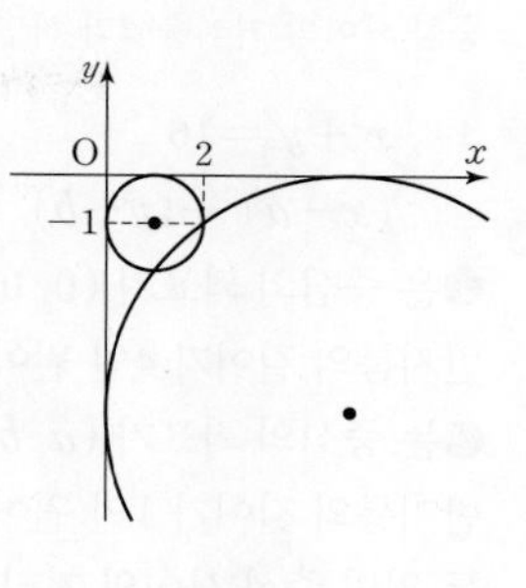

따라서 두 원의 중심의 좌표는 $(1,\ -1)$, $(5,\ -5)$이므로 중심 사이의 거리는

$$\sqrt{(5-1)^2+(-5+1)^2}=4\sqrt{2}$$

09 ························ 

> 반지름의 길이가 r_1, r_2인 두 원의 중심 사이의 거리를 d라 하면
> 외접할 때 ⇨ $d=r_1+r_2$
> 내접할 때 ⇨ $d=|r_2-r_1|$

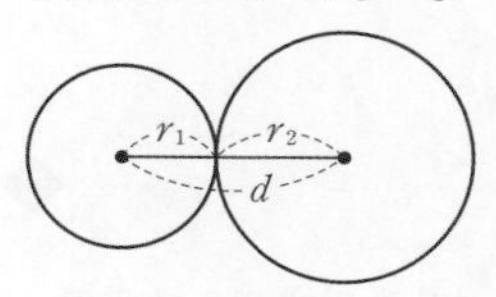

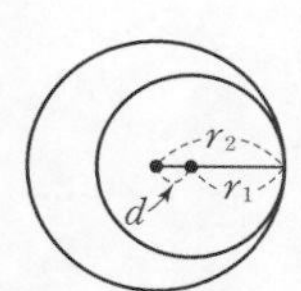

$$x^2+y^2=18 \qquad \cdots ❶$$

$$(x-2)^2+(y-2)^2=r^2 \qquad \cdots ❷$$

❶은 중심의 좌표가 $(0,\ 0)$, 반지름의 길이가 $3\sqrt{2}$인 원이고,
❷는 중심의 좌표가 $(2,\ 2)$, 반지름의 길이가 r인 원이다.

두 원의 중심 사이의 거리는

$$d=\sqrt{2^2+2^2}=2\sqrt{2}$$

두 원이 접할 때는 내접할 때와 외접할 때가 있다.

(i) 내접할 때

$2\sqrt{2}=|r-3\sqrt{2}|$에서

$$r-3\sqrt{2}=\pm 2\sqrt{2}$$

$$\therefore r=\sqrt{2} \text{ 또는 } r=5\sqrt{2}$$

(ii) 외접할 때

$2\sqrt{2}=r+3\sqrt{2}$에서

$$r=-\sqrt{2}$$

$r>0$이므로 이 경우는 없다.

(i), (ii)에서 r의 값의 합은 $6\sqrt{2}$이다.

Think More

원 ❷의 중심인 점 $(2, 2)$가 원 ❶의 내부의 점이므로 외접하는 경우는 없다.

10 ······ 답 ①

반지름의 길이가 r_1, r_2인 두 원이 외접할 때 중심 사이의 거리를 d라 하면 $d=r_1+r_2$

$x^2+y^2=16$ ··· ❶

$(x-a)^2+(y-b)^2=1$ ··· ❷

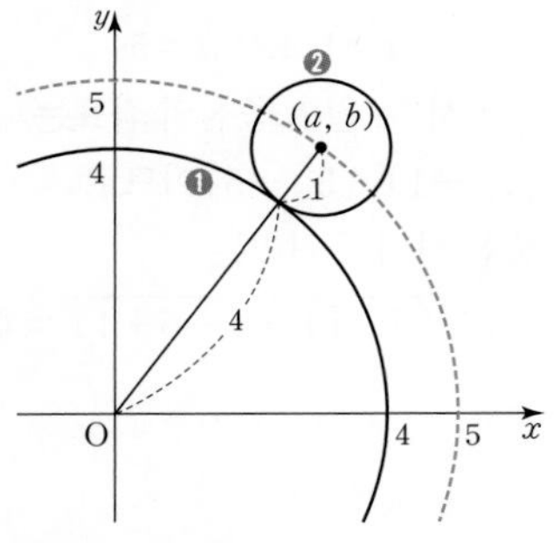

❶은 중심의 좌표가 $(0,\ 0)$, 반지름의 길이가 4인 원이고, ❷는 중심의 좌표가 $(a,\ b)$, 반지름의 길이가 1인 원이다.
두 원의 중심 사이의 거리가 $\sqrt{a^2+b^2}$이므로

$\sqrt{a^2+b^2}=5$

$a^2+b^2=5^2$

따라서 점 $(a,\ b)$가 그리는 도형은 중심의 좌표가 $(0,\ 0)$, 반지름의 길이가 5인 원이므로 이 도형의 길이는

$2\pi\times5=10\pi$

11 ······ 

x축, y축에 동시에 접하므로 중심이 제몇 사분면 위에 있는지 알면 중심의 좌표를 반지름의 길이 r로 나타낼 수 있다.

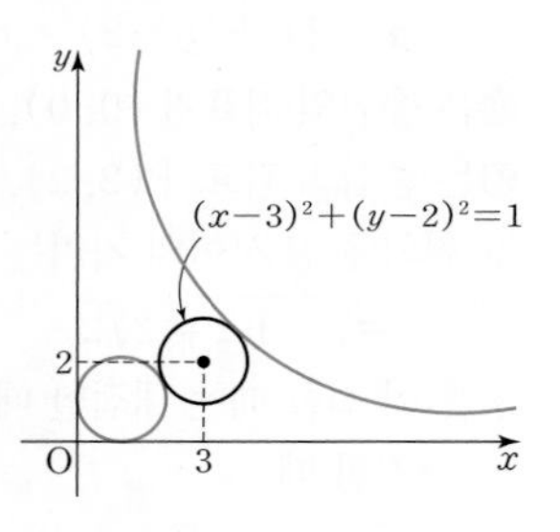

조건을 만족시키는 원의 중심은 제1사분면 위에 있으므로 반지름의 길이를 $r\ (r>0)$이라 하면 중심의 좌표는 $(r,\ r)$이다.

$\therefore (x-r)^2+(y-r)^2=r^2$

원 $(x-3)^2+(y-2)^2=1$의 중심의 좌표는 $(3,\ 2)$, 반지름의 길이는 1이다.
두 원의 중심 사이의 거리를 d라 하면

$d=\sqrt{(r-3)^2+(r-2)^2}$

두 원이 외접하면 $d=r+1$이므로

$(r-3)^2+(r-2)^2=(r+1)^2$

$\therefore r^2-12r+12=0$ ··· ❶

$\therefore r=6\pm\sqrt{6^2-12}$

$=6\pm2\sqrt{6}$

이때 r의 값은 모두 양수이므로 두 원의 반지름의 길이의 합은 12이다.

12 ······ 답 $-2,\ 4$

두 원 $x^2+y^2+ax+by+c=0$, $x^2+y^2+a'x+b'y+c'=0$의 교점을 지나는 직선의 방정식은
$x^2+y^2+ax+by+c-(x^2+y^2+a'x+b'y+c')=0$

$(x-2)^2+y^2=8$ ··· ❶

$(x-a)^2+(y-a)^2=28$ ··· ❷

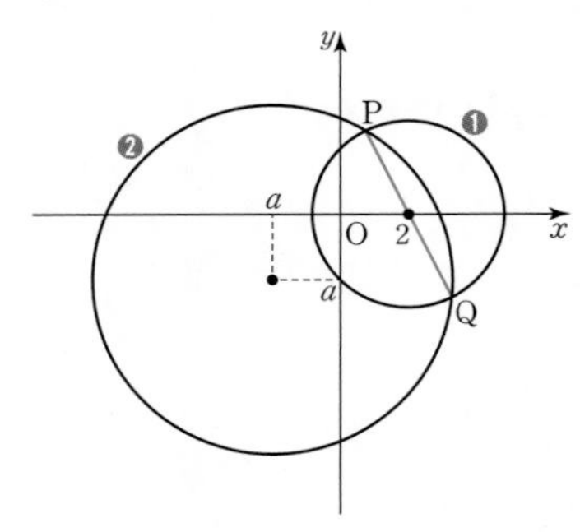

두 원 ❶, ❷의 교점 P, Q를 지나는 직선의 방정식은 ❶−❷에서

$(a-2)x+ay-a^2+12=0$ ··· ❸

공통현의 길이가 최대인 경우 이 현은 작은 원의 지름이다.

❶은 중심이 $(2,\ 0)$, 반지름의 길이가 $2\sqrt{2}$인 원이고,
❷는 중심이 $(a,\ a)$, 반지름의 길이가 $2\sqrt{7}$인 원이다.
선분 PQ는 두 원의 공통현이고, 원 ❶의 반지름의 길이가 원 ❷의 반지름의 길이보다 작으므로 선분 PQ가 원 ❶의 지름일 때, 길이가 최대이다.
곧, 선분 PQ의 길이가 최대이면 원 ❶의 중심 $(2,\ 0)$을 지나므로 ❸에 $x=2$, $y=0$을 대입하면

$2(a-2)-a^2+12=0$, $a^2-2a-8=0$

$(a+2)(a-4)=0$ $\quad\therefore a=-2$ 또는 $a=4$

13 ······ 답 ②

두 원 $x^2+y^2+ax+by+c=0$, $x^2+y^2+a'x+b'y+c'=0$의 교점을 지나는 원의 방정식은
$x^2+y^2+ax+by+c+m(x^2+y^2+a'x+b'y+c')=0$

두 원

$x^2+y^2-6y+4=0$, $x^2+y^2+ax-4y+2=0$

의 교점을 지나는 원의 방정식은

$x^2+y^2-6y+4+m(x^2+y^2+ax-4y+2)=0$ ··· ❶

원점을 지나므로 $x=0$, $y=0$을 대입하면

$4+2m=0$ $\quad\therefore m=-2$

❶에 대입하면

$x^2+y^2-6y+4-2x^2-2y^2-2ax+8y-4=0$

$x^2+y^2+2ax-2y=0$

$\therefore (x+a)^2+(y-1)^2=a^2+1$

반지름의 길이가 $\sqrt{a^2+1}$이고, 넓이가 10π이므로

$\pi(a^2+1)=10\pi$, $a^2=9$

$a>0$이므로 $a=3$

Think More

1. 두 원의 교점을 지나는 원의 방정식을

$m(x^2+y^2-6y+4)+x^2+y^2+ax-4y+2=0$ ⋯ ❷

이라 해도 된다. ❶, ❷ 중 계산이 간단한 꼴을 이용한다.

2. $m=-1$이면 두 원의 교점을 지나는 직선의 방정식이다.

14

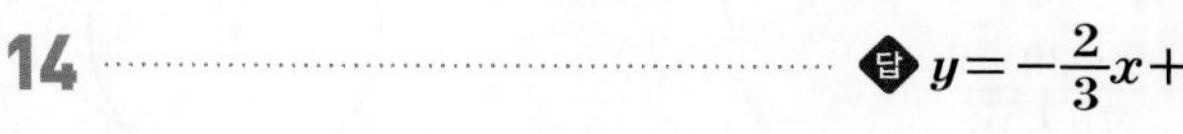

답 $y=-\frac{2}{3}x+\frac{13}{3}$

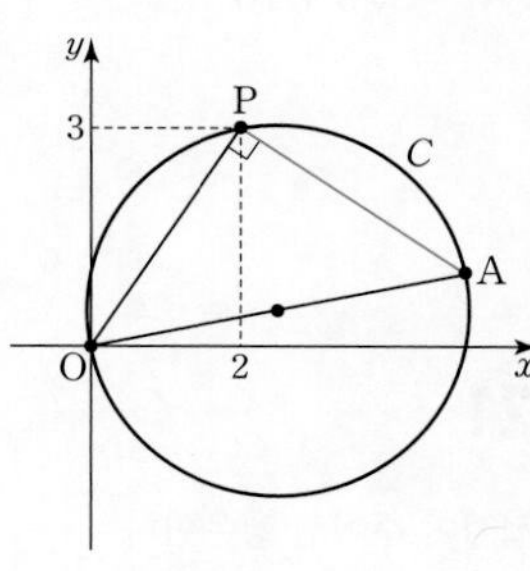

직선 OP와 직선 AP가 수직이고, P(2, 3)이므로

직선 OP의 기울기는 $\frac{3}{2}$이다.

따라서 직선 AP의 방정식은

$y-3=-\frac{2}{3}(x-2)$

$\therefore y=-\frac{2}{3}x+\frac{13}{3}$

15

답 ③

원의 중심과 반지름의 길이를 생각한다.

$x^2+y^2-4x-2y=a-3$에서

$(x-2)^2+(y-1)^2=a+2$

곧, 중심의 좌표가 (2, 1), 반지름의 길이가 $\sqrt{a+2}$인 원이다.

x축과 만나므로 $\sqrt{a+2}\ge1$, $a+2\ge1$

$\therefore a\ge-1$ ⋯ ❶

y축과 만나지 않으므로 $\sqrt{a+2}<2$, $a+2<4$

$\therefore a<2$ ⋯ ❷

❶, ❷에서 $-1\le a<2$

다른 풀이

$y=0$을 대입하면 방정식의 해는 x축과 만나는 점의 x좌표이고, $x=0$을 대입하면 방정식의 해는 y축과 만나는 점의 y좌표이다. 이를 이용하여 다음과 같이 풀 수도 있다.

$x^2+y^2-4x-2y=a-3$ ⋯ ❸

❸에 $y=0$을 대입하면 $x^2-4x-a+3=0$

원과 x축이 만나므로

$\frac{D_1}{4}=4-(-a+3)\ge0$, $a\ge-1$

❸에 $x=0$을 대입하면 $y^2-2y-a+3=0$

원과 y축이 만나지 않으므로

$\frac{D_2}{4}=1-(-a+3)<0$, $a<2$

$\therefore -1\le a<2$

16

답 7

원과 직선의 위치 관계를 조사할 때는 원의 중심과 직선 사이의 거리를 구한 후 반지름의 길이와 비교한다.

원의 방정식을 $x^2+y^2+ax+by+c=0$이라 하자.

점 (0, 0)을 지나므로 $c=0$

점 (2, 0)을 지나므로

$4+2a+c=0$ $\quad\therefore a=-2$

점 (3, −1)을 지나므로

$9+1+3a-b+c=0$ $\quad\therefore b=4$

곧, 원의 방정식은 $x^2+y^2-2x+4y=0$ ⋯ ❶에서

$(x-1)^2+(y+2)^2=5$

이므로 원의 중심의 좌표는 (1, −2), 반지름의 길이는 $\sqrt{5}$이다.

따라서 원의 중심 (1, −2)와 직선 $x+y=k$ 사이의 거리를 d라 하면 $d\le\sqrt{5}$이므로

$\frac{|1-2-k|}{\sqrt{1+1}}\le\sqrt{5}$, $|k+1|\le\sqrt{10}$

$\therefore -\sqrt{10}-1\le k\le\sqrt{10}-1$

따라서 정수 k는 −4, −3, −2, −1, 0, 1, 2이고, 7개이다.

Think More

원의 방정식 ❶에 직선의 방정식 $y=-x+k$를 대입하고 판별식을 조사해도 된다.

17

답 ④

선분 PQ는 원의 현이다.
원의 중심에서 현에 그은 수선은 현을 수직이등분함을 이용한다.

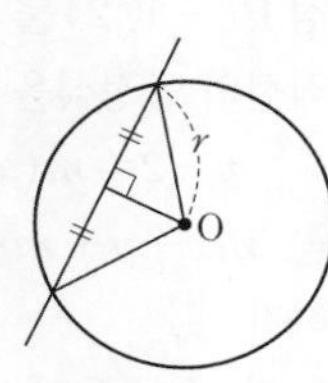

원의 중심 C(1, a)에서 현 PQ에 내린 수선의 발을 H라 하면

$\overline{CH}=\frac{|a+2a|}{\sqrt{a^2+4}}=\frac{3a}{\sqrt{a^2+4}}$ $(\because a>0)$

$\overline{CQ}=\sqrt{21}$

$\overline{HQ}=\frac{1}{2}\overline{PQ}=4$

삼각형 CHQ는 직각삼각형이므로

$\frac{9a^2}{a^2+4}+16=21$

$9a^2=5a^2+20$, $a^2=5$

$a>0$이므로 $a=\sqrt{5}$

18 ······ 답 $\frac{4}{3}$

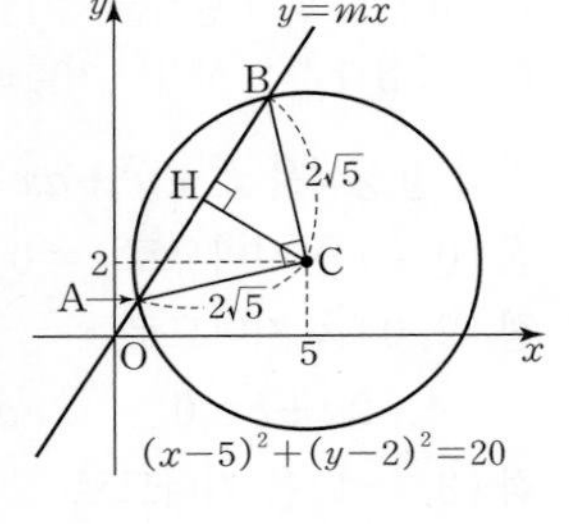

원의 중심 C에서 직선 $y=mx$에 내린 수선의 발을 H라 하자.
원의 반지름의 길이는 $2\sqrt{5}$이므로

$$\overline{CA}=\overline{CB}=2\sqrt{5}$$

삼각형 BAC는 직각이등변삼각형이고, 삼각형 HAC도 직각이등변삼각형이므로 삼각형 HAC에서

$$\overline{CH}=\frac{\overline{AC}}{\sqrt{2}}=\frac{2\sqrt{5}}{\sqrt{2}}=\sqrt{10}$$

곧, 점 C$(5, 2)$와 직선 $mx-y=0$ 사이의 거리가 $\sqrt{10}$이므로

$$\frac{|5m-2|}{\sqrt{m^2+1}}=\sqrt{10},\ |5m-2|=\sqrt{10}\sqrt{m^2+1}$$

$$(5m-2)^2=10(m^2+1),\ 15m^2-20m-6=0$$

이 이차방정식은 서로 다른 두 실근을 가지므로 m의 값의 합은

$$-\frac{-20}{15}=\frac{4}{3}$$

19 ······ 

현의 길이가 주어진 문제이다.
원의 중심에서 현에 내린 수선은 현을 수직이등분함을 이용한다.

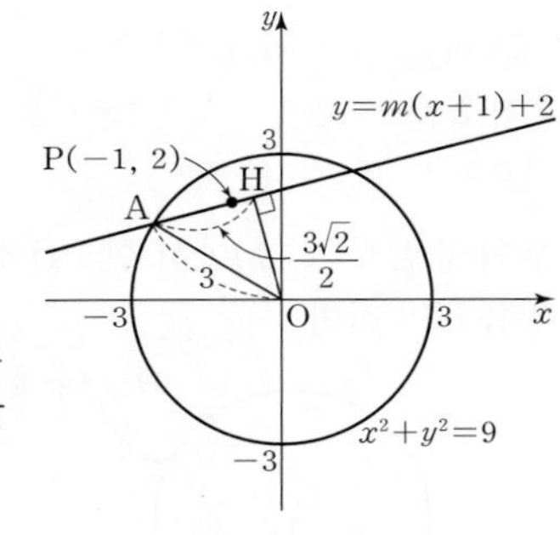

점 P$(-1, 2)$를 지나는 직선의 방정식을

$$y-2=m(x+1)$$

곧, $mx-y+m+2=0$이라 하자.
원의 중심 O에서 직선에 내린 수선의 발을 H, 직선과 원이 만나는 한 점을 A라 하면

$$\overline{OA}=3,\ \overline{AH}=\frac{3\sqrt{2}}{2}$$

$$\therefore \overline{OH}=\sqrt{\overline{OA}^2-\overline{AH}^2}=\sqrt{9-\frac{9}{2}}=\frac{3\sqrt{2}}{2}$$

곧, 원의 중심 O와 직선 $mx-y+m+2=0$ 사이의 거리가 $\frac{3\sqrt{2}}{2}$이므로

$$\frac{|m+2|}{\sqrt{m^2+1}}=\frac{3\sqrt{2}}{2},\ 2|m+2|=3\sqrt{2}\sqrt{m^2+1}$$

$$2(m+2)^2=9(m^2+1),\ 7m^2-8m+1=0$$

$$(m-1)(7m-1)=0 \qquad \therefore m=1 \text{ 또는 } m=\frac{1}{7}$$

따라서 두 직선의 기울기의 합은 $\frac{8}{7}$이다.

Think More
m의 값의 합은 근과 계수의 관계를 이용하여 구해도 된다.

20 ······ 답 4

선분 AB를 $2:1$로 내분하는 점의 좌표는

$$\left(\frac{2\times4+1\times1}{2+1},\ \frac{2\times8+1\times(-1)}{2+1}\right)=(3, 5)$$

따라서 원의 중심의 좌표는 $(3, 5)$이다.

원의 접선에 대한 문제를 풀 때는
원의 중심과 접점을 연결한 직선이 접선에 수직인 것부터 이용한다.

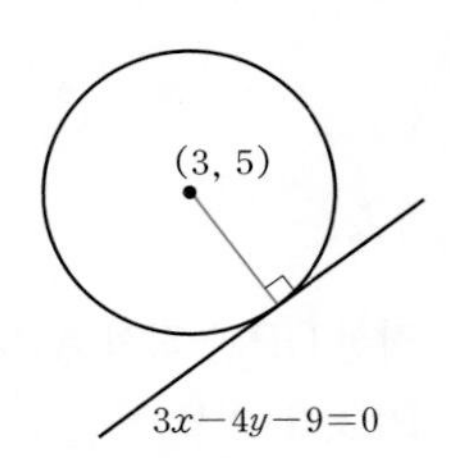

반지름의 길이는 원의 중심 $(3, 5)$와 직선 $3x-4y-9=0$ 사이의 거리이므로

$$\frac{|9-20-9|}{\sqrt{9+16}}=4$$

21 ······ 

접점이 주어진 경우이다.
원의 중심과 접점을 연결하는 반지름은 접선에 수직임을 이용한다.

$x^2+y^2-2x-4y=0$에서

$$(x-1)^2+(y-2)^2=5$$

곧, 원의 중심은 C$(1, 2)$이고, 접선은 반지름 CA에 수직이다.

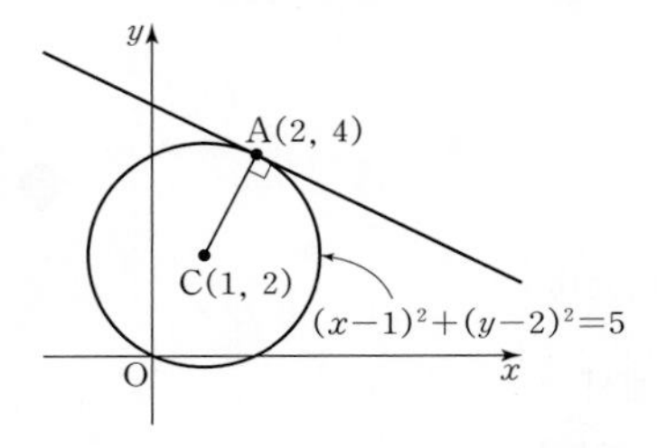

직선 CA의 기울기가 $\frac{4-2}{2-1}=2$이므로 접선의 기울기는 $-\frac{1}{2}$이고,
점 A를 지나므로 접선의 방정식은

$$y-4=-\frac{1}{2}(x-2),\ y=-\frac{1}{2}x+5$$

$$\therefore p=-\frac{1}{2},\ q=5,\ p+q=\frac{9}{2}$$

다른 풀이
원의 중심은 C$(1, 2)$이고 반지름의 길이는 $\sqrt{5}$이다.
중심 C와 접선 사이의 거리가 반지름의 길이 $\sqrt{5}$이므로
접선의 방정식을

$$y-4=m(x-2),\ \text{곧 } mx-y-2m+4=0$$

이라 하면

$$\frac{|m-2-2m+4|}{\sqrt{m^2+1}}=\sqrt{5}$$

$$(-m+2)^2=5(m^2+1),\ (2m+1)^2=0$$

$m=-\frac{1}{2}$이므로 접선의 방정식은

$$y-4=-\frac{1}{2}(x-2),\ y=-\frac{1}{2}x+5$$

$$\therefore p=-\frac{1}{2},\ q=5,\ p+q=\frac{9}{2}$$

22 ······ 답 2

원의 중심이 직선 $y=\frac{1}{2}x$ 위에 있으므로

중심의 좌표를 $(2a, a)$라 하자.

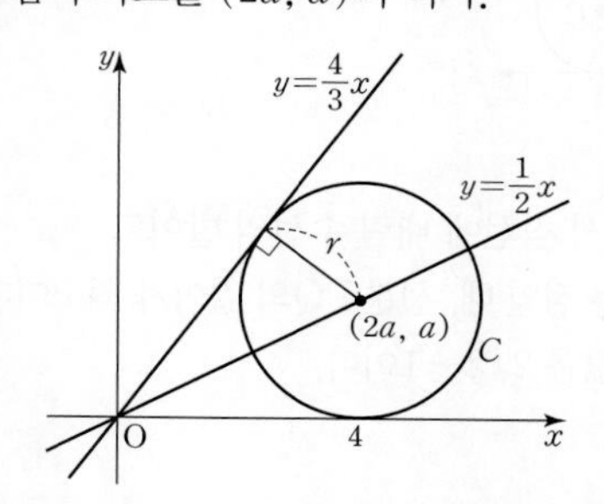

원이 직선 $4x-3y=0$에 접하므로 반지름의 길이를 r이라 하면

$$\frac{|8a-3a|}{\sqrt{16+9}}=r,\ |a|=r$$

원 C가 점 $(4, 0)$을 지나므로 $a>0$이다.

곧, $a=r$이므로 원의 방정식은

$$(x-2r)^2+(y-r)^2=r^2$$

점 $(4, 0)$을 지나므로 $x=4$, $y=0$을 대입하면

$$(4-2r)^2+r^2=r^2 \qquad \therefore r=2$$

Think More

원 C는 x축에 접한다.

23 ······ 답 ⑤

두 점 $(4, 0)$, $(0, 3)$을 지나는 직선이 접선이므로
원의 중심과 접선 사이의 거리가 반지름의 길이임을 이용한다.

두 점 $(4, 0)$, $(0, 3)$을 지나는 직선의 방정식은

$$\frac{x}{4}+\frac{y}{3}=1,\ 3x+4y-12=0$$

원의 반지름의 길이를 r이라 하면

원의 중심 O와 직선 사이의 거리가 반지름의 길이이므로

$$r=\frac{|-12|}{\sqrt{9+16}}=\frac{12}{5}$$

따라서 원의 둘레의 길이는 $2\pi r=\frac{24}{5}\pi$

24 ······

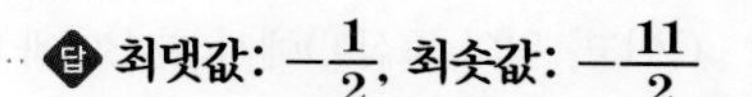

답 최댓값: $-\frac{1}{2}$, 최솟값: $-\frac{11}{2}$

오른쪽 그림과 같이 직선이 원에 접할 때 기울기가 최대이거나 최소이다.

직선이 점 $A(5, -1)$을 지나므로

직선의 방정식을

$$y+1=m(x-5)$$

곧, $mx-y-5m-1=0$이라 하자.

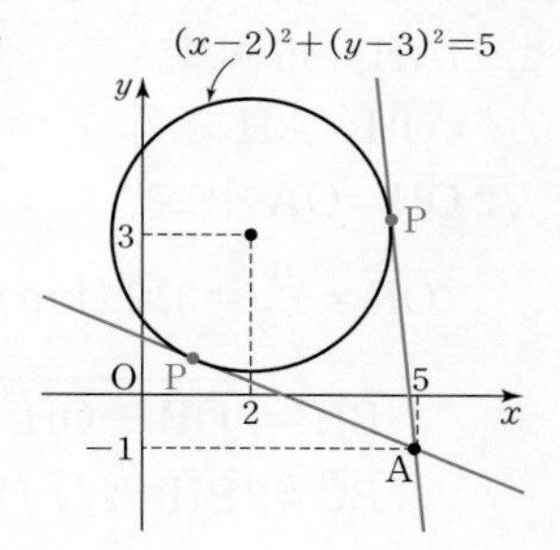

접하면 원의 중심 $(2, 3)$과 직선 사이의 거리가

반지름의 길이 $\sqrt{5}$이므로

$$\frac{|2m-3-5m-1|}{\sqrt{m^2+1}}=\sqrt{5}$$

$$|-3m-4|=\sqrt{5}\sqrt{m^2+1}$$

$$(-3m-4)^2=5(m^2+1)$$

$$4m^2+24m+11=0$$

$$(2m+11)(2m+1)=0$$

$$\therefore m=-\frac{11}{2} \text{ 또는 } m=-\frac{1}{2}$$

따라서 직선의 기울기의 최댓값은 $-\frac{1}{2}$, 최솟값은 $-\frac{11}{2}$이다.

Think More

점 P가 원 위를 움직이므로 부등식

$$\frac{|2m-3-5m-1|}{\sqrt{m^2+1}}\le\sqrt{5}$$

를 풀어도 된다.

25 ······ 답 ③

원 밖의 점 A에서 원에 접선을 그었을 때,
점 A와 원의 중심을 이어 만든 두 삼각형은
합동이다.
두 접선이 수직인 그림을 그려 보자.

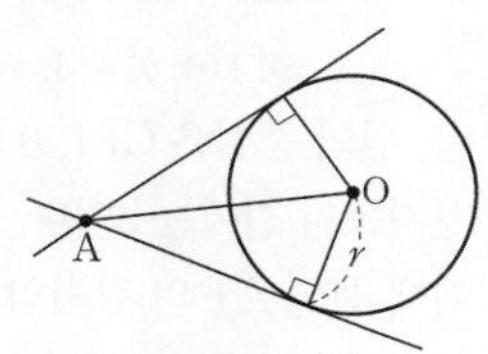

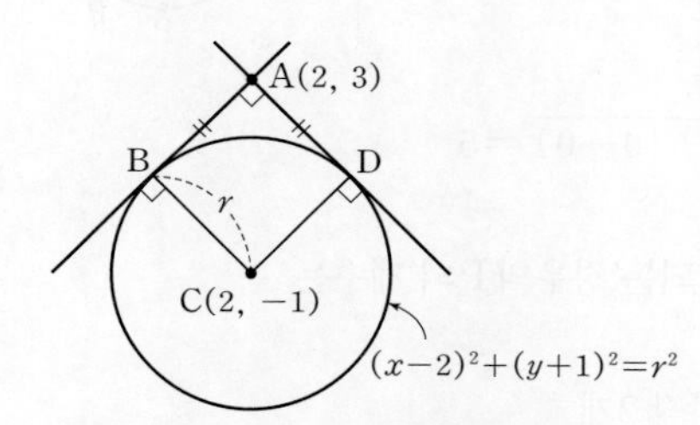

원의 중심을 $C(2, -1)$, 두 접점을 B, D라 하면

$$\overline{AB}=\overline{AD},\ \angle B=\angle D=90^\circ$$

또, 두 접선이 수직이므로 $\angle A=90^\circ$

따라서 □ABCD는 정사각형이고, $\overline{AC}=4$, $\overline{BC}=r$이므로

$$\sqrt{2}\,\overline{BC}=\overline{AC},\ \sqrt{2}r=4$$

$$\therefore r=2\sqrt{2}$$

Think More

원 밖의 한 점에서 원에 그은 두 접선의 접점까지의 거리는 같다.

26 ······························· 답 ①

좌표평면에서 $\sqrt{(a-5)^2+(b-6)^2}$은 두 점 (a, b)와 $(5, 6)$ 사이의 거리로 생각할 수 있다.

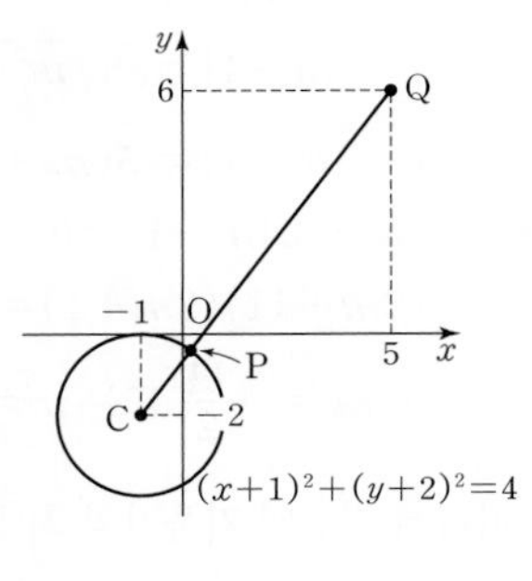

원 $(x+1)^2+(y+2)^2=4$의 중심은 $\mathrm{C}(-1, -2)$, 반지름의 길이 r은 2이다.

$\mathrm{Q}(5, 6)$이라 하면

$$\sqrt{(a-5)^2+(b-6)^2}=\overline{\mathrm{PQ}}$$

이므로 P가 선분 CQ와 원의 교점일 때 $\overline{\mathrm{PQ}}$의 길이가 최소이고 최솟값은

$$\overline{\mathrm{CQ}}-r=\overline{\mathrm{CQ}}-2$$

$\overline{\mathrm{CQ}}=\sqrt{(5+1)^2+(6+2)^2}=10$이므로 $\overline{\mathrm{PQ}}$의 길이의 최솟값은 8이다.

27 ·······························  답 8

선분 AP의 길이의 최댓값과 최솟값부터 구한다.

$x^2+y^2-8x+12=0$에서

$$(x-4)^2+y^2=4$$

곧, 원의 중심은 $\mathrm{C}(4, 0)$, 반지름의 길이는 2이다.

이때 선분 AP의 길이의 최솟값은 $\overline{\mathrm{AC}}-2$이고 최댓값은 $\overline{\mathrm{AC}}+2$이다.

$$\overline{\mathrm{AC}}=\sqrt{(1-4)^2+(4-0)^2}=5$$

이므로 $3\le\overline{\mathrm{AP}}\le7$

$\overline{\mathrm{AP}}$의 길이가 정수가 되는 경우의 P의 개수는

$\overline{\mathrm{AP}}=3$일 때, 1개

$\overline{\mathrm{AP}}=4, 5, 6$일 때, 각각 2개

$\overline{\mathrm{AP}}=7$일 때, 1개

따라서 P는 8개이다.

28 ·······························  답 ③

원의 중심과 직선 사이의 거리부터 생각한다.

원 $(x-4)^2+(y-1)^2=1$의 중심을 $\mathrm{C}(4, 1)$이라 하면

점 C와 직선 $x-y+1=0$ 사이의 거리는

$$\frac{|4-1+1|}{\sqrt{1+1}}=2\sqrt{2}$$

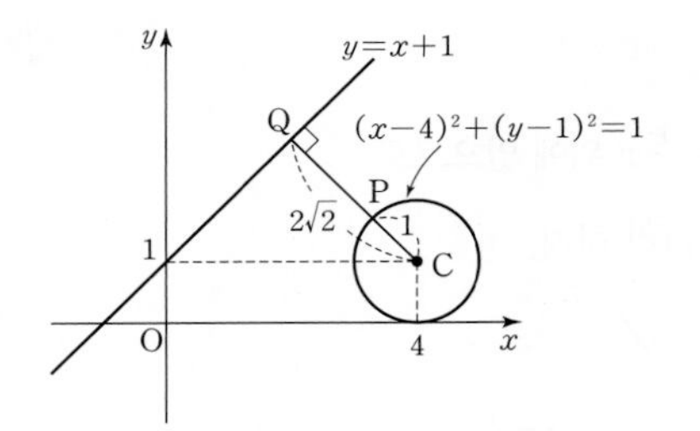

위의 그림과 같이 Q가 C에서 직선에 내린 수선의 발이고 P가 선분 CQ와 원이 만나는 점일 때, 선분 PQ의 길이가 최소이다.

따라서 $\overline{\mathrm{PQ}}$의 길이의 최솟값은 $2\sqrt{2}-1$이다.

29 ·······························  답 ③

$\overline{\mathrm{OP}}$의 중점을 (x, y)로 놓고 x, y에 대한 식을 구하는 문제이다.
$\mathrm{P}(a, b)$라 하면 P는 원 위의 점이므로
$a^2+b^2-4a+4b-4=0$임을 이용한다.

$\mathrm{P}(a, b)$라 하면 P는 원 $x^2+y^2-4x+4y-4=0$ 위의 점이므로

$$a^2+b^2-4a+4b-4=0 \quad \cdots ❶$$

또, 선분 OP의 중점의 좌표를 $\mathrm{M}(x, y)$라 하면

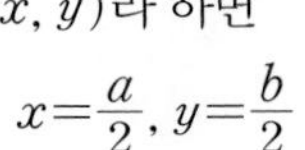

$$x=\frac{a}{2},\ y=\frac{b}{2}$$

곧, $a=2x$, $b=2y$를 ❶에 대입하면

$$4x^2+4y^2-8x+8y-4=0,\ x^2+y^2-2x+2y-1=0$$

$$\therefore (x-1)^2+(y+1)^2=3$$

따라서 선분 OP의 중점 M은 중심의 좌표가 $(1, -1)$, 반지름의 길이가 $\sqrt{3}$인 원 위를 움직인다.

곧, 구하는 도형의 넓이는 3π이다.

30 ······························· 답 $2\sqrt{7}$ km

등대의 불빛을 볼 수 있는 위치는
중심이 O이고 반지름의 길이가 5 km인 원의 내부이다.
이때 선분 BC는 원의 현이다.

불빛을 볼 수 있는 위치는 중심이 O이고 반지름의 길이가 5 km인 원의 내부(경계 포함)이다.

배가 지나가며 원과 만나는 두 점이 B, C이고, 원의 중심 O에서 현 BC에 내린 수선의 발을 H라 하면

$\angle\mathrm{OAH}=45°$이므로

$$\overline{\mathrm{OH}}=\overline{\mathrm{AH}}$$

$\sqrt{2}\,\overline{\mathrm{OH}}=\overline{\mathrm{OA}}$이므로

$$\overline{\mathrm{OH}}=\frac{6}{\sqrt{2}}=3\sqrt{2}\ (\mathrm{km})$$

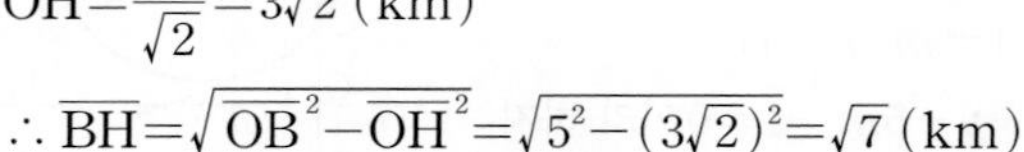

$$\therefore \overline{\mathrm{BH}}=\sqrt{\overline{\mathrm{OB}}^2-\overline{\mathrm{OH}}^2}=\sqrt{5^2-(3\sqrt{2})^2}=\sqrt{7}\ (\mathrm{km})$$

$$\therefore \overline{\mathrm{BC}}=2\overline{\mathrm{BH}}=2\sqrt{7}\ (\mathrm{km})$$

STEP 1등급 도전 문제 21～24쪽

01 ① **02** $2\sqrt{15}$ **03** ⑤ **04** $3x+y-2=0$ **05** ③

06 -3 **07** ② **08** ③ **09** $0<a<\frac{\sqrt{3}}{3}$ **10** 2

11 ③ **12** 최댓값: $10+4\sqrt{10}$, 최솟값: $10-4\sqrt{10}$ **13** ④

14 ⑤ **15** $\frac{13}{2}(1+\sqrt{2})$ **16** ③ **17** $3\sqrt{2}$

18 최댓값: $5+5\sqrt{2}$, 최솟값: $-1-5\sqrt{2}$

19 최댓값: $\sqrt{26}+3$, 최솟값: $\sqrt{26}-3$ **20** 26

21 $3x-5y-6=0$ **22** ⑤ **23** ⑤ **24** ④

25 $(8, 6)$, $(8, -6)$, $(-1, 6)$, $(-1, -6)$

01 답 ①

좌표평면 위에 A, B, C 세 공장의 위치를 좌표로 나타낸다.
A 공장이 기준이므로 A 공장을 원점으로 두는 것이 편하다.

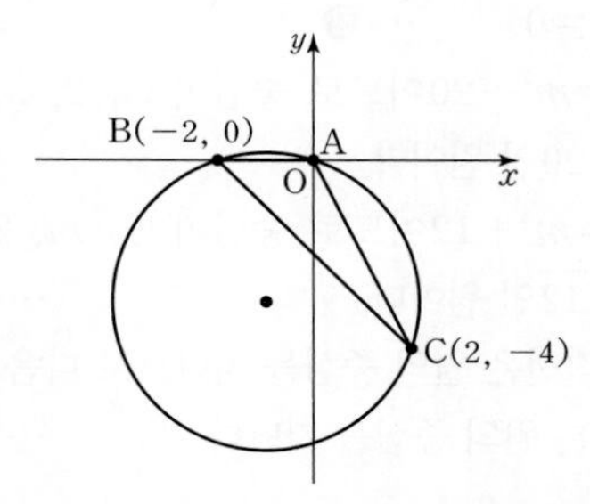

A 공장의 위치가 원점인 좌표평면 위에 세 공장의 위치를 나타내면

$A(0, 0)$, $B(-2, 0)$, $C(2, -4)$

이고, 창고의 위치는 삼각형 ABC의 외심이다.

세 점 A, B, C를 지나는 원의 방정식을 $x^2+y^2+ax+by+c=0$ 이라 하자.

점 $A(0, 0)$을 지나므로 $c=0$

점 $B(-2, 0)$을 지나므로

$4-2a+c=0 \qquad \therefore a=2$

점 $C(2, -4)$를 지나므로

$4+16+2a-4b+c=0 \qquad \therefore b=6$

따라서 원의 방정식은

$x^2+y^2+2x+6y=0$

$(x+1)^2+(y+3)^2=10$

각 공장에서 창고까지의 거리는 원의 반지름의 길이이므로 $\sqrt{10}$ km이다.

Think More

변 AB, AC의 수직이등분선의 교점이 외심임을 이용해도 된다.

02 답 $2\sqrt{15}$

좌표평면 위에 주어진 도형을 나타낸다.
정사각형의 변을 x축, y축에 놓으면 꼭짓점의 좌표가 간단해진다.

직선 AB, AD가 x축, y축인 좌표평면을 생각하면 원의 중심은 $T(5, 5)$, 반지름의 길이는 5이다.

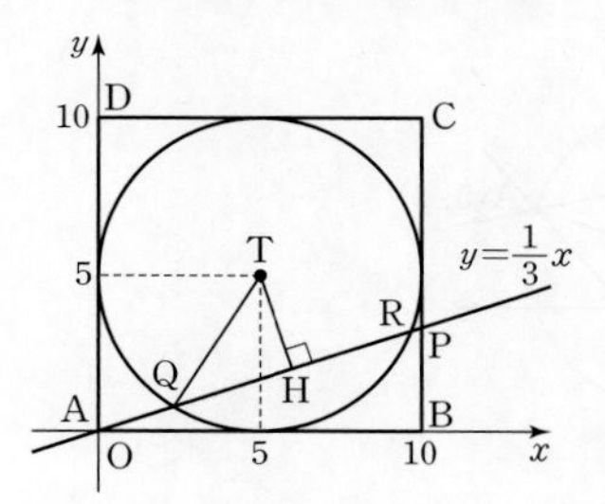

한편 $\overline{AB} : \overline{BP}=3 : 1$이므로 직선 AP의 기울기는 $\frac{1}{3}$이고 원점을 지나므로 직선 AP의 방정식은

$y=\frac{1}{3}x$

T에서 직선 AP, 곧 $x-3y=0$에 내린 수선의 발을 H라 하면

$\overline{TH}=\frac{|5-15|}{\sqrt{1+9}}=\sqrt{10}$

직각삼각형 TQH에서

$\overline{QH}=\sqrt{5^2-10}=\sqrt{15}$

$\therefore \overline{QR}=2\overline{QH}=2\sqrt{15}$

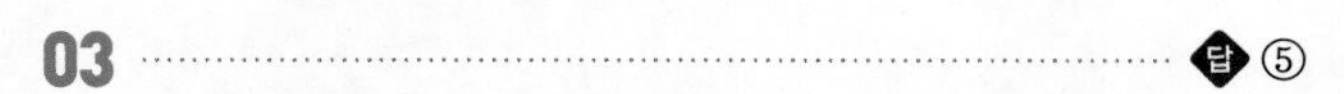

03 답 ⑤

두 점 A, B를 지나는 원 중에서 넓이가 최소인 원은 선분 AB가 지름인 원이다.

오른쪽 그림과 같이 원과 직선의 교점을 A, B라 하면 선분 AB가 지름일 때, 원의 넓이가 최소이다.

원의 중심 O에서 직선 $x+2y+5=0$에 내린 수선의 발을 H라 하면

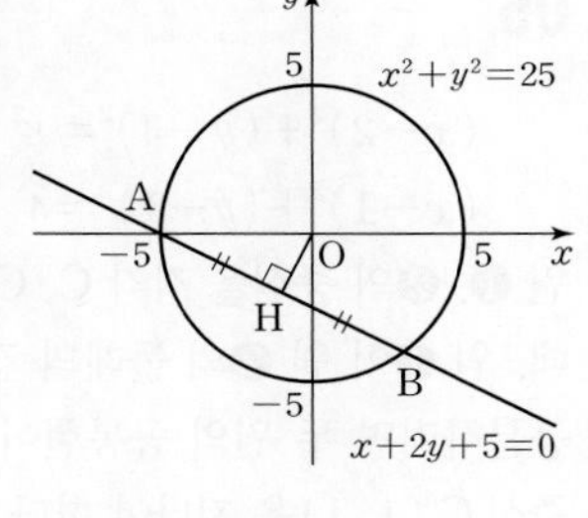

$\overline{OH}=\frac{|5|}{\sqrt{1+4}}=\sqrt{5}$

직각삼각형 OAH에서

$\overline{AH}=\sqrt{5^2-5}=2\sqrt{5}$

따라서 넓이가 최소인 원의 반지름의 길이는

$\overline{AH}=2\sqrt{5}$

04 ······ 답 $3x+y-2=0$

◤$\angle$PAQ를 이등분하는 선분 AC를 그어 생각해 본다.
이때 원의 중심 C와 접점 P, Q를 연결하는 반지름은 각각 접선에 수직이다.

$(x+1)^2+y^2=r^2$ ··· ❶

원 ❶의 중심을 C$(-1, 0)$이라 하자.

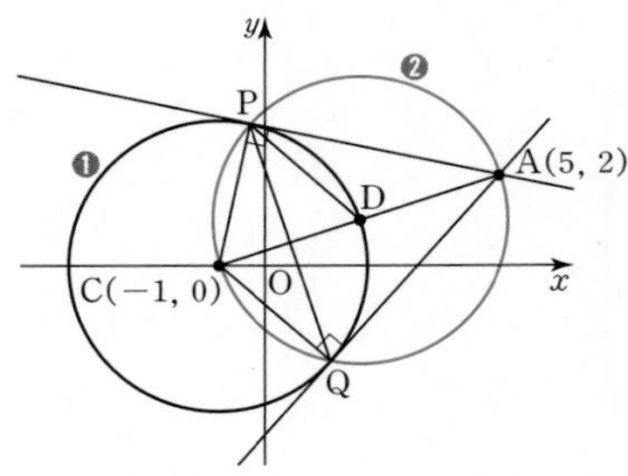

$\triangle$APC$\equiv\triangle$AQC이고, 삼각형 APQ가 정삼각형이므로
삼각형 APC는 $\angle$CAP$=30°$, $\angle$ACP$=60°$인 직각삼각형이다.
$\overline{\mathrm{CA}}=\sqrt{(5+1)^2+2^2}=2\sqrt{10}$이므로

$r=\overline{\mathrm{CP}}=\sqrt{10}$

◤점 P, Q는 지름이 $\overline{\mathrm{CA}}$인 원 위에 있다.

$\overline{\mathrm{CA}}$와 원 ❶이 만나는 점을 D라 하면 삼각형 PCD는 정삼각형이고, 점 P는 지름이 $\overline{\mathrm{CA}}$인 원 위에 있으므로 D는 선분 CA의 중점이다.
곧, D$(2, 1)$이고 $\overline{\mathrm{DP}}=\overline{\mathrm{DC}}=\sqrt{10}$이므로
점 D를 중심으로 하고 반지름의 길이가 $\sqrt{10}$인 원의 방정식은

$(x-2)^2+(y-1)^2=10$ ··· ❷

P, Q는 두 원 ❶, ❷의 교점이므로 직선 PQ의 방정식은
❶$-$❷에서

$6x+2y-4=0$ $\quad\therefore 3x+y-2=0$

05 ······  답 ③

$(x-2)^2+(y-4)^2=r^2$ ··· ❶
$(x-1)^2+(y-1)^2=4$ ··· ❷

원 ❶, ❷의 중심을 각각 C, C′이라 할 때, 원 ❶이 원 ❷의 둘레의 길이를 이등분하려면 두 원의 공통현이 원 ❷의 중심 C′$(1, 1)$을 지나야 한다.

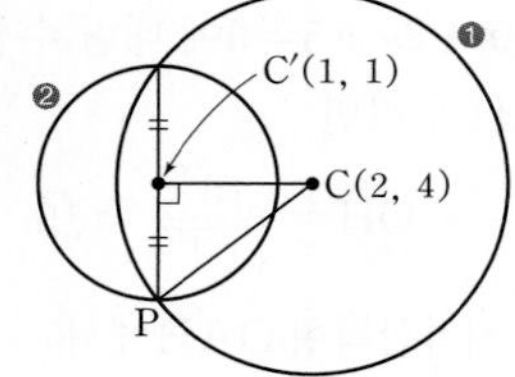

◤두 원 $x^2+y^2+ax+by+c=0$ ··· ❶
$x^2+y^2+a'x+b'y+c'=0$ ··· ❷
의 교점을 지나는 직선의 방정식은 ❶$-$❷이다.

공통현의 방정식은 ❶$-$❷에서

$-2x-6y+18=r^2-4$

이 직선이 점 C′$(1, 1)$을 지나므로

$-2-6+18=r^2-4$, $r^2=14$

$r>0$이므로 $r=\sqrt{14}$

다른 풀이

앞의 그림에서 원의 중심 C에서 공통현에 내린 수선의 발이 C′이므로

$\overline{\mathrm{CC'}}=\sqrt{(2-1)^2+(4-1)^2}=\sqrt{10}$, $\overline{\mathrm{C'P}}=2$

직각삼각형 CPC′에서 $r=\overline{\mathrm{CP}}=\sqrt{10+4}=\sqrt{14}$

06 ······  답 -3

◤원 C_1, C_2의 교점 A에서
C_1의 접선을 l_1, C_2의 접선을 l_2라 하자.
반지름 $\mathrm{C_1A}$가 l_1에 수직이므로
l_1, l_2가 수직이면
l_2는 반지름 $\mathrm{C_1A}$의 연장선이다.
따라서 l_2는 C_1의 중심을 지난다.

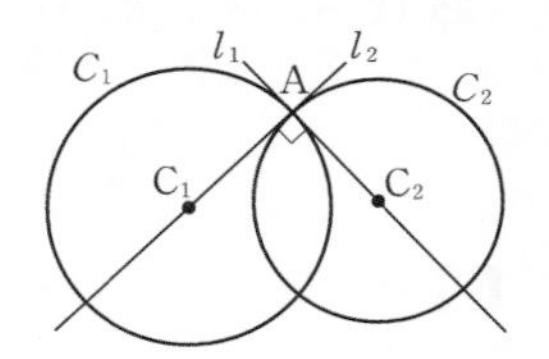

$x^2+y^2-4x-2my-16=0$ ··· ❶
$x^2+y^2-2mx-4y-8=0$ ··· ❷

❶은 $(x-2)^2+(y-m)^2=m^2+20$이므로 중심이 $\mathrm{C_1}(2, m)$, 반지름의 길이가 $r_1=\sqrt{m^2+20}$인 원이다.
❷는 $(x-m)^2+(y-2)^2=m^2+12$이므로 중심이 $\mathrm{C_2}(m, 2)$, 반지름의 길이가 $r_2=\sqrt{m^2+12}$인 원이다. ··· ㉮
접점 A에서 접선에 수직인 직선은 원의 중심을 지나므로 다음 그림과 같이 각 원의 접선은 다른 원의 중심을 지난다. ··· ㉯

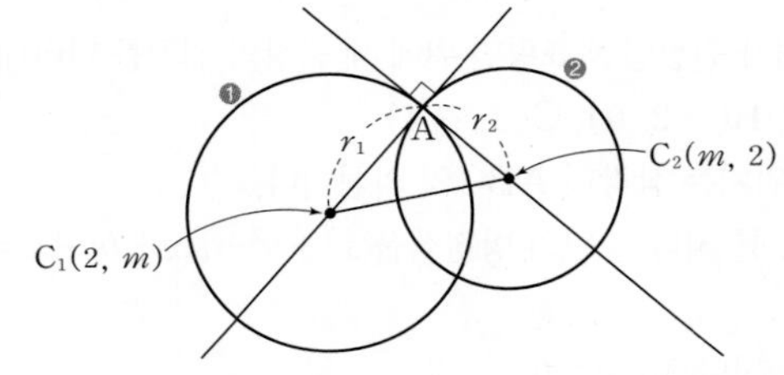

직각삼각형 $\mathrm{AC_1C_2}$에서 $\overline{\mathrm{C_1C_2}}^2=r_1^2+r_2^2$이므로

$(m-2)^2+(2-m)^2=m^2+20+m^2+12$
$-8m=24$ $\quad\therefore m=-3$ ··· ㉰

단계	채점 기준	배점
㉮	두 원의 중심의 좌표와 반지름의 길이 구하기	30%
㉯	접선이 다른 원의 중심을 지남을 알기	40%
㉰	피타고라스 정리를 이용하여 m의 값 구하기	30%

07 ······  답 ②

◤$f(k)$는 현의 길이이다.
따라서 현과 원의 중심 사이의 거리를 먼저 생각한다.

$x^2+y^2-2x-4y-5=0$에서

$(x-1)^2+(y-2)^2=10$

곧, 원의 중심은 C$(1, 2)$, 반지름의 길이는 $\sqrt{10}$이다.
직선 $y=kx$와 원의 교점을 A, B라 하고 C에서 이 직선에 내린 수선의 발을 H라 하자.

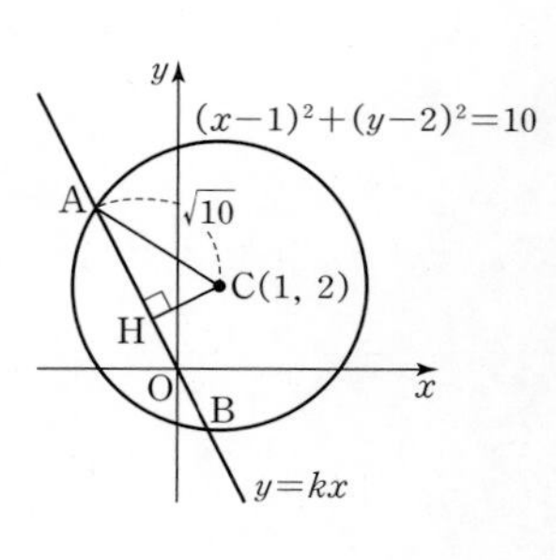

$\overline{CA}=\sqrt{10}$이므로

$$f(k)=2\overline{AH}=2\sqrt{10-\overline{CH}^2}$$

따라서 $\overline{CH}$의 길이가 최대일 때 $f(k)$가 최소이다.
그리고 직선 $y=kx$가 원점을 지나므로
H가 원점 O일 때 $\overline{CH}$의 길이가 최대이다.
$\overline{OC}=\sqrt{5}$이므로 $f(k)$의 최솟값은

$$2\sqrt{10-5}=2\sqrt{5}$$

08 답 ③

좌표평면 위에 원 $x^2+y^2=8^2$을 그리고,
접힌 호를 포함하는 원의 방정식을 생각한다.

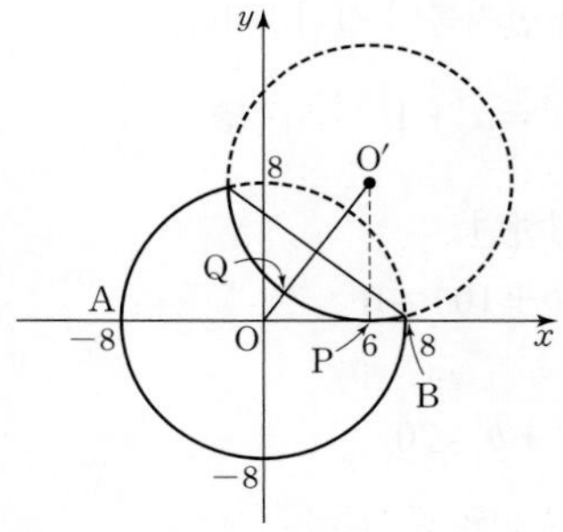

점 O가 원점, 직선 AB가 x축인 좌표평면을 생각하자.
접힌 호를 포함하는 원의 중심을 O′이라 하면 이 원은 점 P(6, 0)에서 x축에 접하고 반지름의 길이가 8이므로 O′(6, 8)이다.
선분 OO′이 접힌 호와 만나는 점을 Q라 하면 원의 중심 O와 접힌 호 위의 점 사이의 거리의 최솟값은

$$\overline{OQ}=\overline{OO'}-8=\sqrt{6^2+8^2}-8=2$$

09 답 $0<a<\frac{\sqrt{3}}{3}$

$y=a(x-1)$은 a의 값에 관계없이 점 (1, 0)을 지나는 직선이다.
이 점을 중심으로 직선을 회전시키면서 교점의 개수를 조사해 보자.

오른쪽 그림과 같이 직선 $y=a(x-1)$이 색칠한 부분(경계 제외)에 있을 때 교점이 5개이다.

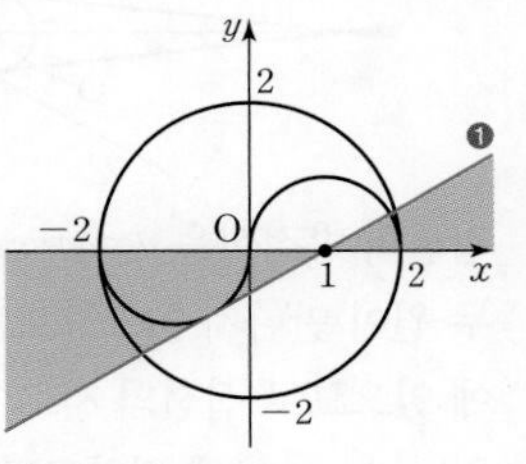

직선 $y=a(x-1)$이 ❶의 위치에 있을 때 원 $(x+1)^2+y^2=1$에 접한다.
곧, 원의 중심 $(-1, 0)$과 직선 $ax-y-a=0$ 사이의 거리가 반지름의 길이 1이므로

$$\frac{|-a-a|}{\sqrt{a^2+1}}=1,\ |-2a|=\sqrt{a^2+1}$$

$$4a^2=a^2+1,\ 3a^2=1$$

$a>0$이므로 $a=\frac{\sqrt{3}}{3}$

따라서 실수 a의 값의 범위는 $0<a<\frac{\sqrt{3}}{3}$

10 답 2

접선이 점 $(0, k)$를 지나므로 접선의 방정식을 $y=mx+k$로 놓고
원의 중심과 이 접선 사이의 거리가 반지름의 길이임을 이용한다.

접선의 기울기를 m이라 하면 접선의 방정식은

$$y=mx+k,\ 곧\ mx-y+k=0 \quad \cdots ㉮$$

원의 중심 (2, 0)과 접선 사이의 거리가 반지름의 길이 1이므로

$$\frac{|2m+k|}{\sqrt{m^2+1}}=1,\ (2m+k)^2=m^2+1$$

$$\therefore 3m^2+4km+k^2-1=0 \quad \cdots ㉯$$

$\frac{D}{4}=(2k)^2-3(k^2-1)=k^2+3>0$이므로 이 이차방정식은 두 실근을 갖고, 두 접선의 기울기의 곱이 1이므로 두 실근의 곱이 1이다. 곧,

$$\frac{k^2-1}{3}=1,\ k^2=4$$

$k>0$이므로 $k=2$ $\cdots ㉰$

단계	채점 기준	배점
㉮	기울기를 m이라 하고 점 $(0, k)$를 지나는 접선의 방정식 세우기	20%
㉯	원의 중심과 접선 사이의 거리가 1임을 이용하여 m에 대한 이차방정식 세우기	40%
㉰	두 접선의 기울기의 곱이 1임을 이용하여 양수 k의 값 구하기	40%

11 답 ③

$\frac{b-3}{a-4}=k$는 두 점 $P(a, b)$, $(4, 3)$을 지나는 직선의 기울기이다.
따라서 직선 $y-3=k(x-4)$가 원과 접할 조건을 생각한다.

$\frac{b-3}{a-4}=k$라 하면 k는 두 점 $P(a, b)$, $(4, 3)$을 지나는 직선의 기울기이다.
따라서 점 $(4, 3)$을 지나는 직선 $y-3=k(x-4)$가 원과 접할 때 기울기 k가 최대 또는 최소이다.
$x^2+y^2+2x+4y+2=0$에서

$$(x+1)^2+(y+2)^2=3$$

곧, 원의 중심의 좌표는 $C(-1, -2)$, 반지름의 길이는 $\sqrt{3}$이다.

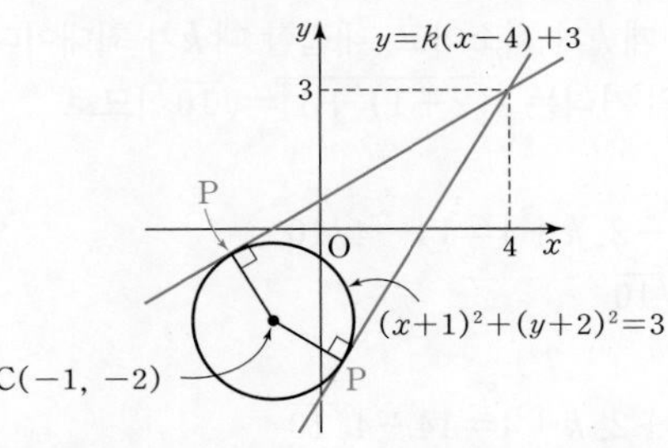

직선과 원이 접하면 원의 중심 $C(-1, -2)$와 직선 $kx-y-4k+3=0$ 사이의 거리가 반지름의 길이 $\sqrt{3}$이므로

$$\frac{|-k+2-4k+3|}{\sqrt{k^2+1}}=\sqrt{3}$$

$|-5k+5|=\sqrt{3}\sqrt{k^2+1}$

$(-5k+5)^2=3(k^2+1)$

$11k^2-25k+11=0$

이때 이차방정식의 두 실근이 실수 k, 곧 $\frac{b-3}{a-4}$의 최댓값, 최솟값 이므로 두 값의 곱은 1이다.

Think More

부등식 $\frac{|-5k+5|}{\sqrt{k^2+1}}\le\sqrt{3}$의 해가 k의 범위, 곧 $\frac{b-3}{a-4}$의 범위이다.

12 ······ 답 최댓값: $10+4\sqrt{10}$, 최솟값: $10-4\sqrt{10}$

$x^2+y^2-4x=k$라 하면 (x, y)는 두 방정식

$$\begin{cases} x^2+y^2+2x+2y-2=0 \\ x^2+y^2-4x=k \end{cases}$$

를 만족시키는 점이다. 따라서 두 원의 교점에 대한 문제이다.

$x^2+y^2+2x+2y-2=0$에서

$(x+1)^2+(y+1)^2=2^2$ ··· ❶

이므로 중심의 좌표가 $(-1, -1)$이고 반지름의 길이가 2인 원이다.

또, $x^2+y^2-4x=k$라 하면

$(x-2)^2+y^2=k+4$ ··· ❷

이므로 중심의 좌표가 $(2, 0)$이고 반지름의 길이가 $\sqrt{k+4}$인 원이다.

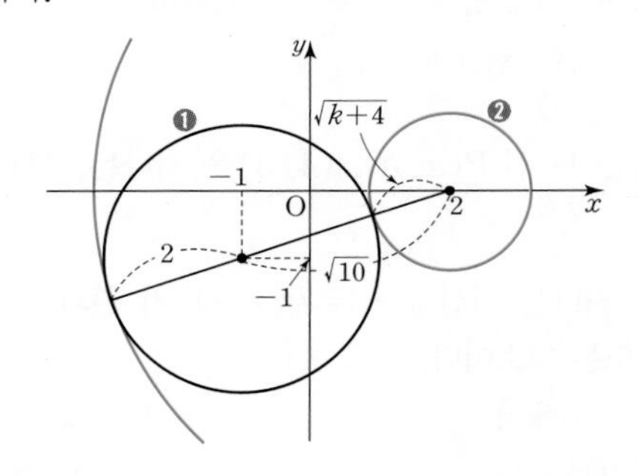

따라서 원 ❶, ❷의 교점이 있기 위한 k의 값의 범위를 찾으면 된다.

원 ❶, ❷가 외접할 때 k가 최소이고, 내접할 때 k가 최대이다.

두 원의 중심 사이의 거리는 $\sqrt{(2+1)^2+1^2}=\sqrt{10}$이므로

외접하면

$\sqrt{k+4}=\sqrt{10}-2$, $k+4=14-4\sqrt{10}$

$\therefore k=10-4\sqrt{10}$

내접하면

$\sqrt{k+4}=\sqrt{10}+2$, $k+4=14+4\sqrt{10}$

$\therefore k=10+4\sqrt{10}$

따라서 최댓값은 $10+4\sqrt{10}$, 최솟값은 $10-4\sqrt{10}$이다.

13 ······ 답 ④

1. 이차함수의 그래프와 직선이 접한다.
   ⇨ 두 식에서 y를 소거하고 $D=0$을 이용한다.
2. 원과 직선이 접한다.
   ⇨ 원의 중심과 직선 사이의 거리를 이용한다.
   원과 직선이 접할 때도 판별식을 이용할 수 있다.

직선 $y=ax+b$와 이차함수 $y=2x^2$의 그래프가 접하므로

$2x^2=ax+b$, 곧 $2x^2-ax-b=0$이 중근을 가진다.

$\therefore D=a^2+8b=0$ ··· ❶

직선 $y=ax+b$가 원 $x^2+(y+1)^2=1$에 접하므로

원의 중심 $(0, -1)$과 직선 $ax-y+b=0$ 사이의 거리가 반지름의 길이 1이다.

$\therefore \frac{|1+b|}{\sqrt{a^2+1}}=1$, $(1+b)^2=a^2+1$ ··· ❷

❶에서 $a^2=-8b$를 ❷에 대입하면

$(1+b)^2=-8b+1$, $b(b+10)=0$

$b<0$이므로 $b=-10$

이때 $a^2=-8b=80$이므로 $a^2+b=70$

Think More

x축($b=0$인 경우)도 포물선과 원에 모두 접한다.

14 ······ 답 ⑤

만나지 않는 두 원에 동시에 접하는 직선은 4개이다.
접선에 대한 다른 조건이 없으므로 접선의 방정식을 $y=mx+n$으로 놓고, 두 원과 각각 접할 조건을 찾는다.

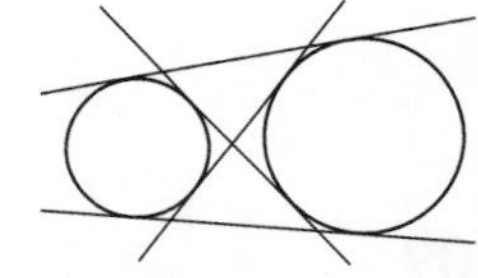

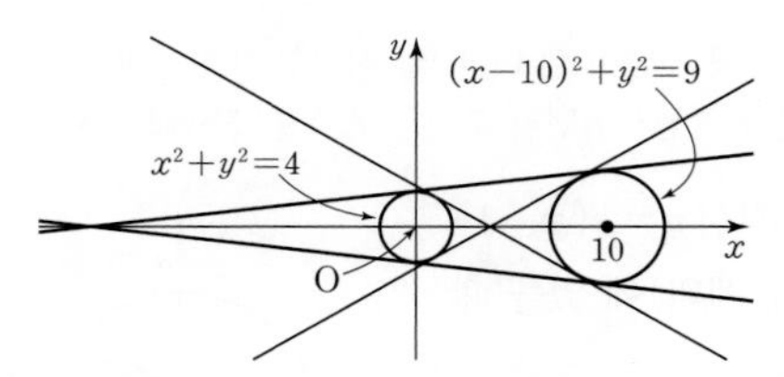

접선의 방정식을 $y=mx+n$, 곧 $mx-y+n=0$이라 하자.

두 원이 만나지 않으므로 접선은 4개이고, 두 원의 중심이 x축 위에 있으므로 접선의 서로 다른 x절편은 2개이다.

원 $x^2+y^2=4$에 접하므로 원의 중심 $(0, 0)$과 직선 $mx-y+n=0$ 사이의 거리는 반지름의 길이 2이다. 곧,

$\frac{|n|}{\sqrt{m^2+1}}=2$ $\therefore n^2=4(m^2+1)$ ··· ❶

원 $(x-10)^2+y^2=9$에 접하므로 원의 중심 $(10, 0)$과 직선 $mx-y+n=0$ 사이의 거리는 반지름의 길이 3이다. 곧,

$\frac{|10m+n|}{\sqrt{m^2+1}}=3$ $\therefore (10m+n)^2=9(m^2+1)$ ··· ❷

m, n의 값을 각각 구해도 되고,
x절편을 찾는 문제이므로 $-\frac{n}{m}$의 값을 구해도 된다.

❶에서 $m^2+1=\frac{n^2}{4}$을 ❷에 대입하면

$$(10m+n)^2=\frac{9}{4}n^2 \quad \cdots ❸$$

직선 $y=mx+n$의 x절편이 $-\frac{n}{m}$이므로 ❸의 양변을 m^2으로 나누면

$$\left(10+\frac{n}{m}\right)^2=\frac{9}{4}\times\left(\frac{n}{m}\right)^2$$

$-\frac{n}{m}=t$라 하면

$$(10-t)^2=\frac{9}{4}t^2,\ t^2+16t-80=0$$

이차방정식의 두 실근이 접선의 서로 다른 두 x절편이므로 두 값의 합은 -16이다.

다른 풀이

$x^2+y^2=4$는 중심이 O(0, 0), 반지름의 길이가 2인 원이다.
$(x-10)^2+y^2=9$는 중심이 C(10, 0), 반지름의 길이가 3인 원이다.

(i)

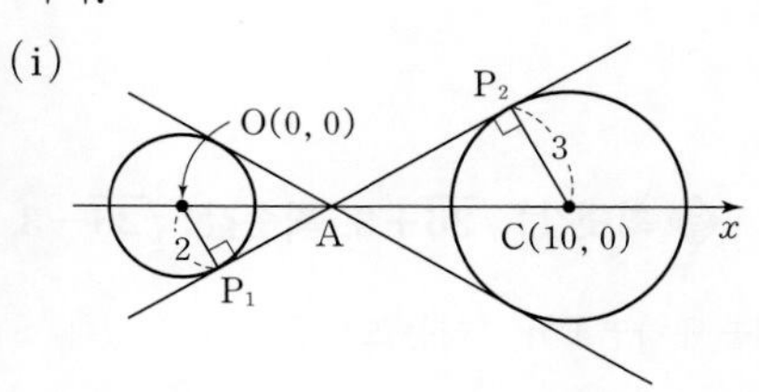

위의 그림에서 $\triangle OP_1A \backsim \triangle CP_2A$ (AA 닮음)
$A(a, 0)$이라 하면 $a:(10-a)=2:3$
$\therefore a=4$, A(4, 0)

(ii)

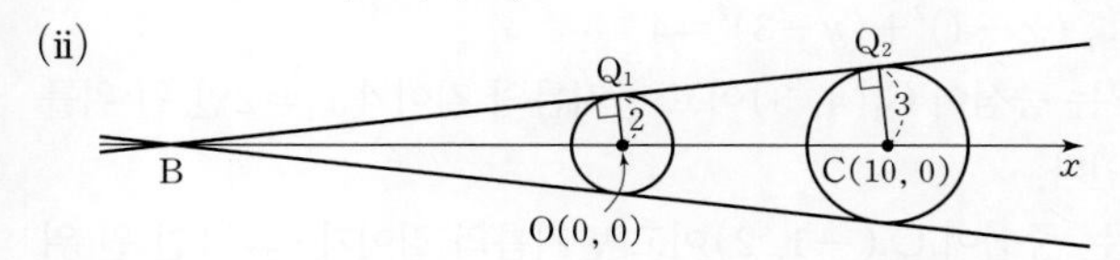

위의 그림에서 $\triangle BOQ_1 \backsim \triangle BCQ_2$ (AA 닮음)
$B(b, 0)$이라 하면 $-b:(-b+10)=2:3$
$\therefore b=-20$, B(−20, 0)

(i), (ii)에서 x절편의 합은 -16

15 ··· 답 $\frac{13}{2}(1+\sqrt{2})$

원 위를 움직이는 점과 선분 사이의 거리를 구하는 문제이다.
원의 중심이나 접선을 생각한다.

A(−3, −2), B(2, −3)을 지나는 직선의 방정식은

$$y+2=\frac{-3+2}{2+3}(x+3)$$

$$x+5y+13=0$$

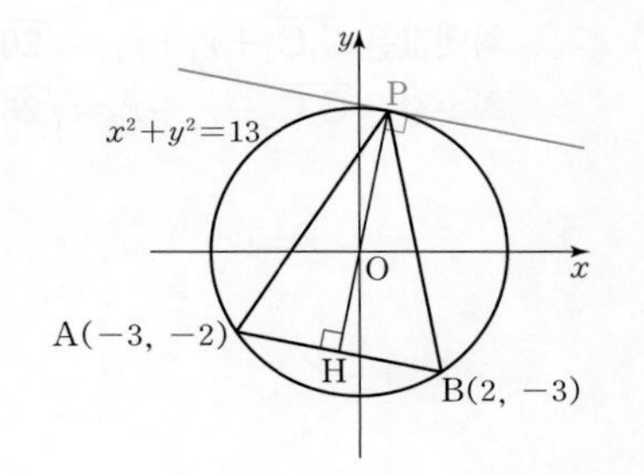

원의 중심 O에서 변 AB에 내린 수선의 발을 H라 하면

$$\overline{OH}=\frac{|13|}{\sqrt{1^2+5^2}}=\frac{\sqrt{26}}{2}$$

점 P와 직선 AB 사이의 거리가 최대일 때, 삼각형의 넓이가 최대이다.

점 P와 직선 AB 사이의 거리는 P가 선분 OH의 연장선 위에 있을 때 최대이고 최댓값은 $\overline{OH}+\sqrt{13}$이다.
따라서 삼각형 ABP의 넓이의 최댓값은

$$\frac{1}{2}\times\overline{AB}\times(\overline{OH}+\sqrt{13})$$
$$=\frac{1}{2}\times\sqrt{(2+3)^2+(-3+2)^2}\times\left(\frac{\sqrt{26}}{2}+\sqrt{13}\right)$$
$$=\frac{1}{2}\times\sqrt{26}\times\left(\frac{\sqrt{26}}{2}+\sqrt{13}\right)=\frac{13}{2}(1+\sqrt{2})$$

Think More

삼각형 ABP의 넓이가 최대일 때 P는 직선 AB와 평행한 접선이 원과 접하는 점 또는 직선 AB와 수직이면서 원의 중심 O를 지나는 직선이 원과 만나는 점이라 생각해도 된다.

16 ··· 답 ③

점 A와 직선 $y=x-4$ 사이의 거리가 정삼각형의 높이이므로
점 A와 직선 사이 거리의 최댓값, 최솟값을 구하는 문제이다.
원의 중심과 직선 사이의 거리나 접선을 생각한다.

점 A와 직선 $y=x-4$, 곧 $x-y-4=0$ 사이의 거리가 정삼각형 ABC의 높이이다.
원의 중심 O와 직선 $x-y-4=0$ 사이의 거리는

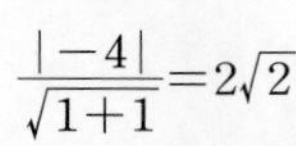

$$\frac{|-4|}{\sqrt{1+1}}=2\sqrt{2}$$

원의 반지름의 길이가 $\sqrt{2}$이므로 A와 직선 사이의 거리의
최솟값은 $2\sqrt{2}-\sqrt{2}=\sqrt{2}$
최댓값은 $2\sqrt{2}+\sqrt{2}=3\sqrt{2}$

곧, 정삼각형 ABC의 넓이가 최소일 때와 최대일 때의 높이의 비(닮음비)가 1 : 3이므로 넓이의 비는 1 : 9이다.

17 ··· 답 $3\sqrt{2}$

$\angle APB=90°$이면 점 P는 선분 AB가 지름인 원 위의 점이다.

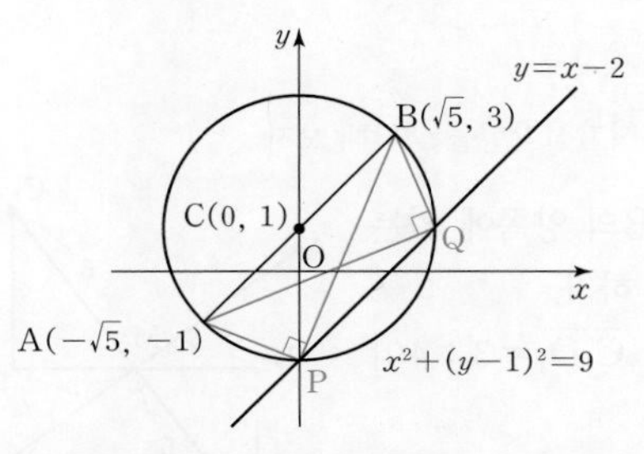

$\angle APB=\angle AQB=90°$이므로 두 점 P, Q는 $\overline{AB}$가 지름인 원 위에 있다.

선분 AB의 중점이 C(0, 1)이고 $\overline{CA}=\sqrt{(\sqrt{5})^2+(1+1)^2}=3$이므로 원의 방정식은

$x^2+(y-1)^2=9$ … ㉮

$y=x-2$를 $x^2+(y-1)^2=9$에 대입하면

$x^2+(x-3)^2=9$

$x^2-3x=0,\ x(x-3)=0$

$\therefore x=0,\ y=-2$ 또는 $x=3,\ y=1$ … ㉯

원과 직선의 교점은 P(0, −2), Q(3, 1)이라 할 수 있으므로

$\overline{PQ}=\sqrt{3^2+(1+2)^2}=3\sqrt{2}$ … ㉰

단계	채점 기준	배점
㉮	선분 AB를 지름으로 하고 두 점 P, Q를 지나는 원의 방정식 구하기	50 %
㉯	직선과 원의 방정식을 연립하여 교점의 좌표 구하기	30 %
㉰	선분 PQ의 길이 구하기	20 %

18 …………………… 답 최댓값: $5+5\sqrt{2}$, 최솟값: $-1-5\sqrt{2}$

$\angle APB=90°$가 아니므로 선분 AB는 지름이 아니다. 선분 AB가 현인 원에서 원주각의 크기가 45°인 점 P를 생각한다.

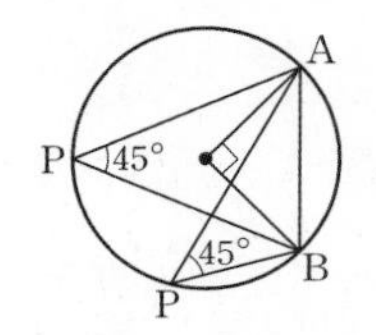

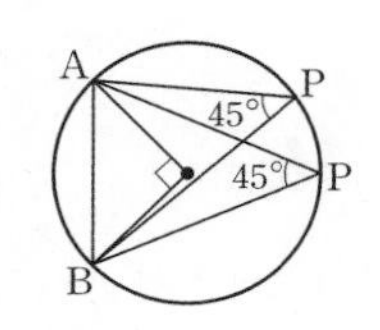

$\angle ACB=90°$인 직각이등변삼각형을 만들고 중심이 C, 반지름의 길이가 $\overline{CA}$인 원을 생각하자.

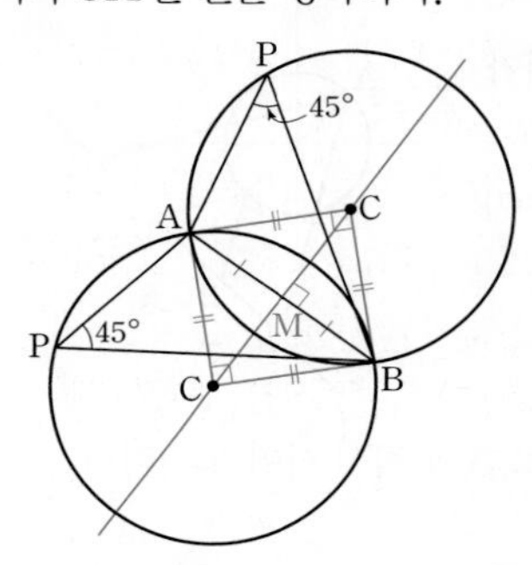

선분 AB의 중점을 M이라 하면 M(2, −1)

직선 AB의 기울기가 $-\frac{3}{4}$이므로

선분 AB의 수직이등분선의 방정식은

$y+1=\frac{4}{3}(x-2)\qquad \therefore y=\frac{4}{3}x-\frac{11}{3}$

또, $\overline{AB}=\sqrt{(6+2)^2+(-4-2)^2}=10$이므로

$\overline{AM}=5,\ \overline{CM}=5$이다.

기울기가 $\frac{4}{3}$이고 $\overline{CM}=5$이므로

세 변의 길이가 3, 4, 5인 직각삼각형을 생각해 보자.

그림과 같이 선분 AB의 양쪽에 있는 원의 중심을 C_1, C_2라 하자.

$\overline{C_1M}=5$이고 $\overline{MD_1}:\overline{C_1D_1}=3:4$이므로

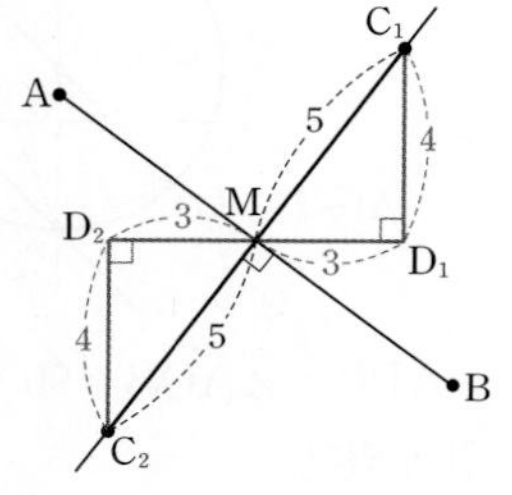

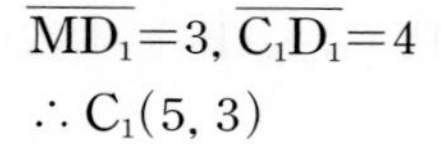

$\overline{MD_1}=3,\ \overline{C_1D_1}=4$

$\therefore C_1(5, 3)$

$\overline{C_2M}=5$이고 $\overline{MD_2}:\overline{C_2D_2}=3:4$이므로

$\overline{MD_2}=3,\ \overline{C_2D_2}=4\qquad \therefore C_2(-1, -5)$

중심이 C_1이고 반지름의 길이가 $\overline{AC_1}=5\sqrt{2}$인 원과

중심이 C_2이고 반지름의 길이가 $\overline{AC_2}=5\sqrt{2}$인 원에서

점 P는 두 원의 바깥 부분 둘레에 있는 점이다.

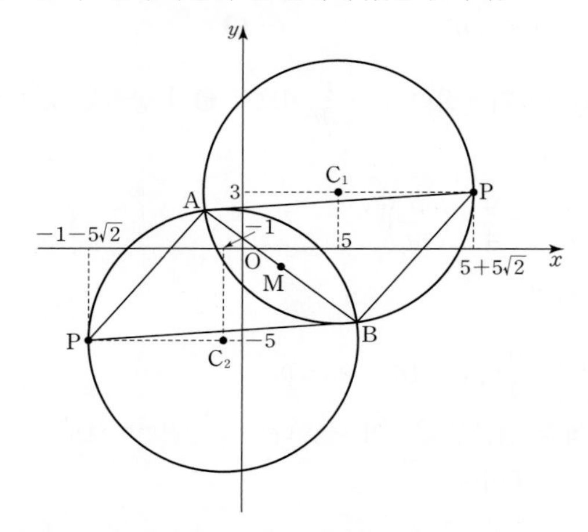

따라서 P의 x좌표의 최댓값은 $5+5\sqrt{2}$, 최솟값은 $-1-5\sqrt{2}$이다.

19 …………………… 답 최댓값: $\sqrt{26}+3$, 최솟값: $\sqrt{26}-3$

$P(x, y)$라 하고 x, y의 관계를 구하면 P가 그리는 도형을 찾을 수 있다.

$P(x, y)$라 하면 $\overline{PA}^2+\overline{PB}^2=12$에서

$(x-5)^2+(y-2)^2+(x-3)^2+(y-4)^2=12$

$x^2-8x+y^2-6y+21=0$

$\therefore (x-4)^2+(y-3)^2=4$

곧, P는 중심이 $C_1(4, 3)$이고 반지름의 길이가 $r_1=2$인 원 위를 움직인다.

또 Q는 중심이 $C_2(-1, 2)$이고 반지름의 길이가 $r_2=1$인 원 위를 움직인다.

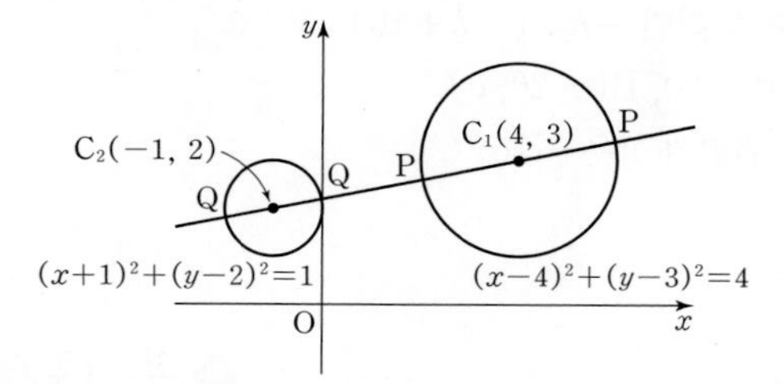

P, Q가 직선 C_1C_2 위에 있을 때, 선분 PQ의 길이가 최대 또는 최소이다.

$\overline{C_1C_2}=\sqrt{(4+1)^2+(3-2)^2}=\sqrt{26}$이므로

최댓값은 $\overline{C_1C_2}+r_1+r_2=\sqrt{26}+3$

최솟값은 $\overline{C_1C_2}-r_1-r_2=\sqrt{26}-3$

20 ······ 답 26

원 C_1과 원 C_1에 외접하는 원 C_2의 중심이 모두 x축 위에 있으므로 그림을 그려 생각한다.

원 C_1은 중심이 원점이고, $A(3a, 4a)$를 지나므로 방정식은

$x^2+y^2=25a^2$

(가)에서 원 C_2의 중심은 x축의 양의 부분에 있는 점이다.

(다)에서 원 C_2는 직선 $y=4a$와 접하므로 원 C_2는 반지름의 길이가 $4a$이다.

따라서 원 C_2의 중심은 $C_2(9a, 0)$이다.

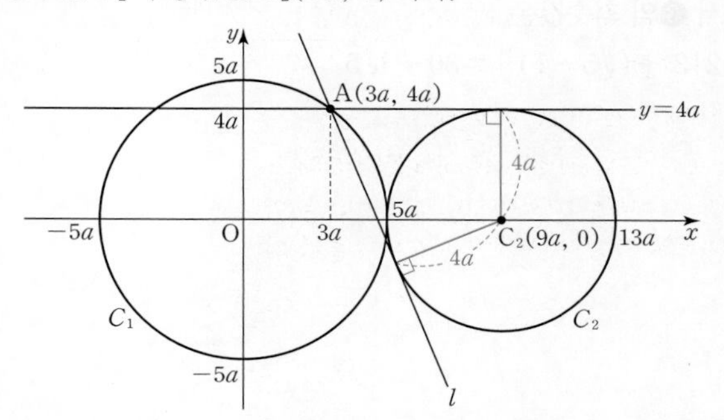

점 A에서 원 C_2에 그은 접선 중 x축과 평행하지 않은 직선을 l이라 하고, 직선 l의 기울기를 m이라 하면 직선의 방정식은

$y-4a=m(x-3a)$, $mx-y-3am+4a=0$

점 $C_2(9a, 0)$과 직선 l 사이의 거리는 $4a$이므로

$\frac{|6am+4a|}{\sqrt{m^2+1}}=4a$, $|3m+2|=2\sqrt{m^2+1}$

$(3m+2)^2=4(m^2+1)$, $5m^2+12m=0$

$m(5m+12)=0$

$m\neq0$이므로 $m=-\frac{12}{5}$

곧, 직선 l의 방정식은

$y-4a=-\frac{12}{5}(x-3a)$ $\quad\therefore 12x+5y-56a=0$

원 C_1, C_2는 원 C_3의 내부에서 접한다. 중심이 x축 위에 있는 원 C_3을 그려 보자.

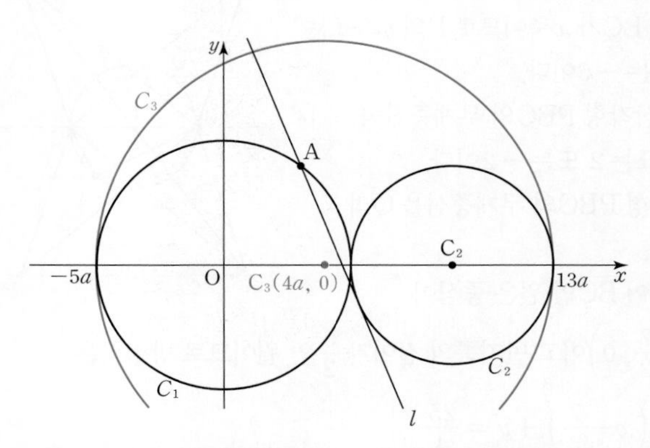

(나)에서 원 C_3의 중심은 두 점 $(-5a, 0)$, $(13a, 0)$의 중점이므로 $C_3(4a, 0)$

(다)에서 점 C_3과 직선 l 사이의 거리가 2이므로

$\frac{|48a-56a|}{\sqrt{12^2+5^2}}=2$, $|-8a|=26$

$a>0$이므로 $8a=26$

21 ······ 답 $3x-5y-6=0$

$P(x, y)$라 하고 P와 두 원의 접점 사이의 거리를 각각 구한 다음 두 거리가 같을 조건을 찾는다.

$(x+1)^2+(y-2)^2=8$ $\quad\cdots$ ❶

$(x-2)^2+(y+3)^2=4$ $\quad\cdots$ ❷

$P(x, y)$라 하자.

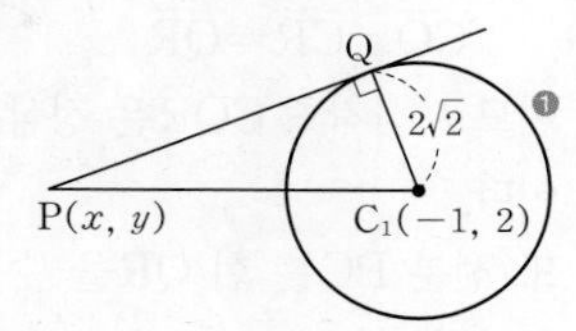

❶은 중심이 $C_1(-1, 2)$이고 반지름의 길이가 $2\sqrt{2}$인 원이다.

접점을 Q라 하면 접선과 반지름 QC_1이 수직이므로

$\overline{PQ}^2=\overline{PC_1}^2-(2\sqrt{2})^2$

$=(x+1)^2+(y-2)^2-8$

$=x^2+2x+y^2-4y-3$

❷는 중심이 $C_2(2, -3)$이고 반지름의 길이가 2인 원이다.

접점을 R이라 하면

$\overline{PR}^2=\overline{PC_2}^2-2^2$

$=(x-2)^2+(y+3)^2-4$

$=x^2-4x+y^2+6y+9$

$\overline{PQ}^2=\overline{PR}^2$이므로

$x^2+2x+y^2-4y-3=x^2-4x+y^2+6y+9$

$\therefore 3x-5y-6=0$

곧, P가 그리는 도형의 방정식은

$3x-5y-6=0$

22 ······ 답 ⑤

무게중심의 좌표를 (x, y)라 하고 x와 y의 관계를 구하는 문제이다. $P(a, b)$로 놓고 P가 원 위의 점임을 이용한다.

$P(a, b)$ $(b\neq0)$, 삼각형 PAB의 무게중심을 $G(x, y)$라 하면

$x=\frac{-5+7+a}{3}$, $y=\frac{b}{3}$

$\therefore a=3x-2$, $b=3y$ $\quad\cdots$ ❶

P가 원 $x^2+y^2-2x-35=0$ 위의 점이므로

$a^2+b^2-2a-35=0$ $\quad\therefore (a-1)^2+b^2=36$

❶을 대입하면

$(3x-3)^2+(3y)^2=36$

$\therefore (x-1)^2+y^2=4$ $(y\neq0)$

따라서 무게중심 G는 중심의 좌표가 $(1, 0)$, 반지름의 길이가 2인 원 위를 움직이고, 도형의 길이는

$2\pi\times2=4\pi$

Think More

P가 A 또는 B이면 삼각형이 만들어지지 않는다.
따라서 $b\neq0$이고, $y\neq0$이다.

23 ······························ 답 ⑤

◤$P(x, y)$라 하고 x, y의 관계를 구한다.
원의 중심 C와 접점을 연결한 삼각형 CQR이 정삼각형이므로
도형의 성질을 이용해 보자.

원의 중심을 C라 하면

$\overline{CQ}=\overline{CR}=\overline{QR}$

이므로 삼각형 CQR은 정삼각형이다.

또 선분 PC는 현 QR을 수직이등분한다.

$\overline{PC}$와 $\overline{QR}$의 교점을 H라 하면 원의 반지름의 길이가 5이므로

$\overline{CH}=\frac{5\sqrt{3}}{2}$, $\overline{QH}=\frac{5}{2}$

또 $\angle CQH=60°$이므로 $\angle PQH=30°$이고

$\overline{PH}=\frac{1}{\sqrt{3}}\overline{QH}=\frac{5\sqrt{3}}{6}$

$\therefore \overline{CP}=\overline{CH}+\overline{PH}=\frac{10\sqrt{3}}{3}$

따라서 $P(x, y)$라 하면 P가 그리는 도형의 방정식은 중심이 $C(-1, 0)$이고, 반지름의 길이가 $\overline{CP}=\frac{10\sqrt{3}}{3}$인 원이다.

$\therefore (x+1)^2+y^2=\frac{100}{3}$

24 ······························ 

◤$P(a, b)$라 하면 $a^2+b^2=1$임을 이용하여
$\overline{PA}^2+\overline{PB}^2$을 간단히 한다.

$P(a, b)$라 하면

$\overline{PA}^2+\overline{PB}^2=(a+2)^2+(b-2)^2+(a-4)^2+(b-2)^2$

$=2a^2+2b^2-4a-8b+28$ ··· ❶

P는 원 위의 점이므로

$a^2+b^2=1$ ··· ❷

❷를 ❶에 대입하면

$\overline{PA}^2+\overline{PB}^2=-4a-8b+30$

$=-4(a+2b)+30$

$a+2b=k$로 놓고 $a=-2b+k$를 ❷에 대입하면

$(-2b+k)^2+b^2=1$

$5b^2-4kb+k^2-1=0$

b는 실수이므로

$\frac{D}{4}=4k^2-5(k^2-1)\geq 0$, $k^2\leq 5$

$\therefore -\sqrt{5}\leq k\leq\sqrt{5}$

따라서 $\overline{PA}^2+\overline{PB}^2$의 최솟값은 $k=\sqrt{5}$일 때 $-4\sqrt{5}+30$이다.

다른 풀이

◤중선 정리를 이용할 수도 있다.

선분 AB의 중점을 M이라 하면

$\overline{PA}^2+\overline{PB}^2=2(\overline{AM}^2+\overline{PM}^2)$ ··· ❸

$M(1, 2)$이므로

$\overline{AM}=3$, $\overline{OM}=\sqrt{5}$

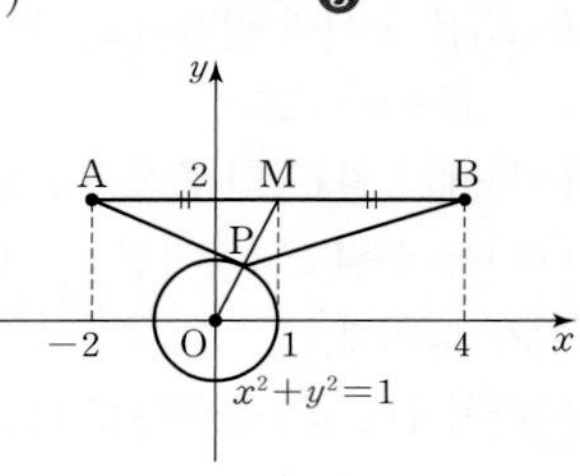

점 P가 선분 OM 위에 있을 때 $\overline{PM}$은 최소이므로 $\overline{PM}$의 최솟값은 $\sqrt{5}-1$

따라서 ❸의 최솟값은

$2\{3^2+(\sqrt{5}-1)^2\}=30-4\sqrt{5}$

25 ··········· 답 (8, 6), (8, −6), (−1, 6), (−1, −6)

◤삼각형 ABC와 PBC에서 변 BC가 공통이므로
P의 y좌표를 찾는다.
변 BC의 중점을 M이라 하면 삼각형 PBC의 무게중심은 직선 PM 위에 있다.

$x+2y-1=0$, $2x-y-12=0$을 연립하여 풀면

$x=5$, $y=-2$ $\therefore A(5, -2)$

또, 두 식에 $y=0$을 각각 대입하면 $x=1$, $x=6$

$\therefore B(1, 0)$, $C(6, 0)$

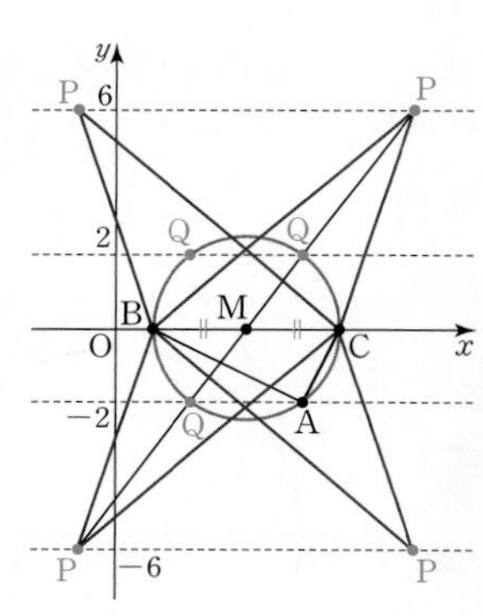

(가)에서 삼각형 PBC의 넓이는 삼각형 ABC의 넓이의 3배이고, 직선 BC가 x축이므로 P의 y좌표는 6 또는 −6이다.

곧, 삼각형 PBC의 무게중심의 y좌표는 2 또는 −2이다.

삼각형 PBC의 무게중심을 Q라 하자.

지름이 $\overline{BC}$인 원은 중심이 $M\left(\frac{7}{2}, 0\right)$이고 반지름의 길이가 $\frac{5}{2}$인 원이므로 방정식은

$\left(x-\frac{7}{2}\right)^2+y^2=\frac{25}{4}$

(나)에서 Q는 지름이 $\overline{BC}$인 원 위의 점이므로 원 위의 점 중 y좌표가 2 또는 −2인 점은

$\left(x-\frac{7}{2}\right)^2+4=\frac{25}{4}$, $\left(x-\frac{7}{2}\right)^2=\frac{9}{4}$

$x-\frac{7}{2}=\pm\frac{3}{2}$ $\therefore x=5$ 또는 $x=2$

$\therefore Q_1(5, 2)$, $Q_2(2, 2)$, $Q_3(2, -2)$, $A(5, -2)$

P의 x좌표를 a라고 하면
삼각형 PBC의 무게중심 Q는 $\overline{\mathrm{PM}}$을 $2:1$로 내분하는 점이므로
(i) 무게중심이 $Q_1(5,\ 2)$ 또는 $A(5,\ -2)$일 때

$$\frac{2\times\frac{7}{2}+a}{2+1}=5 \qquad \therefore a=8$$

(ii) 무게중심이 $Q_2(2,\ 2)$ 또는 $Q_3(2,\ -2)$일 때

$$\frac{2\times\frac{7}{2}+a}{2+1}=2 \qquad \therefore a=-1$$

(i), (ii)에서 조건을 만족시키는 점 P의 좌표는
$(8,\ 6),\ (8,\ -6),\ (-1,\ 6),\ (-1,\ -6)$

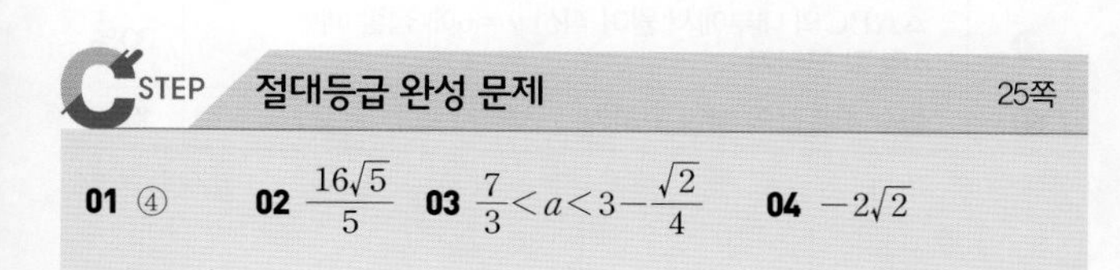

01 ········ 답 ④

원이 삼각형 ABC의 변과 두 점에서 만나면 교점이 2개씩 생기므로 원이 한 꼭짓점을 지나거나 한 변에 접하는 경우만 생각하면 된다.

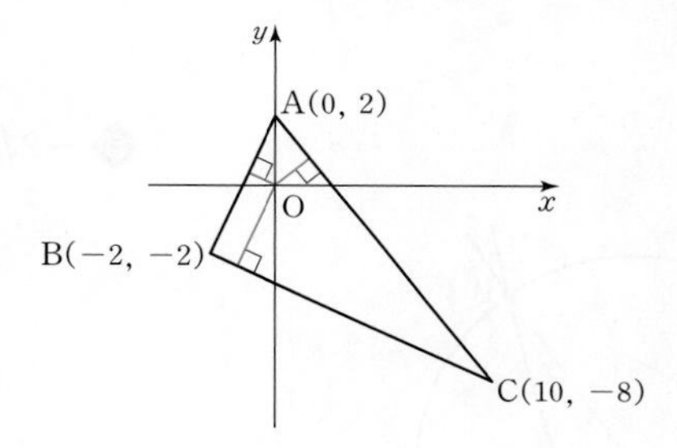

직선 AB의 방정식은 $y-2=\frac{-2-2}{-2-0}(x-0)$

$\therefore 2x-y+2=0 \quad \cdots$ ❶

직선 BC의 방정식은 $y+2=\frac{-8+2}{10+2}(x+2)$

$\therefore x+2y+6=0 \quad \cdots$ ❷

직선 CA의 방정식은 $y-2=\frac{-8-2}{10-0}(x-0)$

$\therefore x+y-2=0 \quad \cdots$ ❸

원점 O와 ❶, ❷, ❸ 사이의 거리를 각각 $d_1,\ d_2,\ d_3$이라 하면

$$d_1=\frac{|2|}{\sqrt{2^2+(-1)^2}}=\frac{2\sqrt{5}}{5}$$

$$d_2=\frac{|6|}{\sqrt{1^2+2^2}}=\frac{6\sqrt{5}}{5}$$

$$d_3=\frac{|-2|}{\sqrt{1^2+1^2}}=\sqrt{2}$$

또 $\overline{\mathrm{OA}}=2$, $\overline{\mathrm{OB}}=\sqrt{(-2)^2+(-2)^2}=2\sqrt{2}$,
$\overline{\mathrm{OC}}=\sqrt{10^2+(-8)^2}=2\sqrt{41}$이므로 원 $x^2+y^2=r^2$이 삼각형 ABC와 세 점에서 만나는 경우는
(i) 점 A를 지날 때, $r=2$
(ii) 점 B를 지날 때, $r=2\sqrt{2}$
(iii) 변 BC에 접할 때, $r=\frac{6\sqrt{5}}{5}$
(iv) 변 CA에 접할 때, $r=\sqrt{2}$
(i)~(iv)에서 양수 r의 값의 곱은 $\frac{48\sqrt{5}}{5}$

02 ········ 답 $\frac{16\sqrt{5}}{5}$

(가), (나)를 만족시키는 원은 그림과 같이 직선 $y=2x+9$의 위쪽과 아래쪽에 있을 수 있다. 원이 3개일 조건을 찾는다.

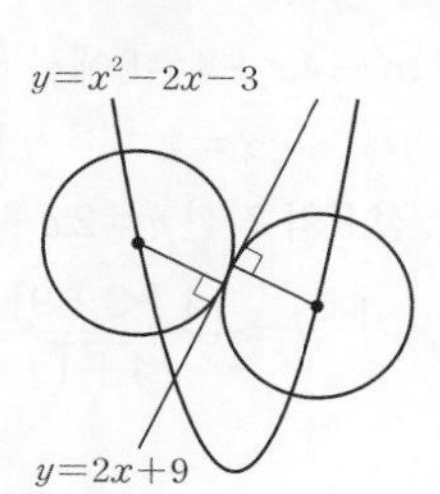

직선 $y=2x+9$의 아래쪽에서 포물선 $y=x^2-2x-3$ 위의 점과 직선 $y=2x+9$ 사이의 거리의 최댓값을 d라 하자.

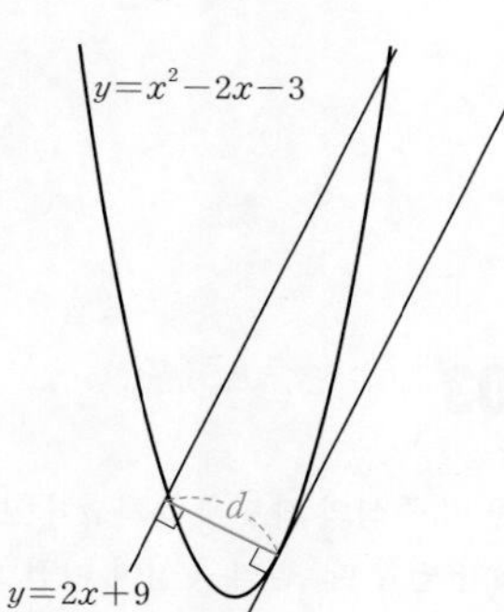

(i) $r>d$일 때,
조건을 만족시키는 원은 [그림 1]과 같이 2개이다.
(ii) $r<d$일 때,
조건을 만족시키는 원은 [그림 2]와 같이 4개이다.
(iii) $r=d$일 때,
조건을 만족시키는 원은 [그림 3]과 같이 3개이다.

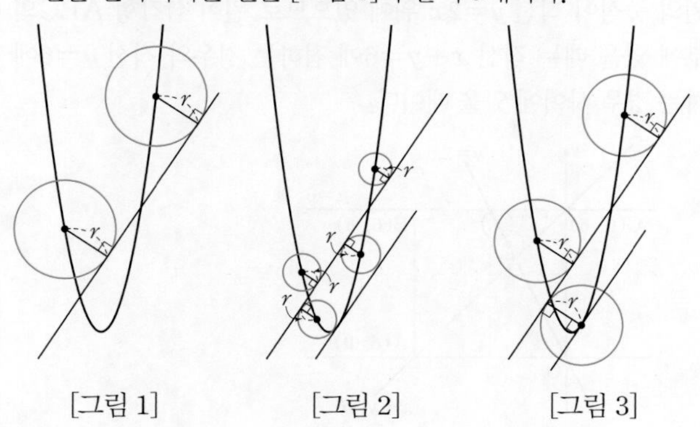

[그림 1] [그림 2] [그림 3]

포물선 $y=x^2-2x-3$ 위의 점을 $P(a, a^2-2a-3)$ $(-2<a<6)$이라 하면 P와 직선 $y=2x+9$, 곧 $2x-y+9=0$ 사이의 거리는

$$\frac{|2a-(a^2-2a-3)+9|}{\sqrt{4+1}}=\frac{|-(a-2)^2+16|}{\sqrt{5}}$$

따라서 $a=2$일 때 점 P는 직선 $y=2x+9$의 아래쪽에 있고, 거리가 최대이다.
따라서 반지름의 길이 r의 값은 거리의 최댓값이므로

$$\frac{16}{\sqrt{5}}=\frac{16\sqrt{5}}{5}$$

다른 풀이

d의 값을 구할 때는 포물선에 접하는 직선을 생각하여 판별식을 이용할 수도 있다.

포물선 $y=x^2-2x-3$에 접하고 기울기가 2인 직선을 $y=2x+a$, 접하는 점을 P라 하자.
$y=2x+a$를 $y=x^2-2x-3$에 대입하면

$$2x+a=x^2-2x-3,\ x^2-4x-3-a=0$$

이 이차방정식이 중근을 가지므로

$$\frac{D}{4}=4-(-3-a)=0 \qquad \therefore a=-7$$

$x^2-4x+4=0$에서 $(x-2)^2=0$

$$\therefore x=2 \qquad \therefore P(2, -3)$$

점 P와 직선 $y=2x+9$, 곧 $2x-y+9=0$ 사이의 거리가 d이므로

$$d=\frac{|4+3+9|}{\sqrt{4+1}}=\frac{16}{\sqrt{5}}=\frac{16\sqrt{5}}{5}$$

03 ⓓ $\frac{7}{3}<a<3-\frac{\sqrt{2}}{4}$

원의 중심의 좌표에 문자 a가 포함되어 있다.
a가 변할 때, 원의 중심이 어떤 도형을 그리는지 조사한다.

$x^2-2ax+y^2-4ay+5a^2-\frac{1}{2}=0$에서

$$(x-a)^2+(y-2a)^2=\frac{1}{2}$$

곧, 원의 중심의 좌표는 $(a, 2a)$, 반지름의 길이는 $\frac{\sqrt{2}}{2}$이다. … ㉮

원의 중심이 직선 $y=2x$ 위에 있으므로 원이 삼각형 ABC의 내부에 있을 때는 직선 $x+y=6$에 접하는 경우와 직선 $y=6$에 접하는 경우 사이에 있을 때이다.

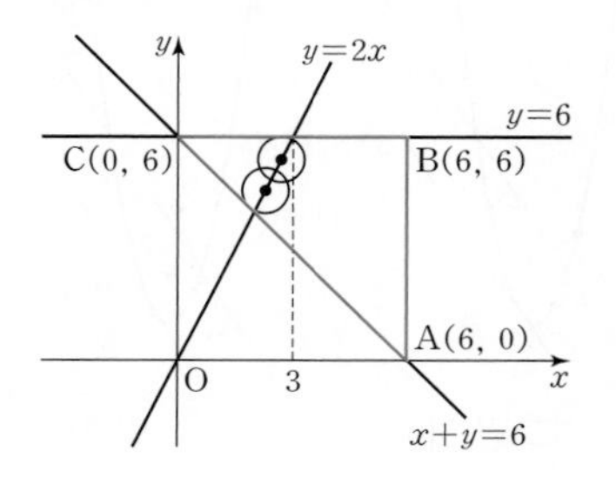

(i) 원이 직선 $x+y=6$에 접하는 경우
원의 중심과 직선 사이의 거리가 원의 반지름의 길이이므로

$$\frac{|a+2a-6|}{\sqrt{1+1}}=\frac{\sqrt{2}}{2},\ |3a-6|=1$$

$$3a-6=\pm1 \qquad \therefore a=\frac{5}{3} \text{ 또는 } a=\frac{7}{3}$$

이 중 원이 삼각형 ABC의 내부에서 접하는 경우는

$$a=\frac{7}{3}$$ … ㉯

(ii) 원이 직선 $y=6$에 접하는 경우

$2a+\frac{\sqrt{2}}{2}=6$이므로 $a=3-\frac{\sqrt{2}}{4}$ … ㉰

(i), (ii)에서 $\frac{7}{3}<a<3-\frac{\sqrt{2}}{4}$ … ㉱

단계	채점 기준	배점
㉮	원의 중심의 좌표와 반지름의 길이 구하기	20%
㉯	△ABC의 내부에서 원이 직선 $x+y=6$에 접할 때 a의 값 구하기	40%
㉰	△ABC의 내부에서 원이 직선 $y=6$에 접할 때 a의 값 구하기	30%
㉱	실수 a의 값의 범위 구하기	10%

04 ⓓ $-2\sqrt{2}$

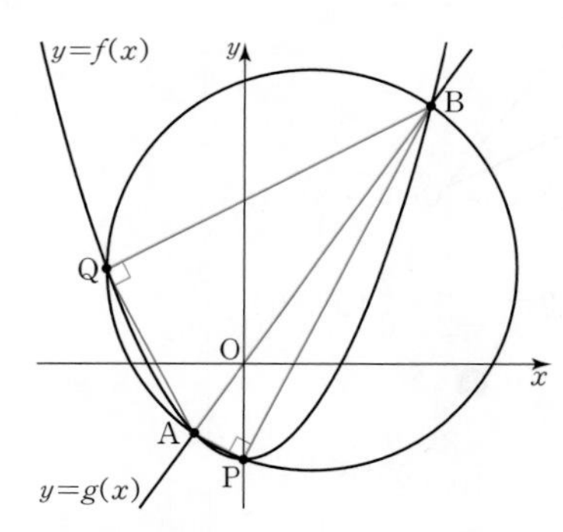

A, B의 x좌표를 각각 α, β라 하면 α, β는 방정식 $f(x)=g(x)$의 두 근이다.

A, B의 x좌표는 방정식 $\frac{1}{2}x^2-k=mx$, 곧 $x^2-2mx-2k=0$의 두 근이다.
두 근을 α, β $(\alpha<\beta)$라 하면

$$A\left(\alpha, \frac{1}{2}\alpha^2-k\right), B\left(\beta, \frac{1}{2}\beta^2-k\right)$$

로 놓을 수 있다.
또, 근과 계수의 관계에서

$$\alpha+\beta=2m,\ \alpha\beta=-2k \quad \cdots ❶$$

(i) ◤P는 지름이 $\overline{AB}$인 원 위의 점이므로
$\angle APB=90^\circ$임을 이용하여 α, β에 대한 조건을 찾는다.

P는 지름이 $\overline{AB}$인 원 위의 점이므로 $\angle APB=90^\circ$이다.
곧, 직선 PA와 PB의 기울기의 곱이 -1이고, $P(0, -k)$이므로

$$\frac{\frac{1}{2}\alpha^2}{\alpha}\times\frac{\frac{1}{2}\beta^2}{\beta}=-1,\ \alpha\beta=-4$$

❶에 대입하면 $k=2$

(ii) ◤Q도 지름이 $\overline{AB}$인 원 위의 점이므로
$\angle AQB=90^\circ$임을 이용하여 Q의 조건을 찾는다.

$f(x)=\frac{1}{2}x^2-2$이므로 $Q\left(q, \frac{1}{2}q^2-2\right)$라 하자.
Q는 지름이 $\overline{AB}$인 원 위의 점이므로 $\angle AQB=90^\circ$이다.
곧, 직선 QA와 QB의 기울기의 곱이 -1이므로

$$\frac{\frac{1}{2}\alpha^2-\frac{1}{2}q^2}{\alpha-q}\times\frac{\frac{1}{2}\beta^2-\frac{1}{2}q^2}{\beta-q}=-1$$

$$(\alpha+q)(\beta+q)=-4$$

$$q^2+q(\alpha+\beta)+\alpha\beta=-4 \quad \cdots ❷$$

❷에 ❶을 대입하면

$$q^2+2mq=0,\ q(q+2m)=0$$

$q\neq0$이므로 $q=-2m$

$$\therefore Q(-2m, 2m^2-2)$$

(iii) ◤삼각형의 넓이의 비를 이용하여 m의 값을 구한다.

삼각형 ABP와 삼각형 ABQ의 넓이의 비가 1 : 3이므로
점 P와 직선 $y=mx$ 사이의 거리를 d_1, 점 Q와 직선 $y=mx$ 사이의 거리를 d_2라 하면 $d_1 : d_2=1 : 3$이다.

$$d_1=\frac{|2|}{\sqrt{m^2+1}}$$

$$d_2=\frac{|-2m^2-(2m^2-2)|}{\sqrt{m^2+1}}=\frac{|-4m^2+2|}{\sqrt{m^2+1}}$$

$3d_1=d_2$이므로 $3=|2m^2-1|$
$2m^2-1\geq-1$이므로 $2m^2-1=3$, $m^2=2$
$m>0$이므로 $m=\sqrt{2}$

(i), (ii), (iii)에서 $f(x)=\frac{1}{2}x^2-2$, $g(x)=\sqrt{2}x$이므로

$$f(m)g(k)=f(\sqrt{2})g(2)$$
$$=-1\times2\sqrt{2}=-2\sqrt{2}$$

03 도형의 이동

A STEP 시험에 꼭 나오는 문제 27～28쪽

01 ①	02 ①	03 -11	04 $B(9, -3)$	05 ③
06 36	07 ②	08 11	09 ③	10 $y=\frac{1}{2}x$
11 $m=9$, $n=\frac{15}{2}$	12 ③	13 $\sqrt{34}$	14 ㄱ, ㄴ	15 ①

01 ··· 답 ①

◤점 (x, y)를 x축 방향으로 m만큼, y축 방향으로 n만큼 평행이동하면 점 $(x+m, y+n)$이고,
점 (x, y)를 직선 $y=x$에 대칭이동하면 점 (y, x)이다.

점 $(1, 3)$을 직선 $y=x$에 대칭이동한 점의 좌표는 $(3, 1)$
점 $(3, 1)$을 x축 방향으로 -3만큼, y축 방향으로 1만큼 평행이동한 점의 좌표는 $(3-3, 1+1)=(0, 2)$

$$\therefore p=0,\ q=2,\ p+q=2$$

02 ··· 답 ①

◤도형 $f(x, y)=0$을 x축 방향으로 m만큼, y축 방향으로 n만큼 평행이동하면 도형 $f(x-m, y-n)=0$이다.

직선 $x-3y+4=0$을 x축 방향으로 2만큼, y축 방향으로 -3만큼 평행이동한 직선의 방정식은

$$(x-2)-3(y+3)+4=0 \qquad \therefore x-3y-7=0$$

$x-3y+a=0$과 비교하면 $a=-7$

03 ··· 답 -11

◤점 (x, y)를 x축에 대칭이동하면 점 $(x, -y)$이다.

점 $A(4, 1)$을 x축에 대칭이동하면 $A'(4, -1)$
점 $B(1, 5)$를 x축 방향으로 k만큼, y축 방향으로 $2k$만큼 평행이동하면 $B'(1+k, 5+2k)$

직선 $A'B$의 기울기는 $\frac{5+1}{1-4}=-2$이므로

직선 AB'의 기울기는 $\frac{1}{2}$이다.

$\frac{5+2k-1}{1+k-4}=\frac{1}{2}$에서 $4k+8=k-3$

$\therefore 3k=-11$

04

답 B(9, −3)

직선 $3x-2y-20=0$이 $\overline{AB}$의 수직이등분선임을 이용한다.

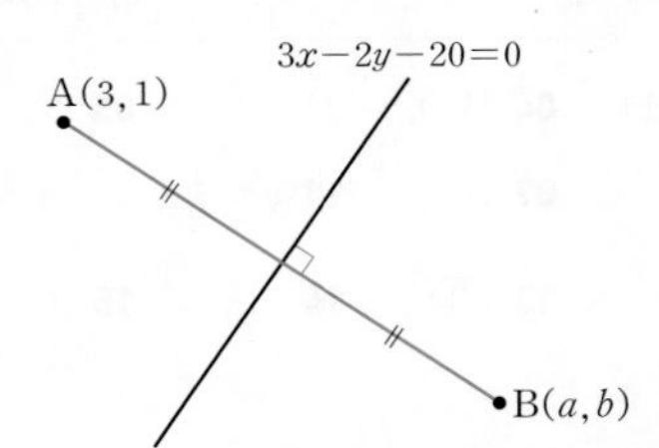

$\overline{AB}$의 중점 $\left(\frac{3+a}{2}, \frac{1+b}{2}\right)$가 수직이등분선 $3x-2y-20=0$ 위에 있으므로

$$3\times\frac{3+a}{2}-2\times\frac{1+b}{2}-20=0$$

$$3a-2b=33 \quad \cdots ❶$$

직선 $3x-2y-20=0$의 기울기가 $\frac{3}{2}$이므로 직선 AB의 기울기는 $-\frac{2}{3}$이다.

$$\frac{b-1}{a-3}=-\frac{2}{3},\ 2a+3b=9 \quad \cdots ❷$$

❶, ❷를 연립하여 풀면 $a=9$, $b=-3$

따라서 B의 좌표는 $(9, -3)$이다.

05

답 ③

직선 $y=2x$를 x축 방향으로 a만큼, y축 방향으로 b만큼 평행이동한 직선의 방정식은

$$y-b=2(x-a) \qquad \therefore y=2x-2a+b$$

$y=2x+4$와 비교하면 $-2a+b=4$

곧, 점 P(a, b)는 직선 $2x-y+4=0$ 위의 점이므로 원점과 P 사이의 거리의 최솟값은 원점과 이 직선 사이의 거리이다.

따라서 최솟값은

$$\frac{|4|}{\sqrt{4+1}}=\frac{4\sqrt{5}}{5}$$

Think More

$b=2a+4$이므로 점 P와 원점 사이의 거리는

$$\sqrt{a^2+b^2}=\sqrt{a^2+(2a+4)^2}=\sqrt{5a^2+16a+16}$$

따라서 이차함수의 최대, 최소를 이용해도 된다.

06

답 36

처음 원과 평행이동한 원이 접하므로 중심 사이의 거리와 반지름의 길이를 생각한다.

원 $x^2+y^2=9$를 x축, y축 방향으로 각각 a, b만큼 평행이동한 원의 중심은 C(a, b)이고, 반지름의 길이는 3이다.

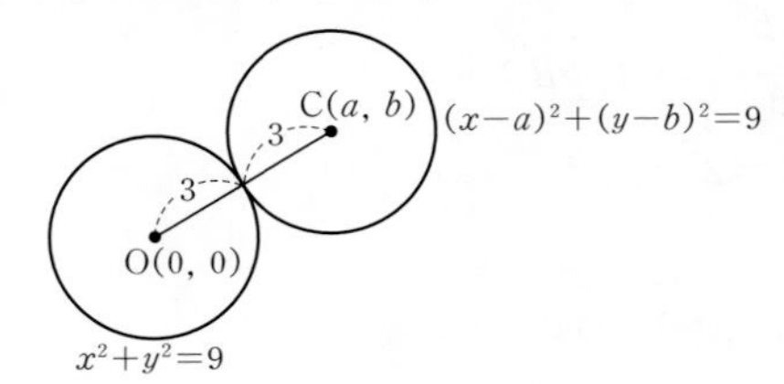

두 원의 중심 사이의 거리는 $\overline{OC}=\sqrt{a^2+b^2}$이고

두 원이 외접하므로

$$\sqrt{a^2+b^2}=3+3 \qquad \therefore a^2+b^2=36$$

07

답 ②

도형 $f(x, y)=0$을
원점에 대칭이동한 도형은 $f(-x, -y)=0$,
직선 $y=x$에 대칭이동한 도형은 $f(y, x)=0$이다.

직선 $x-y+2=0$을 원점에 대칭이동한 직선의 방정식은

$$-x+y+2=0$$

이 직선을 직선 $y=x$에 대칭이동한 직선의 방정식은

$$-y+x+2=0$$

이 직선이 원 $(x-1)^2+(y-a)^2=1$의 둘레의 길이를 이등분하면 원의 중심 $(1, a)$를 지나므로

$$-a+1+2=0 \qquad \therefore a=3$$

08

답 11

원을 평행이동하거나 대칭이동해도 반지름의 길이는 변하지 않는다.
원의 중심의 이동만 생각한다.

$x^2+y^2-4x+6y+k=0$에서

$$(x-2)^2+(y+3)^2=13-k$$

곧, 원의 중심의 좌표는 $(2, -3)$이고, 반지름의 길이는 $\sqrt{13-k}$이다.

중심 $(2, -3)$을 x축에 대칭이동한 점의 좌표는 $(2, 3)$이고,
점 $(2, 3)$을 y축 방향으로 2만큼 평행이동한 점의 좌표는 $(2, 5)$이다.

따라서 이동한 원의 중심의 좌표는 $(2, 5)$, 반지름의 길이는 $\sqrt{13-k}$이다.

또, 이동한 원이 직선 $x-y+1=0$에 접하므로
중심 $(2, 5)$와 이 직선 사이의 거리는 반지름의 길이이다.

$$\frac{|2-5+1|}{\sqrt{1+1}}=\sqrt{13-k}$$

$$13-k=2 \qquad \therefore k=11$$

09 ··· 답 ③

◤원 위를 움직이는 점까지의 거리를 구할 때는 원의 중심까지의 거리를 이용한다.

$x^2-2x+y^2+4y+4=0$에서

$(x-1)^2+(y+2)^2=1$

곧, C_1은 중심이 $C_1(1, -2)$, 반지름의 길이가 1인 원이고, C_2는 중심이 $C_2(-2, 1)$, 반지름의 길이가 1인 원이다.

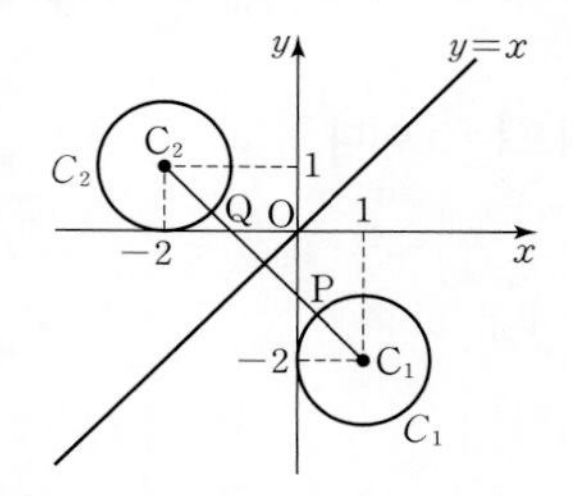

P가 선분 C_1C_2와 원 C_1이 만나는 점이고, Q가 선분 C_1C_2와 원 C_2가 만나는 점일 때, P, Q 사이의 거리가 최소이다.

따라서 최솟값은

$$\overline{C_1C_2}-1-1=\sqrt{(1+2)^2+(-2-1)^2}-2$$
$$=3\sqrt{2}-2$$

10 ··· 답 $y=\frac{1}{2}x$

◤원을 대칭이동할 때 반지름의 길이는 변하지 않는다.
따라서 원은 중심에 대한 이동만 생각한다.

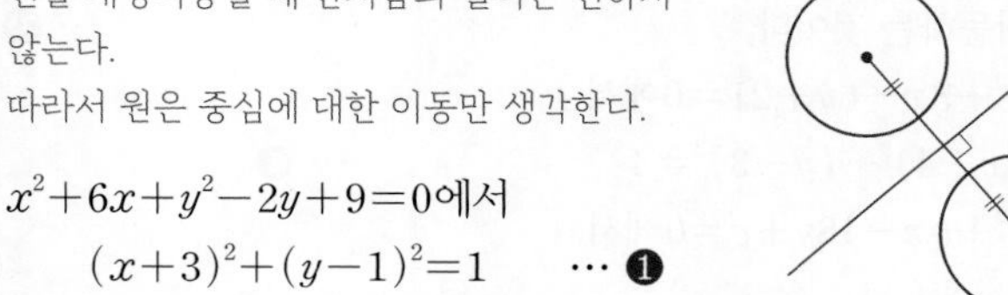

$x^2+6x+y^2-2y+9=0$에서

$(x+3)^2+(y-1)^2=1$ ··· ❶

$x^2+2x+y^2+6y+9=0$에서

$(x+1)^2+(y+3)^2=1$ ··· ❷

❶은 중심이 $C_1(-3, 1)$, 반지름의 길이가 1인 원이고,
❷는 중심이 $C_2(-1, -3)$, 반지름의 길이가 1인 원이다.

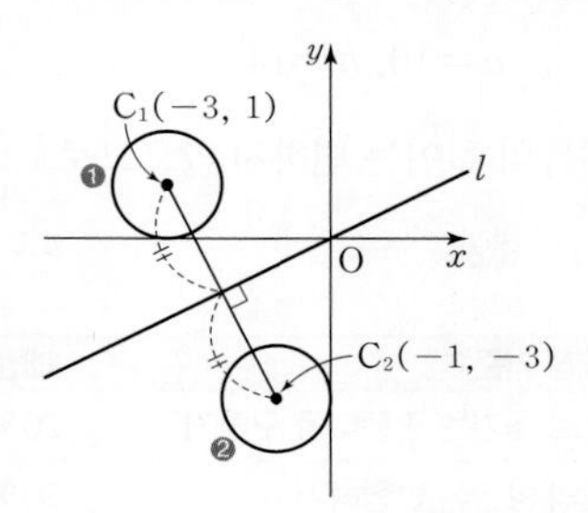

따라서 직선 l은 선분 C_1C_2의 수직이등분선이다.

선분 C_1C_2의 기울기는 $\frac{-3-1}{-1+3}=-2$, 중점의 좌표는 $(-2, -1)$이므로 l의 방정식은

$$y+1=\frac{1}{2}(x+2) \qquad \therefore y=\frac{1}{2}x$$

Think More

수직이등분선의 방정식은 다음과 같이 구할 수도 있다.
선분 C_1C_2의 수직이등분선 위의 점 $P(x, y)$에서 C_1, C_2까지의 거리가 같으므로

$\overline{C_1P}^2=\overline{C_2P}^2$

$(x+3)^2+(y-1)^2=(x+1)^2+(y+3)^2$

$x^2+6x+9+y^2-2y+1=x^2+2x+1+y^2+6y+9$

$\therefore x-2y=0$

11 ··· 답 $m=9$, $n=\frac{15}{2}$

◤원과 직선이 접하면 중심과 직선 사이의 거리가 반지름의 길이이다.

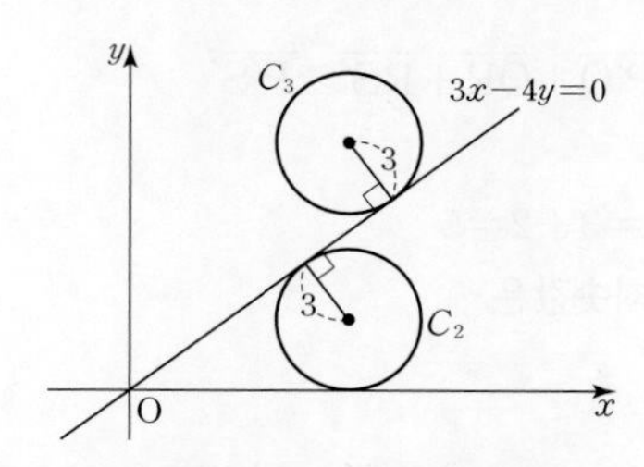

원 C_2는 중심이 $(m, 3)$, 반지름의 길이가 3이고,
직선 $3x-4y=0$에 접하므로

$$\frac{|3m-12|}{\sqrt{3^2+4^2}}=3$$

$|3m-12|=15$, $3m-12=\pm15$

$m>0$이므로 $m=9$

따라서 원 C_3은 중심이 $(9, 3+n)$, 반지름의 길이가 3이고,
직선 $3x-4y=0$에 접하므로

$$\frac{|27-4(n+3)|}{\sqrt{3^2+4^2}}=3$$

$|4n-15|=15$, $4n-15=\pm15$

$n>0$이므로 $n=\frac{15}{2}$

12 ··· 

◤점 B를 직선 l에 대칭이동한 점을 B′이라 하면
$\overline{BP}=\overline{B'P}$이므로

$\overline{AP}+\overline{BP}=\overline{AP}+\overline{B'P}$

따라서 $\overline{AP}+\overline{BP}$는 P가 선분 AB′이 l과 만나는 점 P_0일 때 최소이고, 최솟값은 $\overline{AB'}$의 길이와 같다.
이 결과는 공식처럼 기억하고 이용하면 된다.

점 B를 x축에 대칭이동한 점을 B′(5, −6)이라 하면
$\overline{AP}+\overline{PB}$의 최솟값은

$$\overline{AB'}=\sqrt{(5-2)^2+(-6-1)^2}$$
$$=\sqrt{58}$$

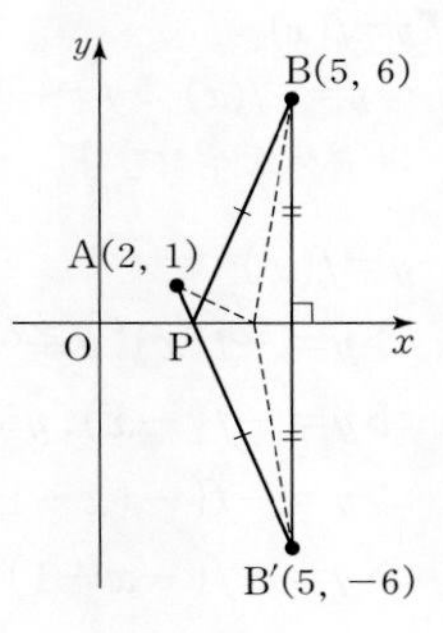

13 ······ 답 $\sqrt{34}$

점 P를 변 BC에 대칭이동한 점 P′, 점 S를 변 CD에 대칭이동한 점 S′을 이용하여 직선으로 연결할 수 있는 점을 찾는다.

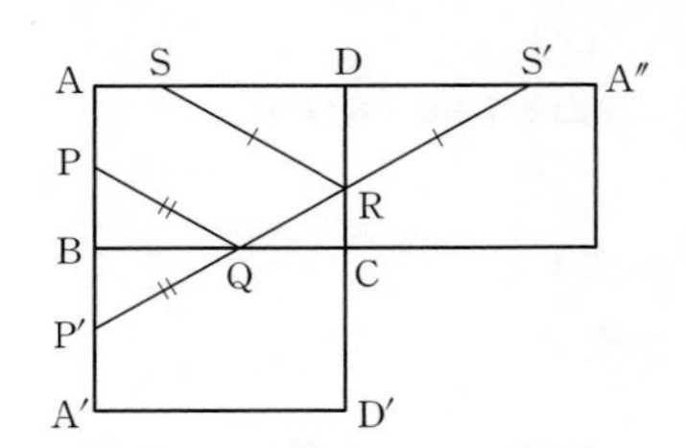

점 P를 변 BC에 대칭이동한 점을 P′,
점 S를 변 CD에 대칭이동한 점을 S′이라 하면

$\overline{PQ}=\overline{P'Q}$, $\overline{RS}=\overline{RS'}$

$\therefore \overline{PQ}+\overline{QR}+\overline{RS}=\overline{P'Q}+\overline{QR}+\overline{RS'}\geq\overline{P'S'}$

직각삼각형 AP′S′에서

$\overline{AP'}=2+1=3$, $\overline{AS'}=3+2=5$

이므로 $\overline{PQ}+\overline{QR}+\overline{RS}$의 최솟값은

$\overline{P'S'}=\sqrt{3^2+5^2}=\sqrt{34}$

14 ······ 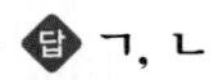 답 ㄱ, ㄴ

원점에 대칭인 도형은 원점에 대칭이동할 때 자신과 일치한다.
따라서 방정식의 x에 $-x$, y에 $-y$를 대입해도 식이 바뀌지 않는다.
곧, $f(x, y)=0$과 $f(-x, -y)=0$은 같은 방정식이다.

ㄱ. $y=-x$의 x에 $-x$, y에 $-y$를 대입하면

$-y=-(-x)$, 곧 $y=-x$

ㄴ. $|x+y|=1$의 x에 $-x$, y에 $-y$를 대입하면

$|-x-y|=1$, 곧 $|x+y|=1$

ㄷ. $x^2+y^2=2(x+y)$의 x에 $-x$, y에 $-y$를 대입하면

$(-x)^2+(-y)^2=2(-x-y)$

곧, $x^2+y^2=-2(x+y)$

따라서 원점에 대칭이동할 때 자기 자신과 일치하는 도형은 ㄱ, ㄴ이다.

15 ······  답 ①

$y=f(x)$
$\Rightarrow y=-f(x) \Rightarrow y=-f(-x) \Rightarrow y=-f(-(x-1)) \Rightarrow y=-f(1-x)+1$
의 순서로 생각한다.

$y=f(x)$

$\Rightarrow y=-f(x)$: x축에 대칭이동

$\Rightarrow y=-f(-x)$: y축에 대칭이동

$\Rightarrow y=-f(-(x-1))$: x축 방향으로 1만큼 평행이동

$\Rightarrow y=-f(-x+1)+1$: y축 방향으로 1만큼 평행이동

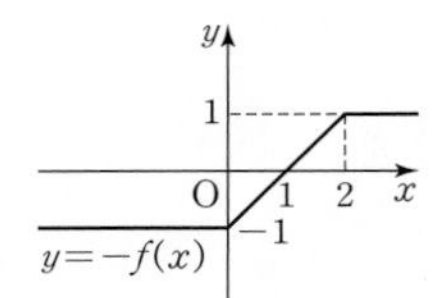

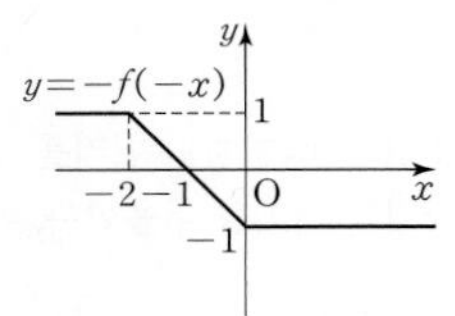

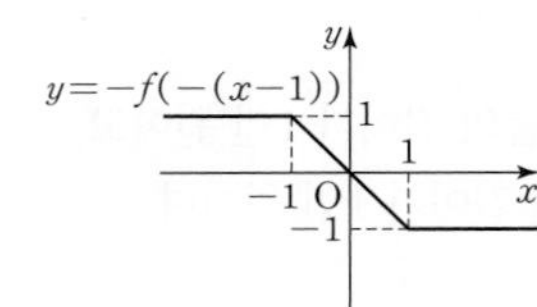

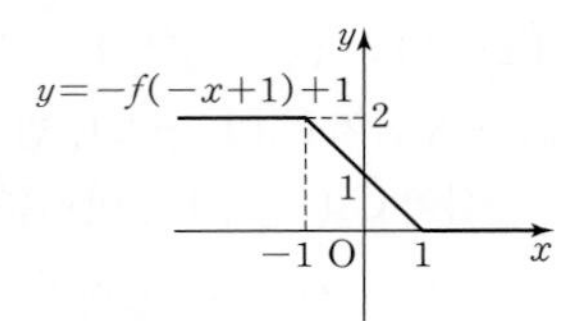

따라서 $y=-f(1-x)+1$의 그래프는 ①이다.

STEP B 1등급 도전 문제 29~30쪽

01 $a=10$, $b=14$, $c=126$ **02** ③ **03** ⑤
04 -5 **05** ② **06** ⑤ **07** 최댓값: $2\sqrt{5}$, P$(-4, 0)$
08 $36\sqrt{6}$ **09** 3 **10** R$\left(\frac{5}{3}, 0\right)$ **11** $4\sqrt{5}$
12 $\sqrt{2}+4\sqrt{5}$

01 ······ 답 $a=10$, $b=14$, $c=126$

원의 평행이동에서는 중심의 평행이동만 생각하면 충분하다.

점 $(1, 4)$를 점 $(-2, a)$로 옮기는 평행이동은

x축 방향으로 -3만큼, y축 방향으로 $a-4$만큼

평행이동하는 것이다. ··· ㉮

$x^2+y^2+8x-6y+21=0$에서

$(x+4)^2+(y-3)^2=4$ ··· ❶

$x^2+y^2+bx-18y+c=0$에서

$\left(x+\frac{b}{2}\right)^2+(y-9)^2=81-c+\frac{b^2}{4}$ ··· ❷ ··· ㉯

원 ❶의 중심 $(-4, 3)$이 이 평행이동에 의해 점 $(-7, a-1)$로 옮겨지고, 원 ❷의 중심의 좌표가 $\left(-\frac{b}{2}, 9\right)$이므로

$-7=-\frac{b}{2}$, $a-1=9$ $\therefore a=10$, $b=14$

또, 평행이동을 해도 원의 반지름의 길이는 변하지 않으므로

$4=81-c+\frac{196}{4}$ $\therefore c=126$ ··· ㉰

단계	채점 기준	배점
㉮	점 $(1, 4)$를 점 $(-2, a)$로 옮기는 평행이동 구하기	20%
㉯	일반형으로 주어진 두 원의 방정식 변형하기	30%
㉰	㉮에서 구한 평행이동과 두 원의 중심, 반지름의 길이를 이용하여 a, b, c의 값 구하기	50%

Think More

❶을 평행이동한 원의 방정식 $(x+7)^2+(y-a+1)^2=4$를 전개하여 $x^2+y^2+bx-18y+c=0$과 각 항의 계수를 비교해도 된다.

02 ······································· 답 ③

직선 $y=x+2$와 $y=x$가 평행하고,
직선 $y=x$가 선분 AB를 수직이등분함을 이용하여
삼각형 ABC가 어떤 모양인지 조사한다.

점 A의 좌표를 $(a,\ a+2)$ $(a>0)$라 하면

$$\mathrm{B}(a+2,\ a),\ \mathrm{C}(-a-2,\ -a)$$

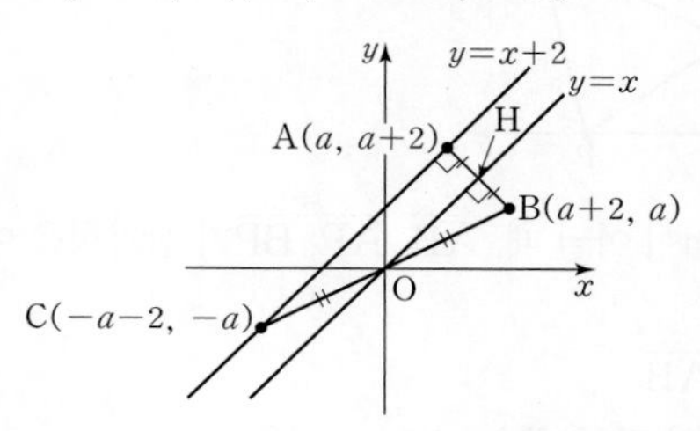

선분 AB와 직선 $y=x$의 교점을 H라 하자.

$$\overline{\mathrm{AH}}=\overline{\mathrm{BH}},\ \overline{\mathrm{BO}}=\overline{\mathrm{CO}}$$

이고 직선 $y=x+2$와 $y=x$가 평행하므로 C는 직선 $y=x+2$ 위의 점이다.

$\angle\mathrm{BAC}=\angle\mathrm{BHO}=90°$이므로

$$\triangle\mathrm{ABC}=\frac{1}{2}\times\overline{\mathrm{AB}}\times\overline{\mathrm{AC}}$$

그런데 $\overline{\mathrm{AB}}=\sqrt{2^2+(-2)^2}=2\sqrt{2}$,

$$\overline{\mathrm{AC}}=\sqrt{(2a+2)^2+(2a+2)^2}=2\sqrt{2}\,|a+1|$$

이고 $\triangle\mathrm{ABC}=16$, $a>0$이므로

$$\frac{1}{2}\times2\sqrt{2}\times2\sqrt{2}(a+1)=16 \qquad \therefore a=3$$

따라서 A의 좌표는 $(3,\ 5)$이다.

Think More

1. 세 점 $(0,\ 0)$, $(x_1,\ y_1)$, $(x_2,\ y_2)$가 꼭짓점인 삼각형의 넓이는

$$\frac{1}{2}|x_1y_2-y_1x_2|$$

이다. 이를 이용하여 다음과 같이 구할 수 있다.
C가 원점으로 이동하는 평행이동에 의해

$\mathrm{A} \longrightarrow \mathrm{A}'(2a+2,\ 2a+2)$
$\mathrm{B} \longrightarrow \mathrm{B}'(2a+4,\ 2a)$

로 이동한다.
이때 삼각형 OA′B′의 넓이는

$$\frac{1}{2}|(2a+2)\times2a-(2a+2)(2a+4)|=4|a+1|$$

곧, $4|a+1|=16$이고 $a>0$이므로 $a=3$

2. 세 점 A, B, C의 위치 관계를 모르는 경우
⇨ 직선 AB의 방정식을 구하고 C와 직선 AB 사이의 거리 d를 구한 다음 $\frac{1}{2}\times\overline{\mathrm{AB}}\times d$를 계산해도 된다.

03 ······································· 답 ⑤

A(1, 1), B(3, 3)이 직선 $y=x$ 위의 점이고,
두 원은 직선 $y=x$에 대칭임을 이용한다.

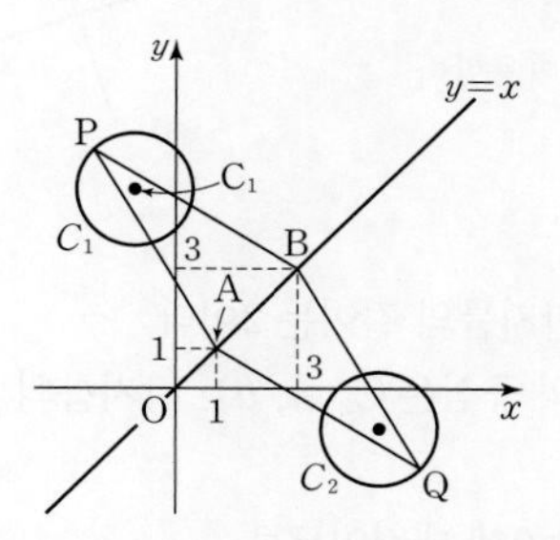

A(1, 1), B(3, 3)이 직선 $y=x$ 위의 점이므로
사각형 APBQ의 넓이의 최댓값은 삼각형 PAB의 넓이의 최댓값의 2배이다.

$x^2+2x+y^2-10y+24=0$에서

$$(x+1)^2+(y-5)^2=2$$

곧, 원 C_1의 중심은 $\mathrm{C}_1(-1,\ 5)$, 반지름의 길이는 $\sqrt{2}$이다.
C_1과 직선 $x-y=0$ 사이의 거리는

$$\frac{|-1-5|}{\sqrt{1+1}}=3\sqrt{2}$$

이므로 P와 직선 AB 사이의 거리의 최댓값은

$$3\sqrt{2}+\sqrt{2}=4\sqrt{2}$$

또, A, B 사이의 거리는

$$\overline{\mathrm{AB}}=\sqrt{(3-1)^2+(3-1)^2}=2\sqrt{2}$$

이므로 삼각형 ABP의 넓이의 최댓값은

$$\frac{1}{2}\times2\sqrt{2}\times4\sqrt{2}=8$$

따라서 사각형 APBQ의 넓이의 최댓값은 16이다.

04 ·······································  답 −5

직선 $y=-x$에 대칭이동하는 것은 직선 $y=x$에 대칭이동한 다음
원점에 대칭이동하는 것과 같다.

$$\mathrm{P}(x,\ y)\xrightarrow[\text{대칭}]{y=x}\mathrm{P}'(y,\ x)\xrightarrow[\text{대칭}]{\text{원점}}\mathrm{P}''(-y,\ -x)$$

이 결과는 공식처럼 기억하고 이용해도 된다.

오른쪽 그림과 같이 점 P를 직선 $y=-x$에 대칭이동하는 것은 P를 직선 $y=x$에 대칭이동한 다음 원점에 대칭이동하는 것과 같다.

직선 $ax+3y-4=0$을 y축에 대칭이동하면 $-ax+3y-4=0$
이 직선을 직선 $y=x$에 대칭이동하면

$$-ay+3x-4=0$$

다시 원점에 대칭이동하면 $ay-3x-4=0$ $\cdots$ ❶

❶이 원 $x^2+y^2-4x+4y+4=0$, 곧 $(x-2)^2+(y+2)^2=4$의 넓이를 이등분하면 ❶이 이 원의 중심 $(2,\ -2)$를 지나므로

$$-2a-6-4=0 \qquad \therefore a=-5$$

05 ······································· 답 ②

두 원 C_1, C_2가 직선 l에 대칭이면
두 원의 반지름의 길이가 같고,
중심 C_1, C_2가 직선 l에 대칭이다.
직선 l이 $\overline{C_1C_2}$의 수직이등분선임을 이용한다.

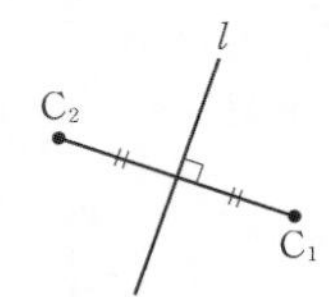

$x^2+y^2-4x-6y+9=0$에서

$$(x-2)^2+(y-3)^2=4$$

이므로 원의 중심은 $C_1(2, 3)$, 반지름의 길이는 2이다.
또, 원 $(x-a)^2+(y-b)^2=r^2$의 중심은 $C_2(a, b)$, 반지름의 길이는 r $(r>0)$이다.
중심 C_1과 C_2는 직선 $x+y-2=0$에 대칭이므로
직선 C_1C_2는 직선 $x+y-2=0$과 수직이다. 곧,

$$\frac{b-3}{a-2}=1 \qquad \therefore a-b=-1 \qquad \cdots ❶$$

선분 C_1C_2의 중점 $\left(\frac{2+a}{2}, \frac{3+b}{2}\right)$가 직선 $x+y-2=0$ 위에 있으므로

$$\frac{a+2}{2}+\frac{b+3}{2}-2=0 \qquad \therefore a+b=-1 \qquad \cdots ❷$$

❶, ❷를 연립하여 풀면 $a=-1$, $b=0$
평행이동이나 대칭이동을 하면 원의 반지름의 길이는 변하지 않으므로 $r=2$

$$\therefore ab+r=2$$

06 ······································· 

두 점을 $A(a, a^2)$, $B(b, b^2)$이라 하고
직선 $y=-x+3$에 대칭일 조건을 찾는다.

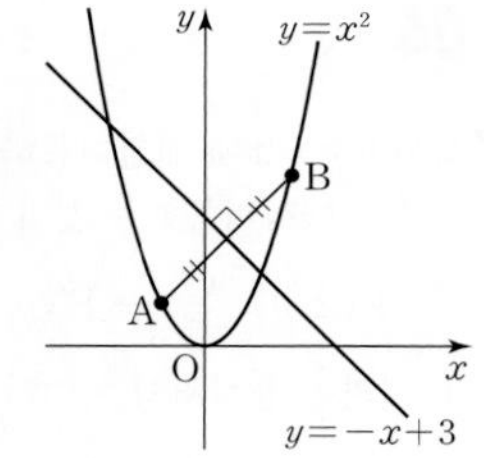

$y=x^2$의 그래프 위의 두 점을
$A(a, a^2)$, $B(b, b^2)$ $(a<b)$이라 하자.
직선 AB가 직선 $y=-x+3$에 수직이므로

$$\frac{b^2-a^2}{b-a}=1$$

$$\therefore b+a=1 \qquad \cdots ❶$$

선분 AB의 중점 $\left(\frac{a+b}{2}, \frac{a^2+b^2}{2}\right)$이 직선 $y=-x+3$ 위에 있으므로

$$\frac{a^2+b^2}{2}=-\frac{a+b}{2}+3$$

$$\therefore a^2+b^2+a+b-6=0$$

❶에서 $b=1-a$를 대입하면

$$a^2+(1-a)^2+a+1-a-6=0,\ a^2-a-2=0$$

$$\therefore a=-1,\ b=2 \text{ 또는 } a=2,\ b=-1$$

$a<b$이므로 $a=-1$, $b=2$
따라서 $A(-1, 1)$, $B(2, 4)$이므로

$$\overline{AB}=\sqrt{(2+1)^2+(4-1)^2}=3\sqrt{2}$$

07 ······································· 답 최댓값: $2\sqrt{5}$, $P(-4, 0)$

P가 직선 AB 위의 점이 아닐 때, 세 점 A, B, P가 삼각형을 이루므로

$$|\overline{AP}-\overline{BP}|<\overline{AB}$$

이다. 따라서 최댓값은 선분 AB의 길이를 넘을 수 없다.

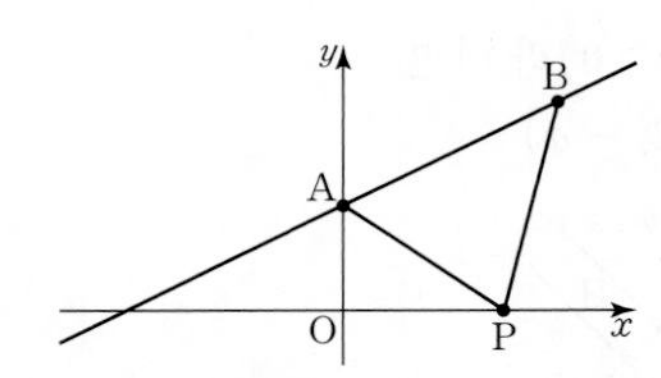

P가 직선 AB 위의 점이 아닐 때, $\overline{AB}$, $\overline{AP}$, $\overline{BP}$가 삼각형을 이루므로

$$|\overline{AP}-\overline{BP}|<\overline{AB}$$

또, P가 직선 AB 위의 점일 때

$$|\overline{AP}-\overline{BP}|=\overline{AB}$$

즉, P가 직선 AB 위의 점일 때 $|\overline{AP}-\overline{BP}|$가 최대이고 최댓값은 $\overline{AB}$이다.

직선 AB의 방정식은 $y=\frac{1}{2}x+2$이므로 x축과 만나는 점의 좌표는 $(-4, 0)$이다.
따라서 $P(-4, 0)$일 때 최대이고 최댓값은

$$\overline{AB}=\sqrt{4^2+2^2}=2\sqrt{5}$$

08 ······································· 

원 C가 x축과 만나는 두 점을 A, B라 하면
변 AB를 공유하는 삼각형의 넓이가 같은 점,
즉 직선 AB에 이르는 거리가 같은 P가 3개이다.

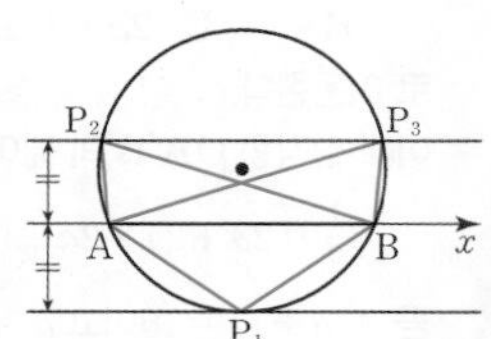

평행이동한 원은 중심의 좌표가
$(3r, 2r)$, 반지름의 길이가 $5r$인 원이므로 방정식은

$$(x-3r)^2+(y-2r)^2=25r^2 \qquad \cdots ❶$$

x축에 이르는 거리가 같은 원 위의 점 P가 3개이므로
점 P의 위치는 다음 그림과 같다.

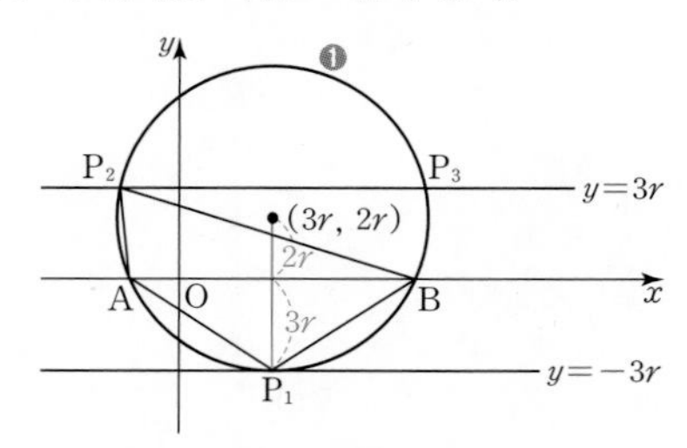

원과 직선 $y=-3r$이 접하므로 P_1의 y좌표는 $-3r$이고
P_2와 P_3의 y좌표는 $3r$이다.

(ⅰ) ❶에 $y=0$을 대입하면

$(x-3r)^2=21r^2$, $x=3r\pm\sqrt{21}r$

$\therefore \overline{AB}=2\sqrt{21}r$

삼각형 AP_1B의 넓이가 $9\sqrt{21}$이므로

$\frac{1}{2}\times 2\sqrt{21}r\times 3r=9\sqrt{21}$ $\quad\therefore r^2=3$

(ⅱ) ❶에 $y=3r$을 대입하면

$(x-3r)^2=24r^2$, $x=3r\pm 2\sqrt{6}r$

$\therefore \overline{P_2P_3}=4\sqrt{6}r$

따라서 세 점 P_1, P_2, P_3을 연결하여 만든 삼각형의 넓이는

$\frac{1}{2}\times 4\sqrt{6}r\times 6r=12\sqrt{6}r^2=36\sqrt{6}$

09 ········· 답 3

◤삼각형 OAB를 평행이동할 때 겹치는 모양에 따라 t의 범위를 나눈다.

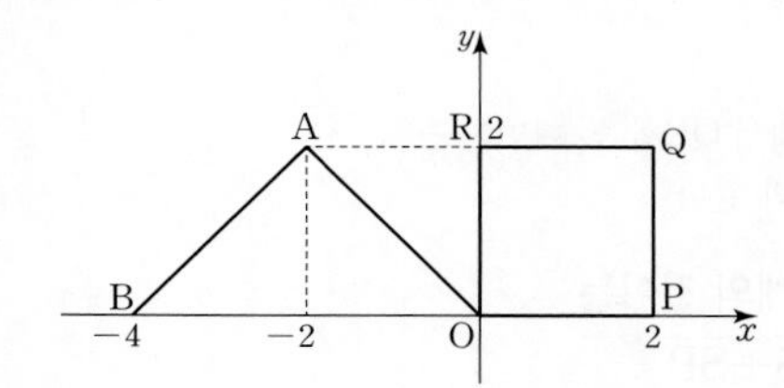

(ⅰ) $0<t<2$일 때

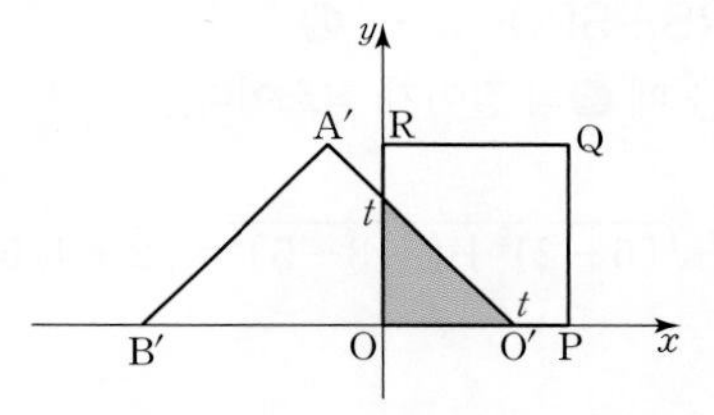

그림에서 겹치는 부분의 넓이는

$S(t)=\frac{1}{2}t^2$

(ⅱ) $2\le t<4$일 때

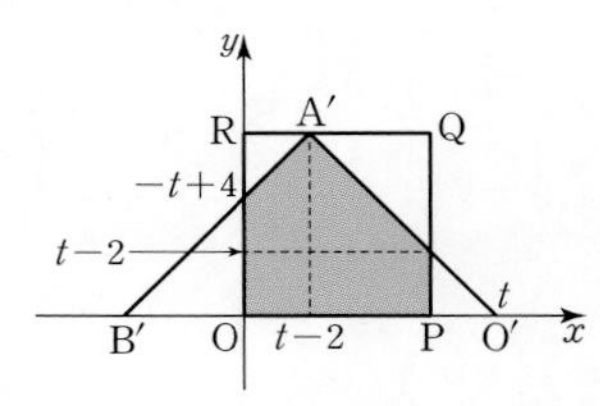

직선 A′B′은 기울기가 1이고 $A'(t-2, 2)$를 지나므로

$y=x-t+4$

$x=0$을 대입하면 $y=-t+4$

직선 A′O′은 기울기가 -1이고 $A'(t-2, 2)$를 지나므로

$y=-x+t$

$x=2$를 대입하면 $y=t-2$

그림에서 겹치는 부분의 넓이는

$S(t)=\frac{1}{2}(6-t)(t-2)+\frac{1}{2}t(4-t)$

$=-t^2+6t-6$

$=-(t-3)^2+3$

(ⅲ) $4\le t<6$일 때

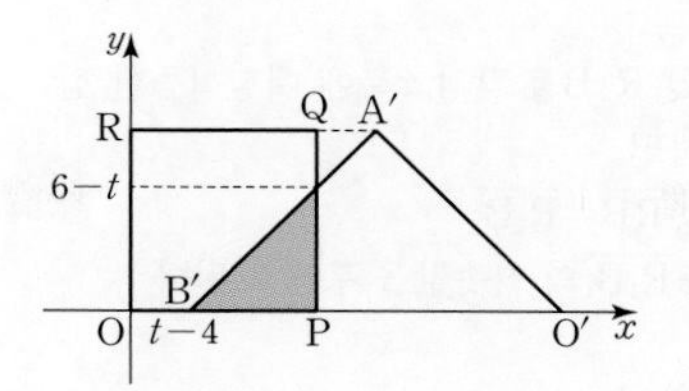

같은 방법으로 하면 $S(t)=\frac{1}{2}(t-6)^2$

(ⅰ), (ⅱ), (ⅲ)에서 $t=3$일 때 $S(t)$의 최댓값은 3이다.

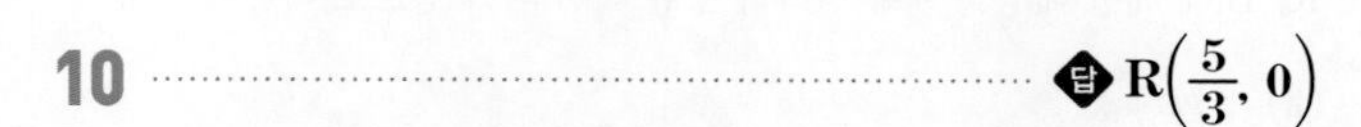

10 ········· 답 $R\left(\frac{5}{3}, 0\right)$

◤점 Q, R이 각각 직선 $y=x$와 x축 위를 움직이므로
점 P를 직선 $y=x$, x축에 대칭이동한 점을 구하고,
대칭이동한 점을 이용하여 삼각형의 둘레의 길이의 최솟값을 구한다.

P(2, 1)을 직선 $y=x$에 대칭이동한 점은 P′(1, 2)이고,
P(2, 1)을 x축에 대칭이동한 점은 P″(2, −1)이다. ··· ㉮

오른쪽 그림에서

$\overline{QP}=\overline{QP'}$, $\overline{RP}=\overline{RP''}$

이므로 Q, R이 선분 P′P″ 위의 점일 때 삼각형 PQR의 둘레의 길이가 최소이다.

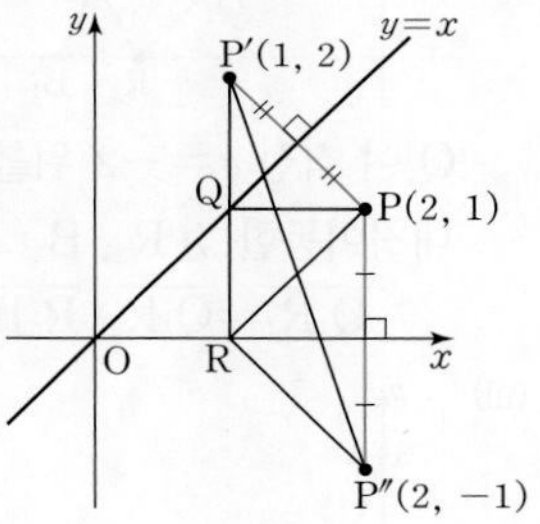

직선 P′P″의 방정식은

$y-2=\frac{-1-2}{2-1}(x-1)$

$\therefore y=-3x+5$ ··· ㉯

$y=0$일 때 $x=\frac{5}{3}$이므로 $R\left(\frac{5}{3}, 0\right)$ ··· ㉰

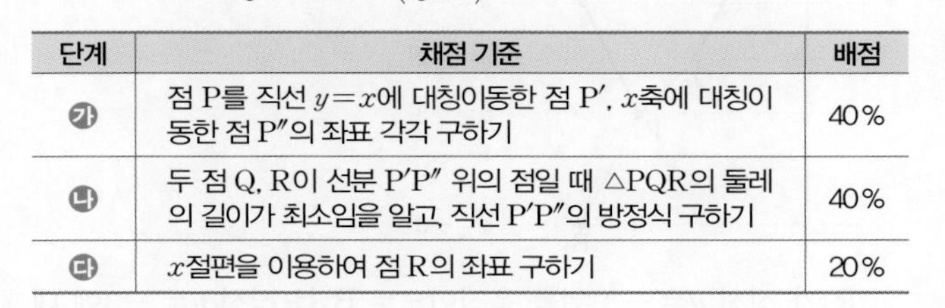

단계	채점 기준	배점
㉮	점 P를 직선 $y=x$에 대칭이동한 점 P′, x축에 대칭이동한 점 P″의 좌표 각각 구하기	40%
㉯	두 점 Q, R이 선분 P′P″ 위의 점일 때 △PQR의 둘레의 길이가 최소임을 알고, 직선 P′P″의 방정식 구하기	40%
㉰	x절편을 이용하여 점 R의 좌표 구하기	20%

11 ········· 답 $4\sqrt{5}$

P가 x축 위를 움직이므로 Q, R, B를 각각 x축에 대칭이동한 점 Q_1, R_1, $B_1(4, -3)$을 생각하면

$\overline{PQ}=\overline{PQ_1}$, $\overline{QR}=\overline{Q_1R_1}$, $\overline{RB}=\overline{R_1B_1}$

이므로 $\overline{AP}+\overline{PQ_1}+\overline{Q_1R_1}+\overline{R_1B_1}$의 최솟값을 구해도 된다.

(i)

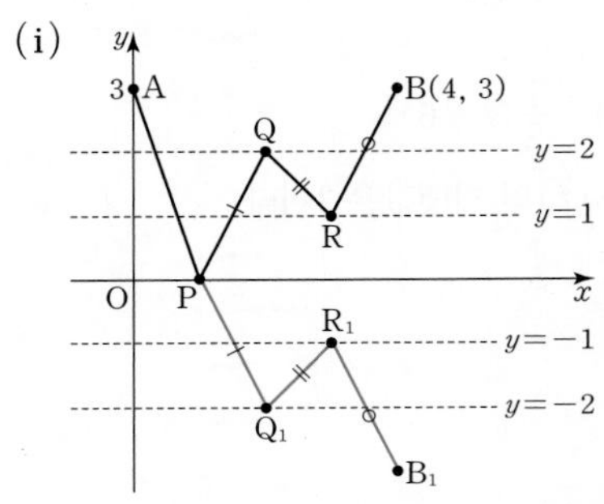

P가 x축 위를 움직이므로 Q, R, B를 x축에 대칭이동한 점 Q_1, R_1, $B_1(4, -3)$을 생각하면

$\overline{PQ}=\overline{PQ_1}$, $\overline{QR}=\overline{Q_1R_1}$, $\overline{RB}=\overline{R_1B_1}$

R_1, B_1에 대한 대칭을 계속 생각하여 한 직선 위의 점으로 이동시킨다.

(ii)

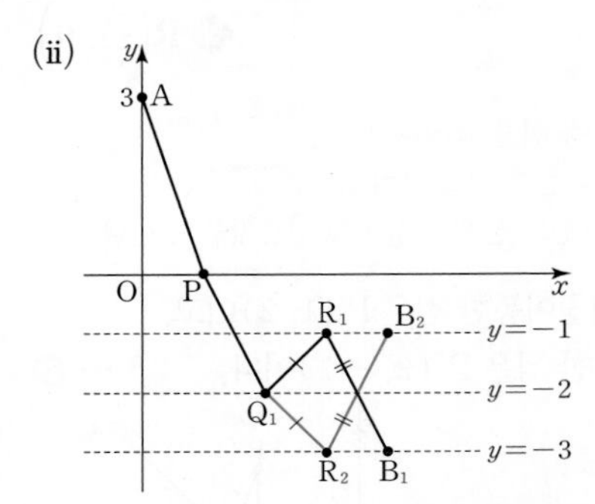

Q_1이 직선 $y=-2$ 위를 움직이므로 R_1, B_1을 직선 $y=-2$에 대칭이동한 점 R_2, $B_2(4, -1)$을 생각하면

$\overline{Q_1R_1}=\overline{Q_1R_2}$, $\overline{R_1B_1}=\overline{R_2B_2}$

(iii)

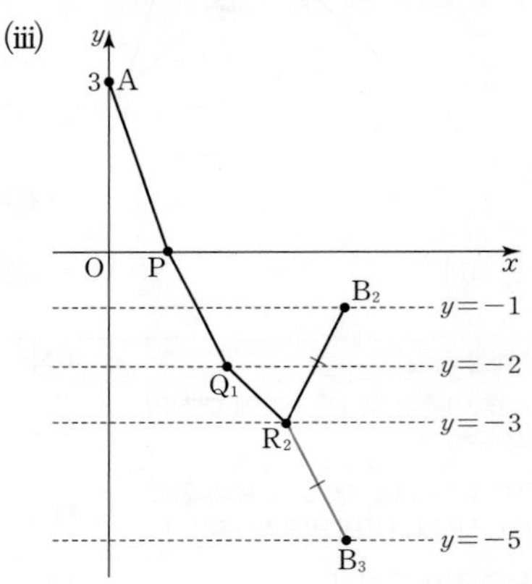

R_2가 직선 $y=-3$ 위를 움직이므로 B_2를 직선 $y=-3$에 대칭이동한 점 $B_3(4, -5)$를 생각하면

$\overline{R_2B_2}=\overline{R_2B_3}$

(i), (ii), (iii)에서

$\overline{AP}+\overline{PQ}+\overline{QR}+\overline{RB}=\overline{AP}+\overline{PQ_1}+\overline{Q_1R_2}+\overline{R_2B_3}$

이므로 $\overline{AP}+\overline{PQ}+\overline{QR}+\overline{RB}$는 P, Q_1, R_2가 $\overline{AB_3}$ 위에 있을 때 최소이다.

따라서 최솟값은

$\overline{AB_3}=\sqrt{4^2+(-5-3)^2}=4\sqrt{5}$

12 ········· 답 $\sqrt{2}+4\sqrt{5}$

$\overline{QR}=\sqrt{2}$로 고정된 값이다.
평행사변형 $PQRP_0$을 생각해 보자.

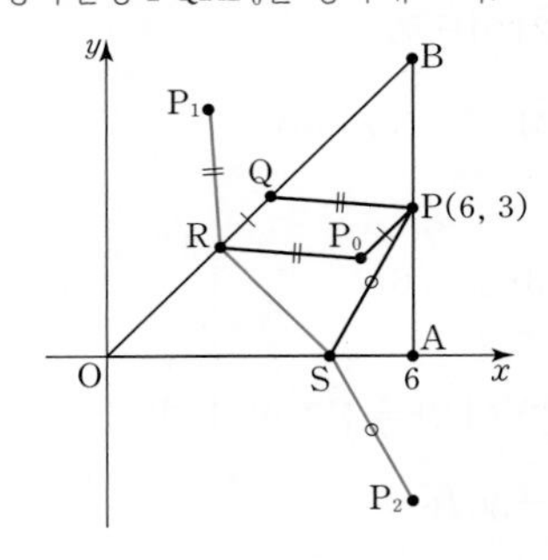

$P_0(5, 2)$라 하면 $\overline{QR} /\!/ \overline{PP_0}$이고 $\overline{QR}=\overline{PP_0}=\sqrt{2}$이므로 $PQRP_0$은 평행사변형이다.

$\overline{PQ}=\overline{P_0R}$

P_0을 직선 OB에 대칭이동한 점 $P_1(2, 5)$를 생각하면

$\overline{P_0R}=\overline{P_1R}$

P를 직선 OA에 대칭이동한 점 $P_2(6, -3)$을 생각하면

$\overline{SP}=\overline{SP_2}$

사각형 PQRS의 둘레에서 $\overline{QR}$을 뺀 나머지는 그림의 빨간 선의 길이와 같다.

사각형 PQRS의 둘레의 길이는

$\overline{PQ}+\overline{QR}+\overline{RS}+\overline{SP}$
$=\overline{P_1R}+\overline{QR}+\overline{RS}+\overline{SP_2}$
$=\sqrt{2}+(\overline{P_1R}+\overline{RS}+\overline{SP_2})$ ⋯ ❶

R, S가 $\overline{P_1P_2}$ 위에 있을 때 ❶의 길이가 최소이다.
따라서 최솟값은

$\sqrt{2}+\overline{P_1P_2}=\sqrt{2}+\sqrt{(6-2)^2+(-3-5)^2}=\sqrt{2}+4\sqrt{5}$

Think More

직선 OB의 방정식은 $y=x$이므로
$P_0(5, 2)$를 직선 $y=x$에 대칭이동한 점 P_1의 좌표는 $(2, 5)$이다.

STEP 절대등급 완성 문제 31쪽

01 ① **02** $6\sqrt{10}$

03 (1) 최솟값: $2\sqrt{13}$, $x=\frac{7}{3}$ (2) 최댓값: $4\sqrt{2}$, $x=4$

01 ······ 답 ①

$f(x, y)=0$
⇨ $f(y, x)=0$ ⇨ $f(y, -x)=0$ ⇨ $f(y, -x+1)=0$
의 순서로 생각한다.

$f(x, y)=0$

⇨ $f(y, x)=0$

$f(x, y)=0$에서 x와 y의 위치가 바뀐 꼴이므로
도형 $f(x, y)=0$을 직선 $y=x$에 대칭이동한다.

⇨ $f(y, -x)=0$

$f(y, x)=0$에서 x에 $-x$를 대입한 꼴이므로
도형 $f(y, x)=0$을 y축에 대칭이동한다.

⇨ $f(y, -x+1)=0$

$f(y, -x)=0$에서 x에 $x-1$을 대입한 꼴이므로
$f(y, -x)=0$을 x축 방향으로 1만큼 평행이동한다.

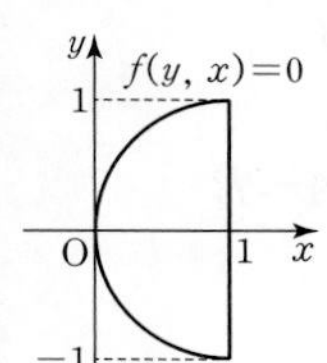

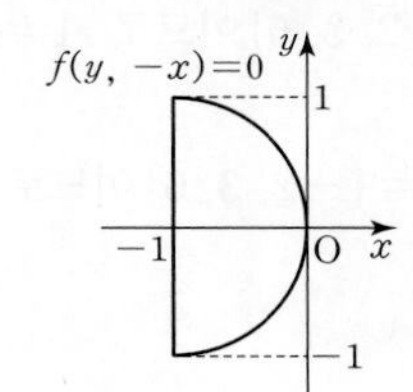

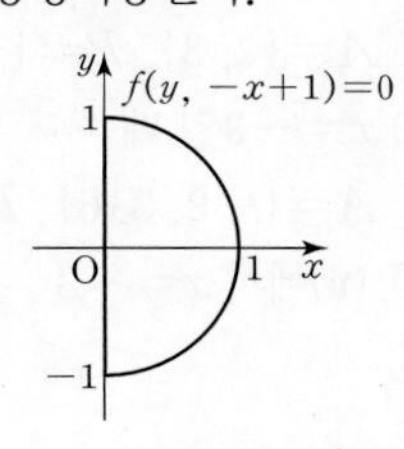

Think More

다음과 같이 생각할 수도 있다.
$f(x, y)=0$
⇨ $f(x, -y)=0$: y에 $-y$를 대입한 꼴이므로 x축에 대칭이동
⇨ $f(x, -y+1)=0$: y에 $y-1$을 대입한 꼴이므로
y축 방향으로 1만큼 평행이동
⇨ $f(y, -x+1)=0$: x와 y의 위치가 바뀐 꼴이므로
직선 $y=x$에 대칭이동

02 ······ 답 $6\sqrt{10}$

세 점이 모두 움직이므로
예를 들어 R을 고정하고
이 점을 직선 OA, OB에 각각 대칭이동한 점을 이용한다.

점 R을 두 직선 OA, OB에 각각 대칭이동한 점을 R′, R″이라 하자.

직선 AB의 방정식은

$$y=\frac{0-10}{15-10}(x-15),\ y=-2x+30$$

이므로 $R(a, -2a+30)$ $(10<a<15)$으로 놓을 수 있다.

직선 OA의 방정식이 $y=x$이므로 $R'(-2a+30, a)$
직선 OB는 x축이므로 $R''(a, 2a-30)$

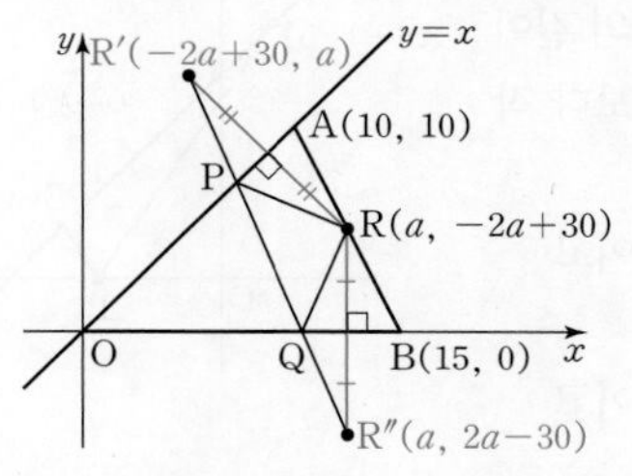

따라서 선분 R′R″이 각각 변 OA, OB와 만나는 점이 P, Q일 때, 삼각형 PQR의 둘레의 길이가 최소이고, 최솟값은

$$\overline{R'R''}=\sqrt{(3a-30)^2+(a-30)^2}$$
$$=\sqrt{10a^2-240a+1800}$$
$$=\sqrt{10(a-12)^2+360}$$

$10<a<15$이므로 $a=12$일 때 선분 R′R″의 길이는 최소이고, 최솟값은 $\sqrt{360}=6\sqrt{10}$이다.

03 ······ 답 (1) 최솟값: $2\sqrt{13}$, $x=\frac{7}{3}$ (2) 최댓값: $4\sqrt{2}$, $x=4$

$\sqrt{x^2+2x+26}$, $\sqrt{x^2-6x+10}$은 각각
점 $P(x, 0)$과 정점 사이의 거리로 생각할 수 있다.
합의 최솟값은 대칭, 차의 최댓값은 삼각형의 변의 성질을 이용한다.

주어진 식에서

$$\sqrt{x^2+2x+26}=\sqrt{(x+1)^2+(0-5)^2},$$
$$\sqrt{x^2-6x+10}=\sqrt{(x-3)^2+(0-1)^2}$$

이므로 $P(x, 0)$, $A(-1, 5)$, $B(3, 1)$이라 하자.

(1) $\sqrt{x^2+2x+26}+\sqrt{x^2-6x+10}=\overline{PA}+\overline{PB}$

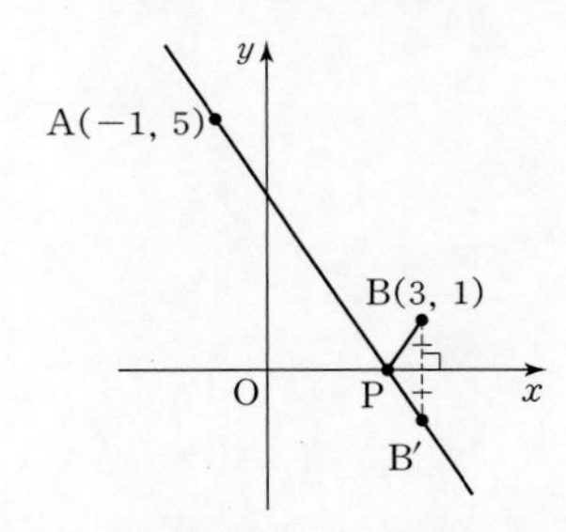

점 B와 x축에 대칭인 점을 B′이라 하면
P가 직선 AB′과 x축이 만나는 점일 때 $\overline{PA}+\overline{PB}$는 최소이고
최솟값은 $\overline{AB'}$이다.

$B'(3, -1)$이므로 직선 AB′의 방정식은

$$y-5=\frac{-1-5}{3+1}(x+1) \qquad \therefore y=-\frac{3}{2}x+\frac{7}{2}$$

$y=0$일 때 $x=\frac{7}{3}$

따라서 $x=\frac{7}{3}$일 때 최소이고, 최솟값은

$$\overline{AB'}=\sqrt{(3+1)^2+(-1-5)^2}=2\sqrt{13}$$

(2) $|\sqrt{x^2+2x+26}-\sqrt{x^2-6x+10}|=|\overline{PA}-\overline{PB}|$

(i) P가 직선 AB 위에 있지 않을 때, 삼각형의 한 변의 길이는 두 변의 길이의 합보다 작으므로

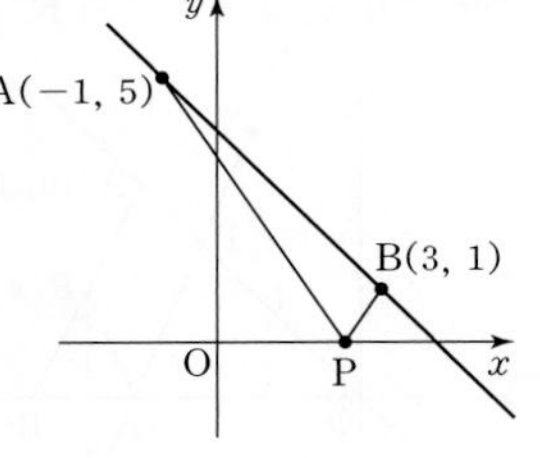

$\overline{AP}<\overline{AB}+\overline{BP}$이고

$\overline{BP}<\overline{AB}+\overline{AP}$

$\overline{AP}-\overline{BP}<\overline{AB}$이고

$\overline{BP}-\overline{AP}<\overline{AB}$

$\therefore |\overline{PA}-\overline{PB}|<\overline{AB}$

(ii) P가 직선 AB 위에 있을 때

$|\overline{PA}-\overline{PB}|=\overline{AB}$

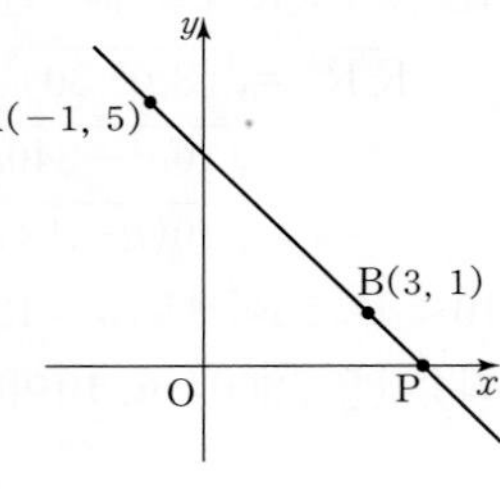

(i), (ii)에서 P가 직선 AB 위에 있을 때 $|\overline{PA}-\overline{PB}|$는 최대이고, 최댓값은 $\overline{AB}$이다.

직선 AB의 방정식은

$$y-5=\frac{1-5}{3+1}(x+1) \qquad \therefore y=-x+4$$

$y=0$일 때 $x=4$

따라서 $x=4$일 때 최대이고, 최댓값은

$$\overline{AB}=\sqrt{(3+1)^2+(1-5)^2}=4\sqrt{2}$$

Think More

1. 합의 최솟값을 구할 때는 동점이 움직이는 직선의 반대쪽에 있는 두 점을 이용하고, 차의 최댓값을 구할 때는 동점이 움직이는 직선의 같은 쪽에 있는 두 점을 이용한다.
2. $\sqrt{x^2+2x+26}=\sqrt{(x+1)^2+(0+5)^2}$이므로 A$(-1, -5)$라 해도 된다. 같은 이유로 B$(3, -1)$이라 해도 된다.

Ⅱ. 집합과 명제

04 집합

A STEP 시험에 꼭 나오는 문제 35~39쪽

01 -3	**02** 4	**03** ④, ⑤	**04** ②	**05** ④
06 $\{1, 2, 3, 4\}$		**07** ②	**08** ②	**09** $\{3, 4, 5\}$
10 ③	**11** $\{4, 6, 8, 10\}$		**12** 18	**13** $\{1, 2, 3, 6, 8\}$
14 $\{2, 3, 4\}$		**15** $\{1, 2, 3, 4, 5\}$		**16** 12	**17** 39
18 ①	**19** ②, ⑤	**20** ④	**21** ④	**22** ②
23 $\{1, 2, 6, 7, 8, 10\}$		**24** $\{1, 2, 3, 4, 5\}$		**25** ①	**26** ②
27 ③	**28** 16	**29** ①	**30** ④	**31** ③
32 $\{-2, -1, 4\}$		**33** $1\le a<3$		**34** ④	**35** ⑤
36 ⑤	**37** ⑤	**38** 최댓값: 15, 최솟값: 6			**39** 24

01 ······ 답 -3

A, B의 원소가 같으므로 $x^2+2x=3$

$x^2+2x-3=0 \qquad \therefore x=1$ 또는 $x=-3$

(i) $x=1$일 때

$A=\{2, 3\}$, $B=\{-2, 3, 6\}$이므로 $A\ne B$

(ii) $x=-3$일 때

$A=\{-2, 3, 6\}$, $B=\{-2, 3, 6\}$이므로 $A=B$

(i), (ii)에서 $x=-3$

02 ······ 답 4

같은 원소는 중복하여 쓰지 않는다.

i^n을 차례로 구하면 $i, -1, -i, 1, i, \dots$이다.

곧, $A=\{i, -1, -i, 1\}$이므로 z_1^2, z_2^2은 -1 또는 1이다.

(i) $z_1^2=-1$, $z_2^2=-1$일 때, $2z_1^2+5z_2^2=-7$

(ii) $z_1^2=-1$, $z_2^2=1$일 때, $2z_1^2+5z_2^2=3$

(iii) $z_1^2=1$, $z_2^2=-1$일 때, $2z_1^2+5z_2^2=-3$

(iv) $z_1^2=1$, $z_2^2=1$일 때, $2z_1^2+5z_2^2=7$

(i)~(iv)에서 $B=\{-7, -3, 3, 7\}$이고, 원소의 개수는 4이다.

03 ······ 답 ④, ⑤

$A=\{1, 2, 4, 7, 8, 14, 28, 56\}$

$B=\left\{\frac{1}{2}, 1, 2, \frac{7}{2}, 4, 7, 14, 28\right\}$

④ $n(A)=n(B)=8$

⑤ $\frac{1}{2}\in B$, $\frac{7}{2}\in B$이지만 $\frac{1}{2}\notin A$, $\frac{7}{2}\notin A$이므로 $B\not\subset A$이다.

04 답 ②

$A=\{0, 1, 2\}$이므로 $x\in A$, $y\in A$인 x, y에 대하여 $x+y$, xy의 값은 다음 표와 같다.

+	0	1	2
0	0	1	2
1	1	2	3
2	2	3	4

×	0	1	2
0	0	0	0
1	0	1	2
2	0	2	4

$B=\{0, 1, 2, 3, 4\}$, $C=\{0, 1, 2, 4\}$이므로

$A\subset C\subset B$

05 답 ④

$B\subset A$이므로 x가 6의 배수이면 x는 a의 배수이다.
a는 6의 약수이므로 1, 2, 3, 6이다.
1보다 큰 a의 값의 합은

$2+3+6=11$

06 답 $\{1, 2, 3, 4\}$

U, A, B를 벤 다이어그램으로 나타내면 그림과 같다.

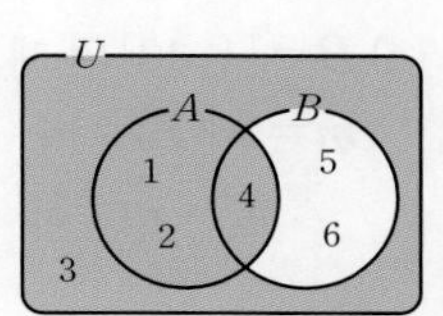

$A\cup B^C$는 그림의 색칠한 부분이므로

$A\cup B^C=\{1, 2, 3, 4\}$

07 답 ②

◤$A-B^C=A\cap(B^C)^C$를 이용하여 정리한 후 $A-B^C$를 구한다.

전체집합이 $U=\{x\,|\,x$는 10 이하의 자연수$\}$이므로

$A=\{1, 3, 5, 7, 9\}$, $B=\{3, 6, 9\}$

$\therefore A-B^C=A\cap(B^C)^C=A\cap B=\{3, 9\}$

$\therefore n(A-B^C)=2$

다른 풀이

◤B^C를 구한 다음 $A-B^C$를 구할 수도 있다.

$A=\{1, 3, 5, 7, 9\}$, $B^C=\{1, 2, 4, 5, 7, 8, 10\}$
이므로

$A-B^C=\{3, 9\}$

$\therefore n(A-B^C)=2$

08 답 ②

◤3과 6은 A의 원소이기도 하고, B의 원소이기도 하다.

$a+2=6$이므로 $a=4$
이때 $B=\{4, b, c\}$이므로

$b=3$, $c=6$ 또는 $b=6$, $c=3$

따라서 $A\cup B=\{1, 3, 4, 6\}$이고, 원소의 합은 14이다.

09 답 $\{3, 4, 5\}$

$A=\{2, 3, 4, 5, 6\}$이고,

$A\cap B^C=A-B=\{2, 6\}$

이므로 주어진 조건을 벤 다이어그램으로 나타내면 그림과 같다.

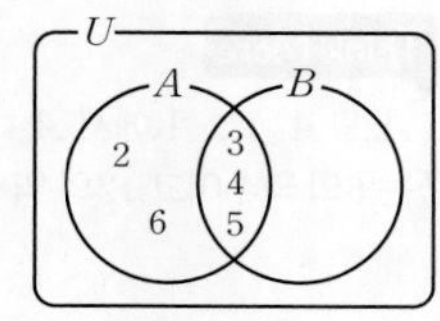

$\therefore A\cap B=\{3, 4, 5\}$

Think More

$A-(A\cap B^C)=A\cap(A\cap B^C)^C$
$=A\cap(A^C\cup B)=(A\cap A^C)\cup(A\cap B)$
$=\varnothing\cup(A\cap B)=A\cap B$

10 답 ③

$A\cap(A-B)=A$에서 $A\cap B=\varnothing$ $\cdots$ ❶
또, $A\cup B=U$이므로 $B=A^C=\{2, 3\}$
따라서 B의 모든 원소의 합은 $2+3=5$

Think More

❶은 벤 다이어그램으로 생각하거나 다음과 같이 생각할 수 있다.
$(A-B)\subset A$이므로 $A\cap(A-B)=A-B$
$A\cap(A-B)=A$이면 $A-B=A$

$\therefore A\cap B=\varnothing$

11 답 $\{4, 6, 8, 10\}$

$(P\cap Q^C)-R$을 벤 다이어그램으로 나타내면 그림의 색칠한 부분과 같다.

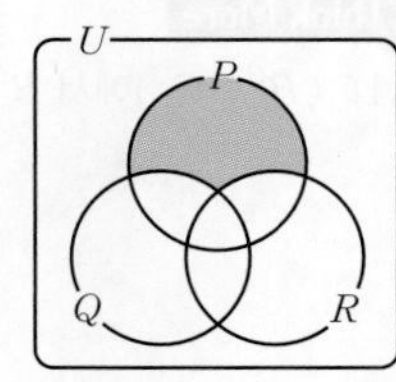

$P=\{1, 2, 3, \dots, 10\}$,
$Q=\{2, 3, 5, 7, \dots\}$,
$R=\{1, 3, 5, 7, 9, \dots\}$

이므로 $(P\cap Q^C)-R=\{4, 6, 8, 10\}$

Think More

$(P\cap Q^C)-R=(P\cap Q^C)\cap R^C=P\cap(Q^C\cap R^C)$
$=P\cap(Q\cup R)^C=P-(Q\cup R)$

과 같이 정리하고 풀 수도 있다.

12 ········ 답 18

$A_4 \cap A_6$의 원소는 4의 배수이고 6의 배수이므로 4와 6의 공배수이다.

4와 6의 공배수는 12의 배수이므로 $A_4 \cap A_6 = A_{12}$이다.

$\therefore a=12$

$A_6 \cup A_{12}$의 원소는 6의 배수이거나 12의 배수이다.

12의 배수는 6의 배수이므로 $A_6 \cup A_{12} = A_6$이다.

또, $A_6 \subset A_b$이면 6의 배수는 b의 배수이므로 b는 6의 약수이다.

$\therefore b=1, 2, 3, 6$

따라서 $a+b$의 최댓값은

$12+6=18$

Think More

$(A_6 \cup A_{12}) \subset A_b$에서 $A_6 \subset A_b$이고 $A_{12} \subset A_b$이므로

b는 6의 약수이고 12의 약수이다.

13 ········ 답 $\{1, 2, 3, 6, 8\}$

$A^C \cap B^C = (A \cup B)^C = \{5, 7, 10\}$

$A \cap B^C = A - B = \{2, 6, 8\}$

$A^C \cap B = B - A = \{4, 9\}$

따라서 벤 다이어그램으로 나타내면

그림과 같다.

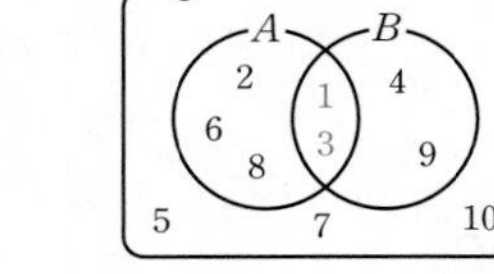

$U = \{1, 2, 3, \dots, 10\}$이므로 $A \cap B = \{1, 3\}$

$\therefore A = \{1, 2, 3, 6, 8\}$

14 ········ 답 $\{2, 3, 4\}$

$B \cap C = \{5, 7\}$이므로

$$\begin{aligned} A \cap (B^C \cup C^C) &= A \cap (B \cap C)^C \\ &= A - (B \cap C) \\ &= \{2, 3, 4, 5\} - \{5, 7\} \\ &= \{2, 3, 4\} \end{aligned}$$

Think More

$A \cap (B^C \cup C^C)$에서 B^C, C^C, $B^C \cup C^C$를 차례로 구해도 된다.

15 ········ 답 $\{1, 2, 3, 4, 5\}$

$$\begin{aligned} A \cap (B \cup C) &= (A \cap B) \cup (A \cap C) \\ &= \{2, 3, 4, 5\} \cup \{1, 3, 5\} \\ &= \{1, 2, 3, 4, 5\} \end{aligned}$$

16 ········ 답 12

$(A \cap B^C) \cup (A^C \cap B)$

$= (A - B) \cup (B - A)$

이므로 그림에서 색칠한 부분의

원소가 2, 11, 17이다.

$2 \in A$, $11 \in A$이므로

(i) $a-7=17$일 때

$a=24$이므로 $a+5=29$는 U의 원소가 아니다.

(ii) $a+5=17$일 때

$a=12$이므로 $a-7=5$, $a^2-10a-19=5$이고 조건을 만족시킨다.

(iii) $a^2-10a-19=17$일 때

$a=5\pm\sqrt{61}$이므로 $a-7=-2\pm\sqrt{61}$은 U의 원소가 아니다.

(i), (ii), (iii)에서 $a=12$

17 ········ 답 39

$U = \{1, 5, 7, 11, 13\}$이고,

$A^C \cup B^C = (A \cap B)^C = \{5, 7, 11\}$

이므로 $A \cap B = \{1, 13\}$

$A - B = \{5, 7\}$이므로

1, 13은 B의 원소이고

5, 7은 B의 원소가 아니다.

(i) $B = \{1, 13, 11\}$일 때

$M = 1+11+13=25$

(ii) $B = \{1, 13\}$일 때

$m = 1+13=14$

$\therefore M+m=39$

18 ········ 답 ①

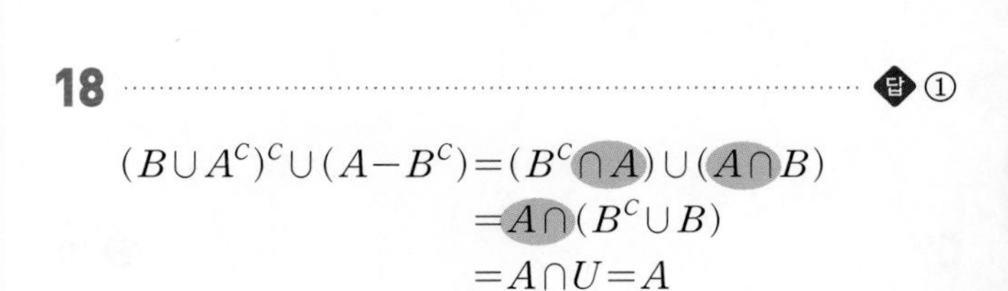

$$\begin{aligned} (B \cup A^C)^C \cup (A - B^C) &= (B^C \cap A) \cup (A \cap B) \\ &= A \cap (B^C \cup B) \\ &= A \cap U = A \end{aligned}$$

19 ········ 답 ②, ⑤

$(A - B^C) \cup (B^C - A^C) = A \cap B$에서

$$\begin{aligned} (\text{좌변}) &= (A \cap B) \cup (B^C \cap A) \\ &= A \cap (B \cup B^C) \\ &= A \cap U = A \end{aligned}$$

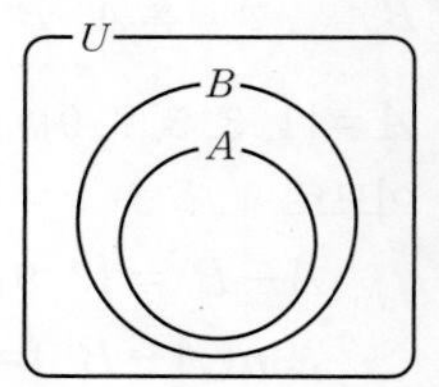

이므로

$A = A \cap B$

곧, $A \subset B$이므로 옳은 것은 ②, ⑤이다.

20 ········· 답 ④

$(A\cup B^C)^C=B$에서

$A^C\cap B=B$, $B-A=B$

$\therefore A\cap B=\varnothing$

옳은 것은 ㄱ, ㄷ이다.

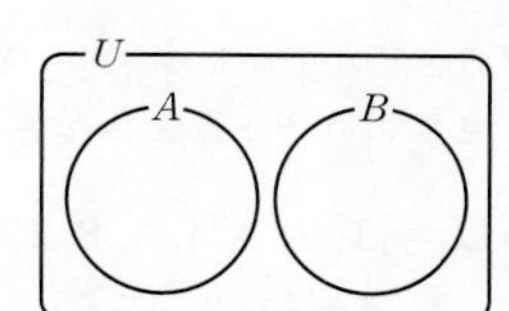

21 ········· 답 ④

④ $(A\cup B)\cap(A\cup C)$를 벤 다이어그램으로 나타내면 그림의 색칠한 부분과 같다.

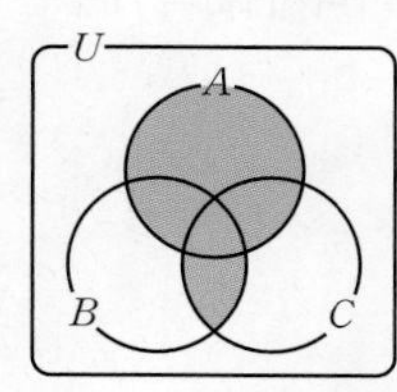

22 ········· 답 ②

각 집합을 벤 다이어그램으로 나타내면 그림과 같다.

①
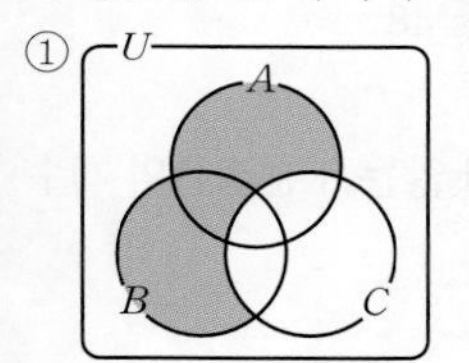

③
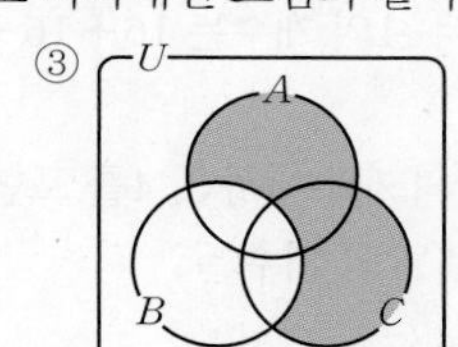

④
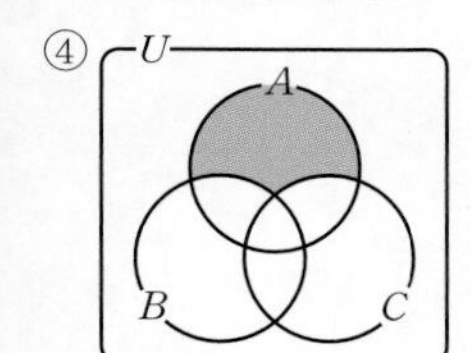

⑤
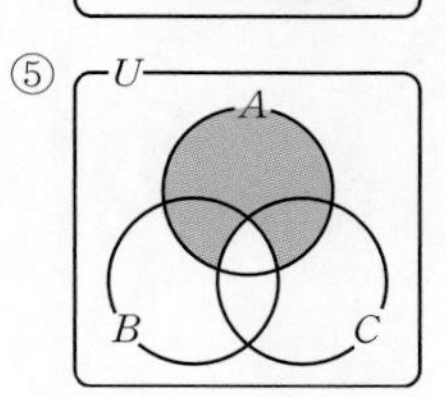

23 ········· 답 $\{1, 2, 6, 7, 8, 10\}$

$B=\{2, 3, 5, 7\}$, $C=\{2, 4, 6, 8, 10\}$이므로

$B\triangle C=(B-C)\cup(C-B)$

$=\{3, 5, 7\}\cup\{4, 6, 8, 10\}$

$=\{3, 4, 5, 6, 7, 8, 10\}$

$A=\{1, 2, 3, 4, 5\}$이므로

$A\triangle(B\triangle C)=\{A-(B\triangle C)\}\cup\{(B\triangle C)-A\}$

$=\{1, 2\}\cup\{6, 7, 8, 10\}$

$=\{1, 2, 6, 7, 8, 10\}$

Think More

$A\triangle B$, $A\triangle(B\triangle C)$를 각각 벤 다이어그램으로 나타내면 그림과 같다.

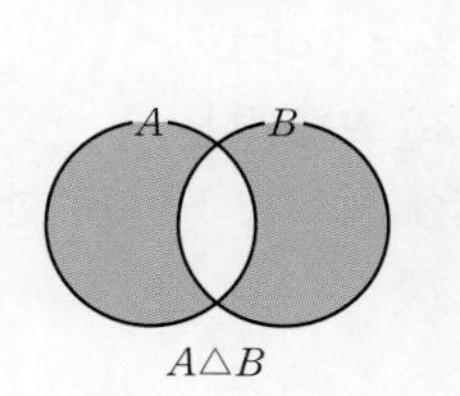

$A\triangle B$

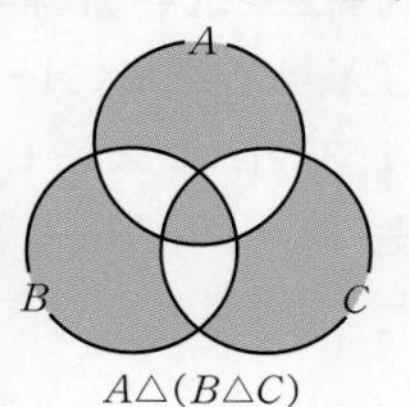

$A\triangle(B\triangle C)$

24 ········· 답 $\{1, 2, 3, 4, 5\}$

$A◎B=\varnothing$이므로 $(A\cup B)-(A\cap B)=\varnothing$

$\therefore (A\cup B)\subset(A\cap B)$ ⋯ ❶

따라서 $A\cup B=A\cap B$이고, $A=B$이다.

$\therefore B=\{1, 2, 3, 4, 5\}$

Think More

1. $(A\cap B)\subset(A\cup B)$이므로 ❶에서

$A\cup B=A\cap B$

2. 벤 다이어그램으로 나타내면 다음이 성립함을 알 수 있다.

$(A-B)\cup(B-A)$

$=(A\cup B)-(A\cap B)$

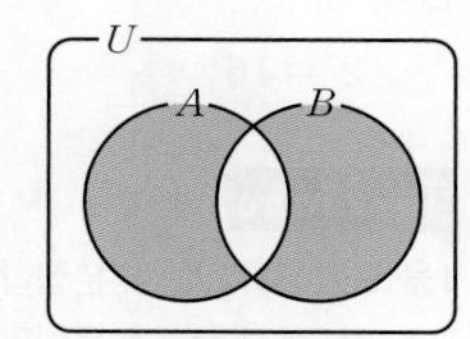

25 ········· 답 ①

$A^C◇B=(A^C-B)\cup(B-A^C)$를 벤 다이어그램으로 나타내면 그림과 같으므로 $A^C◇B=U$이면

$A-B=\varnothing$, $B-A=\varnothing$

$\therefore A◇B=(A-B)\cup(B-A)$

$=\varnothing$

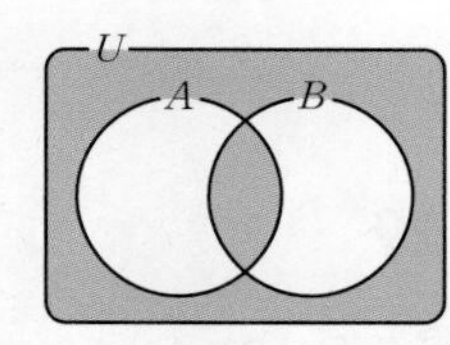

Think More

$A^C◇B=(A^C-B)\cup(B-A^C)$

$=(A^C\cap B^C)\cup(B\cap A)$

$=(A\cup B)^C\cup(A\cap B)$

26 ········· 답 ②

$B\cup X=B$이므로 X는 B의 부분집합이다.

$A\cap X=\varnothing$이므로 X는 A의 원소를 포함하지 않는다.

따라서 X는 2, 6을 포함하지 않는 B의 부분집합이므로 $\{1, 8, 9\}$의 부분집합이다.

$\varnothing$을 빼야 하므로 X의 개수는

$2^3-1=7$

27 ··· 답 ③

$A\cap X=X$이므로 X는 A의 부분집합이다.

$(A-B)\cup X=X$이므로 $A-B\subset X$이고

$A-B=\{1, 3\}$이므로 X는 1, 3을 포함한다.

따라서 X는 $\{2, 4\}$의 부분집합에 원소 1, 3을 추가한 꼴이므로 X의 개수는

$2^2=4$

28 ··· 답 16

$B^C-A^C=B^C\cap A=A-B$이므로 $A-B=\{1\}$

따라서 B는 3, 5, 7은 포함하고 1은 포함하지 않는 U의 부분집합이다.

B는 $\{2, 4, 6, 8\}$의 부분집합에 원소 3, 5, 7을 추가한 꼴이므로 B의 개수는

$2^4=16$

Think More

1을 포함하지 않는 부분집합의 개수는 $2^{8-1}=2^7$

3, 5, 7을 포함하는 부분집합의 개수는 $2^{8-3}=2^5$

1을 포함하지 않고 3, 5, 7을 포함하는 부분집합의 개수는 $2^{8-1-3}=2^4$

29 ··· 답 ①

예를 들어 $2\in A$이고 $2\notin B$이므로 $2\in C$이다.
또, $3\in A$이고 $3\in B$이므로
3은 C의 원소이어도 되고, 원소가 아니어도 된다.

$A-B$의 원소 2, 4, 5는 $A\cup C$의 원소이므로 $B\cup C$의 원소이다.

따라서 C의 원소이다.

$B-A$의 원소 1도 같은 이유로 C의 원소이다.

곧, C는 2, 4, 5, 1을 포함해야 하므로 C의 개수는

$2^{7-4}=8$

다른 풀이

$A\cup C=B\cup C$이므로

벤 다이어그램으로 나타내면

그림과 같다.

3은 ❶, ❷ 중 한 곳에

6은 ❸, ❹ 중 한 곳에

7도 ❸, ❹ 중 한 곳에

넣을 수 있으므로

집합 C의 개수는 $2\times2\times2=8$

30 ··· 답 ④

$B\not\subset X$이면 B에 속하지만 X에 속하지 않는 원소가 있다.
보통 이런 원소를 모두 찾는 것보다 $B\subset X$인 경우를 빼는 것이 간단하다.

$U=\{1, 2, 3, 4, 6, 8, 12, 24\}$이고,

$A=\{1, 2, 4\}$

$B=\{1, 2, 3, 4, 6, 12\}$

$A\cap X=A$이므로 $A\subset X$

그런데 $A\subset B$이고 $B\not\subset X$이므로 X가 A를 포함하는 경우에서 B를 포함하는 경우를 뺀다.

A를 포함하는 집합의 개수는 $2^{8-3}=32$

B를 포함하는 집합의 개수는 $2^{8-6}=4$

따라서 X의 개수는 $32-4=28$

31 ··· 답 ③

$\{3, 4\}\cap A\neq\varnothing$이므로 A는 3 또는 4를 포함한다.

(i) 3을 포함하고 4를 포함하지 않는 A의 개수는 $2^{6-2}=16$

(ii) 4를 포함하고 3을 포함하지 않는 A의 개수는 $2^{6-2}=16$

(iii) 3과 4를 포함하는 A의 개수는 $2^{6-2}=16$

(i), (ii), (iii)에서 A의 개수는 $16+16+16=48$

다른 풀이

모든 부분집합의 개수에서 3, 4를 포함하지 않는 부분집합의 개수를 빼도 되므로 A의 개수는

$2^6-2^4=48$

32 ··· 답 $\{-2, -1, 4\}$

$x^3-7x^2+14x-8=0$에서

$(x-1)(x-2)(x-4)=0$

$\therefore x=1$ 또는 $x=2$ 또는 $x=4$

$\therefore A=\{1, 2, 4\}$

$x^4-5x^2+4=0$에서 $(x^2-1)(x^2-4)=0$

$\therefore x=\pm1$ 또는 $x=\pm2$

$\therefore B=\{-2, -1, 1, 2\}$

$\therefore (A-B)\cup(B-A)=\{4\}\cup\{-2, -1\}$

$=\{-2, -1, 4\}$

Think More

집합 $\{x|f(x)=0\}$을 방정식 $f(x)=0$의 해집합이라 한다.

33

답 $1\le a<3$

$x^2-2ax+a^2-4<0$에서 $(x-a+2)(x-a-2)<0$

$\therefore B=\{x|a-2<x<a+2\}$

$A\subset B$이므로

$a-2<1$이고 $a+2\ge3$

$\therefore 1\le a<3$

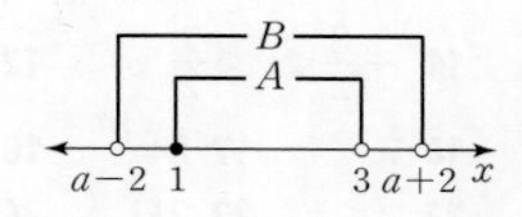

Think More

집합 $\{x|f(x)<0\}$을 부등식 $f(x)<0$의 해집합이라 한다.

34

답 ④

$x^2-8x+12\le0$에서 $(x-2)(x-6)\le0$

$\therefore A=\{x|2\le x\le6\}$

$A\cap B=\varnothing$이고,

$A\cup B=\{x|-1<x\le6\}$이므로

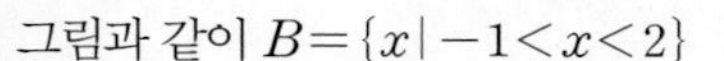

그림과 같이 $B=\{x|-1<x<2\}$

따라서 $x^2+ax+b<0$의 해가 $-1<x<2$이므로

$(x+1)(x-2)<0$에서 $x^2-x-2<0$

$\therefore a=-1,\ b=-2,\ a+b=-3$

35

답 ⑤

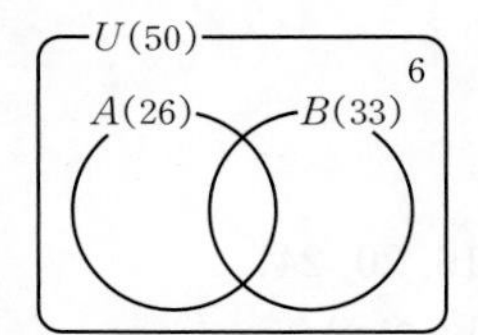

$n(A^C\cap B^C)=n((A\cup B)^C)=6$이므로

$n(A\cup B)=50-6=44$

$n(A\cup B)=n(A)+n(B)-n(A\cap B)$이므로

$44=26+33-n(A\cap B)\qquad \therefore n(A\cap B)=15$

$\therefore n(B-A)=n(B)-n(A\cap B)$

$=33-15=18$

다른 풀이

$n(A\cup B)=44$이므로

$n(B-A)=n(A\cup B)-n(A)$

$=44-26=18$

36

답 ⑤

학생 전체의 집합을 U, 축구를 좋아하는 학생의 집합을 A, 야구를 좋아하는 학생의 집합을 B라 하면

$n(U)=40,\ n(A)=21,\ n(B)=16,\ n(A^C\cap B^C)=8$

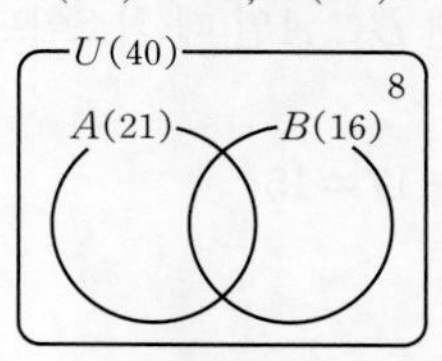

$n(A^C\cap B^C)=n((A\cup B)^C)=n(U)-n(A\cup B)$이므로

$n(A\cup B)=40-8=32$

$n(A\cup B)=n(A)+n(B)-n(A\cap B)$이므로

$32=21+16-n(A\cap B)\qquad \therefore n(A\cap B)=5$

축구만 좋아하는 학생 수는

$n(A-B)=n(A)-n(A\cap B)$

$=21-5=16$

37

답 ⑤

입장객 전체의 집합을 U, 롤러코스터를 이용한 사람의 집합을 A, 범퍼카를 이용한 사람의 집합을 B라 하면

$n(U)=100,\ n(A)=72,\ n(B)=50$

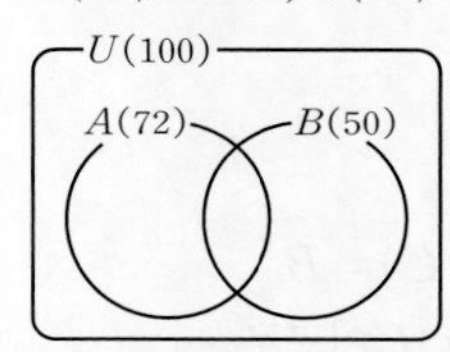

롤러코스터와 범퍼카를 모두 이용한 사람의 집합은 $A\cap B$이므로

$B\subset A$일 때 $n(A\cap B)$가 최대이다. $\qquad \therefore M=50$

또, $n(A\cap B)=n(A)+n(B)-n(A\cup B)$이므로

$n(A\cup B)$가 최대일 때 $n(A\cap B)$가 최소이다.

곧, $n(A\cup B)$의 최댓값은 $n(A\cup B)=n(U)=100$이므로

$m=72+50-100=22$

$\therefore M+m=50+22=72$

38

답 **최댓값: 15, 최솟값: 6**

학생 전체의 집합을 U, A 문제를 맞힌 학생의 집합을 A, B 문제를 맞힌 학생의 집합을 B라 하면

$n(U)=32,\ n(A)=17,\ n(B)=9$

한 문제도 맞히지 못한 학생 수는

$n(A^C\cap B^C)=n((A\cup B)^C)$

$=n(U)-n(A\cup B)$

이므로

$n(A\cup B)$가 최대일 때 $n((A\cup B)^C)$가 최소이고,

$n(A\cup B)$가 최소일 때 $n((A\cup B)^C)$가 최대이다.

$n(A\cup B)$의 최댓값을 M이라 하면
$A\cap B=\varnothing$일 때 최대이므로
$M=n(A)+n(B)=26$
따라서 $n((A\cup B)^C)$의 최솟값은 $32-26=6$
또, $n(A\cup B)$의 최솟값을 m이라 하면 $B\subset A$일 때 최소이므로
$m=n(A)=17$
따라서 $n((A\cup B)^C)$의 최댓값은 $32-17=15$

Think More
$n(A)+n(B)\le n(U)$이므로 $A\cap B=\varnothing$인 경우를 생각할 수 있다.

39 ······ 답 24

바둑, 서예, 피아노 강좌를 신청한 학생의 집합을 각각 A, B, C라 하면
$n(A\cup B\cup C)=70$, $n(A\cup B)=43$,
$n(B\cup C)=51$, $n(A\cap C)=0$

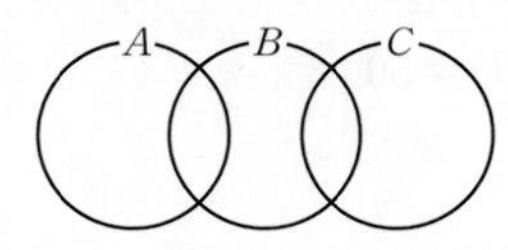

$A\cap C=\varnothing$이므로
$(A\cup B)\cap(B\cup C)=B\cup(A\cap C)=B$
그런데 $(A\cup B)\cup(B\cup C)=A\cup B\cup C$이므로
$n(A\cup B\cup C)=n(A\cup B)+n(B\cup C)-n(B)$
$70=43+51-n(B)\qquad \therefore n(B)=24$

다른 풀이
$n(A\cap C)=0$이면 $n(A\cap B\cap C)=0$이므로
$$\begin{aligned}n(A\cup B\cup C)&=n(A)+n(B)+n(C)\\&\quad-n(A\cap B)-n(B\cap C)-n(A\cap C)\\&\quad+n(A\cap B\cap C)\\&=n(A)+n(B)+n(C)\\&\quad-n(A\cap B)-n(B\cap C)\\&=n(A)+n(B)-n(A\cap B)\\&\quad+n(B)+n(C)-n(B\cap C)-n(B)\\&=n(A\cup B)+n(B\cup C)-n(B)\end{aligned}$$
$\therefore 70=43+51-n(B)$, $n(B)=24$

B STEP 1등급 도전 문제 40~45쪽

01 ①	02 ⑤	03 15	04 ①	05 ④
06 {2, 3, 5, 6, 9, 10}	07 0	08 ⑤	09 ①, ⑤	10 4
11 $-\frac{3}{2}<a<\frac{7}{2}$	12 33	13 ⑤	14 ①	15 ⑤
16 7	17 24	18 ⑤	19 ①	20 80
21 114	22 ④	23 211	24 ⑤	25 ③
26 5	27 ⑤	28 4	29 12	30 ④
31 ④	32 37	33 ②	34 ④	35 ②
36 105				

01 ······ 답 ①

$\varnothing$은 집합 A의 원소이다.
또, $\{\varnothing\}$은 $\varnothing$이 원소인 집합이다.

A의 원소는 $\varnothing$, a, $\{a, b\}$이다.
ㄱ. $\varnothing\in A$ (참)
ㄴ. $a\in A$이지만 $b\notin A$이므로 $\{a, b\}\not\subset A$
그러나 $\{a, b\}\in A$이다. (거짓)
ㄷ. A의 원소는 3개이므로 부분집합의 개수는 $2^3=8$이다. (거짓)
옳은 것은 ㄱ이다.

02 ······ 답 ⑤

$A=\{a, b, c\}$ $(a<b<c)$라 하고
B의 원소를 a, b, c로 나타낸 다음 조건을 활용한다.

$A=\{a, b, c\}$ $(a<b<c)$라 하면 B의 원소로 가능한 것은
$2a$, $2b$, $2c$, $a+b$, $a+c$, $b+c$ ⋯ ❶
B의 가장 작은 원소가 $2a$, 가장 큰 원소가 $2c$이므로
$2a=8$, $2c=24\qquad \therefore a=4$, $c=12$
$n(B)=5$이므로 ❶에서 같은 값이 2개 있다.
$2a<a+b<2b<b+c<2c$
$2a<a+b<a+c<b+c<2c$
이므로
$2b=a+c$, $2b=16\qquad \therefore b=8$
$\therefore A=\{4, 8, 12\}$, $B=\{8, 12, 16, 20, 24\}$
따라서 $B-A=\{16, 20, 24\}$이고, 원소의 합은
$16+20+24=60$

03 ······ 답 15

예를 들어 $2\in B$이므로 $\frac{2}{n}$는 기약분수이고, n은 2의 배수가 아니다.
또, $3\notin B$이므로 $\frac{3}{n}$은 기약분수가 아니다. 따라서 n은 3의 배수이다.

$B=\left\{x \middle| \frac{x}{n}\text{는 기약분수, }x\text{는 한 자리 자연수}\right\}$

에서 가능한 x는 1, 2, 3, ..., 9이므로 가능한 B의 원소도 1, 2, 3, ..., 9이다.

1, 2, 4, 8이 B의 원소이므로 $\frac{1}{n}$, $\frac{2}{n}$, $\frac{4}{n}$, $\frac{8}{n}$은 기약분수이다.

따라서 n은 2의 배수가 아니다.

7이 B의 원소이므로 $\frac{7}{n}$은 기약분수이다.

따라서 n은 7의 배수가 아니다. … ㉮

3, 6, 9는 B의 원소가 아니므로 $\frac{3}{n}$, $\frac{6}{n}$, $\frac{9}{n}$는 기약분수가 아니다.

따라서 n은 3의 배수이다.

5는 B의 원소가 아니므로 $\frac{5}{n}$는 기약분수가 아니다.

따라서 n은 5의 배수이다. … ㉯

따라서 조건을 만족시키는 n의 최솟값은 15이다. … ㉰

단계	채점 기준	배점
㉮	n이 2의 배수, 7의 배수가 아님을 알기	40%
㉯	n이 3의 배수, 5의 배수임을 알기	40%
㉰	n의 최솟값 구하기	20%

04 ……… 답 ①

예를 들어 $2\in A$이면 $\frac{16}{2}\in A$이다.

이와 같이 $x=1, 2, 3, \ldots$을 대입할 때, $\frac{16}{x}\in A$인 경우부터 찾는다.

$\frac{16}{x}$이 자연수이면 x는 16의 약수이다.

$1\in A$이면 $16\in A$, $2\in A$이면 $8\in A$, $4\in A$이면 $4\in A$

$8\in A$이면 $2\in A$, $16\in A$이면 $1\in A$

따라서 A의 원소는 16의 약수이고 1과 16, 2와 8은 쌍으로 있어야 한다.

(i) 4가 없는 경우

$\{1, 16\}$, $\{2, 8\}$, $\{1, 2, 8, 16\}$

(ii) 4가 있는 경우

$\{4\}$, $\{1, 4, 16\}$, $\{2, 4, 8\}$, $\{1, 2, 4, 8, 16\}$

(i), (ii)에서 A의 개수는 $3+4=7$

05 ……… 답 ④

가능한 $x+y$의 값을 모두 구하고 중복되는 원소를 생각한다.

$A=\{1, 2, 3, 4, a\}$, $B=\{1, 3, 5\}$이므로 가능한 X의 원소는

$2, 3, 4, 5, 6, 7, 8, 9, a+1, a+3, a+5$

$n(X)=10$이므로 $a+1$, $a+3$, $a+5$ 중 하나만 2에서 9까지의 값이다.

$a+3<2$, $2\le a+5\le 9$ 또는 $2\le a+1\le 9$, $a+3>9$

$\therefore -3\le a<-1$ 또는 $6<a\le 8$

a는 정수이므로 $a=-3, -2, 7, 8$이고, 합은 10이다.

다른 풀이

$a+1$, $a+3$, $a+5$ 중 하나가 2에서 9까지의 값이므로

$a+1=9$ 또는 $a+1=8$ 또는 $a+5=2$ 또는 $a+5=3$

$\therefore a=8, 7, -3, -2$

06 ……… 답 $\{2, 3, 5, 6, 9, 10\}$

주어진 조건들을 벤 다이어그램으로 나타낸다.

$A-(B\cup C)=\{2, 5, 10\}$을 벤 다이어그램으로 나타내면 그림과 같다.

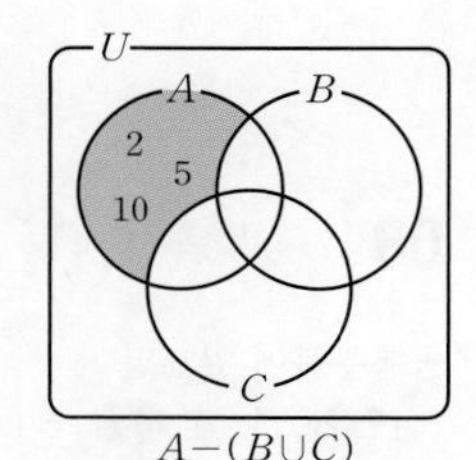

$A-(B\cup C)$

$A-(B\cap C)=\{1, 2, 5, 9, 10\}$을 벤 다이어그램으로 나타내면 그림과 같으므로 빗금친 부분의 원소는 1, 9이다. … ❶

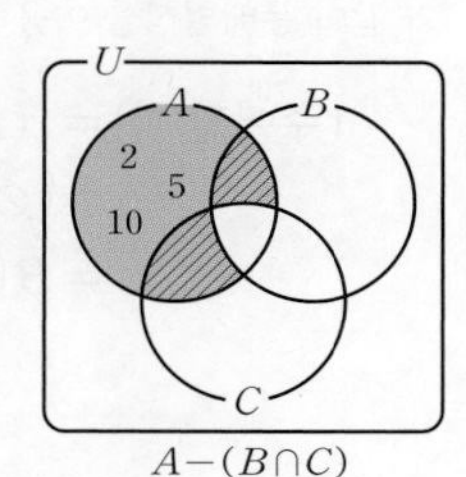

$A-(B\cap C)$

$B-C=\{3, 6, 9\}$를 벤 다이어그램으로 나타내면 그림의 색칠한 부분이므로

❶의 결과에서

$9\in(A\cap B)$, $1\in(A\cap C)$

$\therefore (A\cup B)-C$

$=\{2, 3, 5, 6, 9, 10\}$

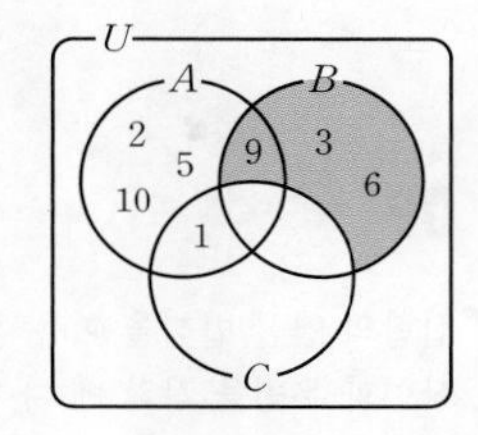

07 ……… 답 0

$x^3-1=0$의 한 허근을 ω라 하고 A의 원소부터 ω로 나타낸다.

$x^3-1=0$에서 $(x-1)(x^2+x+1)=0$

$x^2+x+1=0$의 한 근을 ω라 하면 나머지 한 근은 $\overline{\omega}$이다.

근과 계수의 관계에서

$\omega+\overline{\omega}=-1$ … ❶

ω는 $x^2+x+1=0$의 근이므로

$\omega^2+\omega+1=0$ … ❷ … ㉮

❶, ❷에서 $\overline{\omega}=\omega^2$

$\therefore A=\{1, \omega, \omega^2\}$

$\omega\times\omega^2=\omega^3=1$, $\omega^2\times\omega^2=\omega^3\omega=\omega$이므로

$B=\{1, \omega, \omega^2\}$

$1+\omega=-\omega^2$, $1+\omega^2=-\omega$, $\omega+\omega^2=-1$이므로

$C=\{2, 2\omega, 2\omega^2, -1, -\omega, -\omega^2\}$ … ㉯

$B\cap C=\varnothing$이고

B의 원소의 합은 $1+\omega+\omega^2=0$

C의 원소의 합은 $1+\omega+\omega^2=0$

$\therefore$ ($B\cup C$의 원소의 합)=(B의 원소의 합)+(C의 원소의 합)=0 … ㉰

단계	채점 기준	배점
㉮	$x^2+x+1=0$의 한 근이 ω일 때 $\omega+\bar{\omega}=-1$, $\omega^2+\omega+1=0$임을 알기	30%
㉯	ω를 이용하여 A, B, C 구하기	50%
㉰	$B\cup C$의 원소의 합 구하기	20%

08 ······ 답 ⑤

공통부분이 있으면

$(A\cup B)\cap(A^C\cup B)=(A\cap A^C)\cup B$

와 같이 분배법칙을 이용하여 묶는다.

$$(\text{주어진 식})=\{(A\cap A^C)\cup B\}\cup\{(A^C\cap A)\cup B^C\}$$
$$=(\varnothing\cup B)\cup(\varnothing\cup B^C)$$
$$=B\cup B^C=U$$

09 ······ 답 ①, ⑤

집합의 연산 법칙을 이용하여 정리하거나 좌변과 우변을 각각 벤 다이어그램으로 나타내어 비교한다.

① $(A-B)\cup(A-C)=(A\cap B^C)\cup(A\cap C^C)$
$=A\cap(B^C\cup C^C)$
$=A\cap(B\cap C)^C$
$=A-(B\cap C)$

② $(A-B)-C=(A\cap B^C)\cap C^C$
$=A\cap(B^C\cap C^C)$
$=A\cap(B\cup C)^C$
$=A-(B\cup C)$

③ $\{(A-B)\cup(A^C\cup B)\}\cap B$
$=\{(A-B)\cup(A\cap B^C)^C\}\cap B$
$=\{(A-B)\cup(A-B)^C\}\cap B$
$=U\cap B=B$

④ $\{A\cap(A-B)^C\}\cup\{(B-A)\cap A\}$
$=\{A\cap(A\cap B^C)^C\}\cup\{(B\cap A^C)\cap A\}$
$=\{A\cap(A^C\cup B)\}\cup\{B\cap(A^C\cap A)\}$
$=\{(A\cap A^C)\cup(A\cap B)\}\cup(B\cap\varnothing)$
$=\varnothing\cup(A\cap B)\cup\varnothing$
$=A\cap B$

⑤ $(A\cup B)\cap(A\cap B)^C$
$=(A\cup B)\cap(A^C\cup B^C)$
$=\{(A\cup B)\cap A^C\}\cup\{(A\cup B)\cap B^C\}$
$=\{(A\cap A^C)\cup(B\cap A^C)\}\cup\{(A\cap B^C)\cup(B\cap B^C)\}$
$=\{\varnothing\cup(B\cap A^C)\}\cup\{(A\cap B^C)\cup\varnothing\}$
$=(A-B)\cup(B-A)$

따라서 옳은 것은 ①, ⑤이다.

Think More

⑤ 벤 다이어그램으로 나타내면 그림과 같다.

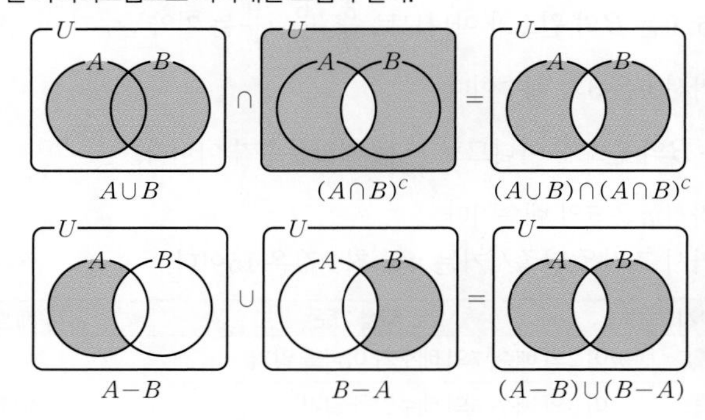

10 ······ 답 4

$(f(x)+g(x))^3=(f(x))^3+(g(x))^3$에서 좌변을 전개하여 간단히 정리한다.

$(f(x)+g(x))^3=(f(x))^3+(g(x))^3$에서

$(f(x))^3+(g(x))^3+3f(x)g(x)(f(x)+g(x))$
$=(f(x))^3+(g(x))^3$

$3f(x)g(x)(f(x)+g(x))=0$

$\therefore f(x)=0$ 또는 $g(x)=0$ 또는 $f(x)+g(x)=0$ … ㉮

따라서 $B\subset A$이고 $f(x)+g(x)=0$의 해가 없을 때

$n(C)$는 최소이고, 최솟값은 4이다. … ㉯

단계	채점 기준	배점
㉮	$(f(x)+g(x))^3=(f(x))^3+(g(x))^3$ 정리하기	50%
㉯	$n(C)$의 최솟값 구하기	50%

11 ······ 답 $-\frac{3}{2}<a<\frac{7}{2}$

$x^2-2ax+2a+3>0$의 해를 바로 구할 수 없으므로 $y=x^2-2ax+2a+3$의 그래프를 이용한다.

$x^2-2x\le0$에서 $0\le x\le2$이므로 $A=\{x|0\le x\le2\}$

$f(x)=x^2-2ax+2a+3$이라 하자.

$A-B=\varnothing$이므로 $A\subset B$

따라서 $0\le x\le2$일 때 $f(x)>0$이다.

$f(x)=(x-a)^2-a^2+2a+3$이므로

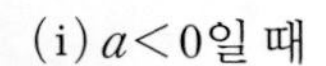

(i) $a<0$일 때

$f(0)>0$에서 $2a+3>0$

$\therefore a>-\frac{3}{2}$

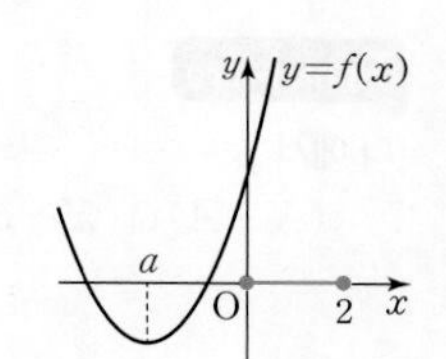

$a<0$이므로 $-\frac{3}{2}<a<0$

(ii) $a>2$일 때

$f(2)>0$에서 $7-2a>0$

$\therefore a<\frac{7}{2}$

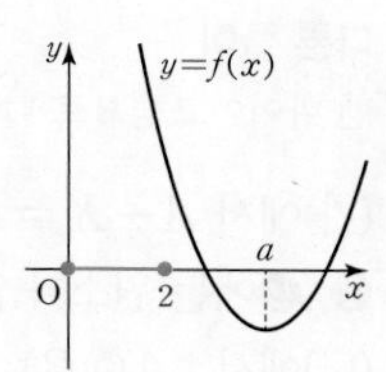

$a>2$이므로 $2<a<\frac{7}{2}$

(iii) $0\le a\le 2$일 때

$f(a)>0$에서 $-a^2+2a+3>0$

$(a+1)(a-3)<0$

$\therefore -1<a<3$

$0\le a\le 2$이므로 $0\le a\le 2$

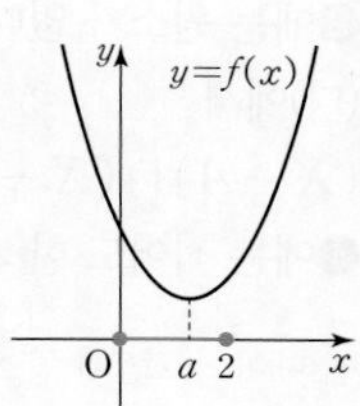

(i), (ii), (iii)에서 $-\frac{3}{2}<a<\frac{7}{2}$

12 .... 답 33

$A_l\cap A_m$은 l과 m의 최소공배수의 배수의 집합임을 이용한다.

$A_l\cap A_m$의 원소는 l의 배수이고 m의 배수이므로 l과 m의 최소공배수의 배수이다.

$$\therefore A_2\cap(A_3\cup A_4)=(A_2\cap A_3)\cup(A_2\cap A_4)$$
$$=A_6\cup A_4$$

$A_6\cap A_4=A_{12}$이고

$$n(A_6)=16,\ n(A_4)=25,\ n(A_6\cap A_4)=8$$

이므로

$$n(A_6\cup A_4)=n(A_6)+n(A_4)-n(A_{12})$$
$$=16+25-8=33$$

13 .... 답 ⑤

ㄱ. $A_3=\{2, 3\}$, $B_5=\{1, 5\}$이므로 A_3과 B_5는 서로소이다. (참)

ㄴ. $n\le k$이면 n 이하의 소수가 k 이하의 소수이므로 $A_n\subset A_k$이다. (참)

ㄷ. $B_m\subset B_n$이면 m의 약수가 n의 약수이다.
따라서 m은 n의 약수이고, n은 m의 배수이다. (참)

옳은 것은 ㄱ, ㄴ, ㄷ이다.

14 .... 답 ①

예를 들어 6과 서로소인 자연수는 2와 3의 배수가 아니다.

ㄱ. $4=2^2$이므로 4와 서로소이면 2의 배수가 아니다.
따라서 A_4의 원소는 2와 서로소인 자연수이므로
$A_2=A_4$ (참)

ㄴ. A_3의 원소는 3과 서로소이므로 3의 배수가 아닌 수이고, ${A_3}^C$는 3의 배수의 집합이다.
A_4의 원소는 2와 서로소이므로 2의 배수가 아닌 수이고, ${A_4}^C$는 2의 배수의 집합이다.
곧, ${A_3}^C\cap {A_4}^C$는 6의 배수의 집합이다.
A_6은 6과 서로소이므로 2의 배수도 아니고 3의 배수도 아닌 수이다.
따라서 $A_6=\{1, 5, 7, 11, 13, \dots\}$
${A_6}^C=\{2, 3, 4, 6, 8, \dots\}$
$\therefore {A_3}^C\cap {A_4}^C\ne {A_6}^C$ (거짓)

ㄷ. $A_2=A_4=A_8$이므로 $A_4\cap A_8=A_2$
그런데 4와 8의 최소공배수가 8이다. (거짓)

옳은 것은 ㄱ이다.

Think More

ㄱ. $A_2=\{1, 3, 5, 7, \dots\}$, $A_4=\{1, 3, 5, 7, \dots\}$ $\therefore A_2=A_4$

ㄴ. ${A_3}^C=\{3, 6, 9, 12, 15, 18, \dots\}$
${A_4}^C={A_2}^C=\{2, 4, 6, 8, 10, 12, \dots\}$

ㄷ. m, n의 최소공배수가 l일 때, $A_m\cap A_n=A_l$이다.
그러나 l이 $A_m\cap A_n=A_k$를 만족시키는 최솟값은 아니다.

15 .... 답 ⑤

U는 $A-B$, $B-A$, $A\cap B$, $(A\cup B)^C$로 나누어진다.
예를 들어 C의 원소 x가 $A-B$의 원소이면
$x\in(C\cap A)$이지만 $x\notin(C\cap B)$이다.
이와 같은 방법으로 C의 가능한 원소를 찾는다.

2나 8은 $A-B$의 원소이므로 2나 8이 C의 원소이면 2나 8은 $C\cap A$의 원소이지만 $C\cap B$의 원소가 아니다.

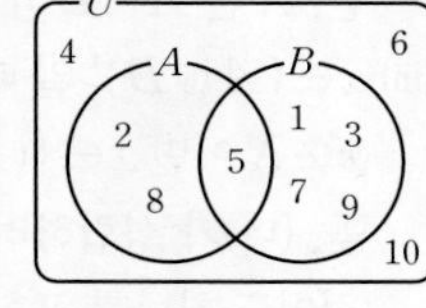

5는 $A\cap B$의 원소이므로 5가 C의 원소이면 5는 $C\cap A$와 $C\cap B$의 원소이다.
나머지 원소가 C의 원소일 때, $C\cap A$의 원소가 아니므로 $(C\cap A)\subset(C\cap B)$가 성립한다.
따라서 C는 2와 8을 포함하지 않고, 나머지 원소는 포함해도 되고 포함하지 않아도 된다.
C의 개수는

$$2^{10-2}=256$$

다른 풀이

벤 다이어그램으로 나타내어 풀 수도 있다.

$(C\cap A)\subset(C\cap B)$이므로
벤 다이어그램에서 색칠한 부분에는
원소가 없다.
5는 ❶, ❷ 중 한 곳에
1, 3, 7, 9는 각각 ❸, ❹ 중 한 곳에
4, 6, 10은 각각 ❺, ❻ 중 한 곳에
넣을 수 있으므로 C의 개수는

$$2\times2^4\times2^3=256$$

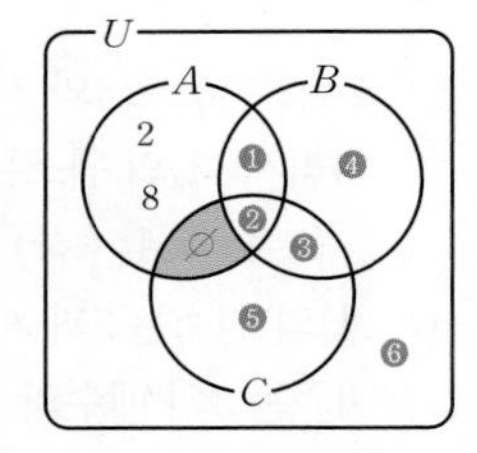

16  7

2는 $A-B$의 원소이므로
$2\notin X$이면 $2\in(A-X)$, $2\notin(B-X)$이다.
따라서 (가)가 성립하지 않는다.
이와 같이 $A-B$, $B-A$, $A\cap B$, $(A\cup B)^C$의 원소를 차례로 확인하여
X에 대한 조건을 찾는다.

$U=\{1, 2, 3, \dots, 9\}$이고,
$A=\{2, 3, 5, 7\}$, $B=\{1, 3, 5, 7, 9\}$

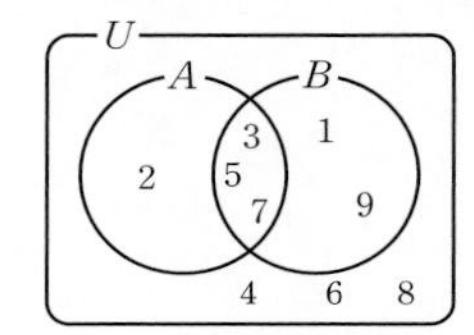

(i) $x\in(A-B)$일 때
$x\notin X$이면 $x\in(A-X)$이지만 $x\notin(B-X)$이므로
(가)가 성립하지 않는다.
곧, $x\in X$이므로 X는 $A-B$의 원소 2를 포함한다.
같은 이유로 $x\in(B-A)$이면 $x\in X$이므로
X는 $B-A$의 원소 1, 9를 포함한다.

(ii) $x\in(A\cap B)$일 때
$x\in X$이면 $x\notin(A-X)$이고 $x\notin(B-X)$이므로
(나)가 성립하지 않는다.
곧, X는 $A\cap B$의 원소 3, 5, 7을 포함하지 않는다.

(iii) $x\in(A\cup B)^C$일 때
$x\notin X$이면 $x\notin\{(X-A)\cap(X-B)\}$이다.
곧, (다)가 성립하려면 X가 $(A\cup B)^C$의 원소 4, 6, 8 중
적어도 하나를 포함해야 한다.

(i), (ii), (iii)에서
X는 2, 1, 9를 포함하고 3, 5, 7을 포함하지 않으며 4, 6, 8 중에
적어도 하나를 포함해야 한다.
따라서 X의 개수는 $\{4, 6, 8\}$의 $\varnothing$이 아닌 부분집합의 개수와
같으므로

$$2^3-1=7$$

Think More

(다)에서

$$(X-A)\cap(X-B)=(X\cap A^C)\cap(X\cap B^C)$$
$$=X\cap(A^C\cap B^C)=X\cap(A\cup B)^C$$
$$=X-(A\cup B)\neq\varnothing$$

이므로 X가 $(A\cup B)^C$의 원소를 적어도 하나 포함해야 한다.

다른 풀이

벤 다이어그램으로 나타내어 풀 수도 있다.

(가)에서 $A-X=B-X$이므로
❶, ❷에는 원소가 없다.
(나)에서 $(A\cap B)\subset(A-X)$이므로
❸에는 원소가 없다.
(다)에서
$(X-A)\cap(X-B)\neq\varnothing$이므로
❹에는 적어도 한 개의 원소가 있어야 한다.

벤 다이어그램에 원소들을 배치해 보자.

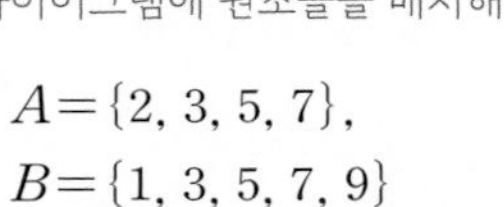

$A=\{2, 3, 5, 7\}$,
$B=\{1, 3, 5, 7, 9\}$
를 벤 다이어그램으로 나타내면
그림과 같고, 원소 4, 6, 8은 각각
❹ 또는 ❺에 들어갈 수 있다.
이때 ❹에는 적어도 한 개의 원소가 있어
야 하므로

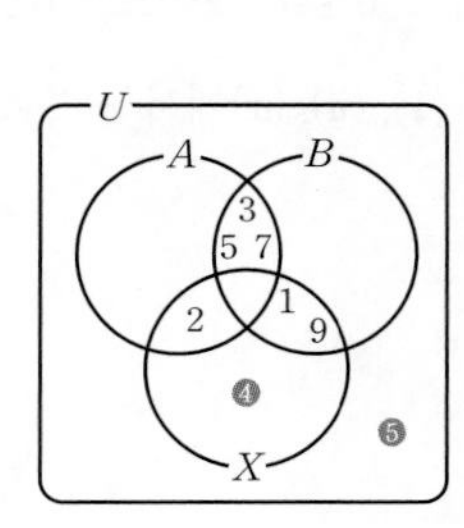

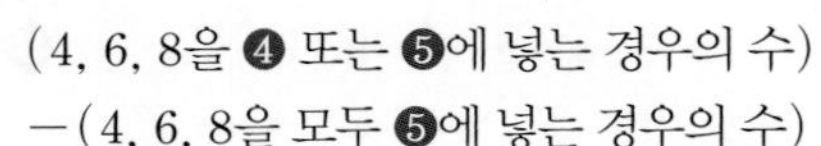

(4, 6, 8을 ❹ 또는 ❺에 넣는 경우의 수)
$-$(4, 6, 8을 모두 ❺에 넣는 경우의 수)
$=2^3-1=7$

17 답 24

짝수인 원소를 한 개는 포함한다.
전체에서 2와 4를 모두 포함하지 않는 경우를 뺀다.

원소의 곱이 짝수이면 짝수를 하나라도 포함한다.
따라서 공집합이 아닌 모든 부분집합의 개수에서 원소가 모두
홀수인 집합의 개수를 빼면 되므로

$$(2^5-1)-(2^3-1)=31-7=24$$

다른 풀이

2만 포함하는 경우, 4만 포함하는 경우,
2와 4를 모두 포함하는 경우로 나누어 풀 수도 있다.

2를 포함하고 4를 포함하지 않는 집합의 개수는 $2^{5-2}=8$
4를 포함하고 2를 포함하지 않는 집합의 개수는 $2^{5-2}=8$
2, 4를 모두 포함하는 집합의 개수는 $2^{5-2}=8$

$$\therefore 8+8+8=24$$

18 ········ 답 ⑤

$n(A\cap B\cap X)$가 2, 3, ...일 때로 나누어 집합 X의 개수를 구한다.

$A\cap X=X$이므로 $X\subset A$

또, $A\cap B=\{1, 3, 5\}$이므로 $n(A\cap B\cap X)\geq 2$이면

$n(A\cap B\cap X)=2$ 또는 $n(A\cap B\cap X)=3$

(i) $n(A\cap B\cap X)=2$일 때

$\{1, 3\}\subset X$이고 $5\not\in X$인 X의 개수는 $2^{6-3}=8$

$\{1, 5\}\subset X$이고 $3\not\in X$인 X의 개수는 $2^{6-3}=8$

$\{3, 5\}\subset X$이고 $1\not\in X$인 X의 개수는 $2^{6-3}=8$

$\therefore 8+8+8=24$

(ii) $n(A\cap B\cap X)=3$일 때

$\{1, 3, 5\}\subset X$인 X의 개수는 $2^{6-3}=8$

(i), (ii)에서 X의 개수는

$24+8=32$

19 ········ 답 ①

A의 가장 작은 원소가 1, 2, 3인 경우로 나누어 구해 보자.

(i) A의 가장 작은 원소가 3일 때

3, 7을 포함하고 1, 2를 포함하지 않는 A의 개수는

$2^{7-4}=8$

(ii) A의 가장 작은 원소가 2일 때

2, 7을 포함하고 1을 포함하지 않는 A의 개수는

$2^{7-3}=16$

2, 6을 포함하고 1, 7을 포함하지 않는 A의 개수는

$2^{7-4}=8$

(iii) A의 가장 작은 원소가 1일 때

1, 7을 포함하는 A의 개수는

$2^{7-2}=32$

1, 6을 포함하고 7을 포함하지 않는 A의 개수는

$2^{7-3}=16$

1, 5를 포함하고 6, 7을 포함하지 않는 A의 개수는

$2^{7-4}=8$

(i), (ii), (iii)에서 A의 개수는

$8+16+8+32+16+8=88$

다른 풀이

$f(A)=4, 5, 6$인 경우로 나누어 구할 수도 있다.

(i) $f(A)=6$일 때

A의 가장 큰 원소가 7, 가장 작은 원소가 1이므로 1, 7을 포함하면 된다.

따라서 A의 개수는 $2^{7-2}=32$

(ii) $f(A)=5$일 때

A의 가장 큰 원소가 6, 가장 작은 원소가 1이면 1, 6을 포함하고 7을 포함하지 않으므로 A의 개수는

$2^{7-3}=16$

A의 가장 큰 원소가 7, 가장 작은 원소가 2이면 2, 7을 포함하고 1을 포함하지 않으므로 A의 개수는

$2^{7-3}=16$

(iii) $f(A)=4$일 때

A의 가장 큰 원소가 5, 가장 작은 원소가 1이면 1, 5를 포함하고 6, 7을 포함하지 않으므로 A의 개수는

$2^{7-4}=8$

A의 가장 큰 원소가 6, 가장 작은 원소가 2이거나 A의 가장 큰 원소가 7, 가장 작은 원소가 3일 때도 A의 개수는 각각 8

(i), (ii), (iii)에서 A의 개수는

$32+2\times 16+3\times 8=88$

20 ········ 답 80

$A\cup X$의 원소의 합이 $B\cup X$의 원소의 합보다 크려면 그림에서 ❶ 부분의 원소의 합이 ❷ 부분의 원소의 합보다 커야 한다.

X가 2 또는 4를 포함하는지를 기준으로 경우를 나눈다.

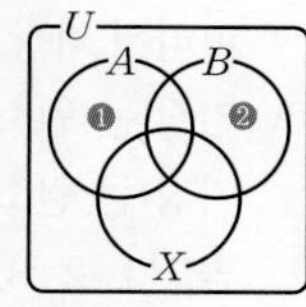

❶에는 1, 3, ❷에는 2, 4가 올 수 있다.

(i) X가 2와 4를 모두 포함할 때

❷의 원소가 없으므로 1 또는 3이 ❶의 원소이면 된다.

1, 3을 포함하지 않는 X의 개수는

$2^{8-4}=16$

1을 포함하고 3을 포함하지 않는 X의 개수는

$2^{8-4}=16$

3을 포함하고 1을 포함하지 않는 X의 개수는

$2^{8-4}=16$

따라서 X의 개수는 $16+16+16=48$ ··· ㉮

(ii) X가 4를 포함하고 2를 포함하지 않을 때

❷의 원소가 2이므로 ❶에 3이 있어야 하고 X가 3을 포함하지 않는다.

따라서 X의 개수는 $2^{8-3}=32$ ··· ㉯

(iii) X가 4를 포함하지 않을 때

❷는 4를 포함하므로 $A\cup X$의 원소의 합이 $B\cup X$의 원소의 합보다 클 수 없다. ··· ㉰

(i), (ii), (iii)에서 X의 개수는

$48+32=80$ ··· ㉱

단계	채점 기준	배점
㉮	X가 2와 4를 모두 포함할 때 X의 개수 구하기	30%
㉯	X가 4를 포함하고 2를 포함하지 않을 때 X의 개수 구하기	30%
㉰	X가 4를 포함하지 않는 경우 X는 없음을 알기	30%
㉱	X의 개수 구하기	10%

21 ······ 답 114

가장 큰 원소가 2, 3, 4, 5일 때로 나누어 구해 보자.

(i) 가장 큰 원소가 2일 때
가장 큰 원소가 2인 집합은 $\{1, 2\}$뿐이므로 가장 큰 원소의 합은 2이다.

(ii) 가장 큰 원소가 3일 때
가장 큰 원소가 3이면 3을 포함하고 4와 5는 포함하지 않는다.
곧, $\{1, 2\}$의 원소가 적어도 1개 있는 부분집합에 원소 3을 추가한 꼴이므로 집합의 개수는

$2^2-1=3$

따라서 가장 큰 원소의 합은 $3\times3=9$

(iii) 가장 큰 원소가 4일 때
가장 큰 원소가 4이면 4를 포함하고 5는 포함하지 않는다.
곧, $\{1, 2, 3\}$의 원소가 적어도 1개 있는 부분집합에 원소 4를 추가한 꼴이므로 집합의 개수는

$2^3-1=7$

따라서 가장 큰 원소의 합은 $4\times7=28$

(iv) 가장 큰 원소가 5일 때
가장 큰 원소가 5이면 5를 포함한다.
곧, $\{1, 2, 3, 4\}$의 원소가 적어도 1개 있는 부분집합에 원소 5를 추가한 꼴이므로 집합의 개수는

$2^4-1=15$

따라서 가장 큰 원소의 합은 $5\times15=75$

(i)~(iv)에서

$2+9+28+75=114$

22 ······ 답 ④

7, 9, 11은 $A-B$의 원소일 수 없으므로 $A\cap B$, $B-A$, $(A\cup B)^C$의 원소이다.
각 경우 가능한 순서쌍을 생각한다.

7, 9, 11은 $A\cap B$ 또는 $B-A$ 또는 $(A\cup B)^C$의 원소이다.

(i) $7\in(A\cap B)$일 때
9는 $A\cap B$ 또는 $B-A$ 또는 $(A\cup B)^C$의 원소이다.
11도 $A\cap B$ 또는 $B-A$ 또는 $(A\cup B)^C$의 원소일 수 있으므로 $3\times3=9$(개)가 가능하다.

(ii) $7\in(B-A)$일 때도 9개

(iii) $7\in(A\cup B)^C$일 때도 9개

(i), (ii), (iii)에서 순서쌍 (A, B)의 개수는

$9\times3=27$

다른 풀이

7, 9, 11은 각각
❶, ❷, ❸ 중 한 곳에 들어갈 수 있으므로
순서쌍 (A, B)의 개수는

$3\times3\times3=27$

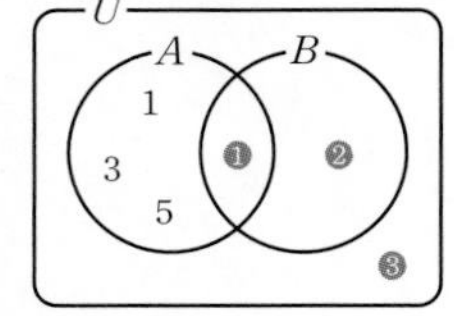

23 ······ 답 211

$A\cap B\neq\varnothing$이므로 가능한 $A\cap B$는 $\varnothing$이 아닌 U의 부분집합이다.
따라서 각 경우를 모두 생각하는 것이 쉽지 않다.
이때는 전체에서 $A\cap B=\varnothing$인 경우를 빼는 것이 쉽다.

$A\cup B=U$인 경우에서 $A\cap B=\varnothing$인 경우를 뺀다.

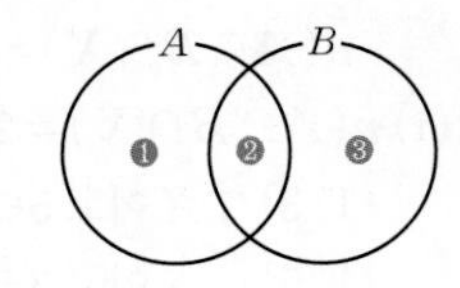

(i) $A\cup B=U$인 (A, B)의 개수
U의 원소 1, 2, 3, 4, 5를 각각 ❶, ❷, ❸ 중 어느 한 곳에 넣으면 되므로

$3\times3\times3\times3\times3=243$

(ii) $A\cap B=\varnothing$인 (A, B)의 개수
U의 원소 1, 2, 3, 4, 5를 각각 ❶, ❸ 중 어느 한 곳에 넣으면 되므로

$2\times2\times2\times2\times2=32$

(i)에서 (ii)인 경우를 빼면 $243-32=211$

24 ······ 답 ⑤

$A\star B=A^C\cap B^C=(A\cup B)^C$
이다. 둘 중 필요한 것을 이용하여 식을 정리한다.

$$\begin{aligned}(A\star B)\star A&=(A^C\cap B^C)^C\cap A^C\\&=(A\cup B)\cap A^C\\&=(A\cap A^C)\cup(B\cap A^C)\\&=\varnothing\cup(B\cap A^C)\\&=B-A\end{aligned}$$

곧, $B-A=\varnothing$이므로 $B\subset A$

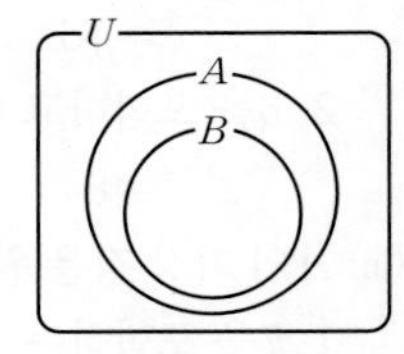

ㄱ. B는 A의 부분집합이므로
가능한 B는 $2^4=16$(개) (참)

ㄴ. $A\cap B=B$ (거짓)

ㄷ. $B^C\cup A=U$ (참)

옳은 것은 ㄱ, ㄷ이다.

25 ······ 답 ③

$$\begin{aligned}A\triangle B&=(A\cap B^C)\cup(B\cap A^C)\\&=(A-B)\cup(B-A)\\&=(A\cup B)-(A\cap B)\end{aligned}$$

이다. 필요한 꼴을 이용하여 정리한다.

$$\begin{aligned}A\triangle B&=(A\cap B^C)\cup(B\cap A^C)\\&=(A-B)\cup(B-A)\end{aligned}$$

ㄱ. $A\triangle\varnothing=(A\cap\varnothing^C)\cup(\varnothing\cap A^C)=(A\cap U)\cup\varnothing$
$=A\cup\varnothing=A$ (참)

ㄴ. $A\subset B$이면
$A\triangle B=(A-B)\cup(B-A)$
$=\varnothing\cup(B-A)=B-A$ (거짓)

ㄷ. $A\triangle B=A$이면 $(A-B)\cup(B-A)=A$ ⋯ ❶

$x\in(B-A)$이면 $x\notin A$이므로 ❶에 모순이다.

곧, $x\in(B-A)$인 x가 없으므로 $B-A=\varnothing$

이때 ❶은 $A-B=A$이므로 $B=\varnothing$ (참)

옳은 것은 ㄱ, ㄷ이다.

Think More

ㄷ. $A\triangle B$는 그림에서 색칠한 부분이다.

곧, $A\triangle B=A$이므로

$A\cap B=\varnothing$, $B-A=\varnothing$

$\therefore B=\varnothing$

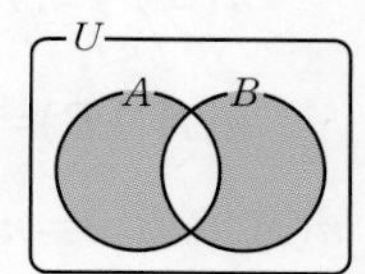

26 ⋯ 답 5

원소의 개수를 알면 부분집합의 개수를 알 수 있다.
$n(B)=b$, $n(A\cap B)=c$ 또는
$n(B)=b$, $n(A\cup B)=c$로 놓고 풀어 보자.

$n(A)=6$이므로 $P(A)=2^6$

$n(B)=b$, $n(A\cup B)=c$라 하면

$P(B)=2^b$, $P(A\cup B)=2^c$

$P(A)+P(B)=P(A\cup B)$이므로

$2^6+2^b=2^c$

(i) $b<6$일 때, $2^b(2^{6-b}+1)=2^c$

$2^{6-b}+1$이 2의 거듭제곱이 아니므로 모순이다.

(ii) $b=6$일 때, $2^6+2^6=2^7$이므로 $c=7$

(iii) $b>6$일 때, $2^6(1+2^{b-6})=2^c$

$1+2^{b-6}$이 2의 거듭제곱이 아니므로 모순이다.

(i), (ii), (iii)에서 $n(A)=6$, $n(B)=6$, $n(A\cup B)=7$이므로

$n(A\cap B)=n(A)+n(B)-n(A\cup B)$

$=6+6-7=5$

27 ⋯ 답 ⑤

$A\cap B\neq\varnothing$이면 $f(A\cup B)=\dfrac{f(A)f(B)}{f(A\cap B)}$

ㄱ. U의 모든 원소들은 1보다 크므로 $A\subset B$이면

$f(A)\le f(B)$ (참)

ㄴ. $A\cap B=\varnothing$이면 $f(A\cup B)$는 A와 B의 원소를 모두 곱한 값이므로 $f(A\cup B)=f(A)f(B)$ (참)

ㄷ. $A\cup A^C=U$, $A\cap A^C=\varnothing$이므로 ㄴ에 의해

$f(U)=f(A\cup A^C)=f(A)f(A^C)$

$\therefore f(A^C)=\dfrac{f(U)}{f(A)}$ (참)

옳은 것은 ㄱ, ㄴ, ㄷ이다.

28 ⋯ 답 4

벤 다이어그램을 그려
$A-B$, B, $B\cup A^C$의
관계를 조사한다.

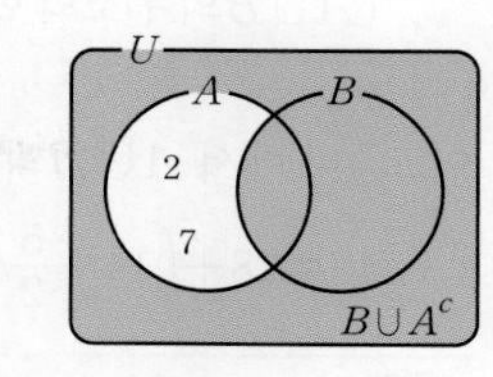

$(B\cup A^C)^C=B^C\cap A=A-B$

이므로

$B\cup A^C$는 $A-B$의 여집합이다.

따라서 U의 모든 원소의 합은 $A-B$ 원소의 합의 4배이다.

$A-B=\{2, 7\}$의 원소의 합은 9이고,

$U=\{1, 2, 3, \dots, k\}$의 원소의 합이 $4\times9=36$이므로

$\dfrac{k(k+1)}{2}=36$ $\quad\therefore k=8$

$\therefore U=\{1, 2, 3, \dots, 8\}$

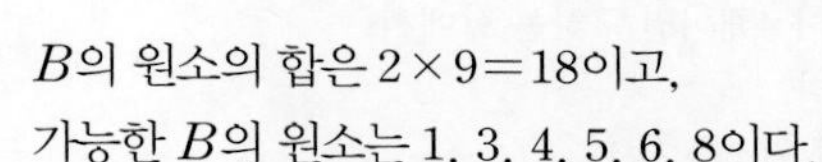
원소의 합이 조건을 만족시키도록
원소들을 넣어 보자.

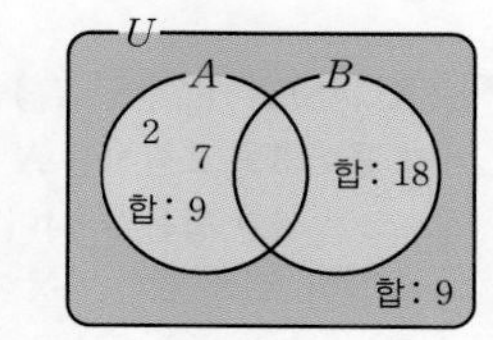

B의 원소의 합은 $2\times9=18$이고,

가능한 B의 원소는 1, 3, 4, 5, 6, 8이다.

(i) B의 가장 큰 원소 두 개가 8, 6일 때

나머지 원소의 합이 4이므로

$B=\{8, 6, 4\}$ 또는 $B=\{8, 6, 3, 1\}$

(ii) B의 가장 큰 원소 두 개가 8, 5일 때

나머지 원소의 합이 5이므로

$B=\{8, 5, 4, 1\}$

(iii) B의 가장 큰 원소가 6일 때

나머지 원소의 합이 12이므로

$B=\{6, 5, 4, 3\}$

(i), (ii), (iii)에서 B의 개수는 4이다.

29 ⋯ 답 12

10, 13이 A의 원소이므로 나머지 원소를
x_1, x_2, x_3으로 놓고 푼다.

(다)에서 $A\cap B=\{10, 13\}$이므로 $A=\{x_1, x_2, x_3, 10, 13\}$이라 하면 ⋯ ㉮

$B=\left\{\dfrac{x_1+a}{2}, \dfrac{x_2+a}{2}, \dfrac{x_3+a}{2}, \dfrac{10+a}{2}, \dfrac{13+a}{2}\right\}$

(가)에서 A의 원소의 합이 28이므로

$x_1+x_2+x_3+10+13=28$

$\therefore x_1+x_2+x_3=5$

따라서 B의 원소의 합은

$\dfrac{x_1+x_2+x_3+5a+23}{2}=14+\dfrac{5}{2}a$ ⋯ ㉯

그런데

$(A\cup B$의 원소의 합$)=(A$의 원소의 합$)+(B$의 원소의 합$)$
$-(A\cap B$의 원소의 합$)$

이고, (나)에서 $A\cup B$의 원소의 합은 49이므로

$49=28+\left(14+\frac{5}{2}a\right)-(10+13)$ $\therefore a=12$ … ㉰

단계	채점 기준	배점
㉮	$A=\{x_1, x_2, x_3, 10, 13\}$으로 놓기	20%
㉯	B의 원소의 합 구하기	40%
㉰	$A\cup B$, $A\cap B$의 원소의 합을 이용하여 a의 값 구하기	40%

30 답 ④

$S(X_1), S(X_2), ..., S(X_n)$을 모두 구해서 합을 구하는 문제는 아니다.
예를 들어 3을 포함하는 X_i가 4개이면 구하는 합에서
원소 3에 의한 합은 3×4이다.
이와 같이 X_i에 포함 가능한 원소를 찾고,
각 원소가 몇 개의 집합에 속하는지 알면 합을 구할 수 있다.

$A=\{1, 2, 3, 4, 5, 6\}$, $B=\{1, 2, 4, 8\}$이므로
B와 서로소인 A의 부분집합은 1, 2, 4를 포함하지 않는다.
곧, $X_1, X_2, ..., X_n$은 $\{3, 5, 6\}$의 부분집합이다.
이때 원소 3을 포함하는 부분집합은 $\{3\}$, $\{3, 5\}$, $\{3, 6\}$, $\{3, 5, 6\}$이므로 4개이다.
같은 방법으로 5, 6을 포함하는 집합도 각각 4개씩이다.

$\therefore S(X_1)+S(X_2)+S(X_3)+\cdots+S(X_n)$
$=(3+5+6)\times4=56$

Think More

원소 3을 포함하는 부분집합의 개수는 $\{5, 6\}$의 부분집합의 개수와 같으므로 $2^2=4$라 해도 된다.

31 답 ④

예를 들어 5로 나눈 나머지가 1인 수와 5로 나눈 나머지가 4인 수를 더하면
5로 나눈 나머지가 0이다.
이와 같이 5로 나눈 나머지가 같은 수로 구분하여 합을 생각한다.

5로 나누어 나머지가 0, 1, 2, 3, 4인 수의 집합을 각각 R_0, R_1, R_2, R_3, R_4라 하자.
R_1과 R_4의 원소, R_2와 R_3의 원소를 더하면 5의 배수이다.
또, R_0의 두 원소를 더하면 5의 배수이다.
따라서 R_1과 R_4의 원소가 동시에 S의 원소일 수 없고, R_2와 R_3의 원소가 동시에 S의 원소일 수 없다.
또, R_0의 원소는 2개가 S의 원소일 수 없다.
U가 202 이하의 자연수의 집합이므로

$n(R_1)=n(R_2)=41$, $n(R_3)=n(R_4)=40$

따라서 S가 R_1, R_2의 원소를 모두 포함하고 R_0의 원소를 하나만 포함할 때 $n(S)$가 최대이고, 최댓값은 83이다.

32 답 37

비율이 주어진 경우 학급 전체의 학생 수를 x라 하고
주어진 조건을 x로 나타낸다.

학급 전체의 학생 수를 x라 하고, 수학을 신청한 학생의 집합을 A, 영어를 신청한 학생의 집합을 B라 하면

$n(U)=x$, $n(A)=\frac{5}{8}x$, $n(B)=\frac{7}{10}x$

$n(A\cap B)=\frac{2}{5}x$, $n(A^C\cap B^C)=3$ … ㉮

$n(A^C\cap B^C)=n((A\cup B)^C)=n(U)-n(A\cup B)$이므로

$n(A\cup B)=x-3$ … ㉯

$n(A\cup B)=n(A)+n(B)-n(A\cap B)$이므로

$x-3=\frac{5}{8}x+\frac{7}{10}x-\frac{2}{5}x$

$40x-120=25x+28x-16x$

$\therefore x=40$ … ㉰

따라서 방과 후 보충 수업을 신청한 학생 수는

$n(A\cup B)=x-3=37$ … ㉱

단계	채점 기준	배점
㉮	학급 전체의 학생 수를 x라 하고, 수학과 영어를 신청한 학생의 집합을 A, B라 할 때, $n(A)$, $n(B)$를 각각 x로 나타내기	30%
㉯	$A^C\cap B^C$ 또는 $(A\cup B)^C$를 이용하여 $n(A\cup B)$를 x로 나타내기	20%
㉰	$n(A\cup B)=n(A)+n(B)-n(A\cap B)$를 이용하여 x의 값 구하기	30%
㉱	$n(A\cup B)$를 이용하여 보충 수업을 신청한 학생 수 구하기	20%

33 답 ②

$A\triangle B$, $B\triangle C$, $C\triangle A$를 벤 다이어그램으로 나타내고
$A\cup B\cup C$, $A\cap B\cap C$와의 관계를 생각한다.

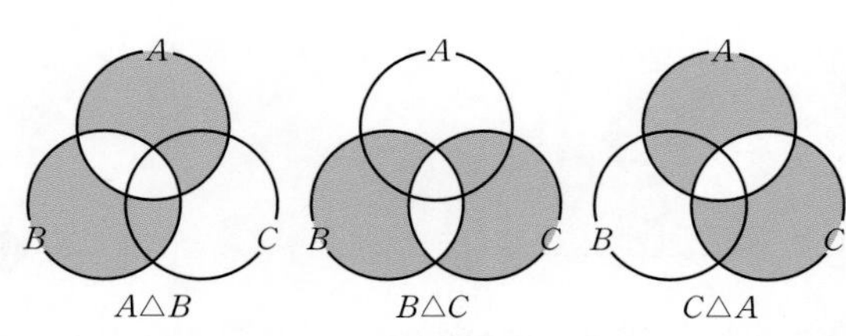

$A\triangle B$, $B\triangle C$, $C\triangle A$를 각각 벤 다이어그램으로 나타내면 그림의 색칠한 부분이므로

$n(A\triangle B)+n(B\triangle C)+n(C\triangle A)$
$=2\{n(A\cup B\cup C)-n(A\cap B\cap C)\}$
$20+20+22=2\{40-n(A\cap B\cap C)\}$
$\therefore n(A\cap B\cap C)=40-31=9$

34 ······ 답 ④

◤주어진 조건을 벤 다이어그램으로 나타낸 후 $n(C-(A\cup B))$가 최소가 되는 경우를 생각한다.

$C-(A\cup B)$를 벤 다이어그램으로 나타내면 그림의 색칠한 부분이고, $n(C)=40$이므로 ❶과 ❷의 원소의 개수가 최대일 때 $n(C-(A\cup B))$가 최소이다.

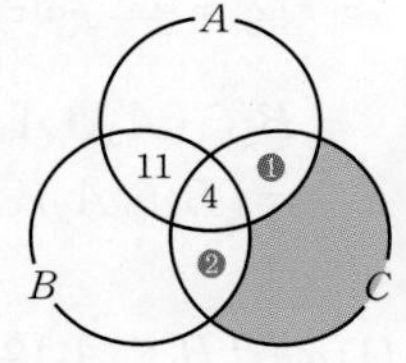

$n(A)=32$이므로 ❶의 원소의 개수의 최댓값은

$32-(11+4)=17$

$n(B)=18$이므로 ❷의 원소의 개수의 최댓값은

$18-(11+4)=3$

$n(C)=40$이므로 $n(C-(A\cup B))$의 최솟값은

$40-(17+4+3)=16$

35 ······ 답 ②

◤그림에서 $x+y+z$의 값을 구하는 문제이다. 주어진 조건을 a, b, c, x, y, z로 나타낸다.

탁구, 배드민턴, 테니스를 좋아하는 학생의 집합을 각각 A, B, C라 하자.

$n(A\cap B\cap C)=6$이므로 그림과 같이 6을 쓰고 나머지 영역의 원소의 개수를 a, b, c, x, y, z라 하자.

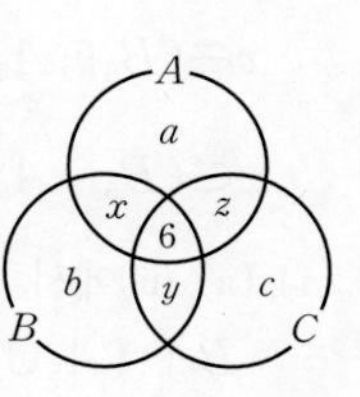

이때 $x+y+z$의 값을 구하면 된다.

$n(A\cup B\cup C)=40$이므로

$x+y+z+a+b+c+6=40$ ··· ❶

또, $n(A)=21$, $n(B)=29$, $n(C)=16$이므로

$a+x+z+6=21$, $b+x+y+6=29$, $c+y+z+6=16$

변변 더하면

$a+b+c+2(x+y+z)+18=66$ ··· ❷

❷$-$❶을 하면 $x+y+z+12=26$

$\therefore x+y+z=14$

다른 풀이

$A\cup B\cup C=U$이므로 $n(A\cup B\cup C)=40$

또, 조건에서

$n(A\cap B\cap C)=6$, $n(A)=21$, $n(B)=29$, $n(C)=16$

2종목만 좋아하는 학생 수를 t라 하면

$$\begin{aligned}t&=\{n(A\cap B)-n(A\cap B\cap C)\}\\&\quad+\{n(B\cap C)-n(A\cap B\cap C)\}\\&\quad+\{n(C\cap A)-n(A\cap B\cap C)\}\\&=n(A\cap B)+n(B\cap C)+n(C\cap A)-3\times 6\end{aligned}$$

그런데

$$\begin{aligned}n(A\cup B\cup C)&=n(A)+n(B)+n(C)\\&\quad-n(A\cap B)-n(B\cap C)-n(C\cap A)\\&\quad+n(A\cap B\cap C)\end{aligned}$$

이므로

$40=21+29+16-(t+18)+6$ $\quad\therefore t=14$

36 ······ 답 105

◤전체 학생 수를 u라 하면 A, B, C 모두 좋아하는 학생 수는 $\frac{16}{100}u$이다. 그림을 그리고 $x+y+z$의 값을 구한다.

A, B, C를 좋아하는 학생의 집합을 각각 A, B, C라 하자.

전체 학생 수를 u라 하면

$n(A\cap B\cap C)=\frac{16}{100}u$

그림과 같이 $\frac{16}{100}u$를 쓰고 나머지 영역의 원소의 개수를 a, b, c, x, y, z라 하자.

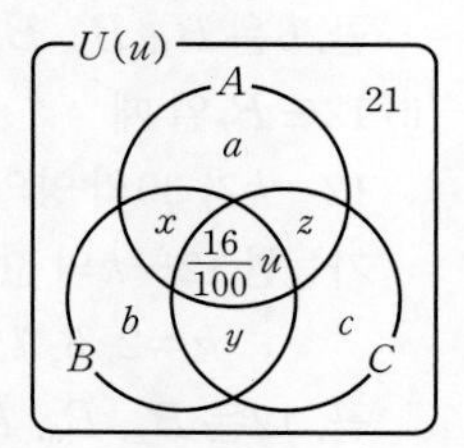

한 가지 안만 좋아하는 학생이 전체의 48 %이므로

$a+b+c=\frac{48}{100}u$ ··· ❶

$n(A)=\frac{62}{100}u$, $n(B)=\frac{42}{100}u$, $n(C)=\frac{52}{100}u$이므로

$a+x+z+\frac{16}{100}u=\frac{62}{100}u$, $b+x+y+\frac{16}{100}u=\frac{42}{100}u$

$c+y+z+\frac{16}{100}u=\frac{52}{100}u$

변변 더하면 $a+b+c+2(x+y+z)+\frac{48}{100}u=\frac{156}{100}u$

❶을 대입하고 정리하면 $x+y+z=\frac{30}{100}u$

또, $n(A\cup B\cup C)=a+b+c+x+y+z+\frac{16}{100}u$

$=\frac{48}{100}u+\frac{30}{100}u+\frac{16}{100}u=\frac{94}{100}u$

$n((A\cup B\cup C)^C)=21$이므로

$u-\frac{94}{100}u=21$ $\quad\therefore u=350$

따라서 두 가지 안만 좋아하는 학생 수는

$x+y+z=\frac{30}{100}u=105$

C STEP 절대등급 완성 문제 46~47쪽

01 3, 9 **02** 25 **03** 94 **04** ③ **05** ⑤ **06** 72
07 8, 9 **08** 최댓값: 150, 최솟값: 30

01 ······ 답 3, 9

$\frac{30-x}{6}$는 자연수이므로 $30-x$는 6의 배수이다.

또, $x\in U$이므로 $A=\{6, 12, 18, 24\}$

$A\cap B_k$의 원소로 가능한 것은 6, 12, 18, 24이므로
6, 12, 18, 24를 포함하는 B_k를 찾아보자.

$B_k=\{x\mid(x-k)(y-k)=30,\ y-k\in U\}$에서
$y-k$가 U의 원소이므로 $x-k$와 $y-k$는 30의 양의 약수이다.

(i) $6\in B_k$일 때
$6-k$가 30의 양의 약수이고, $6-k\le 5$이므로
가능한 $6-k$의 값은 1, 2, 3, 5
$\therefore k=1, 3, 4, 5$
곧, 6은 B_1, B_3, B_4, B_5의 원소이다.

(ii) $12\in B_k$일 때
$12-k$가 30의 양의 약수이고, $12-k\le 11$이므로
가능한 $12-k$의 값은 1, 2, 3, 5, 6, 10
$\therefore k=2, 6, 7, 9, 10, 11$
곧, 12는 B_2, B_6, B_7, B_9, B_{10}, B_{11}의 원소이다.

(iii) $18\in B_k$일 때
$18-k$가 30의 양의 약수이고, $18-k\le 17$이므로
가능한 $18-k$의 값은 1, 2, 3, 5, 6, 10, 15
$\therefore k=3, 8, 12, 13, 15, 16, 17$
곧, 18은 B_3, B_8, B_{12}, B_{13}, B_{15}, B_{16}, B_{17}의 원소이다.

(iv) $24\in B_k$일 때
$24-k$가 30의 양의 약수이고, $24-k\le 23$이므로
가능한 $24-k$의 값은 1, 2, 3, 5, 6, 10, 15
$\therefore k=9, 14, 18, 19, 21, 22, 23$
곧, 24는 B_9, B_{14}, B_{18}, B_{19}, B_{21}, B_{22}, B_{23}의 원소이다.

(i)~(iv)에서 B_k가 A의 원소를 2개 이상 포함하는 경우는
$\{6, 18\}\subset B_3$, $\{12, 24\}\subset B_9$
따라서 k의 값은 3, 9이다.

다른 풀이

B_k의 정의에 따라 집합 B_k를 만들어 생각할 수도 있다.

$B_k=\{x\mid(x-k)(y-k)=30,\ y-k\in U\}$에서
$x-k$는 30의 양의 약수이다.
30의 양의 약수는 1, 2, 3, 5, 6, 10, 15, 30이므로 B_k는
$1+k$, $2+k$, $3+k$, $5+k$, $6+k$, $10+k$, $15+k$, $30+k$
중에 30 이하의 자연수를 원소로 가진다.

A의 원소를 두 개 이상 포함하는 B_k를 찾아보자.

$n(A\cap B_k)\ge 2$이므로 B_k는 6, 12, 18, 24 중 두 개 이상을 원소로 가진다.
이때 $A=\{6, 12, 18, 24\}$에서

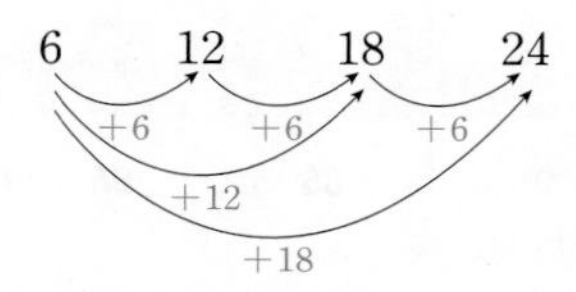

이므로 B_k에서 차가 6 또는 12 또는 18인 원소가 있어야 한다.
곧,
$3+k\in\{6, 12, 18, 24\}$, $15+k\in\{6, 12, 18, 24\}$
이므로 $k=3$ 또는 $k=9$

02 답 25

$[x]$는 정수이므로 $x-[x]=\frac{1}{n}$이면 x의 소수 부분은 $\frac{1}{n}$이다.
$<x>$는 0 이상 1 미만의 소수이므로 $x-<x>=n$이면
x의 정수 부분은 n이다.

$B_5\cap(A_5\cup A_6\cup A_7\cup A_8\cup A_9)$
$=(B_5\cap A_5)\cup(B_5\cap A_6)\cup\cdots\cup(B_5\cap A_9)$
이므로

(i) $x\in(B_5\cap A_5)$일 때
$x\in B_5$에서 $x-<x>=5$이므로 x의 정수 부분은 5이다.
$x\in A_5$에서 $x-[x]=\frac{1}{5}$이므로 x의 소수 부분은 $\frac{1}{5}$이다.
$\therefore x=5+\frac{1}{5}$

(ii) $x\in(B_5\cap A_6)$일 때
$x\in B_5$이므로 x의 정수 부분은 5이다.
$x\in A_6$에서 $x-[x]=\frac{1}{6}$이므로 x의 소수 부분은 $\frac{1}{6}$이다.
$\therefore x=5+\frac{1}{6}$

(iii) 같은 이유로 $x\in(B_5\cap A_7)$이면 $x=5+\frac{1}{7}$
$x\in(B_5\cap A_8)$이면 $x=5+\frac{1}{8}$
$x\in(B_5\cap A_9)$이면 $x=5+\frac{1}{9}$

(i), (ii), (iii)에서
$B_5\cap(A_5\cup A_6\cup A_7\cup A_8\cup A_9)$
$=\left\{5+\frac{1}{5}, 5+\frac{1}{6}, 5+\frac{1}{7}, 5+\frac{1}{8}, 5+\frac{1}{9}\right\}$
$\therefore a=25+\frac{1}{5}+\frac{1}{6}+\frac{1}{7}+\frac{1}{8}+\frac{1}{9}$

$\frac{1}{5}+\frac{1}{6}+\frac{1}{7}+\frac{1}{8}+\frac{1}{9}<\frac{1}{5}+\frac{1}{5}+\frac{1}{5}+\frac{1}{5}+\frac{1}{5}=1$이므로
$[a]=25$

03 답 94

S의 원소 중 서로소가 아닌 수는 2, 4, 6, 8과 3, 6, 9이다.
따라서 2, 4, 6, 8 중 두 개는 동시에 X의 원소일 수 없고,
3, 6, 9 중 두 개는 동시에 X의 원소일 수 없다.

2, 4, 6, 8 중 두 개 이상은 동시에 X의 원소가 될 수 없다.
또, 3, 6, 9 중 두 개 이상은 동시에 X의 원소가 될 수 없다.

(i) $2\in X$일 때
X의 나머지 원소는 1, 3, 5, 7, 9 중 하나 이상이고
3, 9는 동시에 포함하지 않으므로 X의 개수는
$(2^5-1)-2^3=23$
같은 방법으로 $4\in X$, $8\in X$일 때 각각 23개씩이다.

(ii) $6\in X$일 때
X의 나머지 원소는 1, 5, 7 중 하나 이상이므로 X의 개수는
$2^3-1=7$

(iii) $3\in X$일 때

짝수가 원소인 경우는 (i)에 속하므로 나머지 원소는 1, 5, 7 중 하나 이상이다. 곧, X의 개수는

$2^3-1=7$

같은 방법으로 $9\in X$일 때 7개이다.

(iv) $3\notin X$이고 $9\notin X$일 때

짝수가 원소인 경우는 (i)에 속하므로 X의 원소는 1, 5, 7 중 2개 이상이다. 곧, X의 개수는

$2^3-(1+3)=4$

(i)~(iv)에서 X의 개수는

$3\times23+7+2\times7+4=94$

Think More

(iii), (iv) 홀수인 원소로만 이루어져 있을 때

3, 9를 동시에 포함하는 경우, 원소가 1개인 경우, 공집합인 경우를 제외해야 하므로 X의 개수는

$2^5-(2^3+5+1)=18$

04 ······ 답 ③

$B\subset C$이므로 $S(B)+S(C)$에서 B의 원소는 두 번씩 더해진다.
따라서 합이 짝수라는 조건에서 $C-B$의 원소가 중요하다.

$B\subset C$이므로 $S(B)+S(C)=2S(B)+S(C-B)$

$S(B)+S(C)$와 $2S(B)$는 짝수이므로 $S(C-B)$가 짝수이다.

(i) $C-B=\{1, 2, 3, 4\}$일 때,

$B=\varnothing$이므로 0개

(ii) $C-B=\{1, 3, 2\}$일 때,

$B=\{4\}$이므로 1개

$C-B=\{1, 3, 4\}$일 때,

$B=\{2\}$이므로 1개

(iii) $C-B=\{1, 3\}$일 때,

B는 $\{2, 4\}$의 공집합이 아닌 부분집합이므로

$2^2-1=3$

$C-B=\{2, 4\}$일 때,

B는 $\{1, 3\}$의 공집합이 아닌 부분집합이므로

$2^2-1=3$

(iv) $C-B=\{2\}$일 때,

B는 $\{1, 3, 4\}$의 공집합이 아닌 부분집합이므로

$2^3-1=7$

$C-B=\{4\}$일 때,

B는 $\{1, 2, 3\}$의 공집합이 아닌 부분집합이므로

$2^3-1=7$

(v) $C-B=\varnothing$일 때,

B는 $\{1, 2, 3, 4\}$의 공집합이 아닌 부분집합이므로

$2^4-1=15$

(i)~(v)에서 순서쌍 (B, C)의 개수는

$2+2\times3+2\times7+15=37$

05 ······ 답 ⑤

$A\cap B$의 원소 3, $A-B$의 원소 1과 2, $B-A$의 원소 4에 주의하면서 $X-A$와 $X-B$의 원소의 합을 생각한다.

ㄱ. $X=S$일 때

$X-A=\{4, 5, 6, ..., 10\}$이므로

$f_A(X)=49$

$X-B=\{1, 2, 5, 6, ..., 10\}$이므로

$f_B(X)=48$

따라서 $f_A(X)>f_B(X)$이므로 $S\in T$ (참)

ㄴ. $X\in T$이면 $f_A(X)>f_B(X)$

x가 X의 원소일 때 $x\geq5$이면 $x\in(X-A)$이고 $x\in(X-B)$이다.

또, $X-A$와 $X-B$가 3을 포함할 수 없다.

$x=1$ 또는 $x=2$이면 $x\in(X-B)$이지만 $x\notin(X-A)$이다.

따라서 $f_A(X)>f_B(X)$이려면 $4\in X$이고 $X\cap B\neq\varnothing$이다. (참)

ㄷ. ㄴ에서 $X\in T$이면 $4\in X$이다.

3 또는 5 이상의 수는 X의 원소이어도 되고 아니어도 된다.

1과 2가 X의 원소이면 $X-A$의 원소가 아니고 $X-B$의 원소이지만 $1+2<4$이므로 1과 2는 X의 원소이어도 된다.

따라서 X는 4를 포함하는 S의 부분집합이므로 개수는

$2^9=512$ (참)

옳은 것은 ㄱ, ㄴ, ㄷ이다.

06 ······ 답 72

$S(A)-S(B)$의 최댓값을 구하므로 $S(A)$가 최대, $S(B)$가 최소일 때를 생각한다.

$a\in A$, $b\in A$일 때,
(나)에서 $a\times b$가 6의 배수인지 아닌지는
a, b가 2의 배수, 3의 배수, 6의 배수인지에 따라 알 수 있다.

(i) A는 6의 배수를 포함할 수 없다.

또, A는 2의 배수와 3의 배수를 동시에 포함할 수 없다.

6의 배수가 아닌 2의 배수는

2, 4, 8, 10, 14, 16, 20

6의 배수가 아닌 3의 배수는

3, 9, 15

2의 배수도 3의 배수도 아닌 수는

1, 5, 7, 11, 13, 17, 19

① 2의 배수를 포함하고, 3의 배수는 포함하지 않는 가능한 A의 원소를 큰 것부터 나열하면

20, 19, 17, 16, 14, 13, 11, 10, ...

② 3의 배수를 포함하고, 2의 배수는 포함하지 않는 가능한 A의 원소를 큰 것부터 나열하면

19, 17, 15, 13, 11, 9, 7, 5, ...

$S(A)$가 최대인 경우는 ①이다.

$a \in B$, $b \in B$일 때,
(다)에서 $a+b$가 8의 배수인지 아닌지는
a, b를 8의 배수로 나눈 나머지로 알 수 있다.

(ii) 자연수를 8로 나눈 나머지가 0, 1, 2, ..., 7인 수가 원소인 U의 부분집합을 각각 R_0, R_1, R_2, ..., R_7이라 하자.
두 원소의 합이 8의 배수인 경우는
(R_0의 두 원소의 합) 또는 (R_4의 두 원소의 합)
(R_1의 원소)+(R_7의 원소)
(R_2의 원소)+(R_6의 원소)
(R_3의 원소)+(R_5의 원소)
이므로
R_0에서는 원소 1개만 B의 원소가 될 수 있다.
R_4에서는 원소 1개만 B의 원소가 될 수 있다.
또, R_1과 R_7의 원소는 동시에 B의 원소가 될 수 없다.
R_2와 R_6, R_3과 R_5도 마찬가지이다.
이때
$R_0=\{8, 16\}$, $R_4=\{4, 12, 20\}$
$R_1=\{1, 9, 17\}$, $R_5=\{5, 13\}$
$R_2=\{2, 10, 18\}$, $R_6=\{6, 14\}$
$R_3=\{3, 11, 19\}$, $R_7=\{7, 15\}$

$S(B)$가 최소인 경우를 찾아보자.

가능한 B의 원소를 작은 것부터 나열하면
1, 2, 3, 4, 8, 9, 10, 11, ...

(iii) $n(A)=n(B)=7$, $n(A\cap B)=1$이므로
10, 11은 A, B에 동시에 속할 수 없다.
$A=\{20, 19, 17, 16, 14, 13, 11\}$,
$B=\{1, 2, 3, 4, 8, 9, 11\}$
또는
$A=\{20, 19, 17, 16, 14, 13, 10\}$,
$B=\{1, 2, 3, 4, 8, 9, 10\}$
두 경우의 $S(A)-S(B)$의 값은 같고,
$S(A)-S(B)$의 최댓값은 72이다.

07 답 8, 9

α는 A의 원소이므로 $y=f(x)$, $y=g(x)$ 그래프의 교점의 x좌표이다.
또, α는 B의 원소이므로 $y=f(x)$ 또는 $y=g(x)$의 그래프가 x축과 만나는 점의 x좌표이다.
그리고 $y=f(x)$ 또는 $y=g(x)$의 그래프가 x축과 만나는 점은 $x=\alpha$, $x=\beta+4$뿐이다.

$\alpha\in(A\cap B)$이므로 $f(\alpha)=g(\alpha)$이고 $f(\alpha)g(\alpha)=0$이다.
$\therefore f(\alpha)=g(\alpha)=0$
B의 다른 원소가 $\beta+4$이므로
$f(\beta+4)=0$ 또는 $g(\beta+4)=0$
또, $\beta+4\notin A$이므로
$f(\beta+4)=0$이고 $g(\beta+4)=0$일 수는 없다.

(i) $g(\beta+4)=0$일 때

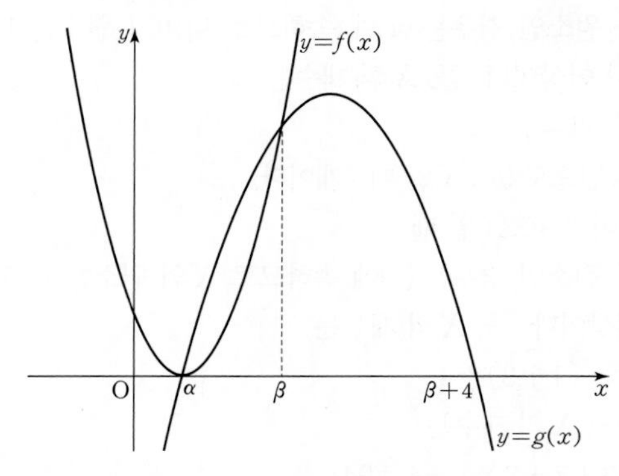

$f(x)=0$의 해는 $x=\alpha$뿐이므로
$f(x)=2(x-\alpha)^2$
$g(x)=0$의 해는 $x=\alpha$, $x=\beta+4$이므로
$g(x)=-(x-\alpha)(x-\beta-4)$
$f(x)=g(x)$에서
$2(x-\alpha)^2=-(x-\alpha)(x-\beta-4)$
$(x-\alpha)(3x-2\alpha-\beta-4)=0$
$A=\{\alpha, \beta\}$이므로
$\dfrac{2\alpha+\beta+4}{3}=\beta$ $\quad\therefore \alpha-\beta+2=0$ ... ❶

C의 원소는 방정식 $f(x)=k$ 또는 $g(x)=k$의 해이므로
직선 $y=k$와 $y=f(x)$ 또는 $y=g(x)$의 그래프가 만나는 점의 x좌표이다.

$n(C)=3$이므로
직선 $y=k$와 $y=f(x)$, $y=g(x)$의 그래프가 만나는 점은 3개이다.
따라서 다음 두 경우를 생각할 수 있다.
① 직선 $y=k$가 $y=g(x)$의 그래프의 꼭짓점을 지나고 $y=f(x)$의 그래프와 두 점에서 만날 때

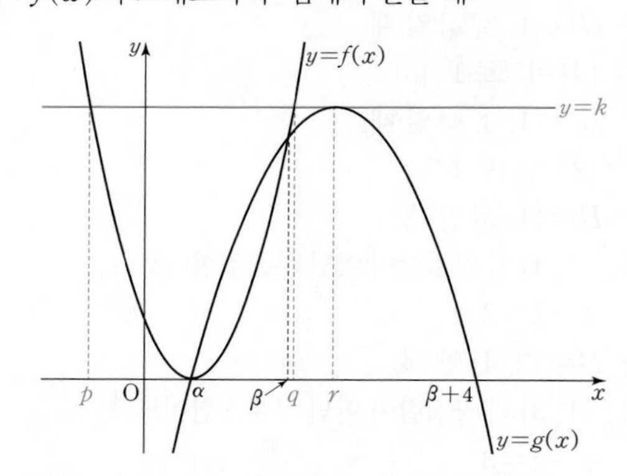

그림과 같이 교점의 x좌표를 p, q, r이라 하자.
$y=f(x)$ 그래프의 꼭짓점의 x좌표가 α이므로
$p+q=2\alpha$
$y=g(x)$ 그래프의 꼭짓점의 x좌표가 $\dfrac{\alpha+\beta+4}{2}$이므로
$r=\dfrac{\alpha+\beta+4}{2}$
C의 원소의 합이 6이므로
$p+q+r=2\alpha+\dfrac{\alpha+\beta+4}{2}=6$
$\therefore 5\alpha+\beta=8$ ... ❷
❶, ❷를 연립하여 풀면 $\alpha=1$, $\beta=3$

곧, $g(x)=-(x-1)(x-7)=-(x-4)^2+9$이므로

$k=9$

② 직선 $y=k$가 $y=f(x)$와 $y=g(x)$의 그래프의 교점을 지날 때

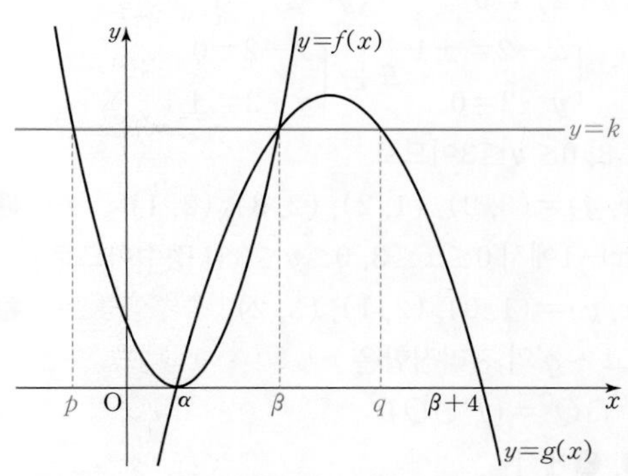

그림과 같이 교점의 x좌표를 p, β, q라 하자.

$y=f(x)$ 그래프의 꼭짓점의 x좌표가 α이므로

$p+\beta=2\alpha$

$y=g(x)$ 그래프의 꼭짓점의 x좌표가 $\dfrac{\alpha+\beta+4}{2}$이므로

$\beta+q=\alpha+\beta+4 \quad \therefore q=\alpha+4$

C의 원소의 합이 6이므로

$p+\beta+q=2\alpha+\alpha+4=6 \qquad \therefore \alpha=\dfrac{2}{3}$

곧, ❶에서 $\beta=\dfrac{8}{3}$이고 $f(x)=2\left(x-\dfrac{2}{3}\right)^2$이므로

$k=f(\beta)=8$

(ii) $f(\beta+4)=0$일 때

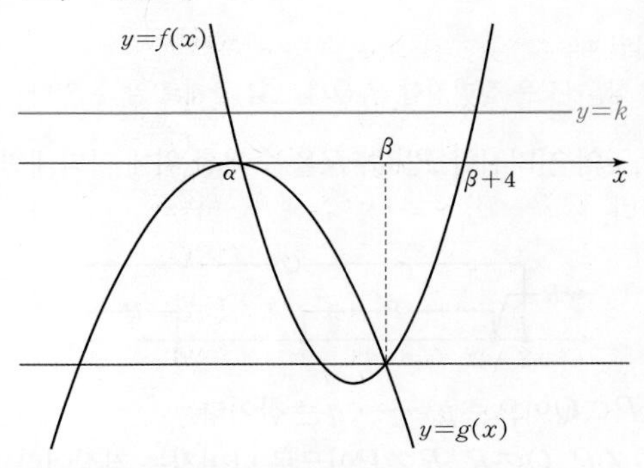

$g(x)=0$의 해는 $x=\alpha$뿐이므로

$g(x)=-(x-\alpha)^2$

$f(x)=0$의 해는 $x=\alpha$, $x=\beta+4$이므로

$f(x)=2(x-\alpha)(x-\beta-4)$

이때 $y=f(x)$와 $y=g(x)$의 그래프는 그림과 같고, $k>0$이므로 직선 $y=k$와 $y=f(x)$, $y=g(x)$의 그래프가 만나는 점은 2개뿐이다.

따라서 가능한 경우는 없다.

(i), (ii)에서 $k=8$ 또는 $k=9$

08 ························ 답 **최댓값: 150, 최솟값: 30**

그림에서 색칠한 부분의 원소의 개수가 최대 또는 최소인 경우를 생각한다.

학생 전체의 집합을 U, 봉사 활동 A, B, C를 신청한 학생의 집합을 각각 A, B, C라 하면

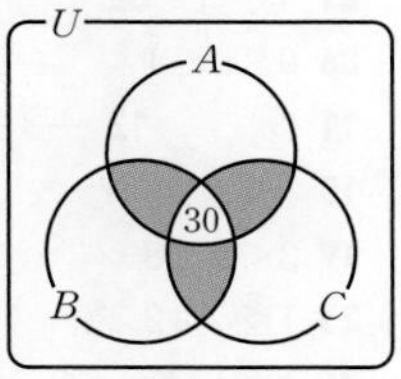

$n(U)=300$, $n(A)=110$

$n(B)=110$, $n(C)=110$

$n(A\cap B\cap C)=30$

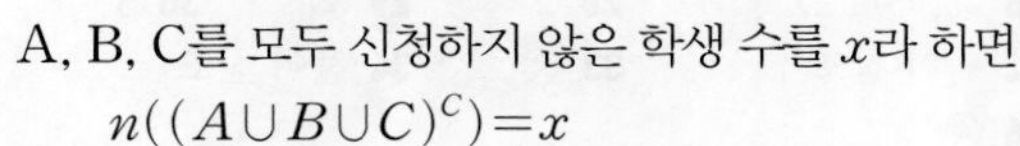

A, B, C를 모두 신청하지 않은 학생 수를 x라 하면

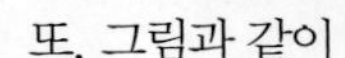

$n((A\cup B\cup C)^C)=x$

또, 그림과 같이

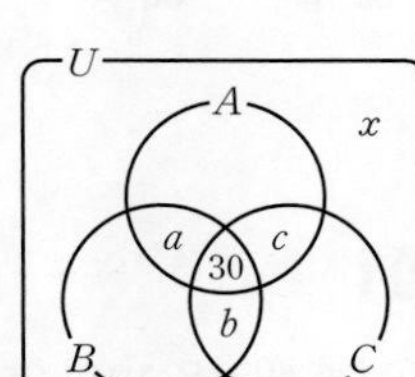

$n((A\cap B)-(A\cap B\cap C))=a$

$n((B\cap C)-(A\cap B\cap C))=b$

$n((C\cap A)-(A\cap B\cap C))=c$

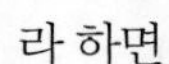

라 하면

$n(A\cup B\cup C)$

$=110+110+110-(a+30)-(b+30)-(c+30)+30$

$=270-(a+b+c)$

$\therefore x=300-\{270-(a+b+c)\}$

$=30+(a+b+c) \quad \cdots$ ❶

(i) $a+b+c$가 최대이면 x가 최대이다.

$a+b+30\le 110$, $b+c+30\le 110$, $c+a+30\le 110$

곧, $a+b\le 80$, $b+c\le 80$, $c+a\le 80$이므로

$2(a+b+c)\le 240$, $a+b+c\le 120$

$a+b+c$의 최댓값은 120이고, ❶에서 $x=150$

(ii) $a+b+c$가 최소이면 x가 최소이다.

$a=b=c=0$일 때 $a+b+c$는 최소이고, ❶에서 $x=30$

(i), (ii)에서 x의 최댓값은 150, 최솟값은 30이다.

05 명제

A STEP 시험에 꼭 나오는 문제 49~53쪽

01 ③, ⑤ **02** ③ **03** ④ **04** 11 **05** ①
06 $0 \le a \le 1$ **07** ③ **08** ②, ④ **09** ④ **10** ④
11 ③ **12** $-3 \le k \le 1$ **13** ③ **14** $-1 \le a < 0$
15 $-6 < k < 7$ **16** ③ **17** ①, ④ **18** ①
19 $3 < a \le 8$ **20** 6 **21** ② **22** ④
23 $1 < a < 2$
24 $a=1,\ b=-8,\ c=-12$ 또는 $a=-4,\ b=-3,\ c=18$
25 ③ **26** ②, ③ **27** ④ **28** ② **29** ② **30** 5
31 ④ **32** 풀이 참조 **33** ② **34** 풀이 참조
35 ③ **36** ④

01 ············ 답 ③, ⑤

① [반례] 6은 12의 약수이지만 4의 약수가 아니다. (거짓)
② [반례] 세 변의 길이가 3, 3, 2이면 이등변삼각형이지만 정삼각형은 아니다. (거짓)
③ (참)
④ [반례] $x=-1$이면 $x^2-1=0$이지만 $x^3-1 \ne 0$이다. (거짓)
⑤ a, b가 실수일 때, $a^2+b^2=0$이면
$a=0$이고 $b=0$이므로 $a+b=0$이다. (참)
따라서 참인 명제는 ③, ⑤이다.

02 ············ 답 ③

① [반례] $x=-\sqrt{2}$이면 $y=0$으로 유리수이다. (거짓)
② [반례] $x=\sqrt{2}$이면 $y=2\sqrt{2}$로 무리수이다. (거짓)
③ $\sqrt{2}$가 무리수이고, 유리수와 무리수의 합은 무리수이다. (참)
④ [반례] $x=0$이면 $y=\sqrt{2}$이므로 $x+y=\sqrt{2}$는 무리수이다. (거짓)
⑤ [반례] $x=-\sqrt{2}$이면 $y=0$이므로 $x+y=-\sqrt{2}$는 무리수이다. (거짓)
따라서 참인 명제는 ③이다.

Think More
(유리수)+(유리수)=(유리수), (유리수)+(무리수)=(무리수)

03 ············ 답 ④

부정은 x, y, z가 실수일 때, '$x^2+y^2+z^2 \ne 0$'이다.
이것과 같은 명제를 찾는다.

$x^2+y^2+z^2=0$은 $x=0$이고 $y=0$이고 $z=0$이므로
부정은 $x \ne 0$ 또는 $y \ne 0$ 또는 $z \ne 0$이다.
곧, x, y, z 중 적어도 하나는 0이 아니다.

04 ············ 답 11

p: $(x-2)^2+(y-2)^2=1$에서 $x-2$, $y-2$가 정수이므로
$$\begin{cases}(x-2)^2=1\\(y-2)^2=0\end{cases} \text{ 또는 } \begin{cases}(x-2)^2=0\\(y-2)^2=1\end{cases}$$
에서 $\begin{cases}x-2=\pm1\\y-2=0\end{cases}$ 또는 $\begin{cases}x-2=0\\y-2=\pm1\end{cases}$
$0 \le x \le 3$, $0 \le y \le 3$이므로
$(x, y)=(3, 2), (1, 2), (2, 3), (2, 1)$ … ❶
q: $y=x-1$에서 $0 \le x \le 3$, $0 \le y \le 3$인 정수이므로
$(x, y)=(1, 0), (2, 1), (3, 2)$ … ❷
'$\sim p$이고 $\sim q$'의 진리집합은
$P^C \cap Q^C=(P \cup Q)^C$
이고 ❶, ❷에서
$n(P)=4$, $n(Q)=3$, $n(P \cap Q)=2$
이므로
$$n(P \cup Q)=n(P)+n(Q)-n(P \cap Q)=4+3-2=5$$
전체집합을 U라 하면 $n(U)=4 \times 4=16$이므로
$$n((P \cup Q)^C)=n(U)-n(P \cup Q)=16-5=11$$

05 ············ 답 ①

p, q가 조건일 때
$p \longrightarrow q$의 참, 거짓은 진리집합 P, Q의 포함 관계로 알 수 있다.

조건 p, q, r의 진리집합 P, Q, R을 수직선 위에 나타내면 다음과 같다.

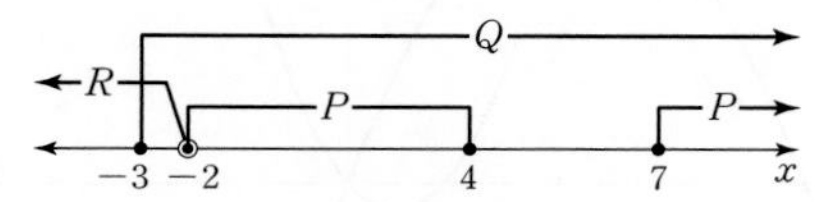

그림에서 $P \subset Q$이므로 $p \longrightarrow q$는 참이다.
$P \not\subset R$, $Q \not\subset P$, $Q \not\subset R$, $R \not\subset P$이므로 나머지는 거짓이다.

06 ············ 답 $0 \le a \le 1$

p, q가 조건일 때
$p \longrightarrow q$의 참, 거짓은 진리집합 P, Q의 포함 관계로 알 수 있다.

조건 p, q의 진리집합을 P, Q라 하면
$P=\{x \mid x \le 0 \text{ 또는 } x \ge 1\}$
$Q=\{x \mid a-1 < x < a+1\}$
$\sim p \longrightarrow q$가 참이면 $P^C \subset Q$이고 $P^C=\{x \mid 0 < x < 1\}$이므로

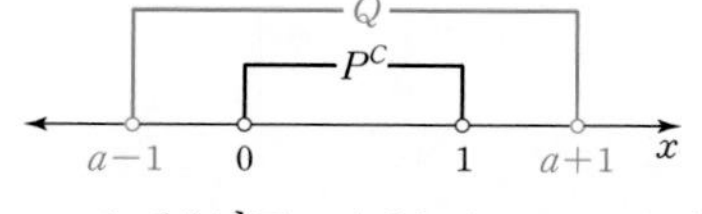

$a-1 \le 0$이고 $a+1 \ge 1$ $\quad \therefore 0 \le a \le 1$

07 ⋯ 답 ③

$p \longrightarrow \sim q$가 참이므로

$P \subset Q^C \quad \therefore P \cap Q = \varnothing$

따라서 옳은 것은 ③이다.

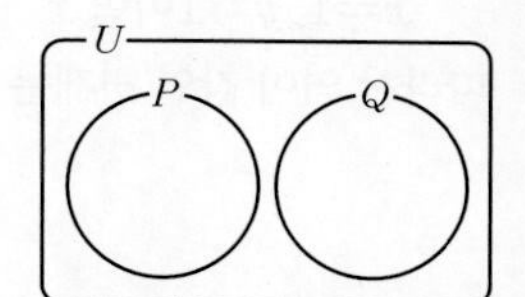

08 ⋯ 답 ②, ④

진리집합의 포함 관계를 조사한다.

① $P^C \not\subset Q$이므로 거짓
② $R^C \subset Q^C$이므로 참
③ $P \not\subset R^C$이므로 거짓
④ $(P \cap R) \subset Q^C$이므로 참
⑤ $(P \cup Q) \not\subset R$이므로 거짓

따라서 참인 명제는 ②, ④이다.

09 ⋯ 답 ④

$p \longrightarrow q$가 거짓이면 $P \subset Q$가 성립하지 않는다.
따라서 $x \in P$이고 $x \notin Q$인 x가 있다.
$\sim p \longrightarrow \sim q$가 거짓임을 보일 때도 마찬가지이다.

$\sim p \longrightarrow \sim q$가 거짓이면 $P^C \not\subset Q^C$이므로
P^C의 원소 중 Q^C의 원소가 아닌 것이 있다.
따라서 $\sim p \longrightarrow \sim q$가 거짓임을 보일 수 있는 원소가 속하는 집합은

$P^C \cap (Q^C)^C = P^C \cap Q = Q - P$

10 ⋯ 답 ④

① [반례] $x=0$이면 $x^2=0$이다. (거짓)
② $x^2>11$인 원소 x가 없다. (거짓)
③ [반례] $x=3$이면 $|x+1|>3$이다. (거짓)
④ $x=0,\ y=1$이면 $x^2+y^2=1$이다. (참)
⑤ [반례] $x=0,\ y=0$이면 $x^2+y^2=0$이다. (거짓)

따라서 참인 명제는 ④이다.

11 ⋯ 답 ③

모든의 부정은 어떤이다.

부정은

'어떤 여학생은 아이스크림을 좋아하지 않는다.'

이므로 옳은 것은 ③이다.

12 ⋯ 답 $-3 \le k \le 1$

어떤의 부정은 모든이다.

부정은

'모든 실수 x에 대하여 $x^2-2kx-2k+3 \ge 0$이다.'

이 명제가 참이면

$\frac{D}{4}=k^2+2k-3 \le 0$

$\therefore -3 \le k \le 1$

13 ⋯ 답 ③

부정을 직접 구할 필요는 없다.
원 명제가 거짓이면 부정은 참이다.
원 명제의 참, 거짓을 판단하기 어려운 경우에는
부정의 참, 거짓을 판단한다.

주어진 명제의 참, 거짓을 조사하면 다음과 같다.
ㄱ. [반례] $x=3$이면 $x+1>3$이다. (거짓)
ㄴ. (참)
ㄷ. $x^2+2=0$인 실수는 없다. (거짓)
원래 명제가 거짓이면 부정이 참이다.
따라서 부정이 참인 명제는 ㄱ, ㄷ이다.

Think More

ㄴ을 증명하면 다음과 같다.
$x=2k$ (k는 자연수)라 하면
$x^2=4k^2=2(2k^2)$이므로 짝수이다. (참)

14 ⋯ 답 $-1 \le a < 0$

(i) '$x>0$인 어떤 실수 x에 대하여 $x+a<0$'에서
$x<-a$인 양수 x가 하나라도 있으므로
$-a>0 \quad \therefore a<0$

(ii) '$x<1$인 모든 실수 x에 대하여 $x-a-2 \le 0$'에서
$x<1$인 모든 x에 대하여 $x \le a+2$이므로
$a+2 \ge 1 \quad \therefore a \ge -1$

(i), (ii)에서 $-1 \le a < 0$

15 ⋯ 답 $-6 < k < 7$

어떤 x에 대하여 p이고 q이면
이 x는 진리집합 P와 Q의 원소이다.

p: $(x+3)(x-5)<0$에서 $P=\{x \mid -3<x<5\}$
또, $Q=\{x \mid k-2<x \le k+3\}$
'어떤 x에 대하여 p이고 q이다.'가 참이려면
p이고 q를 만족시키는 x가 있으므로 $P \cap Q \ne \varnothing$

(ⅰ) $k-2<-3$일 때,
$k+3>-3$이므로
$-6<k<-1$

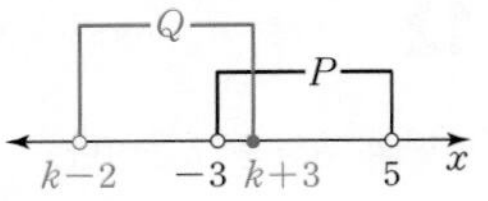

(ⅱ) $k-2\ge-3$일 때,
$k-2<5$이므로
$-1\le k<7$

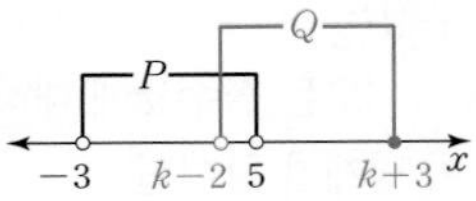

(ⅰ), (ⅱ)에서 $-6<k<7$

16 ⋯⋯ 답 ③

P의 원소 중 적어도 하나는 3의 배수이다.
U의 원소 중 3의 배수는 3, 6이므로
(ⅰ) $3\in P$, $6\notin P$인 P의 개수는 2^2
(ⅱ) $3\notin P$, $6\in P$인 P의 개수는 2^2
(ⅲ) $3\in P$, $6\in P$인 P의 개수는 2^2
(ⅰ), (ⅱ), (ⅲ)에서 P의 개수는 $2^2\times3=12$

다른 풀이
U의 모든 부분집합의 개수에서 3, 6을 포함하지 않는 부분집합의 개수를 빼면
$2^4-2^{4-2}=12$

17 ⋯⋯ 답 ①, ④

대우의 참, 거짓과 원 명제의 참, 거짓이 일치하므로
대우를 구하지 않아도 참, 거짓은 알 수 있다.

주어진 명제의 참, 거짓을 조사하면 다음과 같다.
① [반례] $x=8$이면 4의 배수이지만 16의 배수가 아니다. (거짓)
② (참)
③ (참)
④ [반례] $x=-1$이면 $x^2>3x$이지만 $x<3$이다. (거짓)
⑤ (참)
원 명제가 거짓이면 대우도 거짓이다.
따라서 대우가 거짓인 명제는 ①, ④이다.

Think More
③ $xy\neq0$이면 $x\neq0$이고 $y\neq0$이다.
④ $x^2>3x$이면 $x<0$ 또는 $x>3$이다.

18 ⋯⋯ 답 ①

역의 참, 거짓은 원 명제로는 알 수 없다.
역을 직접 구해서 참, 거짓을 판단한다.

ㄱ. 역: n이 자연수일 때, n^2이 홀수이면 n은 홀수이다. (참)
ㄴ. 역: m, n이 자연수일 때, mn이 짝수이면 $m+n$은 짝수이다.
m이 짝수, n이 홀수이면 mn은 짝수이지만 $m+n$은 홀수이다. (거짓)
ㄷ. 역: x, y가 실수일 때, $x^2+y^2>0$이면 $xy<0$이다.
$x=1$, $y=1$이면 $x^2+y^2>0$이지만 $xy>0$이다. (거짓)
따라서 역이 참인 명제는 ㄱ이다.

19 ⋯⋯ 답 $3<a\le8$

$p \longrightarrow \sim q$가 참이므로 $P\subset Q^C$
$Q^C=\{x\mid -a<x\le4\}$
이므로 그림과 같이 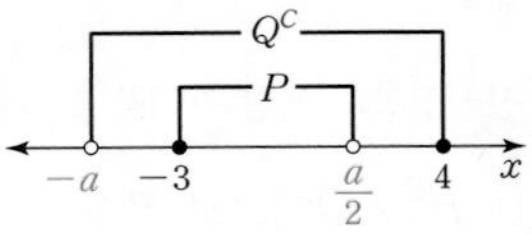
$-a<-3$이고 $\frac{a}{2}\le4$ $\therefore 3<a\le8$

20 ⋯⋯ 답 6

$\neq0$ 꼴이 있어 바로 판단하기 쉽지 않다.
이런 경우에는 대우를 생각한다.

대우 '$x-a=0$이면 $x^2-6x+4=0$이다.'가 참이므로
$a^2-6a+4=0$
근과 계수의 관계에서 a의 값의 합은 6이다.

21 ⋯⋯ 답 ②

① $x^2+x-2=0$이면 $x=-2$ 또는 $x=1$
곧, $p\Longrightarrow q$, $p\not\Longleftarrow q$이므로 충분조건
② $xy=0$이면 $x=0$ 또는 $y=0$
$x^2+y^2=0$이면 $x=0$이고 $y=0$
곧, $p\not\Longrightarrow q$, $p\Longleftarrow q$이므로 필요조건
③ $p\Longrightarrow q$, $p\Longleftarrow q$이므로 필요충분조건
④ $xy<0$이면 $\begin{cases}x>0\\y<0\end{cases}$ 또는 $\begin{cases}x<0\\y>0\end{cases}$
곧, $p\Longrightarrow q$, $p\not\Longleftarrow q$이므로 충분조건
[반례] $x=-2$, $y=-3$이면 $x<0$ 또는 $y<0$이지만 $xy>0$이다. 곧, $q \longrightarrow p$는 거짓이다.
⑤ 4는 2의 배수이지만 8의 배수는 아니다.
곧, $p\Longrightarrow q$, $p\not\Longleftarrow q$이므로 충분조건

다른 풀이
① $P=\{1\}$, $Q=\{-2, 1\}$
곧, $P\subset Q$이므로 충분조건
⑤ $P=\{8, 16, 24, 32, \dots\}$, $Q=\{2, 4, 6, 8, \dots\}$
곧, $P\subset Q$이므로 충분조건

22 답 ④

p: $a=0$이고 $b=0$

q: $(a-b)^2=0$에서 $a=b$

r: $a+b=a-b$ 또는 $a+b=-(a-b)$에서

$a=0$ 또는 $b=0$

ㄱ. $R\not\subset Q$, $Q\not\subset R$이므로 아무 조건도 아니다. (거짓)

ㄴ. $P\subset Q$이므로 p는 q이기 위한 충분조건이다. (참)

ㄷ. $Q\cap R=P$이므로 q이고 r은 p이기 위한 필요충분조건이다. (참)

따라서 옳은 것은 ㄴ, ㄷ이다.

23 답 $1<a<2$

조건 p, q, r이 부등식이므로 진리집합은 부등식의 해이다. 해를 구하고 그림을 그려 포함 관계를 조사한다.

p: $(x+5)(x-8)<0$에서 $P=\{x|-5<x<8\}$

q: $(x+4)(x-2)\le 0$에서 $Q=\{x|-4\le x\le 2\}$

r: $-6\le x-a\le 6$에서 $R=\{x|a-6\le x\le a+6\}$

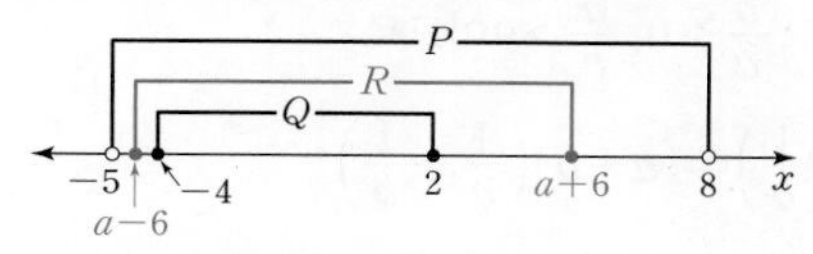

(i) r은 p이기 위한 충분조건이므로 $R\subset P$

$a-6>-5$이고 $a+6<8$ $\quad\therefore 1<a<2$

(ii) r은 q이기 위한 필요조건이므로 $Q\subset R$

$a-6\le -4$이고 $a+6\ge 2$ $\quad\therefore -4\le a\le 2$

(i), (ii)에서 $1<a<2$

24 답 $a=1, b=-8, c=-12$ 또는 $a=-4, b=-3, c=18$

p는 q이기 위한 필요충분조건이므로 $P=Q$

p: $(x+2)(x-3)=0$에서 $P=\{-2, 3\}$

따라서 삼차방정식 $x^3+ax^2+bx+c=0$의 해가 -2, 3이고 -2 또는 3 중 하나가 중근이다.

(i) -2가 중근일 때

$$x^3+ax^2+bx+c=(x+2)^2(x-3)=(x^2+4x+4)(x-3)=x^3+x^2-8x-12$$

$\therefore a=1, b=-8, c=-12$

(ii) 3이 중근일 때

$$x^3+ax^2+bx+c=(x+2)(x-3)^2=(x+2)(x^2-6x+9)=x^3-4x^2-3x+18$$

$\therefore a=-4, b=-3, c=18$

25 답 ③

참인 명제로, 참인 명제를 찾을 때는 대우와 다음의 삼단논법을 이용한다.

$p\Longrightarrow q$이고 $q\Longrightarrow r$이면 $p\Longrightarrow r$

$\sim q\Longrightarrow p$이므로 $\sim p\Longrightarrow q$

$\sim r\Longrightarrow \sim q$이므로 $q\Longrightarrow r$

$\sim p\Longrightarrow q$이고 $q\Longrightarrow r$이므로 $\sim p\Longrightarrow r$

$\sim p\Longrightarrow r$이므로 $\sim r\Longrightarrow p$

26 답 ②, ③

① $a^2-ab+b^2=\left(a-\frac{b}{2}\right)^2+\frac{3}{4}b^2\ge 0$ (참)

등호는 $a=\frac{b}{2}$이고 $b=0$일 때 성립한다.
곧, $a=b=0$일 때 성립한다.

② $a>0$, $b>0$일 때 $a+b\ge 2\sqrt{ab}$이다.
[반례] $a=-1$, $b=-4$이면 성립하지 않는다.

③ $a^2+b^2+c^2-ab-bc-ca$

$=\frac{1}{2}\{(a-b)^2+(b-c)^2+(c-a)^2\}\ge 0$

곧, $a=b=c$일 때는 등호가 성립한다. (거짓)

④ (참)

⑤ (참)

따라서 참이 아닌 부등식은 ②, ③이다.

Think More

④, ⑤는 다음과 같이 증명할 수 있다.
이때 등호가 성립할 조건을 찾을 수 있어야 한다.

④ $(|a|+|b|)^2-|a+b|^2$

$=(|a|^2+2|a||b|+|b|^2)-(a+b)^2$

$=(a^2+2|ab|+b^2)-(a^2+2ab+b^2)$

$=2(|ab|-ab)\ge 0$

$\therefore (|a|+|b|)^2\ge |a+b|^2$

$|a|+|b|\ge 0$, $|a+b|\ge 0$이므로

$|a|+|b|\ge |a+b|$

(단, 등호는 $|ab|=ab$, 즉 $ab\ge 0$일 때 성립)

⑤ (i) $|a|<|b|$일 때

좌변은 양수, 우변은 음수이므로 성립한다.

(ii) $|a|\ge |b|$일 때

$|a-b|^2-(|a|-|b|)^2$

$=(a-b)^2-(|a|^2-2|a||b|+|b|^2)$

$=a^2-2ab+b^2-(a^2-2|ab|+b^2)$

$=2(|ab|-ab)\ge 0$

$\therefore |a-b|^2\ge (|a|-|b|)^2$

$|a-b|\ge 0$, $|a|-|b|\ge 0$이므로

$|a-b|\ge |a|-|b|$

(i), (ii)에서

$|a-b|\ge |a|-|b|$

(단, 등호는 $|ab|=ab$, $|a|\ge |b|$일 때 성립)

27 ··· 답 ④

대소를 비교할 때는 차의 부호를 조사하는 것이 기본이다.
이 문제와 같이 근호를 포함한 식은 제곱을 하고 차를 조사한다.

(i) $A^2-B^2=\frac{a^2+b^2}{2}-ab=\frac{a^2-2ab+b^2}{2}$

$=\frac{(a-b)^2}{2}\ge 0$

$\therefore A\ge B$ (단, 등호는 $a=b$일 때 성립)

(ii) $C^2-A^2=\frac{(a^2+b^2)^2}{(a+b)^2}-\frac{a^2+b^2}{2}$

$=\frac{2(a^2+b^2)^2-(a+b)^2(a^2+b^2)}{2(a+b)^2}$

$=\frac{(a^2+b^2)\{2(a^2+b^2)-(a+b)^2\}}{2(a+b)^2}$

$=\frac{(a^2+b^2)(a-b)^2}{2(a+b)^2}\ge 0$

$\therefore C\ge A$ (단, 등호는 $a=b$일 때 성립)

(i), (ii)에서 $B\le A\le C$

28 ··· 답 ②

분수식을 포함한 식의 최대, 최소 문제에서는
산술평균과 기하평균의 관계를 이용할 수 있는지부터 확인한다.
$x>0$, $y>0$일 때
$x+y\ge 2\sqrt{xy}$ (단, 등호는 $x=y$일 때 성립)

$xy>0$이므로

$\left(4x+\frac{1}{y}\right)\left(\frac{1}{x}+16y\right)=4+16+64xy+\frac{1}{xy}$

$\ge 20+2\sqrt{64xy\times\frac{1}{xy}}$

$=20+2\times 8=36$

$\left(\text{단, 등호는 } 64xy=\frac{1}{xy}, \text{ 곧 } xy=\frac{1}{8}\text{일 때 성립}\right)$

따라서 최솟값은 36이다.

29 ··· 답 ②

합이나 곱이 일정한 식에서 최대, 최소 문제는
산술평균과 기하평균의 관계를 이용할 수 있는지부터 확인한다.
$x>0$, $y>0$일 때
$x+y\ge 2\sqrt{xy}$ (단, 등호는 $x=y$일 때 성립)

x, y는 실수이므로 $x^2\ge 0$, $y^2\ge 0$이다.

$x^2+3y^2\ge 2\sqrt{3x^2y^2}$

$6\ge 2\sqrt{3}|xy|$, $|xy|\le\sqrt{3}$

$\therefore -\sqrt{3}\le xy\le\sqrt{3}$

등호는 $x^2=3y^2$일 때 성립하고, xy의 최솟값은 $-\sqrt{3}$

30 ··· 답 5

합이나 곱이 일정한 식에서 최대, 최소 문제는
산술평균과 기하평균의 관계를 이용할 수 있는지부터 확인한다.
$x>0$, $y>0$일 때
$x+y\ge 2\sqrt{xy}$ (단, 등호는 $x=y$일 때 성립)

$a+b=4$이므로

$\frac{a^2+1}{a}+\frac{b^2+1}{b}=\frac{b(a^2+1)+a(b^2+1)}{ab}$

$=\frac{ab(a+b)+a+b}{ab}$

$=4+\frac{4}{ab}$ ··· ❶

$a>0$, $b>0$이므로 $a+b\ge 2\sqrt{ab}$에서 $4\ge 2\sqrt{ab}$

$\sqrt{ab}\le 2$, $ab\le 4$

$\frac{1}{ab}\ge\frac{1}{4}$, $\frac{4}{ab}\ge 1$ (단, 등호는 $a=b$일 때 성립)

따라서 ❶의 최솟값은 $4+1=5$

다른 풀이

$\frac{a^2+1}{a}+\frac{b^2+1}{b}=a+b+\frac{1}{a}+\frac{1}{b}$

$=4+\frac{1}{a}+\frac{1}{b}$ ··· ❷

$a+b=4$이고 $\frac{b}{a}>0$, $\frac{a}{b}>0$이므로

$4\left(\frac{1}{a}+\frac{1}{b}\right)=(a+b)\left(\frac{1}{a}+\frac{1}{b}\right)$

$=2+\frac{b}{a}+\frac{a}{b}$

$\ge 2+2\sqrt{\frac{b}{a}\times\frac{a}{b}}=4$

❷에 대입하면

$\frac{a^2+1}{a}+\frac{b^2+1}{b}\ge 4+1=5$

$\left(\text{단, 등호는 }\frac{b}{a}=\frac{a}{b}, \text{ 곧 } a=b\text{일 때 성립}\right)$

따라서 최솟값은 5이다.

31 ··· 답 ④

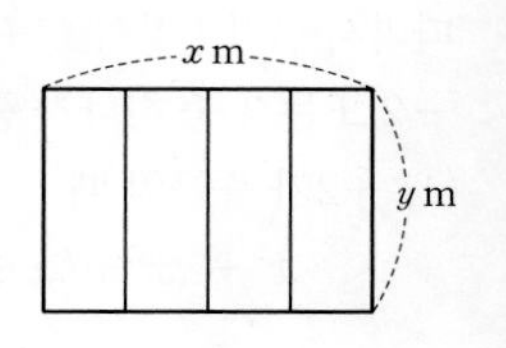

그림과 같이 직사각형의 가로의 길이를 x m, 세로의 길이를 y m라 하면 넓이는 xy m^2이다.
철망의 길이가 60 m이므로

$2x+5y=60$

합이 일정한 경우이므로 산술평균과 기하평균의 관계를 이용한다.

$2x>0$, $5y>0$이므로

$2x+5y\ge 2\sqrt{2x\times 5y}$

$60\ge 2\sqrt{10xy}$, $10xy\le 30^2$

$\therefore xy\le 90$ (단, 등호는 $2x=5y$일 때 성립)

따라서 넓이의 최댓값은 90 m^2이다.

Think More

$2x+5y=60$에서 $2x=5y$이면 $x=15$, $y=6$이다.
곧, 직사각형의 가로의 길이가 15 m, 세로의 길이가 6 m일 때 우리의 넓이는 최대이다.

32

답 대우: n이 3의 배수가 아니면 n^2은 3의 배수가 아니다.
(가): $3k^2-2k$, (나): $3k^2-4k+1$

주어진 명제의 대우가 참임을 증명한다.

'n이 3의 배수가 아니면 n^2은 3의 배수가 아니다.'

n이 자연수이고 3의 배수가 아니면
$n=3k-1$ 또는 $n=3k-2$(k는 자연수)이다.

(i) $n=3k-1$인 경우

$n^2=9k^2-6k+1=3(\boxed{3k^2-2k})+1$이고

$\boxed{3k^2-2k}$는 자연수이므로 n^2은 3의 배수가 아니다.

(ii) $n=3k-2$인 경우

$n^2=9k^2-12k+4=3(\boxed{3k^2-4k+1})+1$이고

$\boxed{3k^2-4k+1}$은 음이 아닌 정수이므로 n^2은 3의 배수가 아니다.

따라서 대우가 참이므로 주어진 명제는 참이다.

33

답 ②

주어진 명제의 결론 'a, b 중 적어도 하나는 짝수이다.'를 부정할 때 모순이 생김을 보인다.

a, b가 모두 $\boxed{\text{홀수}}$라 가정하자.

방정식 $x^2+ax-b=0$의 자연수인 근을 m이라 하면

$m^2+am=b$

(i) m이 홀수일 때

m^2은 홀수, am은 두 홀수의 곱이므로 홀수이다.

$b=m^2+am$은 두 홀수의 합이므로 $\boxed{\text{짝수}}$이다.

따라서 가정에 모순이다.

(ii) m이 짝수일 때

m^2은 짝수, am은 홀수와 짝수의 곱이므로 $\boxed{\text{짝수}}$이다.

$b=m^2+am$은 두 짝수의 합이므로 $\boxed{\text{짝수}}$이다.

따라서 가정에 모순이다.

(i), (ii)에서 a, b 중 적어도 하나는 짝수이다.

34

답 풀이 참조

$\sqrt{2}$가 유리수라고 가정하면

$\sqrt{2}=\frac{n}{m}$ (m, n은 서로소인 자연수) ⋯ ❶

로 놓을 수 있다.

❶의 양변을 제곱하여 정리하면

$2m^2=n^2$ ⋯ ❷

n^2이 짝수이므로 n은 짝수이다.

n이 짝수이므로 $n=2k$(k는 자연수)를 ❷에 대입하면

$2m^2=4k^2$, $m^2=2k^2$

곧, m^2이 짝수이므로 m은 짝수이다.

그러면 m, n이 서로소인 자연수라는 가정에 모순이다.

따라서 $\sqrt{2}$는 무리수이다.

35

답 ③

(i) 한쪽 면에 홀수가 적혀 있으면 다른 쪽 면에는 자음이 적혀 있어야 하므로 1과 7이 적힌 카드를 확인해야 한다.

(ii) 대우는 '한쪽 면에 알파벳 모음이 적혀 있으면 다른 쪽 면에는 짝수가 적혀 있다.'이므로 a와 i가 적힌 카드를 확인해야 한다.

(i), (ii)에서 1, 7, a, i

36

답 ④

휴대폰을 가지고 있는 사람이 다음과 같은 경우
네 사람이 말한 내용의 참, 거짓을 확인한다.

(i) A인 경우: A, C의 말이 거짓
(ii) B인 경우: C의 말이 거짓
(iii) C인 경우: A, B, D의 말이 거짓
(iv) D인 경우: A, C의 말이 거짓

이 중 한 사람의 말만 거짓인 경우는 (ii)이므로
거짓말을 한 사람은 C이고, 휴대폰을 가지고 있는 사람은 B이다.

다른 풀이

거짓말을 한 사람이 다음과 같은 경우
누가 휴대폰을 가지고 있는지 확인한다.

(i) A 또는 B가 거짓: 거짓인 사람이 C 말고도 있으므로 D에 모순
(ii) C가 거짓: A, B, D의 말이 참이고 B가 휴대폰을 가지고 있다.
(iii) D가 거짓: B와 C의 말이 모순

B STEP 1등급 도전 문제 54~57쪽

01 ③ **02** ③, ④ **03** ③ **04** 4 **05** $-1<k<3$
06 ④ **07** $B=\{1, 2, 4, 5\}$ **08** $m<2$, $n>3$ **09** ④
10 $\begin{cases} a=1 \\ b=0 \end{cases}$ 또는 $\begin{cases} a=3 \\ b=2 \end{cases}$ **11** ①, ④ **12** A, B, C, D
13 ②, ⑤ **14** ③ **15** ② **16** 최솟값: 24, $x=5$ **17** ③
18 최솟값: 25, $a=\frac{1}{5}$, $b=\frac{1}{5}$ **19** 6 **20** ③ **21** 9
22 ① **23** 풀이 참조

01 답 ③

◤$(P\cup Q)\cap R=\varnothing$이 성립하는 벤 다이어그램을 그리고 가정의 진리집합과 결론의 진리집합의 포함 관계를 조사한다.

$(P\cup Q)\cap R=\varnothing$이므로 전체집합을 U라 하면 벤 다이어그램은 그림과 같다.

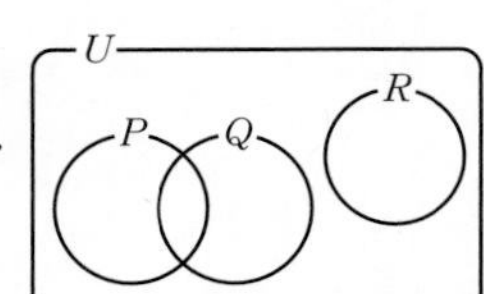

① $P\not\subset Q$ (거짓)
② $Q\not\subset R$ (거짓)
③ $P\subset R^C$ (참)
④ $Q^C\not\subset R$ (거짓)
⑤ $R^C\not\subset P$ (거짓)

02 답 ③, ④

◤주어진 조건을 만족시키는 벤 다이어그램을 그리고 가정의 진리집합과 결론의 진리집합의 포함 관계를 조사한다.

$P-Q=\varnothing$에서 $P\subset Q$ ⋯ ❶
$Q^C\cup R=U$에서
$Q\cap R^C=\varnothing$, $Q-R=\varnothing$ $\therefore Q\subset R$ ⋯ ❷
❶, ❷에서 $P\subset Q\subset R$
또, $P\cup R=U$이므로 $R=U$
따라서 벤 다이어그램은 그림과 같다.

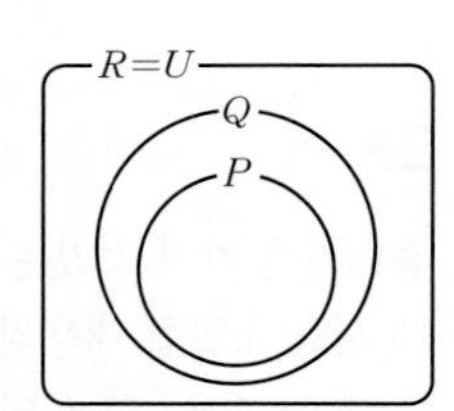

① $R\not\subset P$ (거짓)
② $P^C\not\subset Q$ (거짓)
③ $Q^C\subset R$ (참)
④ $(P\cup Q^C)\subset R$ (참)
⑤ $(P^C\cap R)\not\subset Q$ (거짓)

03 답 ③

◤$\sim p \longrightarrow r$이면 $P^C\subset R$이다.
$r \longrightarrow \sim q$, $\sim r \longrightarrow q$에 대해서도 진리집합의 포함 관계를 알 수 있다.
이를 이용하여 P, Q, R 사이의 관계를 구한다.

$\sim p \longrightarrow r$이 참이므로 $P^C\subset R$ ⋯ ❶
$r \longrightarrow \sim q$가 참이므로 $R\subset Q^C$ ⋯ ❷
$\sim r \longrightarrow q$가 참이므로 $R^C\subset Q$ $\therefore Q^C\subset R$ ⋯ ❸

❷, ❸에서 $R=Q^C$
이때 ❶은 $P^C\subset Q^C$ $\therefore Q\subset P$
또, $R^C=Q$이고 $Q\subset P$이므로 $P\cap Q=R^C$
따라서 옳은 것은 ㄱ, ㄷ이다.

다른 풀이

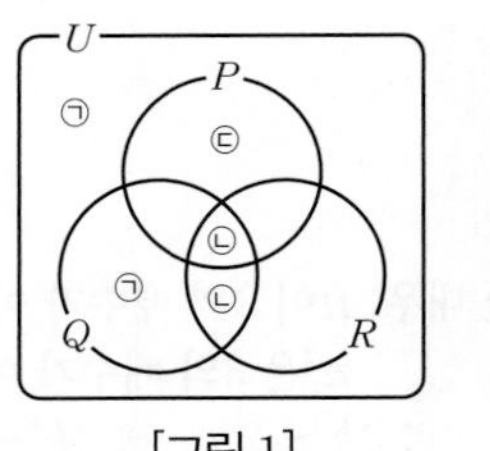

[그림 1]

[그림 2]

$\sim p \longrightarrow r$이 참이므로 $P^C\subset R$
곧, [그림 1]에서 ㉠ 부분의 원소가 없다.
$r \longrightarrow \sim q$가 참이므로 $R\subset Q^C$
곧, [그림 1]에서 ㉡ 부분의 원소가 없다.
$\sim r \longrightarrow q$가 참이므로 $R^C\subset Q$
곧, [그림 1]에서 ㉢ 부분의 원소가 없다.
따라서 [그림 2]에서 색칠한 부분의 원소가 없으므로 옳은 것은 ㄱ, ㄷ이다.

04 답 4

◤참, 거짓을 진리집합의 포함 관계로 생각할 때, $P\subset Q$가 성립하지 않고 $P\subset Q^C$가 성립하지 않는다.

$p \longrightarrow q$와 $p \longrightarrow \sim q$가 모두 거짓이면
$P\not\subset Q$이고 $P\not\subset Q^C$이다.
q: $x^2-3x-10\le 0$에서 $(x+2)(x-5)\le 0$이므로
$Q=\{x\,|\,-2\le x\le 5\}$
p: $x^2-3ax+2a^2\le 0$에서
$(x-a)(x-2a)\le 0$ ⋯ ❶

◤a의 부호를 알 수 없으므로 경우를 나누어 살펴본다.

(i) $a=0$일 때, ❶에서 $P=\{0\}$
$P\subset Q$이므로 성립하지 않는다.

(ii) $a>0$일 때, ❶에서 $P=\{x\,|\,a\le x\le 2a\}$

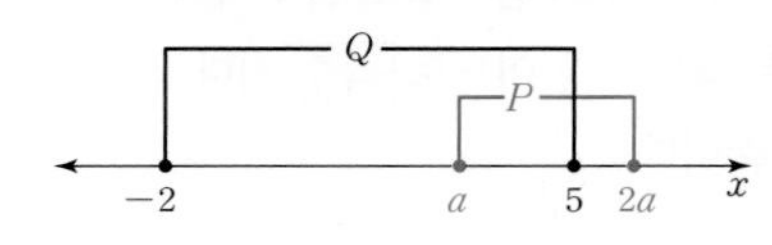

$a\le 5$이고 $2a>5$ $\therefore \frac{5}{2}<a\le 5$
따라서 정수 a는 3, 4, 5이다.

(iii) $a<0$일 때, ❶에서 $P=\{x\,|\,2a\le x\le a\}$

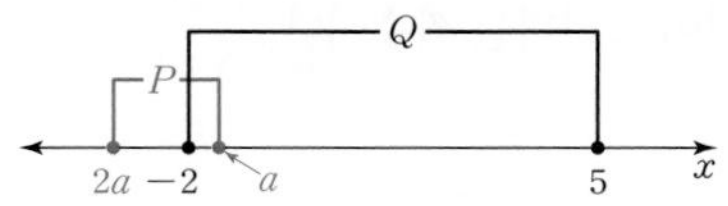

$2a<-2$이고 $a\ge -2$ $\therefore -2\le a<-1$
따라서 정수 a는 -2이다.

(i), (ii), (iii)에서 정수 a의 개수는 4이다.

05 ········ 답 $-1<k<3$

부정을 구한 다음 참일 조건을 찾아도 되고,
이 명제가 거짓인 조건을 찾아도 된다.
'어떤 x에 대하여 p'의 부정 ⇨ '모든 x에 대하여 $\sim p$'

주어진 명제의 부정
'모든 실수 x에 대하여 $x^2-2kx+k^2-9<0$'
이 참이므로 $0\le x\le 2$에서 $x^2-2kx+k^2-9<0$이다. … ㉮
$f(x)=x^2-2kx+k^2-9$로 놓으면
$y=f(x)$의 그래프는 그림과 같다.
(i) $f(0)<0$이므로
$k^2-9<0$ $\quad\therefore -3<k<3$
(ii) $f(2)<0$이므로
$k^2-4k-5<0$
$\therefore -1<k<5$
(i), (ii)에서 $-1<k<3$ … ㉯

단계	채점 기준	배점
㉮	주어진 명제의 부정 구하기	40%
㉯	부정이 참일 때 실수 k의 값의 범위 구하기	60%

06 ········ 답 ④

어떤 x에 대하여 $x\in X$이면 $X\ne\varnothing$
U의 모든 x에 대하여 $x\in X$이면 $X=U$
$x\in X$인 모든 x에 대하여 $x\in Y$이면 $X\subset Y$

(가)에서 $A\cap B\ne\varnothing$
(나)에서 $C\subset B^C$ $\quad\therefore B\cap C=\varnothing$
(다)에서 $A^C\subset C^C$ $\quad\therefore C\subset A$
따라서 A, B, C를 벤 다이어그램으로 나타내면 그림과 같다.

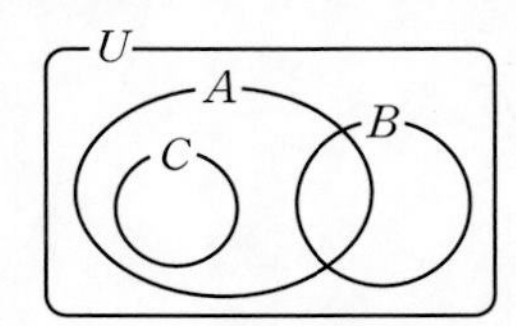

① $A\cap C=C$, $C\subset B^C$이므로 $(A\cap C)\subset B^C$
② $B\cap C=\varnothing$이므로 $A\cap B\cap C=\varnothing$
③ $(B\cap C)^C=\varnothing^C=U$이므로 $B\cap(B\cap C)^C=B$
④ $A^C\cup B\cup C\ne U$
⑤ $A\cup C=A$, $A\cap C=C$이므로
$(A\cup C)-(A\cap C)=A-C=A\cap C^C$
따라서 옳지 않은 것은 ④이다.

07 ········ 답 $B=\{1, 2, 4, 5\}$

$A^C\cup B^C=(A\cap B)^C$이므로
$U=\{1, 2, 3, 4, 5, 6\}$
이다. 따라서 3, 4, 5, 6이 어디에 속하는지 정하면 된다.

$A^C\cup B^C=\{3, 4, 5, 6\}$에서
$(A\cap B)^C=\{3, 4, 5, 6\}$
$A\cap B=\{1, 2\}$이므로 $U=\{1, 2, 3, 4, 5, 6\}$이다.

S는 U의 모든 부분집합 X를 원소로 갖는 집합이다.

(i) 어떤 X에 대하여 $A\cap X=\{3, 6\}$이므로
3과 6은 A의 원소이다.
(ii) 4가 B의 원소가 아니면
4를 포함한 X에 대하여 $A\cup X$가 3, 6, 4를 포함하므로
$n((A\cup X)-B)=2$일 수 없다.
곧, 4는 B의 원소이다.
같은 이유로 5도 B의 원소이다.
(i), (ii)에서 $B=\{1, 2, 4, 5\}$

Think More
$B=\{1, 2, 4, 5\}$일 때
$A\cup X$는 B가 아닌 원소 3, 6을 항상 포함하므로
$(A\cup X)-B=\{3, 6\}$이고, 조건을 만족시킨다.

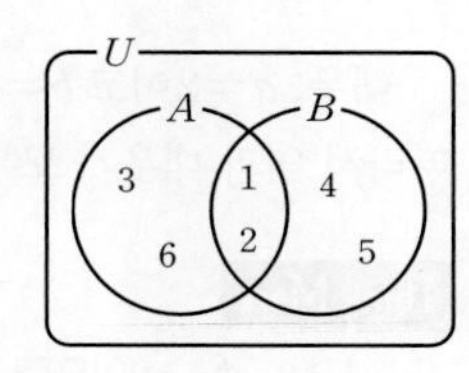

08 ········ 답 $m<2$, $n>3$

$y=x^2+2$와 $y=m(2x-1)$, $y=n(2x-1)$의 그래프를 그리고
부등식이 성립할 조건을 찾는다.

$f(x)=x^2+2$, $g(x)=m(2x-1)$,
$h(x)=n(2x-1)$이라 하자.
$U=\{x\mid 1\le x\le 3\}$이므로
$1\le x\le 3$에서 $y=f(x)$의 그래프가
$y=g(x)$의 그래프보다 위쪽에 있고 $y=h(x)$의 그래프보다 아래쪽에 있다.
$y=m(2x-1)$, $y=n(2x-1)$은

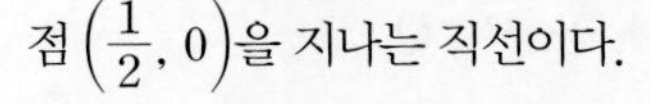
점 $\left(\frac{1}{2}, 0\right)$을 지나는 직선이다.

(i) $f(1)=3$이므로 직선 $y=h(x)$가 점 $(1, 3)$을 지날 때
$3=n$
(ii) $f(3)=11$이므로 직선 $y=h(x)$가 점 $(3, 11)$을 지날 때
$11=5n$ $\quad\therefore n=\frac{11}{5}$
(iii) 직선 $y=g(x)$가 $y=f(x)$의 그래프에 접할 때
$x^2+2=m(2x-1)$, $x^2-2mx+m+2=0$
에서 $\frac{D}{4}=m^2-m-2=0$
$\therefore m=-1$ 또는 $m=2$
(i), (ii)에서 $f(x)<h(x)$이면 $n>3$
(iii)에서 $g(x)<f(x)$이면 $m<2$

09 ······ 답 ④

대우를 구해 참, 거짓을 조사해도 되고,
대우의 참, 거짓은 원 명제의 참, 거짓과 같음을 이용해도 된다.
역의 참, 거짓은 역을 구해서 조사해야 한다.

원 명제와 역이 모두 참인 명제를 찾으면 된다.

① 역: 이등변삼각형이면 정삼각형이다. (거짓)
대우: 원 명제가 참이므로 참이다. (참)

② 역: $a+b>2$이면 $a>1$이고 $b>1$이다.
[반례] $a=3$, $b=0$이면 $a+b>2$이지만 $b<1$이다. (거짓)
대우: 원 명제가 참이므로 참이다. (참)

③ 역: $a>0$이고 $b>0$이면 $ab>0$이다. (참)
원 명제: $a=-1$, $b=-2$이면 $ab>0$이지만 $a<0$이고 $b<0$이다. (거짓)
대우: 원 명제가 거짓이므로 거짓이다. (거짓)

④ 역: $a=0$이고 $b=0$이면 $|a|+|b|=0$이다. (참)
대우: 원 명제가 참이므로 참이다. (참)

⑤ 역: $a\neq2$ 또는 $b\neq4$이면 $ab\neq8$이다.
[반례] $a=4$, $b=2$이면 $a\neq2$ 또는 $b\neq4$이지만 $ab=8$이다. (거짓)
대우: $a=2$이고 $b=4$이면 $ab=8$이다. (참)

따라서 역과 대우가 모두 참인 명제는 ④이다.

Think More

④ $|a|\geq0$, $|b|\geq0$이므로
$|a|+|b|=0$이면 $|a|=0$이고 $|b|=0$
곧, $a=0$이고 $b=0$이다.

10 ······ 답 $\begin{cases}a=1\\b=0\end{cases}$ 또는 $\begin{cases}a=3\\b=2\end{cases}$

$p \longrightarrow q$의 역과 대우가 모두 참이면 $P\subset Q$이고 $Q\subset P$

역 $q \longrightarrow p$가 참이므로 $Q\subset P$
대우가 참이면 $p \longrightarrow q$도 참이다. 곧, $P\subset Q$
$P=Q$이므로 ··· ㉮
$a<x<a+4b+1$, $b+1<x<ab+2a$에서
$a=b+1$이고 $a+4b+1=ab+2a$이다.
두 식에서 a를 소거하면

$$b+1+4b+1=(b+1)b+2(b+1)$$

$$b^2-2b=0 \qquad \therefore b=0 \text{ 또는 } b=2$$

$$\therefore \begin{cases}a=1\\b=0\end{cases} \text{ 또는 } \begin{cases}a=3\\b=2\end{cases}$$ ··· ㉯

단계	채점 기준	배점
㉮	명제 $p \longrightarrow q$의 역과 대우가 모두 참이면 $P=Q$임을 알기	40%
㉯	$P=Q$를 만족시키는 a, b의 값 모두 구하기	60%

11 ······ 답 ①, ④

p, $\sim q$, s, $\sim r$을 오른쪽과 같이 쓴다.
그리고 $\Longrightarrow$을 이용하여 주어진 조건을 나타내고
대우의 성질과 삼단논법을 이용한다.

$p \Longrightarrow \sim q$
$s \Longleftarrow \sim r$

조건에서 $p\Longrightarrow\sim q$, $\sim s\Longrightarrow r$이므로 대우를 생각하면
$q\Longrightarrow\sim p$, $\sim r\Longrightarrow s$
$\sim r\Longrightarrow\sim q$일 조건을 찾아야 하므로
p, $\sim q$, $\sim r$, s와 참인 명제를 오른쪽과 같이 나타내자.

$p \Longrightarrow \sim q$
$\Uparrow$
$s \Longleftarrow \sim r$

따라서 $s\Longrightarrow p$ 또는 $\sim r\Longrightarrow p$ 또는 $s\Longrightarrow\sim q$
중 하나가 주어지면 삼단논법에 의해 $\sim r\Longrightarrow\sim q$이다.
또, 대우 $\sim p\Longrightarrow\sim s$ 또는 $\sim p\Longrightarrow r$ 또는 $q\Longrightarrow\sim s$도 가능하다.

12 ······ 답 A, B, C, D

A, B, C, D가 문제를 푼 경우를 a, b, c, d라 하고 조건을 정리한다.

A, B, C, D가 문제를 푼 경우를 a, b, c, d라 하자.
(가) $a\Longrightarrow c$
(나) $\sim b\Longrightarrow\sim c$
(다) $d\Longrightarrow a$
(라) $(\sim a$ 또는 $b)\Longrightarrow d$

(나)에서 $c\Longrightarrow b$이므로 (가), (나), (다)를 정리하면 오른쪽과 같다.

$a \Longrightarrow c$
$\Uparrow \qquad \Downarrow$
$d \qquad b$

(라)에서 $\sim a$이면 d이고 (다)에서 a이므로 모순이다.
b이면 d이고 a, c이다.
따라서 네 학생 모두 문제를 풀었다.

13 ······ 답 ②, ⑤

p는 q이기 위한 충분조건이면 $P\subset Q$
필요조건이면 $P\supset Q$

q는 $\sim p$이기 위한 충분조건이므로 $Q\subset P^C$
곧, $x\in Q$이면 $x\notin P$이므로
$P\cap Q=\varnothing$
q는 $\sim p$이기 위한 필요조건이 아니므로 $Q\not\supset P^C$
곧, $x\notin P$이고 $x\notin Q$인 x가 있으므로
$P^C\cap Q^C\neq\varnothing$, $P\cup Q\neq U$
따라서 옳은 것은 ②, ⑤이다.

14 ·································· 답 ③

◤$\sim p$는 q이기 위한 필요조건이면
q는 $\sim p$이기 위한 충분조건이다.

$q \longrightarrow \sim p$가 참이므로 $Q \subset P^C$이다.

$\sim p$: $(x+3)(x-5) \le 0$에서 $P^C = \{x \mid -3 \le x \le 5\}$

q: $(x-a)(x-2) \le 0$ ⋯ ❶

이때 다음 세 경우를 생각할 수 있다.

(i) $a<2$일 때

❶에서 $Q=\{x \mid a \le x \le 2\}$이므로

$-3 \le a < 2$

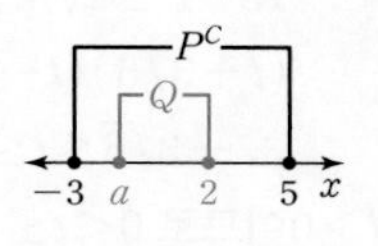

(ii) $a>2$일 때

❶에서 $Q=\{x \mid 2 \le x \le a\}$이므로

$2 < a \le 5$

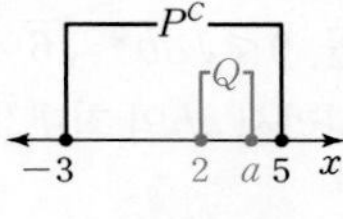

(iii) $a=2$일 때

❶에서 $Q=\{2\}$이므로

$Q \subset P^C$

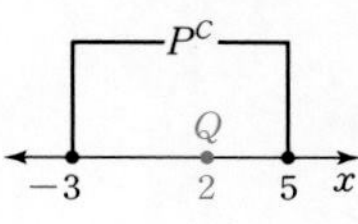

(i), (ii), (iii)에서 $-3 \le a \le 5$

따라서 정수 a는 9개이다.

15 ·································· 답 ②

◤A, B의 대소 관계는 $A-B$의 부호를 조사한다.
근호가 있는 경우 양변을 제곱하여 비교한다.

ㄱ. $\left(\dfrac{1}{a}+\dfrac{1}{b}\right)-\dfrac{4}{a+b}=\dfrac{a+b}{ab}-\dfrac{4}{a+b}$

$=\dfrac{(a+b)^2-4ab}{ab(a+b)}$

$=\dfrac{(a-b)^2}{ab(a+b)} \ge 0$

$\therefore \dfrac{1}{a}+\dfrac{1}{b} \ge \dfrac{4}{a+b}$ (단, 등호는 $a=b$일 때 성립) (참)

ㄴ. $(\sqrt{a}+\sqrt{b})^2-(\sqrt{a+b})^2=a+2\sqrt{ab}+b-(a+b)$

$=2\sqrt{ab}>0$

$\sqrt{a}+\sqrt{b}>0$, $\sqrt{a+b}>0$이므로 $\sqrt{a}+\sqrt{b}>\sqrt{a+b}$ (참)

ㄷ. $x^2+y^2+z^2 \ge xy+yz+zx$에서

$x=\sqrt{a}$, $y=\sqrt{b}$, $z=\sqrt{c}$를 대입하면

$a+b+c \ge \sqrt{ab}+\sqrt{bc}+\sqrt{ca}$

(단, 등호는 $a=b=c$일 때 성립)

등호가 성립하므로 거짓이다.

따라서 옳은 것은 ㄱ, ㄴ이다.

16 ·································· 답 최솟값: 24, $x=5$

◤분모가 $x-2$, 분자가 이차식이다.

$x-2>0$이므로 $a(x-2)+\dfrac{b}{x-2}$를 포함하는 꼴로 고쳐

산술평균과 기하평균의 관계를 이용한다.

$\dfrac{3x^2-6x+27}{x-2}=\dfrac{3x(x-2)+27}{x-2}=3x+\dfrac{27}{x-2}$

$=3(x-2)+\dfrac{27}{x-2}+6$ ⋯ ㉮

$x-2>0$이므로

$3(x-2)+\dfrac{27}{x-2}+6 \ge 2\sqrt{3(x-2)\times\dfrac{27}{x-2}}+6$

$=2\times 9+6=24$ ⋯ ㉯

등호가 성립하려면

$3(x-2)=\dfrac{27}{x-2}$, $(x-2)^2=9$

$x>2$이므로 $x-2=3$ $\quad \therefore x=5$ ⋯ ㉰

따라서 $x=5$일 때 최소이고, 최솟값은 24이다.

단계	채점 기준	배점
㉮	산술평균과 기하평균의 관계를 이용할 수 있는 꼴로 고치기	30%
㉯	최솟값 구하기	40%
㉰	최솟값을 가질 때의 x의 값 구하기	30%

17 ·································· 답 ③

◤$x+y=t$라 생각하면

$\left(\dfrac{1}{t}+\dfrac{1}{z}\right)(t+9z)$

의 최솟값을 구하는 문제이다.

$x+y$를 한 문자로 보고 전개하면

$\left(\dfrac{1}{x+y}+\dfrac{1}{z}\right)(x+y+9z)=1+\dfrac{9z}{x+y}+\dfrac{x+y}{z}+9$

$=10+\dfrac{9z}{x+y}+\dfrac{x+y}{z}$

$x+y>0$, $z>0$이므로

$10+\dfrac{9z}{x+y}+\dfrac{x+y}{z} \ge 10+2\sqrt{\dfrac{9z}{x+y}\times\dfrac{x+y}{z}}$

$=10+2\times 3=16$

$\left(\text{단, 등호는 } \dfrac{9z}{x+y}=\dfrac{x+y}{z}\text{, 곧 } 9z^2=(x+y)^2\text{일 때 성립}\right)$

따라서 최솟값은 16이다.

18 ······ 답 최솟값: 25, $a=\frac{1}{5}$, $b=\frac{1}{5}$

$3a+2b=1$을 이용하여 a나 b를 소거하는 것이 쉽지 않다.
다음 해법을 기억해야 한다.

$3a+2b=1$이고 $\frac{b}{a}>0$, $\frac{a}{b}>0$이므로

$$\frac{3}{a}+\frac{2}{b}=(3a+2b)\left(\frac{3}{a}+\frac{2}{b}\right)=9+\frac{6a}{b}+\frac{6b}{a}+4$$

$$\geq 13+2\sqrt{\frac{6a}{b}\times\frac{6b}{a}}=13+2\times 6=25$$

등호가 성립하려면 $\frac{6a}{b}=\frac{6b}{a}$, $a^2=b^2$

$a>0$, $b>0$이므로 $a=b$

$3a+2b=1$에 대입하면 $a=\frac{1}{5}$, $b=\frac{1}{5}$

따라서 $a=\frac{1}{5}$, $b=\frac{1}{5}$일 때 최소이고, 최솟값은 25이다.

다른 풀이

코시-슈바르츠 부등식

$(a^2+b^2)(x^2+y^2)\geq(ax+by)^2$

을 이용할 수 있다.

코시-슈바르츠 부등식에서

$$(3a+2b)\left(\frac{3}{a}+\frac{2}{b}\right)\geq\left(\sqrt{3a}\times\sqrt{\frac{3}{a}}+\sqrt{2b}\times\sqrt{\frac{2}{b}}\right)^2$$

$$=(3+2)^2=25$$

$\left(\text{단, 등호는 } \frac{3a}{\frac{3}{a}}=\frac{2b}{\frac{2}{b}}\text{, 곧 } a^2=b^2\text{일 때 성립}\right)$

$3a+2b=1$이므로 $\frac{3}{a}+\frac{2}{b}\geq 25$

따라서 최솟값은 25이다.

19 ······ 답 6

ab의 최댓값을 구하는 문제이다.
우선 $ab+2a+3b=18$을 이용하여 a나 b를 소거한다.

$(a+3)(b+2)=24$에서 $a=\frac{24}{b+2}-3$이므로

$$ab=\frac{24b}{b+2}-3b=24+6-\left\{\frac{48}{b+2}+3(b+2)\right\}$$

$\frac{48}{b+2}+3(b+2)\geq 2\sqrt{\frac{48}{b+2}\times 3(b+2)}=24$이므로

$$ab\leq 30-24=6$$

$\left(\text{단, 등호는 } \frac{48}{b+2}=3(b+2)\text{, 곧 } a=3,\ b=2\text{일 때 성립}\right)$

따라서 ab의 최댓값은 6이다.

다른 풀이

a, b의 합이 주어진 꼴은 아니지만, 산술평균과 기하평균을 이용하면 $2a+3b+ab-18=0$에서 ab나 $\sqrt{ab}$에 대한 부등식을 얻을 수 있다.

$2a+3b=18-ab$이고

$2a+3b\geq 2\sqrt{2a\times 3b}$ (단, 등호는 $2a=3b$일 때 성립)

이므로 $18-ab\geq 2\sqrt{6ab}$

$\sqrt{ab}=t\ (t>0)$라 하면

$18-t^2\geq 2\sqrt{6}t$, $t^2+2\sqrt{6}t-18\leq 0$

$(t+3\sqrt{6})(t-\sqrt{6})\leq 0$

$\therefore -3\sqrt{6}\leq t\leq\sqrt{6}$

$t>0$이므로 $0<t\leq\sqrt{6}$

곧, $0<\sqrt{ab}\leq\sqrt{6}$이므로 $0<ab\leq 6$

따라서 ab의 최댓값은 6이다.

20 ······ 답 ③

점 $(2, 8)$을 지나는 직선이므로

$y-8=m(x-2)$ ⋯ ❶

로 놓을 수 있다.

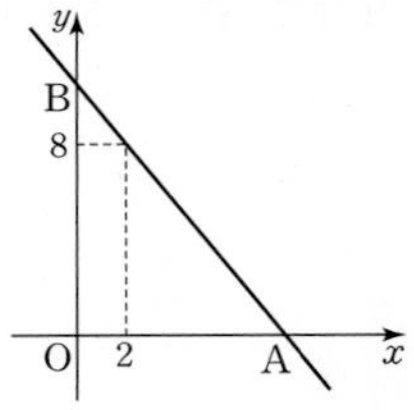

또, 양의 x축, 양의 y축과 만나므로

$m<0$이다.

❶에 $y=0$을 대입하면

$-8=m(x-2)$ $\quad\therefore x=-\frac{8}{m}+2$

❶에 $x=0$을 대입하면

$y-8=-2m$ $\quad\therefore y=-2m+8$

$$\therefore \overline{OA}+\overline{OB}=-\frac{8}{m}+2-2m+8$$

$$=-\frac{8}{m}-2m+10$$

$-m>0$이므로

$$\overline{OA}+\overline{OB}\geq 10+2\sqrt{\left(-\frac{8}{m}\right)\times(-2m)}$$

$$=10+2\times 4=18$$

$\left(\text{단, 등호는 } -\frac{8}{m}=-2m\text{, 곧 } m=-2\text{일 때 성립}\right)$

따라서 최솟값은 18이다.

다른 풀이

$A(a, 0)$, $B(0, b)$라 하면 직선의 방정식은

$$\frac{x}{a}+\frac{y}{b}=1$$

점 $(2, 8)$을 지나므로 $\frac{2}{a}+\frac{8}{b}=1$ ⋯ ❷

$$\therefore \overline{OA}+\overline{OB}=a+b=(a+b)\left(\frac{2}{a}+\frac{8}{b}\right)\ (\because ❷)$$

$$=10+\frac{8a}{b}+\frac{2b}{a}$$

$$\geq 10+2\sqrt{\frac{8a}{b}\times\frac{2b}{a}}=18$$

$\left(\text{단, 등호는 } \frac{8a}{b}=\frac{2b}{a}\text{일 때 성립}\right)$

21 ········· 답 9

◤$\overline{PM}=x$, $\overline{PN}=y$로 놓고 x, y의 관계부터 구한다.

$\overline{PM}=x$, $\overline{PN}=y$라 하자.

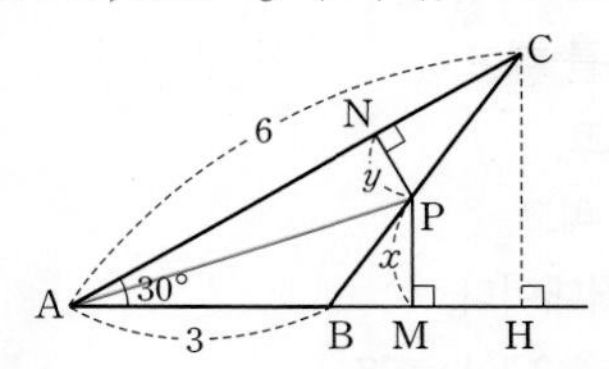

$\overline{CH}=6\times\sin 30^\circ=3$이고

$\triangle ABC=\triangle PAB+\triangle PAC$이므로

$$\frac{1}{2}\times3\times3=\frac{1}{2}\times3\times x+\frac{1}{2}\times6\times y$$

$$\therefore x+2y=3$$

◤$x+2y=3$이고 $\dfrac{3}{\overline{PM}}+\dfrac{6}{\overline{PN}}=\dfrac{3}{x}+\dfrac{6}{y}$이므로 $(x+2y)\left(\dfrac{1}{x}+\dfrac{2}{y}\right)$를 이용한다.

$x>0$, $y>0$이므로

$$\frac{3}{\overline{PM}}+\frac{6}{\overline{PN}}=\frac{3}{x}+\frac{6}{y}=3\left(\frac{1}{x}+\frac{2}{y}\right)$$

$$=(x+2y)\left(\frac{1}{x}+\frac{2}{y}\right)$$

$$=1+\frac{2x}{y}+\frac{2y}{x}+4$$

$$\geq5+2\sqrt{\frac{2x}{y}\times\frac{2y}{x}}=9$$

$\left(\text{단, 등호는 }\dfrac{2x}{y}=\dfrac{2y}{x}\text{, 곧 }x=y\text{일 때 성립}\right)$

따라서 최솟값은 9이다.

Think More

오른쪽 그림에서 $\overline{CH}=b\sin A$이므로

$$\triangle ABC=\frac{1}{2}bc\sin A$$

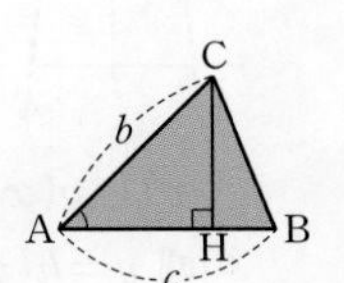

22 ········· 답 ①

◤m이 짝수이거나 n이 홀수라 가정했으므로 귀류법을 이용하는 증명이다.
따라서 가정 'm^4+4^n이 소수이고 $m\neq1$ 또는 $n\neq1$'에 모순임을 보인다.

(i) m이 짝수이면 $m=2j$ (j는 자연수)라 할 수 있다.

$$m^4+4^n=2^4j^4+4^n=4\times(4j^4+4^{n-1})$$

$4j^4+4^{n-1}$은 자연수이므로 m^4+4^n은 4의 배수이다.

곧, m^4+4^n은 [소수가 아니다].

따라서 가정에 모순이므로 m은 홀수이다.

(ii) n이 홀수이면 $n=2k-1$ (k는 자연수)라 할 수 있다.

$$m^4+4^n=m^4+4^{2k-1}=m^4+4\times4^{2(k-1)}$$

$$=m^4+4m^2\times4^{k-1}+4\times(4^{k-1})^2-4m^2\times4^{k-1}$$

$$=(m^2+2\times4^{k-1})^2-(2m\times2^{k-1})^2$$

$$=(\boxed{m^2-m\times2^k+2\times4^{k-1}})$$

$$\times(m^2+m\times2^k+2\times4^{k-1})$$

m^4+4^n은 소수이므로

$\boxed{m^2-m\times2^k+2\times4^{k-1}}=1$ 또는

$m^2+m\times2^k+2\times4^{k-1}=1$

그런데 $m^2+m\times2^k+2\times4^{k-1}>1$이므로

$\boxed{m^2-m\times2^k+2\times4^{k-1}}=1$

또, $\boxed{m^2-m\times2^k+2\times4^{k-1}}$

$=m^2-2m\times2^{k-1}+4^{k-1}+4^{k-1}$

$=(\boxed{m-2^{k-1}})^2+4^{k-1}=1$

이고 $4^{k-1}\geq1$이므로

$m-2^{k-1}=0$, $4^{k-1}=1$

$\therefore k=1$, $m=1$

따라서 $m=n=1$이고, 가정에 모순이므로 n은 짝수이다.

(i), (ii)에서 주어진 명제는 참이다.

23 ········· 답 풀이 참조

◤귀류법을 이용한다.
무리수가 아니면 $\dfrac{q}{p}$ (p, q는 서로소인 자연수)로 놓을 수 있다.

$\sqrt{n^2-1}$이 무리수가 아니라고 가정하자.

$n\geq2$이므로

$\sqrt{n^2-1}=\dfrac{q}{p}$ (p, q는 서로소인 자연수)

로 놓을 수 있다.

양변을 제곱하여 정리하면

$p^2(n^2-1)=q^2$ ⋯ ❶

그런데 p, q가 서로소이면 p^2, q^2도 서로소이고

❶에서 n^2-1이 자연수이므로 $p=1$이다.

❶에 $p=1$을 대입하면

$n^2-1=q^2$, $n^2=q^2+1$

q가 자연수일 때 $q^2<q^2+1<(q+1)^2$이므로

$q^2<n^2<(q+1)^2$ $\quad\therefore q<n<q+1$

이 부등식을 만족하는 자연수 q, n은 없다.

따라서 $\sqrt{n^2-1}=\dfrac{q}{p}$ (p, q는 서로소인 자연수)로 나타낼 수 없으므로 $\sqrt{n^2-1}$은 무리수이다.

C STEP 절대등급 완성 문제 58~59쪽

01 ③ **02** ② **03** 6 **04** ③ **05** $-1+\frac{4\sqrt{6}}{5}$

06 (1) 12 (2) 12 **07** ③ **08** 풀이 참조

01 ······ 답 ③

$|x|+|y|=k$와 $x^2+y^2=4$를 동시에 만족하는 (x, y)가 있다.
⇨ 두 도형의 그래프가 만난다.

주어진 명제가 참이므로
좌표평면에서
도형 $|x|+|y|=k$와
원 $x^2+y^2=4$가 만난다.
$|x|\geq 0$, $|y|\geq 0$이므로
$k\geq 0$이다.

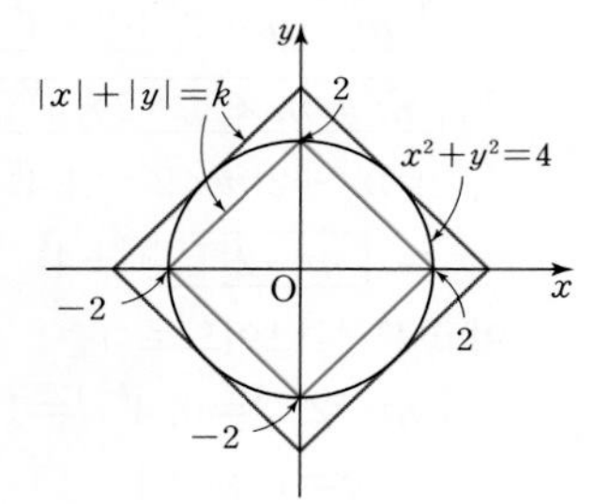

(i) $|x|+|y|=k$가 점 $(2, 0)$을 지날 때 k는 최소이고 $k=2$이다.

$\therefore m=2$

(ii) 직선 $x+y=k$가 원 $x^2+y^2=4$와 접할 때 k는 최대이다.
원의 중심 $(0, 0)$과 직선 $x+y=k$ 사이의 거리가 2이므로

$\frac{|k|}{\sqrt{1^2+1^2}}=2$, $|k|=2\sqrt{2}$

$k>0$이므로 $k=2\sqrt{2}$ $\therefore M=2\sqrt{2}$

(i), (ii)에서 $m^2+M^2=2^2+(2\sqrt{2})^2=12$

Think More

$|x|+|y|=k\ (k>0)$에서
$x\geq 0, y\geq 0$일 때 $x+y=k$
$x\geq 0, y<0$일 때 $x-y=k$
$x<0, y\geq 0$일 때 $x-y=-k$
$x<0, y<0$일 때 $x+y=-k$
따라서 그래프는 오른쪽과 같다.

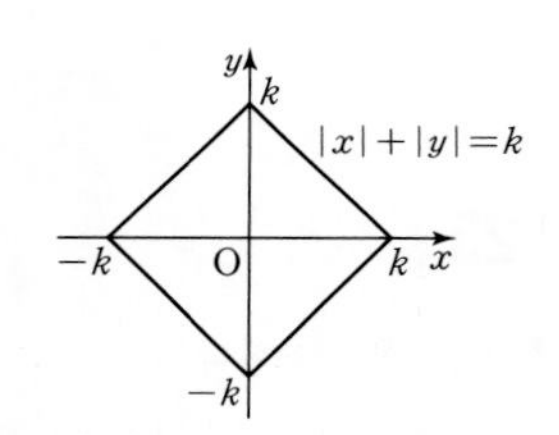

02 ······ 답 ②

이 명제를 바로 증명할 수도 있고,
대우 '$a\in A$이면 $2a\notin A$이다.'를 증명해도 된다.
대우를 증명하면 다음과 같은 순서로 생각할 수 있다.

$1\in A$이면 $2\notin A$
$2\notin A$이면 $4\notin A$일 수 있고, $4\in A$이어도 된다.
$4\in A$이면 $8\notin A$, ...

이 명제의 대우는
'$a\in A$이면 $2a\notin A$이다.'
$n(A)$가 최대일 때는 $4a\in A$이고 $8a\notin A$,
또, $16a\in A$이고 $32a\notin A$, $64a\in A$이다.
따라서 U의 원소에서 2의 배수를 빼고,
4의 배수를 넣고 8의 배수를 빼고,
16의 배수를 넣고 32의 배수를 빼고,
64의 배수를 넣으면 $n(A)$가 최대이다.

$\therefore 100-50+25-12+6-3+1=67$

03 ······ 답 6

$f(x)$는 x^2의 계수가 1인 이차함수,
$g(x)$는 x^2의 계수가 -2인 이차함수이다.
두 함수의 그래프를 그리고 교점의 형태를 조사하면 $y=h(x)$의 그래프를 그릴 수 있다.
t의 값을 바꿔 보며 $y=h(x)$의 그래프와 직선 $y=k$가 세 점에서 만날 수 있는지 살펴본다.

$g(x)=-2(x-t)^2+10$이므로
$y=g(x)$의 그래프는 꼭짓점의 좌표가 $(t, 10)$인 포물선이다.

(i) $y=f(x)$와 $y=g(x)$의 그래프가 만나지 않거나 접할 때

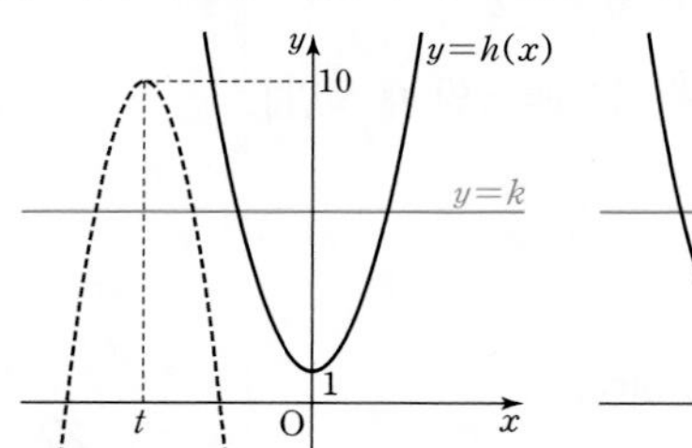

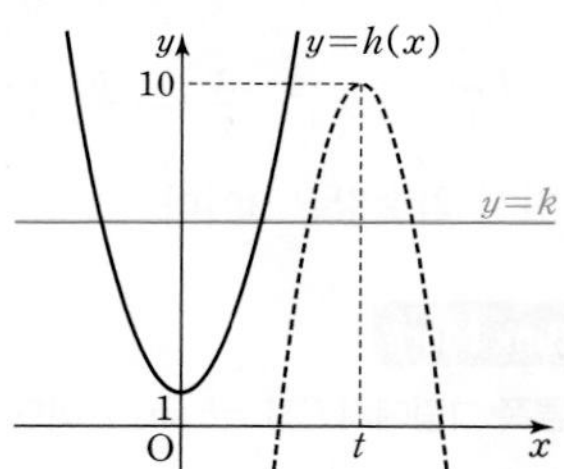

$f(x)\geq g(x)$이므로 $h(x)=f(x)$
이때 $y=h(x)$의 그래프는 직선 $y=k$와 서로 다른 세 점에서 만날 수 없다.

(ii) $y=f(x)$와 $y=g(x)$의 그래프가 두 점에서 만날 때
두 교점의 x좌표를 α, β $(\alpha<\beta)$라 하자.

$t=-3$ 또는 $t=3$일 때 $y=g(x)$ 그래프의 꼭짓점이
$y=f(x)$ 그래프 위에 있다. 따라서 $t\leq -3$ 또는 $t\geq 3$
곧, $t\leq\alpha$ 또는 $t\geq\beta$이면 세 점에서 만날 수 없다.

① $t\leq\alpha$ 또는 $t\geq\beta$일 때

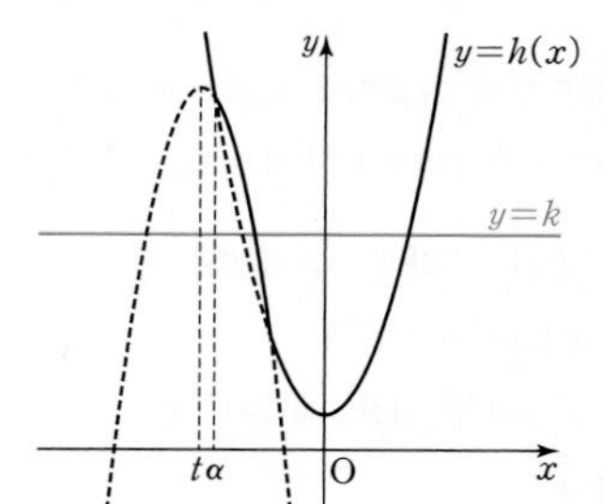

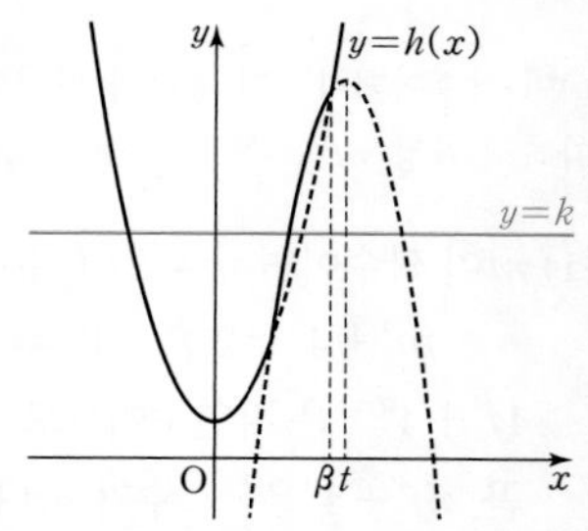

$y=h(x)$의 그래프와 직선 $y=k$는 세 점에서 만날 수 없다.

② $h(\alpha)=h(\beta)$인 경우

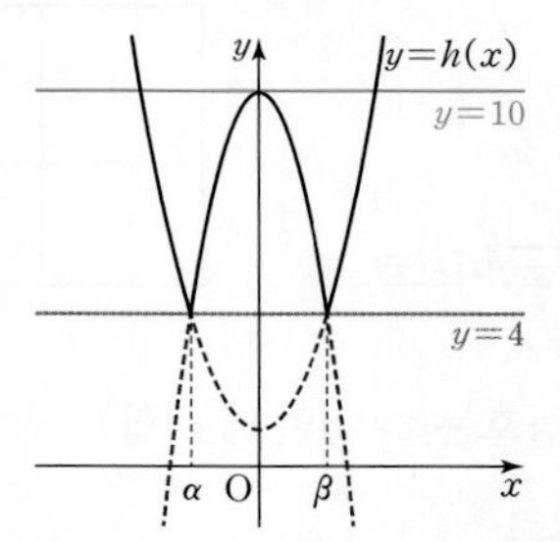

$k=10$이면 $y=h(x)$의 그래프와 직선 $y=k$는 서로 다른 세 점에서 만난다.

③ $h(\alpha)\neq h(\beta)$인 경우

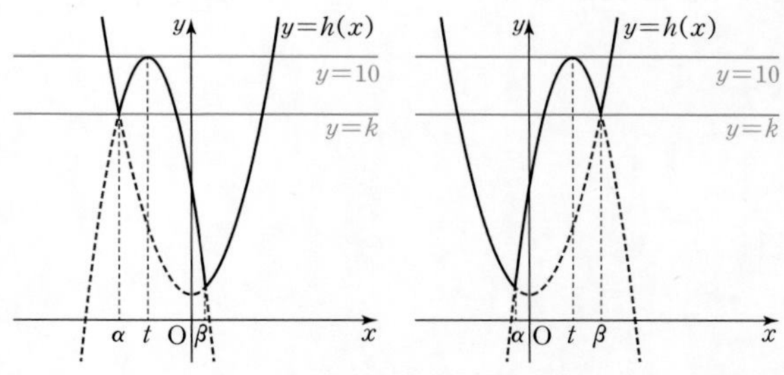

$k=10$일 때와, k가 $h(\alpha)$와 $h(\beta)$ 중 큰 값일 때 $y=h(x)$의 그래프와 직선 $y=k$는 서로 다른 세 점에서 만난다.

②에서 $t=0$일 때 $h(\alpha)=h(\beta)$이고 $f(x)=g(x)$에서

$x^2+1=-2x^2+10 \qquad \therefore x=\pm\sqrt{3},\ f(\pm\sqrt{3})=4$

곧, $f(\alpha)$ 또는 $f(\beta)$가 4보다 크면

$y=h(x)$의 그래프와 직선 $y=k$는 세 점에서 만날 수 있다.

따라서 가능한 자연수 k의 값은 5, 6, 7, 8, 9, 10이고, 6개이다.

04 답 ③

$ax^2-bx+c=0$의 해를 α, β라 하면
$cx^2-bx+a=0$의 해는 $\frac{1}{\alpha}$, $\frac{1}{\beta}$이다.

a, b, c가 모두 양수이므로 $ax^2-bx+c=0$에서

$(\text{두 근의 합})=\frac{b}{a}>0$, $(\text{두 근의 곱})=\frac{c}{a}>0$

따라서 실수 t가 방정식 $ax^2-bx+c=0$의 근이면 $t>0$이다.

$at^2-bt+c=0$에서 양변을 t^2으로 나누면

$a-b\left(\frac{1}{t}\right)+c\left(\frac{1}{t}\right)^2=0$

이므로 $\frac{1}{t}$은 $cx^2-bx+a=0$의 근이다.

따라서 P가 공집합이 아닐 때

$P=\{x|\alpha<x<\beta\}\ (0<\alpha<\beta)$라 하면 $Q=\left\{x\middle|\frac{1}{\beta}<x<\frac{1}{\alpha}\right\}$

또, $R=\{1\}$이다.

ㄱ. $R\subset P$이면 $\alpha<1<\beta$이므로 $\frac{1}{\beta}<1<\frac{1}{\alpha}$이다.

$\therefore R\subset Q$ (참)

ㄴ. $P=\varnothing$이면 $Q=\varnothing$이므로

$P\cap Q=\varnothing$이고 $P\cup Q\neq\varnothing$이면 $P\neq\varnothing$, $Q\neq\varnothing$이다.

이때 $P\cap Q=\varnothing$이면 $\beta<\frac{1}{\beta}$ 또는 $\frac{1}{\alpha}<\alpha$

$\beta<\frac{1}{\beta}$이면 $\beta>0$이므로 $\beta<1$, $\frac{1}{\beta}>1$

$\therefore 1\notin P$이고 $1\notin Q$

$\frac{1}{\alpha}<\alpha$이면 $\alpha>0$이므로 $\alpha>1$, $\frac{1}{\alpha}<1$

$\therefore 1\notin P$이고 $1\notin Q$

어느 경우도 $R\subset P$ 또는 $R\subset Q$가 아니다. (거짓)

ㄷ. $\alpha\geq 1$ 또는 $\beta\leq 1$이면 $P\cap Q=\varnothing$이다.

따라서 $P\cap Q\neq\varnothing$이면 $\alpha<1<\beta$이다.

이때 $\frac{1}{\beta}<1<\frac{1}{\alpha}$이므로 $1\in(P\cap Q)$

$\therefore R\subset(P\cap Q)$ (참)

따라서 옳은 것은 ㄱ, ㄷ이다.

05 답 $-1+\frac{4\sqrt{6}}{5}$

$\overline{BP}=x$로 놓고 삼각형 PBQ의 넓이를 x로 나타낸다.
이때 x만으로 넓이를 나타내기 어려우면
$\overline{BQ}=y$로 놓고 삼각형의 넓이를 x, y로 나타낸 다음,
x와 y의 관계를 구한다.

$\overline{BP}=x$, $\overline{BQ}=y$라 하면

$\triangle PBQ=\frac{1}{2}xy$,

$\triangle ABC=\frac{1}{2}\times 3\times 4=6$

이므로 조건에서 $\frac{1}{2}xy=6\times\frac{1}{6}$

$\therefore xy=2 \quad \cdots$ ❶

선분 BR은 삼각형 ABC의 넓이를 1 : 4로 나누므로

$\triangle ABR=6\times\frac{1}{5}$, $\triangle BCR=6\times\frac{4}{5}$

선분 PR은 삼각형 ABR의 넓이를 $(3-x):x$로 나누므로

$\triangle APR=6\times\frac{1}{5}\times\frac{3-x}{3}=\frac{6-2x}{5}$

선분 QR은 $\triangle BCR$의 넓이를 $y:(4-y)$로 나누므로

$\triangle QCR=6\times\frac{4}{5}\times\frac{4-y}{4}=\frac{24-6y}{5}$

$\therefore \triangle PQR=\triangle ABC-(\triangle PBQ+\triangle APR+\triangle QCR)$

$=6-\left(1+\frac{6-2x}{5}+\frac{24-6y}{5}\right)$

$=-1+\frac{2}{5}(x+3y)$

$\geq -1+\frac{2}{5}\times 2\sqrt{3xy}=-1+\frac{4\sqrt{6}}{5}$ ($\because$ ❶)

(단, 등호는 $x=3y$일 때 성립)

따라서 삼각형 PQR의 넓이의 최솟값은 $-1+\frac{4\sqrt{6}}{5}$

06 ······ 답 (1) 12 (2) 12

삼각형 ABC의 넓이는 삼각형 PAB, PBC, PCA의 넓이의 합임을 이용하여 x, y, z의 관계를 구한다.

정삼각형의 한 변의 길이를 a라 하면

$\triangle ABC=\triangle PAB+\triangle PBC+\triangle PCA$이므로

$$\frac{1}{2}a\times 6=\frac{1}{2}ax+\frac{1}{2}ay+\frac{1}{2}az$$

$$\therefore x+y+z=6 \quad \cdots ❶$$

(1) $(x^2+y^2+z^2)(1^2+1^2+1^2)\ge(x+y+z)^2$

(단, 등호는 $x=y=z$일 때 성립)

❶을 대입하면

$$3(x^2+y^2+z^2)\ge 36$$

따라서 $x^2+y^2+z^2$의 최솟값은 12

(2) $(x+y+z)^2-3(xy+yz+zx)$

$=\frac{1}{2}\{(x-y)^2+(y-z)^2+(z-x)^2\}$

$=x^2+y^2+z^2-xy-yz-zx\ge 0$

이므로

$$(x+y+z)^2\ge 3(xy+yz+zx)$$

(단, 등호는 $x=y=z$일 때 성립)

❶을 대입하면

$$36\ge 3(xy+yz+zx)$$

따라서 $xy+yz+zx$의 최댓값은 12

07 ······  ③

넓이가 A인 직사각형의 가로의 길이를 x, 세로의 길이를 y라 하고 A, B, C, D를 구한다.
참임을 증명하기 어려우면 거짓이 되는 경우가 있는지를 확인한다.

ㄱ. 그림과 같이 정사각형을 나누면

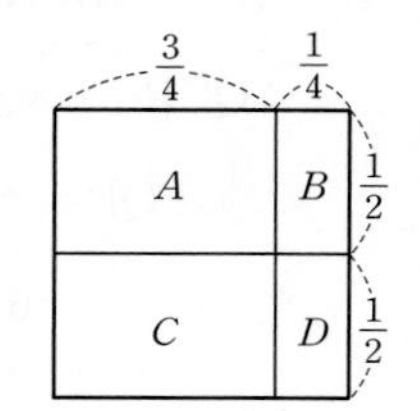

$$A=\frac{3}{4}\times\frac{1}{2}=\frac{3}{8}>\frac{1}{4}$$

$$C=\frac{3}{4}\times\frac{1}{2}=\frac{3}{8}>\frac{1}{4} \text{ (거짓)}$$

ㄴ. 그림과 같이 정사각형을 나누면

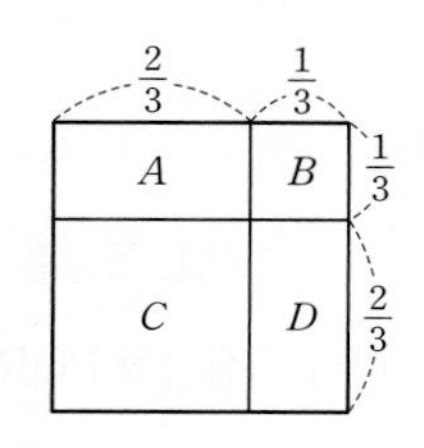

$$A=\frac{2}{3}\times\frac{1}{3}=\frac{2}{9}<\frac{1}{4}$$

$$D=\frac{1}{3}\times\frac{2}{3}=\frac{2}{9}<\frac{1}{4} \text{ (거짓)}$$

ㄷ. 그림과 같이 정사각형을 나누면

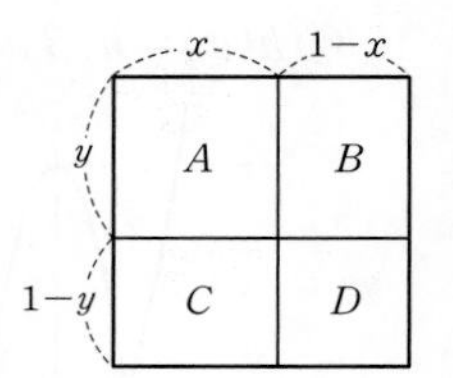

$A=xy$

$D=(1-x)(1-y)$

$=1-(x+y)+xy$

$x>0$, $y>0$에서 $x+y\ge 2\sqrt{xy}$이므로

$D\le 1-2\sqrt{xy}+xy$

$=(1-\sqrt{xy})^2$ (단, 등호는 $x=y$일 때 성립)

곧, $A>\frac{1}{4}$이면 $xy>\frac{1}{4}$이므로

$$D<\left(1-\sqrt{\frac{1}{4}}\right)^2=\frac{1}{4} \text{ (참)}$$

따라서 옳은 것은 ㄷ이다.

08 ······ 답 풀이 참조

정수 x, y가 있다고 가정하고 모순임을 보인다.
1004는 짝수이므로 x^2, y^2은 모두 짝수이거나 모두 홀수이다.

$x^2+y^2=1004$인 정수 x, y가 있다고 가정하자.

(i) $x=2k+1$, $y=2l$ (k, l은 정수)일 때

$x^2+y^2=1004$에 대입하면

$$4k^2+4k+1+4l^2=1004$$

좌변은 홀수, 우변은 짝수이므로 모순이다.

(ii) $x=2k$, $y=2l+1$ (k, l은 정수)일 때도

좌변은 홀수, 우변은 짝수이므로 모순이다.

(iii) $x=2k+1$, $y=2l+1$ (k, l은 정수)일 때

$x^2+y^2=1004$에 대입하면

$$4k^2+4k+1+4l^2+4l+1=1004$$

$$\therefore 2(k^2+l^2+k+l)=501$$

좌변은 짝수, 우변은 홀수이므로 모순이다.

(iv) $x=2k$, $y=2l$ (k, l은 정수)일 때

$x^2+y^2=1004$에 대입하면

$$4k^2+4l^2=1004,\ k^2+l^2=251$$

이 식에서 우변은 홀수이므로 k^2과 l^2 중 하나는 홀수이고 하나는 짝수이다.

$k=2k'+1$, $l=2l'$ (k', l'은 정수)라 하고 $k^2+l^2=251$에 대입하면

$$4k'^2+4k'+1+4l'^2=251$$

$$2(k'^2+k'+l'^2)=125$$

좌변은 짝수, 우변은 홀수이므로 모순이다.

$k=2k'$, $l=2l'+1$ (k', l'은 정수)인 경우도 모순이 생긴다.

(i), (ii), (iii), (iv)에서 $x^2+y^2=1004$인 정수 x, y는 없다.

Ⅲ. 함수와 그래프

06 함수

A STEP 시험에 꼭 나오는 문제 63～67쪽

01 ③, ④ **02** $\{2, 3, 4\}$ **03** ④
04 $a=-1,\ b=-\frac{1}{2}$ **05** $k<-1$ 또는 $k>1$ **06** ① **07** ④
08 $f(3)=1,\ g(3)=3$ **09** ④ **10** ⑤ **11** 28 **12** ⑤
13 -10 **14** ① **15** ② **16** $-2,\ 6$ **17** $(3,\ 3)$ **18** ③
19 ① **20** ④ **21** 최댓값: 17, 최솟값: 13 **22** 5
23 18 **24** ⑤ **25** ④ **26** $A=\left\{0,\ 1,\ \frac{3}{2},\ 2\right\}$ **27** ②
28 ⑤ **29** ① **30** $-\frac{2}{15}$ **31** ① **32** ② **33** 1
34 ① **35** ② **36** $a=-1,\ b=7$ **37** ③ **38** ②
39 ③

01 답 ③, ④

① 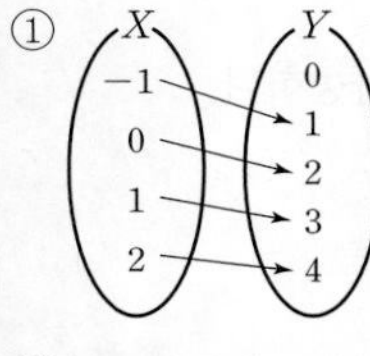

② 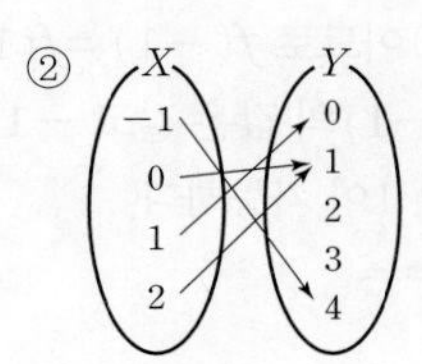

③ 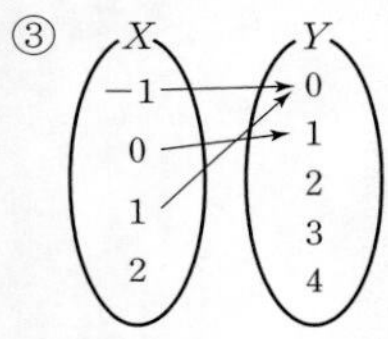

④ 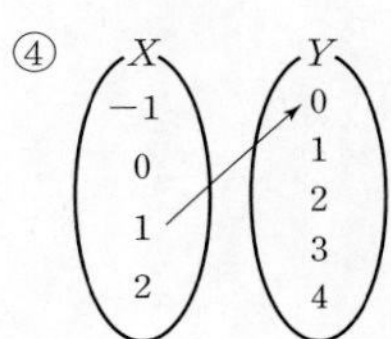

⑤ 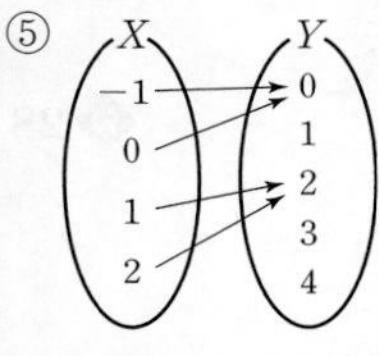

③ X의 원소 2에 대응하는 Y의 원소가 없다.
④ X의 원소 $-1,\ 0,\ 2$에 대응하는 Y의 원소가 없다.
따라서 함수가 아닌 것은 ③, ④이다.

02 답 $\{2, 3, 4\}$

1, 2는 유리수이므로 $f(x)=2x$에서

$f(1)=2\times1=2,\ f(2)=2\times2=4$

$\sqrt{2},\ \sqrt{3}$은 무리수이므로 $f(x)=x^2$에서

$f(\sqrt{2})=(\sqrt{2})^2=2,\ f(\sqrt{3})=(\sqrt{3})^2=3$

따라서 치역은 $\{2,\ 3,\ 4\}$이다.

03 답 ④

$f(x)=(x-1)^2+3$이고,

ㄱ. $a=0$이면 $x\geq0$일 때 $f(x)\geq3$이므로
$b=3$ (거짓)

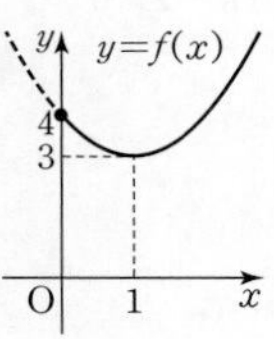

ㄴ. $a>1$이면 $x\geq a$일 때 $y\geq f(a)$이므로
$b=f(a)$ (참)

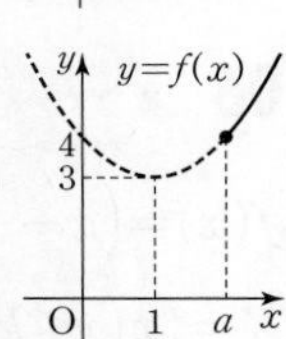

ㄷ. $b=3$이면 치역이 $\{y\,|\,y\geq3\}$이므로
$a\leq1$ (참)

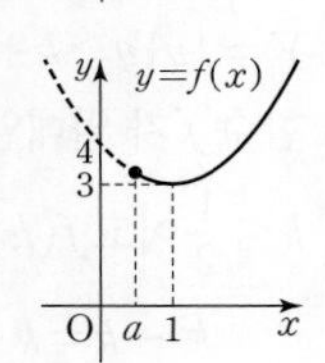

따라서 옳은 것은 ㄴ, ㄷ이다.

04 답 $a=-1,\ b=-\frac{1}{2}$

정의역 X의 모든 원소 x에 대해 $f(x)=g(x)$이면 $f=g$이다.

$f\left(-\frac{1}{2}\right)=g\left(-\frac{1}{2}\right)$에서 $(-1)^2-1=-\frac{1}{2}a+b$

$\therefore a-2b=0 \quad \cdots$ ❶

$f\left(\frac{1}{2}\right)=g\left(\frac{1}{2}\right)$에서 $0^2-1=\frac{1}{2}a+b$

$\therefore a+2b=-2 \quad \cdots$ ❷

❶, ❷를 연립하여 풀면

$a=-1,\ b=-\frac{1}{2}$

05 답 $k<-1$ 또는 $k>1$

$x\geq2$일 때, $f(x)=x-2+kx-6=(k+1)x-8$

$x<2$일 때, $f(x)=-(x-2)+kx-6=(k-1)x-4$

$$\therefore f(x)=\begin{cases}(k+1)x-8 & (x\geq2)\\(k-1)x-4 & (x<2)\end{cases}$$

$f(x)$가 일대일대응이면 그림과 같이 직선의 기울기가 모두 양수이거나 음수이다.

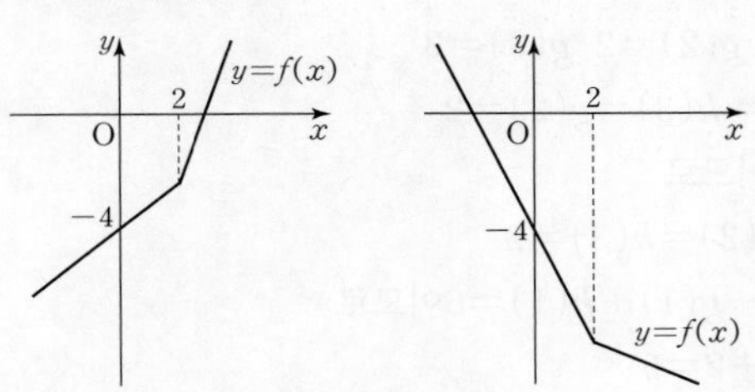

곧, $(k+1)(k-1)>0$이므로

$k<-1$ 또는 $k>1$

Think More

$\begin{cases} k+1>0 \\ k-1>0 \end{cases}$ 또는 $\begin{cases} k+1<0 \\ k-1<0 \end{cases}$을 풀어도 된다.

06  ①

$f(x)=\left(x-\frac{1}{2}\right)^2-\frac{1}{4}$이므로

$X=\{x \mid x \le k\}$에서

$Y=\{y \mid y \ge k+3\}$으로의

함수 f가 일대일대응이면

$k \le \frac{1}{2}$이고 $f(k)=k+3$이다.

$k^2-k=k+3$, $k^2-2k-3=0$

$\therefore k=-1$ 또는 $k=3$

$k \le \frac{1}{2}$이므로 $k=-1$

07  ④

$f_1(x)=x^2+8x+9=(x+4)^2-7$

$f_2(x)=(-a+7)x+b$

라 하자.

$f_1(-1)=2$이므로 $f(x)$가 일대일대응이면

$y=f(x)$의 그래프가 그림과 같다.

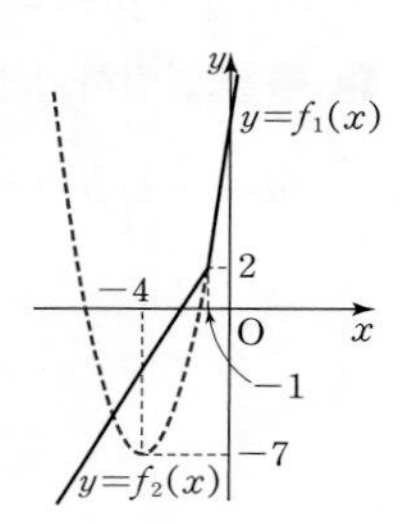

$f_2(-1)=2$이므로 $a-7+b=2$

또 $-a+7>0$이므로 $a<7$

따라서 자연수의 순서쌍 (a, b)는

$(1, 8), (2, 7), (3, 6), \dots, (6, 3)$

이고 6개이다.

08 답 $f(3)=1, g(3)=3$

g는 항등함수이므로

$g(1)=1, g(2)=2, g(3)=3$

(나)에서 $f(1)=h(3)=g(2)=2$

h는 상수함수이므로

$h(1)=h(2)=h(3)=2$

(다)에서 $f(2)+g(1)+h(1)=6$이므로

$f(2)+1+2=6$

$\therefore f(2)=3$

f는 일대일대응이므로 $f(3)=1$

09 답 ④

f가 항등함수이므로 X의 모든 x에 대하여 $f(x)=x$이다.

$x^4-3x^3+x^2+4x-2=x$에서

$x^4-3x^3+x^2+3x-2=0$

$x=1$, $x=-1$을 대입하면 성립하므로

$(x+1)(x-1)(x^2-3x+2)=0$

$(x+1)(x-1)^2(x-2)=0$

$\therefore x=-1$ 또는 $x=1$ 또는 $x=2$

따라서 X는 $\{-1, 1, 2\}$의 공집합이 아닌 부분집합이므로

X의 개수는 $2^3-1=7$

10 답 ⑤

$f(x)=f(-x)$에 X의 값을 차례로 대입하고, 함숫값으로 가능한 경우를 찾는다.

$f(x)=f(-x)$이므로 $f(-1)=f(1)$

곧, $f(1)$과 $f(-1)$의 값은 같고 $-1, 0, 1$이 가능하다.

$f(0)$은 $-1, 0, 1$이 가능하다.

따라서 f의 개수는

$3 \times 3=9$

11 답 28

(가) 일대일함수이다.

$f(1)$의 가능한 값은 4, 5, 6, 7이고 4개

$f(2)$의 가능한 값은 $f(1)$의 값을 제외한 3개

$f(3)$의 가능한 값은 $f(1)$, $f(2)$의 값을 제외한 2개

$\therefore m=4\times3\times2=24$

(나) 일대일함수 중 순서가 정해진 경우이다.

예를 들어 치역이 4, 5, 6이면

$f(1)=4, f(2)=5, f(3)=6$이 된다.

f는 일대일함수이므로 함숫값은 3개이고,

3개를 작은 값부터 커지는 순서로 나열한 다음 차례로

$f(1)$, $f(2)$, $f(3)$의 값이라고 하면 된다.

곧, f의 개수는 Y의 원소 4개에서 3개를 고르는 경우의 수와 같으므로

$n={}_4C_3=4$

$\therefore m+n=28$

Think More

(가) X에서 Y로의 일대일함수의 개수는 Y의 원소 4개 중 3개를 뽑아 나열하는 경우의 수와 같으므로 ${}_4P_3$이라고 해도 된다.

12 답 ⑤

$(f\circ g)(3)=f(g(3))=f(11)=-2\times11+5=-17$

$(g\circ f)(0)=g(f(0))=g(1)=1$

$\therefore (f\circ g)(3)+(g\circ f)(0)=-16$

13 답 -10

$h(3)=k$라 하자.

$f(h(3))=g(3)$이므로 $f(k)=-4$

$\frac{1}{2}k+1=-4,\ k=-10$

$\therefore h(3)=-10$

Think More

$f(h(x))=g(x)$이므로

$\frac{1}{2}h(x)+1=-x^2+5$

$\therefore h(x)=-2x^2+8$

14  ①

$g(f(k))=4$에서

(i) $f(k)\ge0$이면

$\{f(k)\}^2+3=4,\ f(k)=\pm1$

이때 $f(k)\ge0$이므로 $f(k)=1$

$|k|-3=1 \qquad \therefore k=\pm4$

(ii) $f(k)<0$이면

$-\{f(k)\}^2+3=4,\ \{f(k)\}^2=-1$

$f(k)$는 실수이므로 성립하지 않는다.

(i), (ii)에서 k의 값의 곱은 -16이다.

15  ②

ㄱ. $(f\circ g\circ h)(3)=f(g(h(3)))=f\left(g\left(\frac{5}{2}\right)\right)$

$=f(2)=3$ (참)

ㄴ. $(h\circ f)(3)=h(f(3))=h(8)=5$

$(g\circ h)(9)=g(h(9))=g\left(\frac{11}{2}\right)=5$

$\therefore (h\circ f)(3)=(g\circ h)(9)$ (참)

ㄷ. $(g\circ h)(x)=g(h(x))=g\left(\frac{1}{2}x+1\right)=\left[\frac{1}{2}x+1\right]$

$(h\circ g)(x)=h(g(x))=h([x])=\frac{1}{2}[x]+1$

예를 들어 $(g\circ h)(1)=1,\ (h\circ g)(1)=\frac{3}{2}$이므로

$(g\circ h)(x)\ne(h\circ g)(x)$ (거짓)

따라서 옳은 것은 ㄱ, ㄴ이다.

16 답 $-2,\ 6$

$(g\circ f)(1)+(f\circ g)(2)=7$이고

$f(1)=-1+a<a$이므로

$(g\circ f)(1)=g(-1+a)=(a-1)^2+1$

$\therefore (a-1)^2+1+f(g(2))=7 \quad \cdots$ ❶

$g(2)$의 값을 구해야 하는데 $a\le2$인지 $a>2$인지 알 수 없다.
두 경우로 나누어 $g(2)$의 값을 구해 보자.

(i) $a\le2$일 때

$f(g(2))=f(1)=a-1$이므로 ❶에 대입하면

$(a-1)^2+1+a-1=7$

$a^2-a-6=0,\ (a+2)(a-3)=0$

$a\le2$이므로 $a=-2$

(ii) $a>2$일 때

$f(g(2))=f(5)=a-25$이므로 ❶에 대입하면

$(a-1)^2+1+a-25=7$

$a^2-a-30=0,\ (a+5)(a-6)=0$

$a>2$이므로 $a=6$

(i), (ii)에서 $a=-2,\ 6$

17 답 $(3,\ 3)$

$f\circ g=g\circ f$는 일반적으로 성립하지 않지만,
특정한 함수에 대해서는 성립할 수도 있다.

$g(x)=ax+b\ (a\ne0)$이라 하면

$(f\circ g)(x)=f(g(x))=f(ax+b)=2ax+2b-3$

$(g\circ f)(x)=g(f(x))=g(2x-3)=2ax-3a+b$

$2ax+2b-3=2ax-3a+b$이므로

$2b-3=-3a+b \qquad \therefore b=3-3a$

이때 $y=g(x)$는

$y=ax+3-3a,\ y-3=a(x-3)$

따라서 $y=g(x)$의 그래프는 a의 값에 관계없이 점 $(3,\ 3)$을 지난다.

18 답 ③

$h\circ(g\circ f)=(h\circ g)\circ f$는 성립한다.
세 함수 이상의 합성에서 이용하도록 하자.

(나)에서

(좌변)$=(h\circ(g\circ f))(x)=((h\circ g)\circ f)(x)$

$=(h\circ g)(ax+1)$

(가)에서

$(h\circ g)(ax+1)=2(ax+1)-1=2ax+1$

(나)의 우변 $-2x+b$와 비교하면

$2a=-2,\ 1=b$

$\therefore a=-1,\ a+b=0$

Think More

(나)에서

(좌변)$=(h\circ(g\circ f))(x)=((h\circ g)\circ f)(x)$

$=(h\circ g)(f(x))=2f(x)-1$

이므로 $2f(x)-1=-2x+b$, $f(x)=-x+\dfrac{b+1}{2}$

$f(x)=ax+1$이므로 $a=-1$, $b=1$

19 ······ 답 ①

주어진 조건은 오른쪽 그림과 같다.

$f(f(2))=1$ $\cdots$ ❶

$f(f(3))=3$ $\cdots$ ❷

(i) $f(2)=1$이면 ❶에서 $f(1)=1$이므로 일대일대응이 아니다.

(ii) $f(2)=2$이면 ❶에서 $f(2)=1$이므로 모순이다.

(iii) $f(2)=3$이면 ❶에서 $f(3)=1$

❷에서 $f(1)=3$이므로 일대일대응이 아니다.

(iv) $f(2)=4$이면 ❶에서 $f(4)=1$

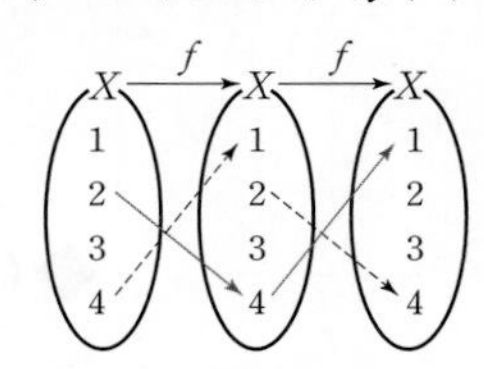

$f(3)=2$일 때 ❷에서 $f(2)=3$이므로 모순이다.

$f(3)=3$일 때 $f(1)=2$이다.

(i)~(iv)에서 $f(1)+f(4)=2+1=3$

20 ······  답 ④

X의 원소가 3개이므로 모든 경우를 따지는 것이 간단하다.
$f(1)$의 가능한 값은 1 또는 2 또는 3이다.

(i) $f(1)=1$일 때

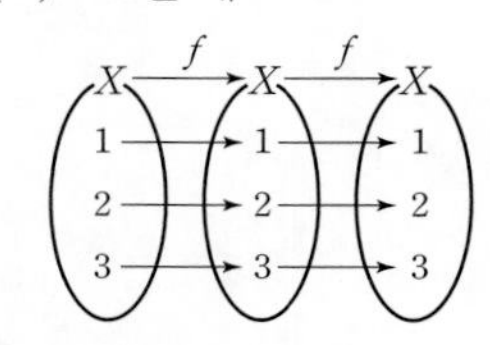

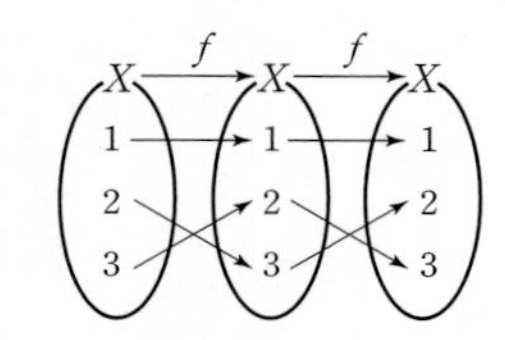

(ii) $f(1)=2$일 때

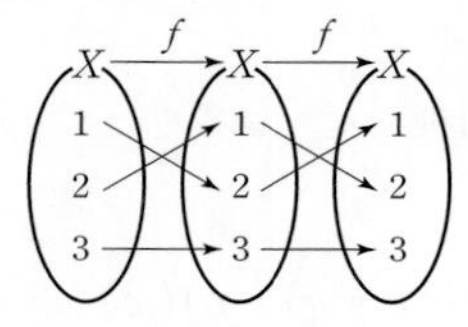

(iii) $f(1)=3$일 때

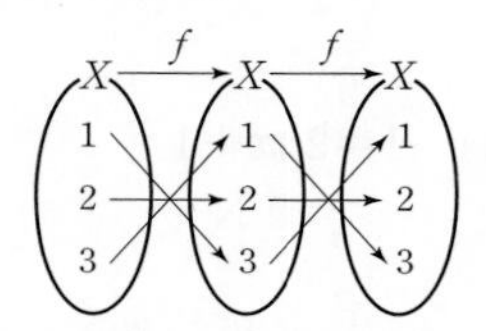

(i), (ii), (iii)에서 f의 개수는 $2+1+1=4$

21 ······ 답 최댓값: 17, 최솟값: 13

합성함수 $g(f(x))$의 최대, 최소 문제이다.
$f(x)=t$로 놓고 t의 범위부터 구한다.

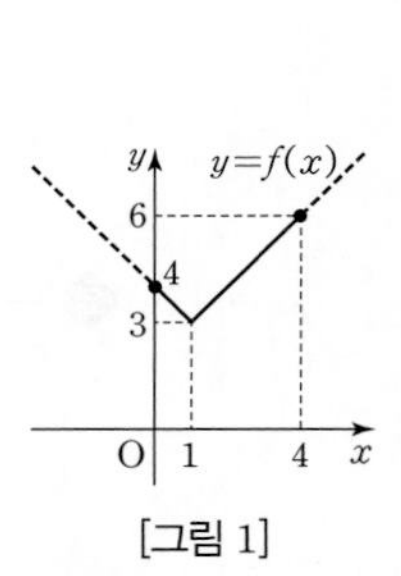

[그림 1]

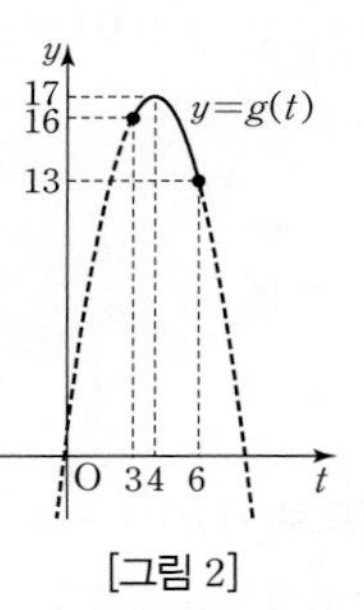

[그림 2]

[그림 1]에서 $0\le x\le 4$일 때 $3\le f(x)\le 6$

$f(x)=t$라 하면 $3\le t\le 6$이고

$(g\circ f)(x)=g(t)=-t^2+8t+1$

$=-(t-4)^2+17$

[그림 2]에서 $g(t)$의 최댓값은 $g(4)=17$,

최솟값은 $g(6)=13$

22 ······ 답 5

합성함수 $f(g(x))$의 최대, 최소 문제이다.
$g(x)=t$로 놓고 t의 범위부터 구한다.

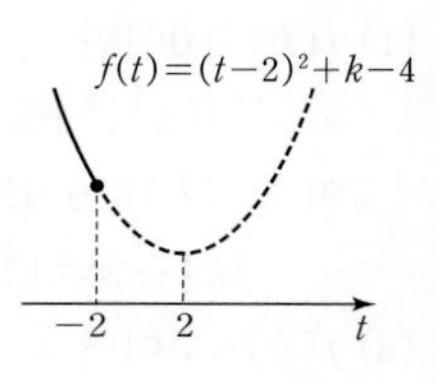

$g(x)=-3(x-1)^2-2$이므로

$g(x)=t$라 하면 $t\le -2$이고

$(f\circ g)(x)=f(t)=t^2-4t+k$

$=(t-2)^2+k-4$

따라서 $f(t)$의 최솟값은 $f(-2)$이다.

조건에서 $4+8+k=17$ $\quad\therefore k=5$

23 ······ 답 18

합성함수의 그래프를 이용한 방정식 문제이다.
$f(x+3)=t$로 놓고 $f(t)=4$부터 해결한다.
$f(t)=4$의 해는 $y=f(t)$와 $y=4$의 교점의 t좌표이다.

$f(f(x+3))=4$에서 $f(x+3)=t$라 하면 $f(t)=4$

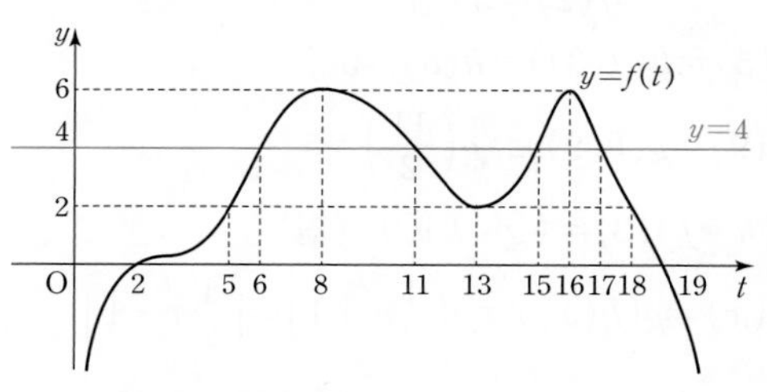

$f(t)=4$의 해는 $t=6,\ 11,\ 15,\ 17$

$f(x+3)\le 6$이므로 $t=6$

이때 $f(x+3)=6$이므로 $x+3=8$ 또는 $x+3=16$

$\therefore x=5$ 또는 $x=13$

따라서 서로 다른 실근의 합은 18

24 ············ 답 ⑤

$f^2, f^3, f^4, \ldots$을 구해 규칙을 찾는다.

$f^1(1)=f(1)=2$
$f^2(1)=f(f(1))=f(2)=3$
$f^3(1)=f(f^2(1))=f(3)=4$
$f^4(1)=f(f^3(1))=f(4)=1$
같은 방법으로 $f^4(2)=2$, $f^4(3)=3$, $f^4(4)=4$
$\therefore f^4(a)=a$
$f^4=f^8=f^{12}=\cdots=f^{1000}=f^{1004}$이므로
$f^{1002}=f^2$, $f^{1005}=f$
$\therefore f^{1002}(2)=f^2(2)=f(f(2))=f(3)=4$
$f^{1005}(3)=f(3)=4$
$\therefore f^{1002}(2)+f^{1005}(3)=8$

25 ············ 답 ④

$f^2, f^3, f^4, \ldots$을 구해 규칙을 찾는다.

(i) $f(9)=7$, $f^2(9)=5$, $f^3(9)=3$,
$f^4(9)=1$, $f^5(9)=-1$, $f^6(9)=1$, $f^7(9)=-1$, ...
$\therefore f^{2030}(9)=1$
(ii) $f(11)=9$, $f^2(11)=7$, $f^3(11)=5$, $f^4(11)=3$,
$f^5(11)=1$, $f^6(11)=-1$, $f^7(11)=1$, $f^8(11)=-1$, ...
$\therefore f^{2030}(11)=-1$
(i), (ii)에서 $f^{2030}(9)+f^{2030}(11)=0$

26 ············ 답 $A=\left\{0, 1, \frac{3}{2}, 2\right\}$

$f^2, f^3, f^4, \ldots$을 구해 규칙을 찾는다.

$f\left(\frac{5}{4}\right)=\frac{3}{2}$

$f^2\left(\frac{5}{4}\right)=f\left(f\left(\frac{5}{4}\right)\right)=f\left(\frac{3}{2}\right)=1$

$f^3\left(\frac{5}{4}\right)=f\left(f^2\left(\frac{5}{4}\right)\right)=f(1)=2$

$f^4\left(\frac{5}{4}\right)=f\left(f^3\left(\frac{5}{4}\right)\right)=f(2)=0$

$f^5\left(\frac{5}{4}\right)=f\left(f^4\left(\frac{5}{4}\right)\right)=f(0)=1$

$f^6\left(\frac{5}{4}\right)=f\left(f^5\left(\frac{5}{4}\right)\right)=f(1)=2$

⋮

$\therefore A=\left\{0, 1, \frac{3}{2}, 2\right\}$

27 ············ 답 ②

$f^{-1}(a)$의 값만 구할 때는, 역함수 $f^{-1}(x)$를 구하지 않고 $f^{-1}(a)=b$로 놓고 $f(b)=a$만 찾아도 된다.

$f(2)=2+5=7$
또, $f^{-1}(14)=k$라 하면 $f(k)=14$
$k<3$이면 $k+5=14$ $\quad\therefore k=9$
$k<3$에 모순이다.
$k\geq3$이면 $3k-1=14$ $\quad\therefore k=5$
$\therefore f^{-1}(14)=5$
$\therefore f(2)+f^{-1}(14)=12$

28 ············ 답 ⑤

$f(g^{-1}(k))=-7$에서 $g^{-1}(k)$의 값부터 구한다.

$(f\circ g^{-1})(k)=f(g^{-1}(k))=-7$에서
$2g^{-1}(k)-1=-7$ $\quad\therefore g^{-1}(k)=-3$
$g(-3)=k$이므로
$k=-3\times(-3)+2=11$

29 ············ 답 ①

$(f\circ g)^{-1}=g^{-1}\circ f^{-1}$임을 이용한다.

$g\circ(f\circ g)^{-1}\circ g=g\circ(g^{-1}\circ f^{-1})\circ g$
$=(g\circ g^{-1})\circ f^{-1}\circ g$
$=f^{-1}\circ g$
이므로
$(g\circ(f\circ g)^{-1}\circ g)(2)=(f^{-1}\circ g)(2)$
$=f^{-1}(g(2))$
$=f^{-1}(-3)$
$f^{-1}(-3)=a$라 하면 $f(a)=-3$
$a\geq1$이면 $a=-3$이므로 모순이다.
$a<1$이면 $-a^2+2a=-3$
$a^2-2a-3=0$
$\therefore a=-1$ 또는 $a=3$
$a<1$이므로 $a=-1$
$\therefore (g\circ(f\circ g)^{-1}\circ g)(2)=-1$

30

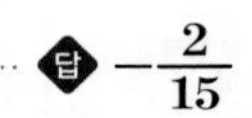

$f^{-1}(x)=g(5x-2)$에서 $5x-2=1$이면 $x=\frac{3}{5}$이므로

$$f^{-1}\left(\frac{3}{5}\right)=g(1)$$

$f^{-1}\left(\frac{3}{5}\right)=a$라 하면 $f(a)=\frac{3}{5}$이므로

$$3a+1=\frac{3}{5} \qquad \therefore a=-\frac{2}{15}$$

$$\therefore g(1)=-\frac{2}{15}$$

다른 풀이

$f(x)=3x+1$이므로 $f^{-1}(x)=\frac{x-1}{3}$

$f^{-1}(x)=g(5x-2)$이므로 $g(5x-2)=\frac{x-1}{3}$

$5x-2=t$라 하면 $x=\frac{t+2}{5}$이므로 $g(t)=\frac{t-3}{15}$

$$\therefore g(1)=-\frac{2}{15}$$

31

$f^{-1}(x)=x^2$에서 $f(x^2)=x$이므로 $f(g^{-1}(x^2))=x$와 비교한다.

$f^{-1}(x)=x^2$에서 $f(x^2)=x$ $\quad\cdots$ ❶

$(f\circ g^{-1})(x^2)=x$에서 $f(g^{-1}(x^2))=x$

f가 일대일대응이므로 ❶에서

$$g^{-1}(x^2)=x^2 \qquad \therefore g(x^2)=x^2$$

곧, $g(20)=20$이므로 ❶에서

$$f(20)=\sqrt{20}=2\sqrt{5}$$

32

$y=f(x)$의 그래프는 직선이므로 X에서 Y로의 일대일대응은 그림과 같이 두 가지 경우가 가능하다.

(i) $f(-2)=-1$, $f(2)=5$일 때

$$-2a+b=-1,\ 2a+b=5$$

$$\therefore a=\frac{3}{2},\ b=2$$

(ii) $f(-2)=5$, $f(2)=-1$일 때

$$-2a+b=5,\ 2a+b=-1$$

$$\therefore a=-\frac{3}{2},\ b=2$$

(i), (ii)에서 $a^2+b^2=\frac{9}{4}+4=\frac{25}{4}$

33

답 1

f의 역함수가 있으면 f는 일대일대응이다.

$$f(x)=-(x-1)^2+2$$

이므로 $y=f(x)$가 X에서 Y로의 일대일대응이려면 그래프가 그림과 같아야 한다.

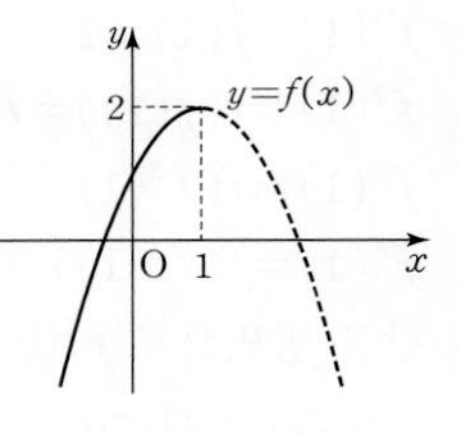

곧, 정의역이 $\{x|x\le 1\}$이므로

$$k=1$$

34

예를 들어 $f^{-1}(c)$의 값을 구하기 위해 $f^{-1}(c)=k$라 하면 $f(k)=c$
따라서 함숫값이 c인 k를 찾아야 한다.
직선 $y=x$를 이용하여 y축에 $a, b, \dots, e$를 표시하고 문제를 해결한다.

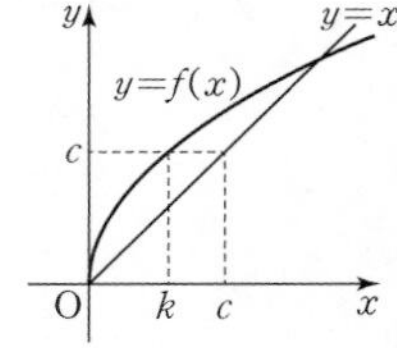

직선 $y=x$를 이용하여 y축의 좌표를 구하면 그림과 같다.

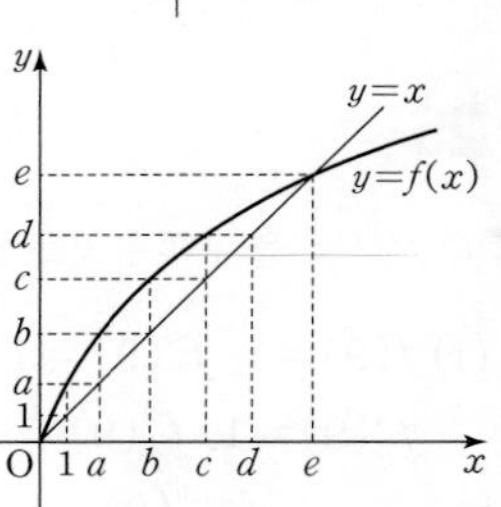

$f(b)=c$이므로 $f^{-1}(c)=b$

$$\therefore (f^{-1}\circ f^{-1})(c)$$
$$=f^{-1}(f^{-1}(c))$$
$$=f^{-1}(b)$$

$f(a)=b$이므로 $f^{-1}(b)=a$

$$\therefore (f^{-1}\circ f^{-1})(c)=a$$

35

직선 $y=x$를 이용하여 y축에 a, b, c, d를 표시하고 문제를 해결한다.

직선 $y=x$를 이용하여 y축의 좌표를 구하면 그림과 같다.

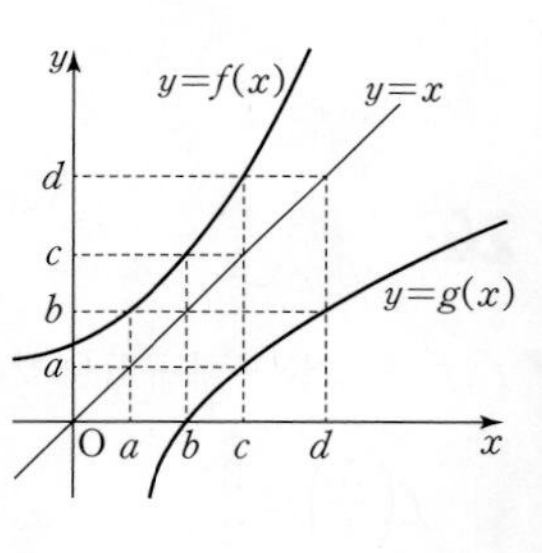

$$f\circ(g^{-1}\circ f)^{-1}\circ f^{-1}$$
$$=f\circ f^{-1}\circ g\circ f^{-1}$$
$$=g\circ f^{-1}$$

이므로

$$(f\circ(g^{-1}\circ f)^{-1}\circ f^{-1})(d)$$
$$=g(f^{-1}(d))$$

$f(c)=d$이므로 $f^{-1}(d)=c$

$$\therefore g(f^{-1}(d))=g(c)=a$$

36

답 **$a=-1$, $b=7$**

$f(x)=ax+b$에서

$y=f(x)$의 그래프가 점 $(2, 5)$를 지나므로

$$5=f(2)$$

$$\therefore 2a+b=5 \quad\cdots ❶$$

$y=f^{-1}(x)$의 그래프가 점 $(2, 5)$를 지나므로

$5=f^{-1}(2)$

곧, $f(5)=2$

$\therefore 5a+b=2$ ⋯ ❷

❶, ❷를 연립하여 풀면 $a=-1$, $b=7$

37 ························ 답 ③

◤$y=f(x)$와 $y=f^{-1}(x)$는 직선 $y=x$에 대칭이므로 직선 $y=x$를 이용하여 $y=f(x)$와 $y=f^{-1}(x)$의 그래프를 그리고 교점을 조사한다.

$y=f(x)$와 $y=f^{-1}(x)$의 그래프는 직선 $y=x$에 대칭이다.
그래프를 그리면 $y=f(x)$와 $y=f^{-1}(x)$의 그래프의 교점은 $y=f(x)$의 그래프와 직선 $y=x$의 교점이다.

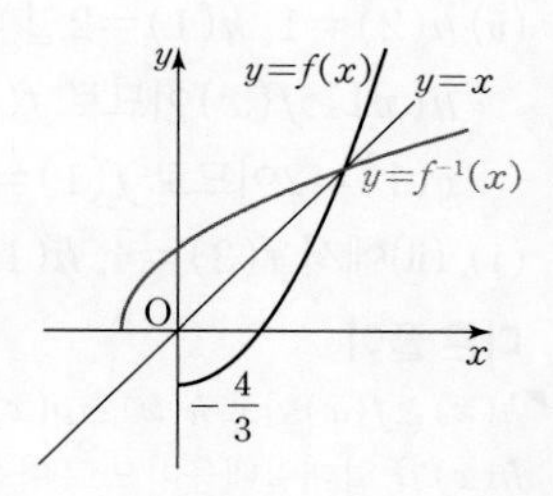

$\frac{1}{3}x^2-\frac{4}{3}=x$에서

$x^2-3x-4=0$

$\therefore x=-1$ 또는 $x=4$

$x\geq 0$이므로 $x=4$

따라서 교점의 좌표는 $(4, 4)$이므로

$a=4,\ b=4,\ a+b=8$

38 ························ 답 ②

◤주어진 식에서 $f(5)$를 생각해야 하므로 $2-x=5$, $2+x=5$인 경우부터 생각한다.

$(x+2)f(2-x)+(2x+1)f(2+x)=1$에 $x=3$을 대입하면

$5f(-1)+7f(5)=1$ ⋯ ❶

$x=-3$을 대입하면

$-f(5)-5f(-1)=1$ ⋯ ❷

❶+❷를 하면 $6f(5)=2$ $\quad\therefore f(5)=\frac{1}{3}$

39 ························ 답 ③

◤8과 51을 소수의 곱으로 나타내면 (다)를 이용할 수 있다.

$f(8)=f(2\times 4)=4f(2)+2f(4)$에서

$f(4)=f(2\times 2)=2f(2)+2f(2)=4f(2)$

이므로

$f(8)=4f(2)+8f(2)=12f(2)=12$

$f(51)=f(3\times 17)=17f(3)+3f(17)=17+3=20$

$(f\circ f)(51)=f(f(51))=f(20)=f(2\times 10)$

$=10f(2)+2f(10)$

$=10+2f(2\times 5)=10+2\{5f(2)+2f(5)\}$

$=10+2\times(5+2)=24$

$\therefore f(8)+(f\circ f)(51)=12+24=36$

Think More

1. 소수 a, b, c에 대하여
$f(a\times bc)=bc\times f(a)+a\times f(bc)=bc+a(b+c)$
$f(ab\times c)=c\times f(ab)+ab\times f(c)=c(a+b)+ab$
2. $20=2\times 2\times 5$이므로 $f(20)$을 $f(2\times 10)$ 또는 $f(4\times 5)$로 구해도 결과가 같다.

B STEP 1등급 도전 문제 68~72쪽

01 ⑤ **02** $a=2,\ b=4$ 또는 $a=-4,\ b=4$ **03** ③
04 $f(3)=4,\ h(1)=2$ **05** ⑤ **06** 8 **07** 3360 **08** ⑤
09 $g(x)=\frac{1}{4}x$ **10** $x=-3$ 또는 $x=-2$ 또는 $x=2$
11 ③ **12** ① **13** $x=-3$ 또는 $x=1$ 또는 $x=\frac{5}{2}$
14 $-3\leq a\leq 3$ **15** ③ **16** $\frac{117}{2}$ **17** ① **18** 6
19 4 **20** ③ **21** $a=-\frac{3}{2},\ b=4$ **22** ① **23** ②
24 a의 최솟값: 1, $h^{-1}(-4)=3$ **25** ⑤ **26** $\frac{17}{8}$
27 $1+\sqrt{2}$ **28** ② **29** 1970 **30** 16

01 ························ 답 ⑤

ㄱ. $a\in X$이면 $f(a)=g(a)$이고
$g(a)=a+2$이므로 $f(a)=a+2$이다. (참)

ㄴ. $f(a)=a+2$이므로 $a|a|-2a=a+2$

(i) $a\geq 0$일 때

$a^2-2a=a+2,\ a^2-3a-2=0$

$a=\frac{3\pm\sqrt{17}}{2}$

$a\geq 0$이므로 $a=\frac{3+\sqrt{17}}{2}$

(ii) $a<0$일 때

$-a^2-2a=a+2,\ a^2+3a+2=0$

$\therefore a=-2$ 또는 $a=-1$

(i), (ii)에서 가능한 X의 원소는 $-2,\ -1,\ \frac{3+\sqrt{17}}{2}$이므로

공집합이 아닌 X는 $2^3-1=7$(개) (참)

ㄷ. $X=\{-2, -1\}$일 때, 원소의 합은 -3이고 최소이다. (참)

따라서 옳은 것은 ㄱ, ㄴ, ㄷ이다.

02 ······ 답 $a=2$, $b=4$ 또는 $a=-4$, $b=4$

정의역에 꼭짓점이 포함되는지를 기준으로 a의 범위를 나누고 이차함수 $y=f(x)$의 그래프를 그린다.

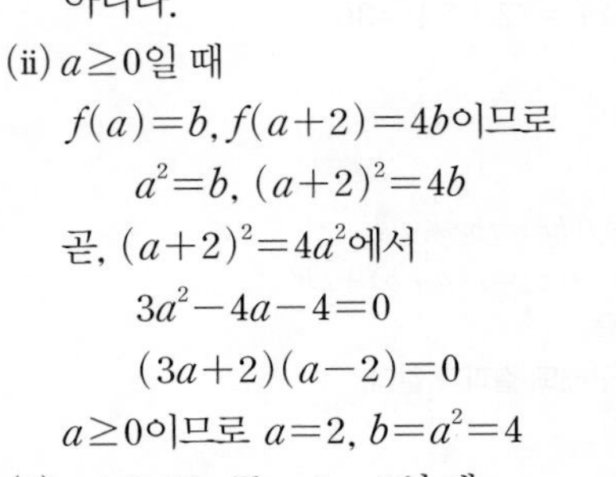

(ⅰ) $a<0<a+2$일 때
곧, $-2<a<0$이면 f는 일대일대응이 아니다.

(ⅱ) $a\geq 0$일 때

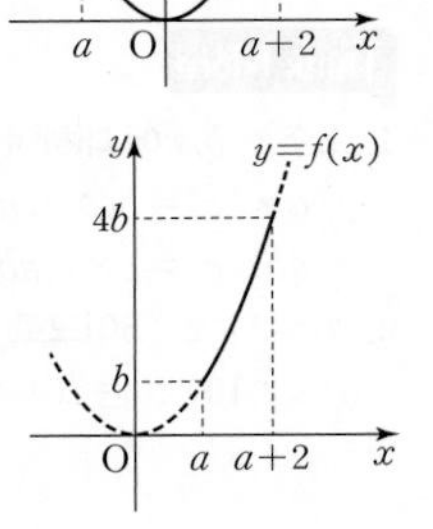

$f(a)=b$, $f(a+2)=4b$이므로
$a^2=b$, $(a+2)^2=4b$
곧, $(a+2)^2=4a^2$에서
$3a^2-4a-4=0$
$(3a+2)(a-2)=0$
$a\geq 0$이므로 $a=2$, $b=a^2=4$

(ⅲ) $a+2\leq 0$, 곧 $a\leq -2$일 때

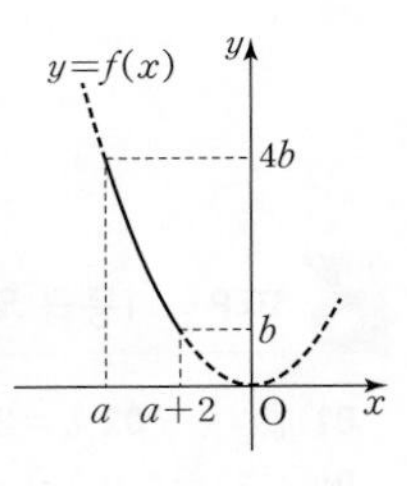

$f(a)=4b$, $f(a+2)=b$이므로
$a^2=4b$, $(a+2)^2=b$
곧, $a^2=4(a+2)^2$에서
$3a^2+16a+16=0$
$(a+4)(3a+4)=0$
$a\leq -2$이므로
$a=-4$, $b=(a+2)^2=4$

(ⅰ), (ⅱ), (ⅲ)에서 $a=2$, $b=4$ 또는 $a=-4$, $b=4$

03 ······  답 ③

ㄱ. 교점을 직접 구할 수는 없다.
교점을 (a, b)라 하면 $b=f(a)$, $b=g(a)$임을 이용하여 식을 정리한다.
$y=f(x)$, $y=g(x)$의 그래프의 교점을 (a, b)라 하면
$f(a)=g(a)=b$이므로

$$h(a)=\frac{1}{4}f(a)+\frac{3}{4}g(a)=\frac{1}{4}b+\frac{3}{4}b=b$$

따라서 $y=h(x)$의 그래프는 교점 (a, b)를 지난다. (참)

ㄴ. $y=f(x)$의 그래프가 원점에 대칭이면 $f(-x)=-f(x)$이다.
$y=f(x)$, $y=g(x)$의 그래프가 각각 원점에 대칭이면
$f(-x)=-f(x)$, $g(-x)=-g(x)$이므로

$$h(-x)=\frac{1}{4}f(-x)+\frac{3}{4}g(-x)$$
$$=-\frac{1}{4}f(x)-\frac{3}{4}g(x)=-h(x)$$

따라서 $y=h(x)$의 그래프도 원점에 대칭이다. (참)

ㄷ. 증명이 쉽지 않으면 반례를 찾아본다.
[반례] $f(x)=3x$, $g(x)=-x$라 하면 f, g는 일대일대응이지만

$$h(x)=\frac{1}{4}f(x)+\frac{3}{4}g(x)$$
$$=\frac{1}{4}\times 3x+\frac{3}{4}\times(-x)=0$$

따라서 h는 일대일대응이 아니다. (거짓)

그러므로 옳은 것은 ㄱ, ㄴ이다.

04 ······ 답 $f(3)=4$, $h(1)=2$

$f(4)$와 $g(4)$의 값을 알고 있으므로 $h(4)$의 값을 구할 수 있다.
$h(x)$가 일대일대응임을 이용하여 $h(3)$의 값부터 구해 보자.

$h(x)$는 $f(x)$와 $g(x)$ 중 크거나 같은 값을 가진다.
(가)에서 $f(4)=2$이고 (나)에서 $g(4)=3$이므로
$h(4)=3$
$g(3)=3$이므로 $f(3)$이 1 또는 2 또는 3일 경우 $h(3)=3$
이때 h는 일대일대응이 아니므로 모순이다.
곧, $f(3)=4$이고 $h(3)=4$
이때 $h(1)$, $h(2)$의 값은 다음 두 가지가 가능하다.

(ⅰ) $h(2)=2$, $h(1)=1$일 때,
$g(1)=2$이므로 $h(1)\geq g(1)$에 모순이다.

(ⅱ) $h(2)=1$, $h(1)=2$일 때,
$h(x)\geq f(x)$이므로 $f(2)=1$
$g(1)=2$이므로 $f(1)=1$ 또는 $f(1)=2$

(ⅰ), (ⅱ)에서 $f(3)=4$, $h(1)=2$

다른 풀이

$h(x)\geq f(x)$이고 $h(x)\geq g(x)$이다.
$h(x)$가 일대일대응이므로 다음과 같이 풀 수도 있다.

$f(4)<g(4)$이므로 $h(4)=g(4)=3$ ··· ❶
$g(1)=2$이므로 $h(1)\geq 2$
$g(2)=1$이므로 $h(2)\geq 1$ ··· ❷
$g(3)=3$이므로 $h(3)\geq 3$ ··· ❸
$x=1, 3, 4$일 때 $h(x)\neq 1$이므로 ❷에서 $h(2)=1$
h는 일대일대응이므로 ❶, ❸에서 $h(3)=4$
$\therefore h(1)=2$
또 $h(3)=4$, $g(3)=3$이므로 $f(3)=4$

05 ······  답 ⑤

$f(2)\leq 2$, $f(3)\leq 3$, ...이므로 가능한 $f(2)$, $f(3)$, ...의 개수를 조사한다.

(나)에서
$f(2)\leq 2$이므로 $f(2)=1$, $f(2)=2$ 중 하나이다.
$f(3)\leq 3$이므로 $f(3)$의 값은 1, 2, 3 중 $f(2)$의 값이 아닌 2개가 가능하다.
$f(4)\leq 4$이므로 $f(4)$의 값은 1, 2, 3, 4 중 $f(2)$, $f(3)$의 값이 아닌 2개가 가능하다.
$f(5)\leq 5$이므로 $f(5)$의 값은 1, 2, 3, 4, 5 중 $f(2)$, $f(3)$, $f(4)$의 값이 아닌 2개가 가능하다.
(가)에서 $f(1)=6$이고 $f(6)$의 값은 남은 1개이다.
따라서 f의 개수는 $2\times 2\times 2\times 2=16$

06 ······ 답 8

$x=1$을 대입하면 $f(f(1))+f^{-1}(1)=4$
따라서 가능한 $f(1)$의 값을 조사하는 것보다는
가능한 $f^{-1}(1)$의 값을 조사하는 것이 편하다.

$f(f(x))+f^{-1}(x)=2x+2$에 $x=1$을 대입하면

$f(f(1))+f^{-1}(1)=4$ ⋯ ❶

가능한 $f^{-1}(1)$의 값은 1 또는 2 또는 3이다.

① $f^{-1}(1)=1$이면 $f(1)=1$이고
$f(f(1))=f(1)=1$이므로 ❶에 모순이다.

② $f^{-1}(1)=2$이면 $f(2)=1$이고
❶에서 $f(f(1))=2$

③ $f^{-1}(1)=3$이면 $f(3)=1$이고
❶에서 $f(f(1))=1=f(3)$이므로 $f(1)=3$

따라서 $f(2)=1$이고 $f(f(1))=2$,
$f(3)=1$이고 $f(1)=3$

$x=2$일 때 일대일함수가 되는 경우도 찾아보자.

$f(f(x))+f^{-1}(x)=2x+2$에 $x=2$를 대입하면

$f(f(2))+f^{-1}(2)=6$ ⋯ ❷

(i) $f(2)=1$이고 $f(f(1))=2$일 때
❷에서 $f(1)+f^{-1}(2)=6$ ⋯ ❸
$f^{-1}(1)=2$이므로 가능한 $f^{-1}(2)$의 값은 1, 3, 4, 5이다.
① $f^{-1}(2)=1$이면 $f(1)=2$이고
❸에서 $f(1)=5$이므로 모순이다.
② $f^{-1}(2)=3$이면 $f(3)=2$이고
❷에서 $f(1)=3$
③ $f^{-1}(2)=4$이면 $f(4)=2$이고
❷에서 $f(1)=2$이므로 일대일함수가 아니다.
④ $f^{-1}(2)=5$이면
❷에서 $f(1)=1$이므로 일대일함수가 아니다.
따라서 $f(1)=3$, $f(2)=1$, $f(3)=2$만 가능하다.
이때 나머지 $f(4)$, $f(5)$, $f(6)$의 값을 정하는 경우의 수는
$3\times2\times1=6$

(ii) $f(3)=1$이고 $f(1)=3$일 때
$f^{-1}(3)=1$, $f^{-1}(1)=3$이므로
❷에서 가능한 $f^{-1}(2)$의 값은 2, 4, 5이다.
① $f^{-1}(2)=2$이면 $f(2)=2$이고
$f(f(2))=f(2)=2$이므로 ❷에 모순이다.
② $f^{-1}(2)=4$이면 $f(4)=2$이고
❷에서 $f(f(2))=2=f(4)$이므로 $f(2)=4$
③ $f^{-1}(2)=5$이면 $f(5)=2$이고
❷에서 $f(f(2))=1=f(3)$이므로
$f(2)=3$이 되어 일대일함수가 아니다.
따라서 $f(1)=3$, $f(2)=4$, $f(3)=1$, $f(4)=2$만 가능하다.
이때 나머지 $f(5)$, $f(6)$의 값을 정하는 경우의 수는
$2\times1=2$

(i), (ii)에서 f의 개수는
$6+2=8$

07 ······ 답 3360

f가 일대일대응이므로 $n(A)=n(B)$이다.
그리고 가능한 $A\cap B$의 원소부터 생각한다.

일대일대응이고, $n(U)=7$, $n(A\cap B)=1$이므로
$n(A)=n(B)=4$이다.
$A\cap B$의 원소는 U의 원소 중 하나이므로 7가지
A의 원소는 U에서 $A\cap B$의 원소가 아닌 원소를 3개 뽑으면 되므로 가능한 A의 개수는 ${}_6C_3=20$
이때 남은 원소는 B의 원소이다.
$n(A)=n(B)=4$이면 일대일대응의 개수는 $4!=24$
따라서 일대일대응의 개수는 $7\times20\times24=3360$

08 ······ 답 ⑤

ㄱ. $(f\circ g)(2)=f(g(2))=f(2)=2$ (참)

ㄴ. $x>2$, $|x|\le2$, $x<-2$일 때로 나누면
$f(x)$와 $g(f(x))$를 차례로 구할 수 있다.

함수 $(g\circ f)(x)$는
(i) $x>2$일 때, $g(f(x))=g(2)=2$
(ii) $|x|\le2$일 때, $g(f(x))=g(x)=x^2-2$
(iii) $x<-2$일 때, $g(f(x))=g(-2)=2$

(i), (ii), (iii)에서 $(g\circ f)(x)=\begin{cases}2 & (x>2)\\ x^2-2 & (|x|\le2)\\ 2 & (x<-2)\end{cases}$

또 $(g\circ f)(x)$의 x에 $-x$를 대입하면

$$(g\circ f)(-x)=\begin{cases}2 & (-x>2)\\ x^2-2 & (|-x|\le2)\\ 2 & (-x<-2)\end{cases}$$

$$=\begin{cases}2 & (x<-2)\\ x^2-2 & (|x|\le2)\\ 2 & (x>2)\end{cases}$$

$\therefore (g\circ f)(-x)=(g\circ f)(x)$ (참)

ㄷ. $f(g(x))$를 구할 때에는
$g(x)>2$, $|g(x)|\le2$, $g(x)<-2$
일 때로 나누어 구해야 한다.
이 문제에서는 $f\circ g=g\circ f$인지만 확인하면 되므로
$x>2$, $|x|\le2$, $x<-2$
일 때 $g(x)$와 $f(g(x))$를 각각 구하면 충분하다.

함수 $(f\circ g)(x)=f(g(x))$는
(i) $x>2$일 때, $g(x)>2$이므로 $f(g(x))=2$
(ii) $|x|\le2$일 때, $|g(x)|\le2$이므로
$f(g(x))=x^2-2$
(iii) $x<-2$일 때, $g(x)>2$이므로 $f(g(x))=2$

(i), (ii), (iii)에서 $f(g(x))=\begin{cases}2 & (x>2)\\ x^2-2 & (|x|\le2)\\ 2 & (x<-2)\end{cases}$

$\therefore (f\circ g)(x)=(g\circ f)(x)$ (참)

따라서 옳은 것은 ㄱ, ㄴ, ㄷ이다.

Think More

1. $y=f(x)$, $y=(g\circ f)(x)$의 그래프는 그림과 같다.

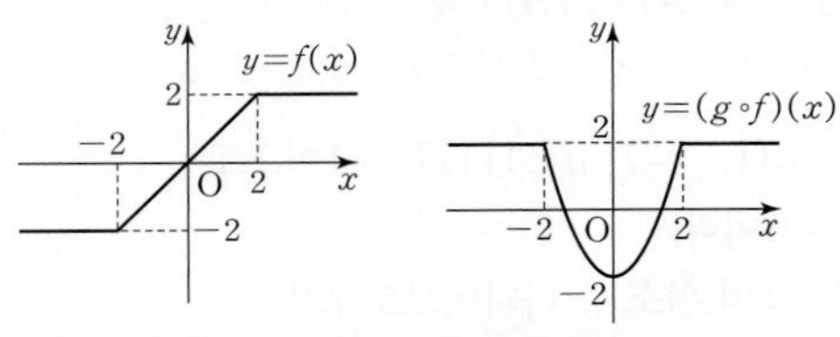

$y=(g\circ f)(x)$의 그래프가 y축에 대칭이므로

$(g\circ f)(-x)=(g\circ f)(x)$

2. ㄴ은 다음과 같이 설명할 수도 있다.

$y=f(x)$의 그래프는 원점에 대칭이므로 $f(-x)=-f(x)$이다.

또 $g(-x)=g(x)$이므로

$(g\circ f)(-x)=g(f(-x))=g(-f(x))$
$=g(f(x))=(g\circ f)(x)$

09 ······ 답 $g(x)=\frac{1}{4}x$

▶ $f(g(x))=\{g(x)\}^2+4$에서 $g(x)=t$라 하면 $f(t)$를 알 수 있다.
합성함수 ⇨ 치환을 생각한다.

$(f\circ g)(x)=f(g(x))=\{g(x)\}^2+4$에서 $g(x)=t$라 하면

$f(t)=t^2+4$ $\quad\therefore f(x)=x^2+4$ ··· ㉮

$g(x)$는 일차함수이므로 $g(x)=ax+b\ (a\neq0)$이라 하면

$(g\circ f)(x)=g(f(x))=a(x^2+4)+b$이고

$4\{g(x)\}^2+1=4(ax+b)^2+1$이므로

$a(x^2+4)+b=4(ax+b)^2+1$

$ax^2+4a+b=4a^2x^2+8abx+4b^2+1$ ··· ㉯

x에 대한 항등식이므로 양변의 계수를 비교하면

$a=4a^2$, $8ab=0$, $4a+b=4b^2+1$ ··· ❶

$a\neq0$이므로 $a=4a^2$에서 $a=\frac{1}{4}$

$ab=0$이므로 $b=0$

$a=\frac{1}{4}$, $b=0$은 $4a+b=4b^2+1$을 만족시킨다.

$\therefore g(x)=\frac{1}{4}x$ ··· ㉰

단계	채점 기준	배점
㉮	$f\circ g$에서 $f(x)$ 구하기	40%
㉯	$g(x)=ax+b$로 놓고 $g\circ f$ 정리하기	30%
㉰	양변의 계수를 비교하여 $g(x)$ 구하기	30%

Think More

❶의 세 방정식 중 처음 두 식에서 구한 a, b가 세 번째 식을 만족시키는지 확인해야 한다.

10 ······ 답 $x=-3$ 또는 $x=-2$ 또는 $x=2$

▶ $f(g(x))=\{g(x)\}^2-4g(x)-4$이고,
이 식에 $g(x)=2x^2+x-8$을 대입하여 전개하면 사차방정식이 되므로 인수분해가 쉽지 않다.
$\{g(x)\}^2-4g(x)-4=x^2-4x-4$에서 인수분해 할 수 있는지 확인해 보자.

$f(g(x))=\{g(x)\}^2-4g(x)-4$이므로 주어진 방정식은

$\{g(x)\}^2-4g(x)-4=x^2-4x-4$

$\{g(x)\}^2-4g(x)-x^2+4x=0$

$\{g(x)-x\}\{g(x)+x-4\}=0$

$\therefore g(x)=x$ 또는 $g(x)=-x+4$

(i) $g(x)=x$일 때

$2x^2+x-8=x$, $x^2-4=0$

$\therefore x=-2$ 또는 $x=2$

(ii) $g(x)=-x+4$일 때

$2x^2+x-8=-x+4$, $x^2+x-6=0$

$\therefore x=-3$ 또는 $x=2$

(i), (ii)에서 방정식 $f(g(x))=f(x)$의 해는

$x=-3$ 또는 $x=-2$ 또는 $x=2$

Think More

이차함수 $f(x)$의 그래프는 $x=2$에 대칭이므로

$f(x)=f(4-x)$

따라서 $f(g(x))=f(x)$이면

$g(x)=x$ 또는 $g(x)=4-x$

이다. 이를 이용하여 풀어도 된다.

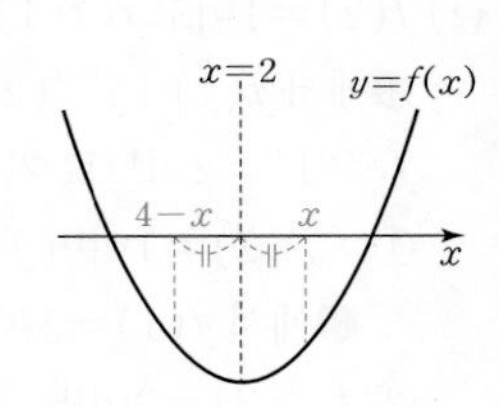

11 ······ 답 ③

▶ $f(g(x))=9$는 합성함수로 표현된 방정식이다.
$g(x)=t$로 놓고 $f(t)=9$부터 푼다.

$f(g(x))=9$에서 $g(x)=t$라 하면 $f(t)=9$

$t\geq0$일 때 $3t-6=9$ $\quad\therefore t=5$

$t<0$일 때 $-3t+6=9$ $\quad\therefore t=-1$

$t=5$일 때 $g(x)=5$

$t=-1$일 때 $g(x)=-1$

서로 다른 세 실근을 가지면 $y=g(x)$의 그래프가 두 직선 $y=5$, $y=-1$과 서로 다른 세 점에서 만난다.

$y=g(x)$의 그래프가 그림과 같으므로 $y=g(x)$의 그래프가 직선 $y=-1$에 접한다.

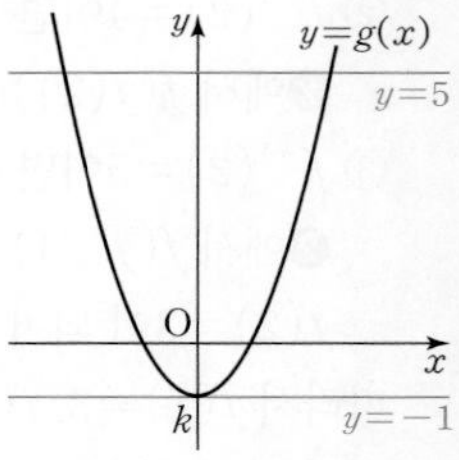

$\therefore k=-1$

또 $g(x)=-1$의 해는 $x=0$

$k=-1$일 때 $g(x)=5$에서 $x^2-1=5$

$\therefore x=\pm\sqrt{6}$

따라서 근의 제곱의 합은 $0^2+(\sqrt{6})^2+(-\sqrt{6})^2=12$

Think More

$g(x)=5$, $g(x)=-1$에서 $x^2+k=5$, $x^2+k=-1$
두 방정식 중 하나는 중근을 갖고 나머지 하나는 서로 다른 두 실근을 가질 조건을 찾아도 된다.

12 ········· 답 ①

$f(f(x))=2-f(x)$는 합성함수로 표현된 방정식이다.
$f(x)=t$로 놓고 $f(t)=2-t$부터 푼다.

$$f(x)=\begin{cases} -3x+3 & (0\le x<1) \\ \frac{1}{2}x-\frac{1}{2} & (1\le x\le 3) \end{cases}$$

$f(f(x))=2-f(x)$에서
$f(x)=t$라 하면 $f(t)=2-t$ $(0\le t\le 3)$이다.

(i) $0\le t<1$일 때

$-3t+3=2-t$

$\therefore t=\frac{1}{2}$

(ii) $1\le t\le 3$일 때

$\frac{1}{2}t-\frac{1}{2}=2-t \qquad \therefore t=\frac{5}{3}$

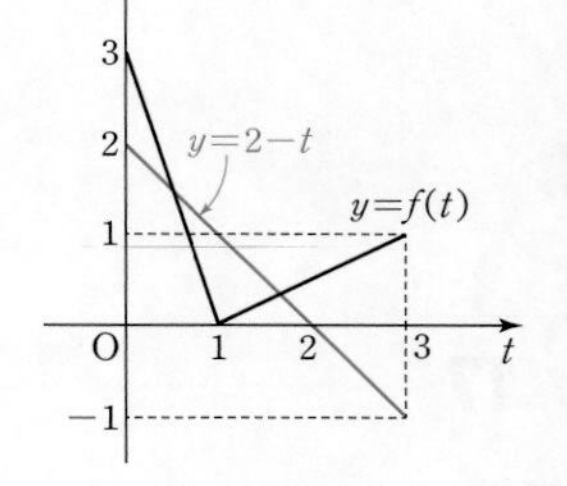

$t=\frac{1}{2}$일 때 $f(x)=\frac{1}{2}$이므로

$-3x+3=\frac{1}{2}$에서 $x=\frac{5}{6}$

$\frac{1}{2}x-\frac{1}{2}=\frac{1}{2}$에서 $x=2$

$t=\frac{5}{3}$일 때 $f(x)=\frac{5}{3}$이므로

$-3x+3=\frac{5}{3}$에서 $x=\frac{4}{9}$

따라서 해의 곱은 $\frac{5}{6}\times 2\times\frac{4}{9}=\frac{20}{27}$

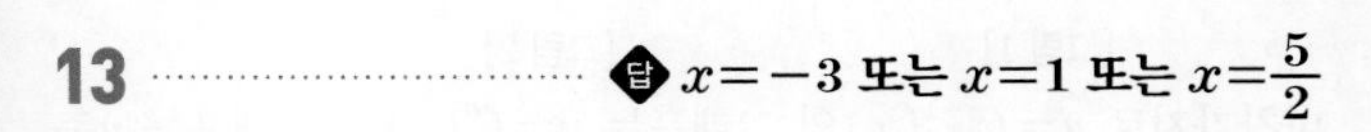

13 ········· 답 $x=-3$ 또는 $x=1$ 또는 $x=\frac{5}{2}$

$g(f(x))=-g(x)$는 치환하여 푸는 꼴이 아니다.
$g(f(x))$를 직접 구한 다음 범위를 나누어 푼다.
범위에 따라 함수가 바뀌므로 그래프를 그려 확인하면 좋다.

$y=f(x)$, $y=g(x)$의 그래프는 각각 다음과 같다.

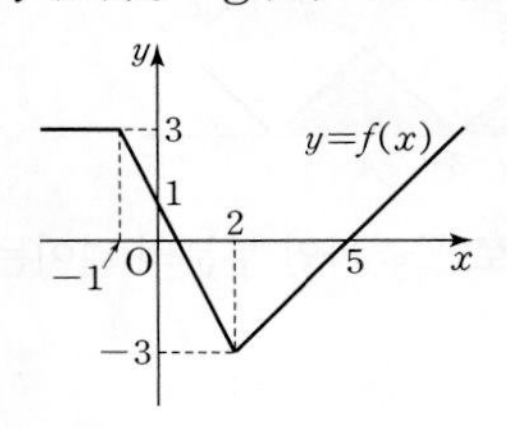

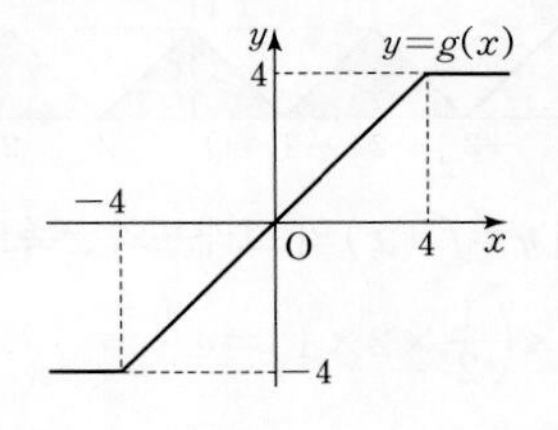

$$(g\circ f)(x)=g(f(x))=\begin{cases} 4 & (f(x)>4) \\ f(x) & (|f(x)|\le 4) \\ -4 & (f(x)<-4) \end{cases}$$

$f(x)>4$일 때 $x>9$이고 $g(f(x))=4$
$|f(x)|\le 4$일 때 $x\le 9$이고 $g(f(x))=f(x)$
$f(x)<-4$인 경우는 없다.

$$\therefore g(f(x))=\begin{cases} 4 & (x>9) \\ f(x) & (x\le 9) \end{cases}$$

$$=\begin{cases} 4 & (x>9) \\ x-5 & (2<x\le 9) \\ -2x+1 & (-1\le x\le 2) \\ 3 & (x<-1) \end{cases}$$

따라서 $y=g(f(x))$, $y=-g(x)$의 그래프는 그림과 같다.

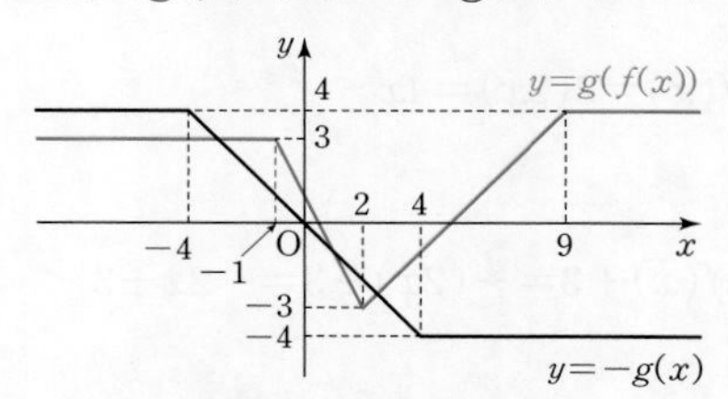

두 그래프의 교점의 x좌표는

(i) $2<x\le 9$일 때 $x-5=-x$에서 $x=\frac{5}{2}$

(ii) $-1\le x\le 2$일 때 $-2x+1=-x$에서 $x=1$

(iii) $x<-1$일 때 $3=-x$에서 $x=-3$

(i), (ii), (iii)에서 $x=-3$ 또는 $x=1$ 또는 $x=\frac{5}{2}$

14 ········· 답 $-3\le a\le 3$

$f(g(x))\ge 0$은 합성함수로 표현된 부등식이다.
$g(x)=t$로 놓고 $f(t)\ge 0$부터 푼다.

$(f\circ g)(x)=f(g(x))\ge 0$에서

$\{g(x)\}^2+g(x)-6\ge 0$

$\{g(x)+3\}\{g(x)-2\}\ge 0$

$\therefore g(x)\le -3$ 또는 $g(x)\ge 2 \quad \cdots$ ❶

$g(x)\le -3$의 해가 있으면
$-3<g(x)<2$인 x도 있다.
곧, ❶이 모든 실수 x에 대하여 성립하면 모든 실수 x에 대하여 $g(x)\ge 2$이다.

$y=g(x)$, $y=2$, x, $y=-3$

$x^2-2ax+11\ge 2$에서

$x^2-2ax+9\ge 0$

모든 실수 x에 대하여 성립하므로

$\frac{D}{4}=a^2-9\le 0 \qquad \therefore -3\le a\le 3$

15 답 ③

0≤x<1, 1≤x≤2일 때로 나누어 $f(x)$를 식으로 나타낸다.
그리고 $0\le f(x)<1$, $1\le f(x)\le 2$일 때를 생각하면
$y=f(f(x))$를 구할 수 있다.

$f(x)=\begin{cases} 2x & (0\le x<1) \\ -x+3 & (1\le x\le 2) \end{cases}$이므로

$$f(f(x))=\begin{cases} 2f(x) & (0\le f(x)<1) \\ -f(x)+3 & (1\le f(x)\le 2) \end{cases}$$

$0\le f(x)<1$일 때 $0\le x<\frac{1}{2}$

$1\le f(x)\le 2$일 때 $\frac{1}{2}\le x\le 2$

(i) $0\le x<\frac{1}{2}$일 때

$$f(f(x))=2f(x)=2(2x)=4x$$

(ii) $\frac{1}{2}\le x<1$일 때

$$f(f(x))=-f(x)+3=-(2x)+3=-2x+3$$

(iii) $1\le x\le 2$일 때

$$f(f(x))=-f(x)+3=-(-x+3)+3=x$$

(i), (ii), (iii)에서

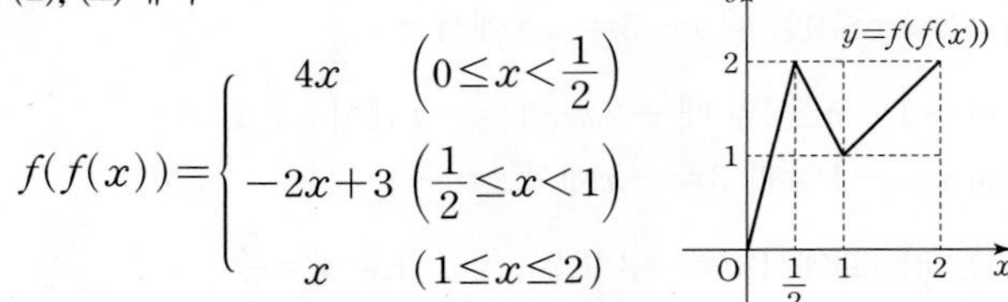

$$f(f(x))=\begin{cases} 4x & \left(0\le x<\frac{1}{2}\right) \\ -2x+3 & \left(\frac{1}{2}\le x<1\right) \\ x & (1\le x\le 2) \end{cases}$$

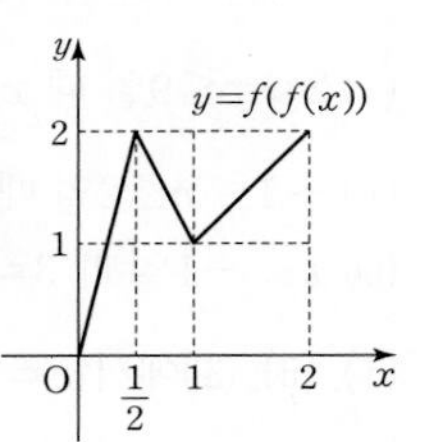

따라서 $y=f(f(x))$의 그래프 개형은 ③이다.

16 답 $\frac{117}{2}$

$x\le 3$, $3<x<9$, $x\ge 9$일 때로 나누어 $f(x)$를 식으로 나타낸다.
그리고 $f(x)\le 3$, $3<f(x)<9$, $f(x)\ge 9$일 때를 생각하면
$y=f(f(x))$를 구할 수 있다.

$f(x)=\begin{cases} 3 & (x\le 3) \\ -x+6 & (3<x<9) \\ x-12 & (x\ge 9) \end{cases}$이므로 … ㉮

$$f(f(x))=\begin{cases} 3 & (f(x)\le 3) \\ -f(x)+6 & (3<f(x)<9) \\ f(x)-12 & (f(x)\ge 9) \end{cases}$$

$f(x)\le 3$일 때 $x\le 15$이고

$$f(f(x))=3$$

$3<f(x)<9$일 때

$15<x<21$이고 $f(x)=x-12$이므로

$$f(f(x))=-f(x)+6=-x+18$$

$f(x)\ge 9$일 때

$x\ge 21$이고 $f(x)=x-12$이므로

$$f(f(x))=f(x)-12=x-24$$

곧, $f(f(x))=\begin{cases} 3 & (x\le 15) \\ -x+18 & (15<x<21) \\ x-24 & (x\ge 21) \end{cases}$ … ㉯

$y=f(f(x))$의 그래프는 그림과 같다.

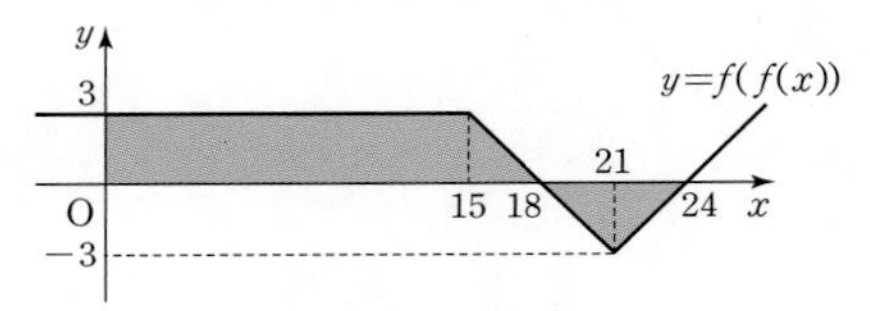

따라서 $0\le x\le 24$에서 $y=f(f(x))$의 그래프와 x축, y축으로 둘러싸인 부분의 넓이는

$$\frac{1}{2}\times(18+15)\times 3+\frac{1}{2}\times 6\times 3=\frac{117}{2}$$ … ㉰

단계	채점 기준	배점
㉮	주어진 그래프에서 $f(x)$ 구하기	20%
㉯	$f(f(x))$ 구하기	50%
㉰	$y=f(f(x))$의 그래프와 x축, y축으로 둘러싸인 부분의 넓이 구하기	30%

17 답 ①

$f^2(x)=(f\circ f)(x)=f(f(x))=|f(x)-1|$이다.
$f(x)$와 x의 범위를 나누어 그래프를 그리는 것이 쉽지 않으므로
$y=|f(x)-1|$의 그래프는 $y=f(x)$의 그래프를
y축 방향으로 -1만큼 평행이동한 다음 x축 아랫 부분을 꺾어 올린
꼴임을 이용한다.

$y=f(x)$의 그래프는 [그림 1]과 같고

$$f^2(x)=(f\circ f)(x)=f(f(x))=|f(x)-1|$$

이므로 $y=f^2(x)$의 그래프는 $y=f(x)$의 그래프를 y축 방향으로 -1만큼 평행이동한 다음 x축 아랫 부분을 꺾어 올린 [그림 2]와 같다.

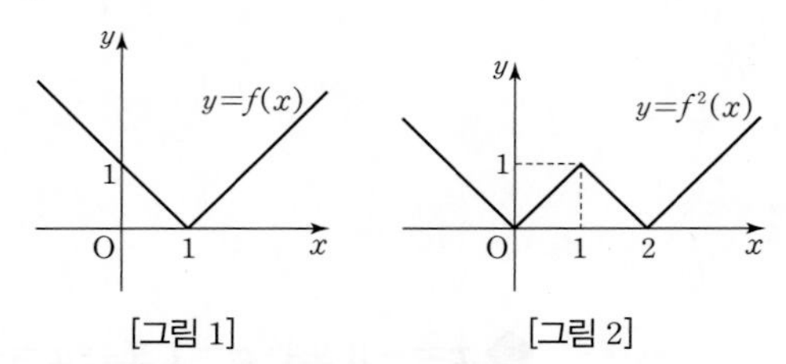

[그림 1] [그림 2]

마찬가지로 $y=f^{n+1}(x)$의 그래프는 $y=f^n(x)$의 그래프를 y축 방향으로 -1만큼 평행이동한 다음 x축 아랫 부분을 꺾어 올린 것이다.

$y=f^5(x)$의 그래프는 그림과 같다.

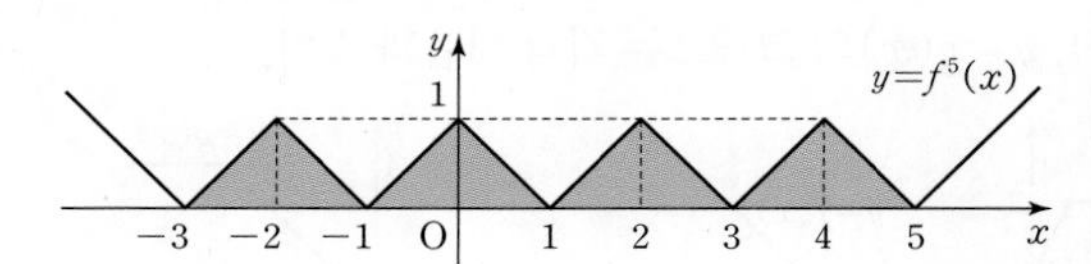

따라서 $y=f^5(x)$의 그래프와 x축으로 둘러싸인 부분의 넓이는

$$4\times\left(\frac{1}{2}\times 2\times 1\right)=4$$

18 ·························· 답 6

$f(1)=2, f^3(1)=1$에서 $f^3(1)=f^2(2)=1$이다.
따라서 $f(2)$가 1, 2, 3, 4일 때로 나누어 가능한 경우를 찾는다.

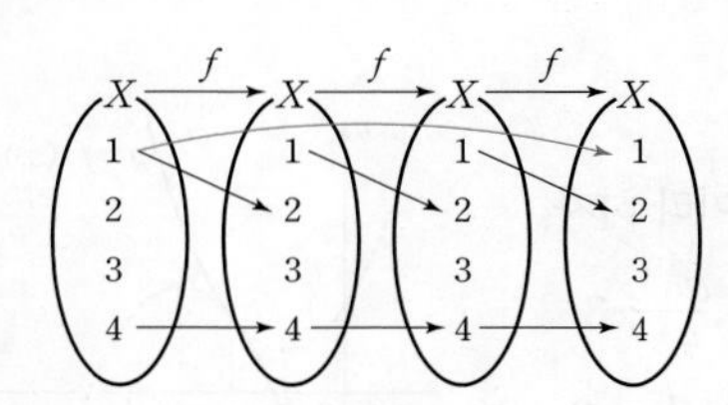

$f(1)=2, f^3(1)=1$이므로

$f^3(1)=f^2(f(1))=f^2(2)=1$ ⋯ ❶

(i) $f(2)=1$일 때 $f^3(1)=f(f(2))=f(1)=2$
❶에 모순이다.

(ii) $f(2)=2$일 때 $f^3(1)=f(f(2))=f(2)=2$
❶에 모순이다.

(iii) $f(2)=3$일 때 $f^3(1)=f(f(2))=f(3)$
이때 $f^3(1)=1$이므로 $f(3)=1$

(iv) $f(2)=4$일 때 $f^3(1)=f(f(2))=f(4)=4$
❶에 모순이다.

따라서 $f(1)=2, f(2)=3, f(3)=1, f(4)=4$

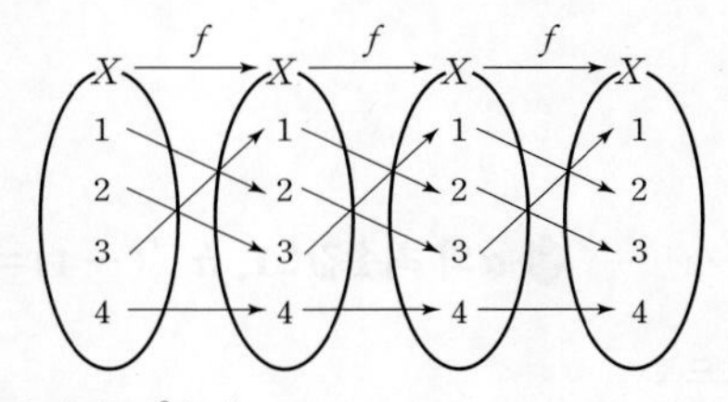

그림에서 $f^3(x)=x$
곧, $f^3=I$이므로
$f^{100}=f\circ(f^3)^{33}=f, f^{101}=f^2, f^{102}=f^3=I$이고

$f^{100}(1)=f(1)=2$
$f^{101}(2)=f^2(2)=f(f(2))=f(3)=1$
$f^{102}(3)=I(3)=3$
$\therefore f^{100}(1)+f^{101}(2)+f^{102}(3)=6$

Think More
결합법칙이 성립하므로 $f\circ f^n=f^n\circ f$

19 ·························· 답 4

(나)에서 $f(1)=2$ 또는 $f(2)=4$이다.
그리고 (가)에서 $f(f(1))=1, f(f(2))=2$이므로 나머지 가능한 경우를 생각한다.

(나)에서 $f(1)=2$와 $f(2)=4$ 중 적어도 하나가 성립한다.

(i) $f(1)=2$일 때
(가)에서 $(f\circ f)(1)=1$이므로
$f(2)=1$
$\therefore f(3)=3, f(4)=4$ 또는
$f(3)=4, f(4)=3$
따라서 f의 개수는 2이다.

(ii) $f(2)=4$일 때
(가)에서 $(f\circ f)(2)=2$이므로
$f(4)=2$
$\therefore f(1)=1, f(3)=3$ 또는
$f(1)=3, f(3)=1$
따라서 f의 개수는 2이다.

(i), (ii)에서 중복되는 경우는 없으므로 f의 개수는
$2+2=4$

20 ·························· 답 ③

일대일대응인지 보일 때는 먼저 일대일함수인지 확인하고,
치역과 공역을 비교한다.

ㄱ. $x_1\neq x_2$이면 $g(x_1)\neq g(x_2)$
$\therefore f(g(x_1))\neq f(g(x_2))$
따라서 $f\circ g$는 일대일함수이다.
또 g의 치역이 X이므로 $f(g(x))$의 치역도 X이다.
따라서 $f\circ g$도 일대일대응이다. (참)

ㄴ. [반례] f, g가 다음과 같으면 $f\circ g$가 항등함수이지만
f, g는 항등함수가 아니다. (거짓)

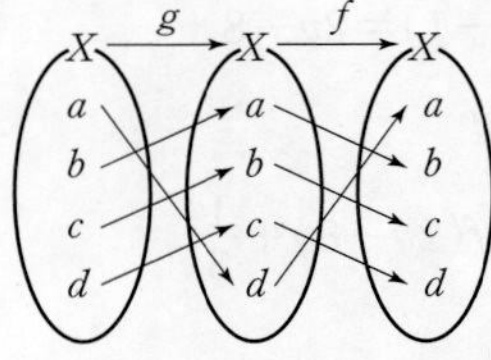

ㄷ. $g(x_1)=g(x_2)$이면 $f(g(x_1))=f(g(x_2))$이므로
$x_1=x_2$
따라서 g는 일대일함수이다.
또 g의 치역의 원소가 3개이면 $f\circ g$의 치역의 원소가 3개 이하이므로 $f\circ g$가 일대일대응이라는 것에 모순이다.
곧, g의 치역의 원소는 4개이고 치역은 X이다.
따라서 g는 일대일대응이다.
이때 g의 역함수가 있으므로 $f=(f\circ g)\circ g^{-1}$이고
f는 일대일대응의 합성이므로 일대일대응이다. (참)

따라서 옳은 것은 ㄱ, ㄷ이다.

21 ······ 답 $a=-\frac{3}{2}$, $b=4$

역함수를 포함한 식을 간단히 할 때는 다음 두 관계를 꼭 기억한다.
$(f\circ g)\circ h=f\circ(g\circ h)$, $(f\circ g)^{-1}=g^{-1}\circ f^{-1}$

$$g^{-1}\circ(f\circ g^{-1})^{-1}\circ g=g^{-1}\circ(g\circ f^{-1})\circ g$$
$$=(g^{-1}\circ g)\circ f^{-1}\circ g$$
$$=f^{-1}\circ g$$

$f(x)=2x-3$, $g(x)=-3x+5$이고

$f^{-1}(x)=\frac{1}{2}x+\frac{3}{2}$이므로

$$f^{-1}(g(x))=\frac{1}{2}g(x)+\frac{3}{2}$$
$$=\frac{1}{2}(-3x+5)+\frac{3}{2}$$
$$=-\frac{3}{2}x+4$$

$\therefore a=-\frac{3}{2}$, $b=4$

다른 풀이

$(f^{-1}\circ g)(x)=ax+b$에서
$(f\circ f^{-1}\circ g)(x)=f(ax+b)$
$g(x)=f(ax+b)$
$-3x+5=2(ax+b)-3$
$\therefore -3x+5=2ax+2b-3$

계수를 비교하면 $-3=2a$, $5=2b-3$

$\therefore a=-\frac{3}{2}$, $b=4$

22 ······ 답 ①

g는 f의 역함수이므로
$(f\circ g)(x)=x$, $(g\circ f)(x)=x$
이다. 이 식을 이용할 수 있게 정리한다.

$y=\frac{1}{2}g(3x-1)+4$에서 $g(3x-1)=2y-8$

$(f\circ g)(3x-1)=3x-1$이므로

$3x-1=f(2y-8)$, $x=\frac{1}{3}f(2y-8)+\frac{1}{3}$

x, y를 서로 바꾸면

$y=\frac{1}{3}f(2x-8)+\frac{1}{3}$

다른 풀이

$g=f^{-1}$이므로 $y=\frac{1}{2}f^{-1}(3x-1)+4$
$f^{-1}(3x-1)=2y-8$, $3x-1=f(2y-8)$
$x=\frac{1}{3}f(2y-8)+\frac{1}{3}$

x, y를 서로 바꾸면

$y=\frac{1}{3}f(2x-8)+\frac{1}{3}$

23 ······ 답 ②

역함수가 있으면 일대일대응이다.
곧, f는 일대일함수이고, 치역과 공역이 같으므로 그래프를 그려 조건을 찾아본다.

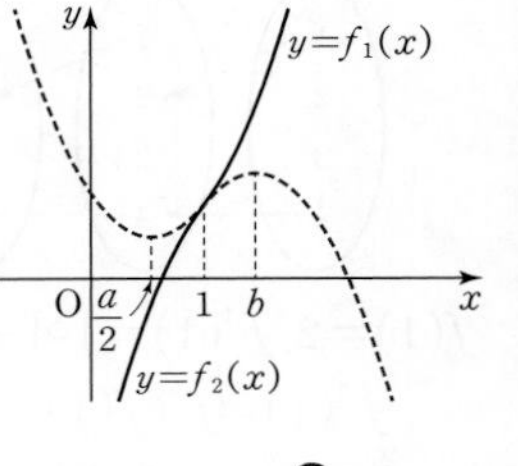

$f_1(x)=x^2-ax+3$,
$f_2(x)=-x^2+2bx-3$이라 하자.

$$f_1(x)=\left(x-\frac{a}{2}\right)^2-\frac{a^2}{4}+3$$
$$f_2(x)=-(x-b)^2+b^2-3$$

이고 f가 일대일함수이면

$\frac{a}{2}\le 1$, $b\ge 1$ ··· ❶

또 치역이 R이므로 $f_1(1)=f_2(1)$

$1-a+3=-1+2b-3$ $\therefore 2b=8-a$ ··· ❷

$3a+2b$에 대입하면 $3a+2b=8+2a$

❶에서 $b\ge 1$이므로 ❷에서 $2b=8-a\ge 2$ $\therefore a\le 6$

❶과 공통인 부분은 $a\le 2$

따라서 $8+2a$의 최댓값은 $a=2$일 때 12이다.

24 ······ 답 a의 최솟값: 1, $h^{-1}(-4)=3$

$f(x)$와 $g(x)$가 주어졌으므로
$f(f(h(x)))=g(x)$에서 $h(x)$를 구할 수 있다.

$$(f\circ f\circ h)(x)=f(f(h(x)))$$
$$=f(h(x)-2)$$
$$=h(x)-2-2$$
$$=h(x)-4$$

이므로 $f\circ f\circ h=g$에서 $h(x)-4=-3x^2+6x+1$

$\therefore h(x)=-3x^2+6x+5$
$=-3(x-1)^2+8$ ··· ㉮

$x\ge a$에서 $h(x)$가 일대일대응이면 $a\ge 1$이므로
a의 최솟값은 1이다. ··· ㉯

또 $h^{-1}(-4)=k$라 하면 $h(k)=-4$이므로
$-3k^2+6k+5=-4$
$k^2-2k-3=0$

$k\ge 1$이므로 $k=3$

$\therefore h^{-1}(-4)=3$ ··· ㉰

단계	채점 기준	배점
㉮	$f\circ f\circ h=g$를 만족시키는 $h(x)$ 구하기	40%
㉯	$x\ge a$에서 h의 역함수가 있을 때 a의 최솟값 구하기	30%
㉰	a가 최솟값을 가질 때의 $h^{-1}(-4)$의 값 구하기	30%

Think More

1. f는 일차함수이므로 f^{-1}가 존재한다.
곧, $f\circ f\circ h=g$에서 $h=f^{-1}\circ f^{-1}\circ g$이다.
$f^{-1}(x)=x+2$이므로
$$h(x)=(f^{-1}\circ f^{-1}\circ g)(x)$$
$$=f^{-1}(g(x)+2)=g(x)+4$$
2. $(f\circ f)(x)=f(f(x))=f(x-2)=x-4$에서
$$(f\circ f\circ h)(x)=h(x)-4$$
로 구할 수도 있다.

25

답 ⑤

$f^{-1}(x)$를 직접 구해 방정식을 푸는 문제는 아니다.
우선 $\{f(x)\}^2=f(x)f^{-1}(x)$를 인수분해 하고, 해의 조건을 찾는다.

$\{f(x)\}^2=f(x)f^{-1}(x)$에서
$$f(x)\{f(x)-f^{-1}(x)\}=0$$
$\therefore f(x)=0$ 또는 $f(x)=f^{-1}(x)$

$f(x)=\begin{cases}2x+3 & (x<-1)\\ \frac{1}{2}x+\frac{3}{2} & (x\ge-1)\end{cases}$이므로

(i) $f(x)=0$의 해는
$2x+3=0$에서 $x=-\frac{3}{2}$

(ii) $y=f(x)$의 그래프는 그림과 같고, $y=f(x)$와 $y=f^{-1}(x)$의 그래프는 직선 $y=x$에 대칭이므로 그림에서 $f(x)=f^{-1}(x)$의 해는

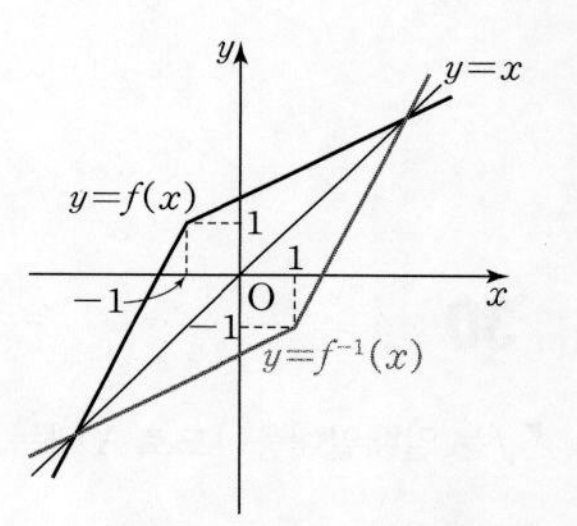

$y=f(x)$의 그래프와 직선 $y=x$의 교점의 x좌표와 같으므로
$2x+3=x$에서 $x=-3$
$\frac{1}{2}x+\frac{3}{2}=x$에서 $x=3$

(i), (ii)에서 $x=-\frac{3}{2}$ 또는 $x=-3$ 또는 $x=3$

따라서 실근의 곱은 $\frac{27}{2}$

Think More

$y=f(x)$와 $y=f^{-1}(x)$의 그래프의 교점이 반드시 직선 $y=x$ 위에만 있는 것은 아니다.
예를 들어 함수 $f(x)=\begin{cases}x^2 & (x<0)\\ -x^2 & (x\ge0)\end{cases}$일 때,
$y=f(x)$와 $y=f^{-1}(x)$의 그래프의 교점은 직선 $y=x$ 위 외에도 있다.

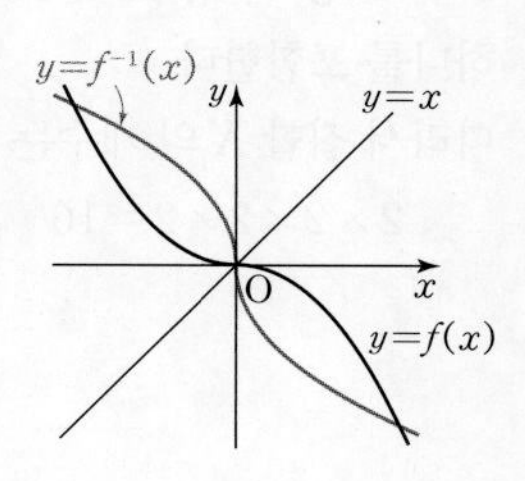

26

답 $\frac{17}{8}$

$y=f(x)$와 역함수 $y=f^{-1}(x)$의 교점에 대한 문제이다.
$y=f(x)$의 그래프를 그리고
역함수의 그래프는 직선 $y=x$에 대칭임을 이용한다.

두 함수 $y=f(x)$와 $y=f^{-1}(x)$의 그래프는 직선 $y=x$에 대칭이고, 그래프의 교점은 $y=f(x)$의 그래프와 직선 $y=x$의 교점이다.

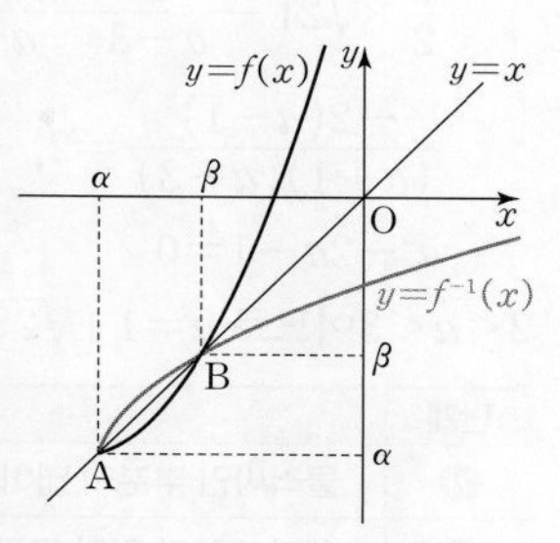

교점을 $\mathrm{A}(\alpha, \alpha)$, $\mathrm{B}(\beta, \beta)$ $(\alpha<\beta)$라 하면 $\overline{\mathrm{AB}}=1$이므로
$$(\beta-\alpha)^2+(\beta-\alpha)^2=1 \cdots ❶$$
$y=f(x)$와 $y=x$에서
$$x^2+4x+a=x,\ x^2+3x+a=0$$
해가 α, β이므로 $\alpha+\beta=-3$, $\alpha\beta=a$
$$\therefore (\beta-\alpha)^2=(\alpha+\beta)^2-4\alpha\beta=9-4a$$
❶에 대입하면 $2(9-4a)=1$
$$\therefore a=\frac{17}{8}$$

27

답 $1+\sqrt{2}$

$y=f(x)$와 $y=f^{-1}(x)$의 그래프의 교점은 직선 $y=x$를 이용한다.

$$f(x)=\begin{cases}(a+2)x-2 & (x<1)\\ (a-2)x+2 & (x\ge1)\end{cases}$$

이므로 $f(x)$의 역함수가 있고,
$y=f(x)$와 $y=g(x)$의 그래프가 두 점에서 만나면
$$a+2>1,\ 0<a-2<1$$
$$\therefore 2<a<3$$

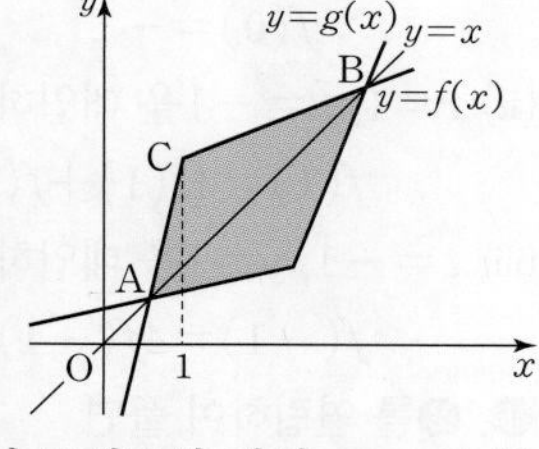

또 $y=f(x)$와 $y=g(x)$의 그래프로 둘러싸인 부분의 넓이는 $y=f(x)$의 그래프와 직선 $y=x$로 둘러싸인 삼각형 ABC의 넓이의 2배이다. … ㉮

$y=f(x)$의 그래프와 직선 $y=x$의 교점을 $\mathrm{A}(\alpha, \alpha)$, $\mathrm{B}(\beta, \beta)$ $(\alpha<\beta)$라 하면

α는 $(a+2)x-2=x$의 해이므로 $\alpha=\frac{2}{a+1}$
$$\therefore \mathrm{A}\left(\frac{2}{a+1}, \frac{2}{a+1}\right)$$
β는 $(a-2)x+2=x$의 해이므로 $\beta=-\frac{2}{a-3}$
$$\therefore \mathrm{B}\left(-\frac{2}{a-3}, -\frac{2}{a-3}\right)$$
$$\overline{\mathrm{AB}}=\sqrt{(\beta-\alpha)^2+(\beta-\alpha)^2}$$
$$=\sqrt{2}(\beta-\alpha)=\sqrt{2}\left(-\frac{2}{a-3}-\frac{2}{a+1}\right) \cdots ㉯$$

$C(1, a)$이고 점 C와 직선 $y=x$ 사이의 거리는

$$\frac{|1-a|}{\sqrt{1^2+(-1)^2}}=\frac{a-1}{\sqrt{2}}\ (\because 2<a<3)$$ … ㉣

삼각형 ABC의 넓이가 2이므로

$$\frac{1}{2}\times\sqrt{2}\left(-\frac{2}{a-3}-\frac{2}{a+1}\right)\times\frac{a-1}{\sqrt{2}}=2$$

$$\frac{-2(a-1)^2}{(a+1)(a-3)}=2,\ -(a-1)^2=(a+1)(a-3)$$

$$a^2-2a-1=0$$

$2<a<3$이므로 $a=1+\sqrt{2}$ … ㉤

단계	채점 기준	배점
㉮	둘러싸인 부분의 넓이는 $y=x$에 대칭임을 이해하기	20%
㉯	선분 AB의 길이 구하기	30%
㉰	점 C와 선분 AB 사이의 거리 구하기	20%
㉱	삼각형 ABC의 넓이를 이용하여 a의 값 구하기	30%

Think More

$a-2\le0$이면 함수 $y=f(x)$는 일대일대응이 아니므로 역함수가 존재하지 않는다.

28 ······ 답 ②

x, y에 적당한 값을 대입하여 $f(0), f(1), f(-1), \dots$을 구하면 $f(6)$을 앞에서 구한 값으로 나타낼 수 있다.

$f(2x+y)=4f(x)+f(y)+xy+4$에

(i) $x=0,\ y=0$을 대입하면

$f(0)=4f(0)+f(0)+4$

$\therefore f(0)=-1$

(ii) $x=1,\ y=-1$을 대입하면

$f(1)=4f(1)+f(-1)+3$ … ❶

(iii) $x=-1,\ y=1$을 대입하면

$f(-1)=4f(-1)+f(1)+3$ … ❷

❶, ❷를 연립하여 풀면

$$f(1)=f(-1)=-\frac{3}{4}$$

(iv) $x=1,\ y=0$을 대입하면

$f(2)=4f(1)+f(0)+4$

$\therefore f(2)=0$

(v) $x=2,\ y=2$를 대입하면

$f(6)=4f(2)+f(2)+8$

$\therefore f(6)=8$

29 ······ 답 1970

$n=100$을 기준으로 함수의 정의가 바뀌므로 $f(100), f(99), f(98), \dots$을 차례로 구하면 규칙을 찾을 수 있다.

$f(100)=98$

$f(99)=f(f(103))=f(101)=99$

$f(98)=f(f(102))=f(100)=98$

$f(97)=f(f(101))=f(99)=99$

$f(96)=f(f(100))=f(98)=98$

$f(95)=f(f(99))=f(99)=99$

$f(94)=f(f(98))=f(98)=98$

$f(93)=f(f(97))=f(99)=99$

⋮

$\therefore f(81)+f(82)+f(83)+\cdots+f(99)+f(100)$

$=99\times10+98\times10=1970$

Think More

m이 50 이하의 자연수일 때

$f(2m)=98,\ f(2m-1)=99$

30 ······ 답 16

f는 일대일대응이므로 X에는 7로 나눈 나머지가 같은 두 수가 없어야 한다.

$S=\{9, 18, 27, 36, 45, 54, 63, 72, 81, 90, 99\}$이므로

$f(9)=f(72)=2$

$f(18)=f(81)=4$

$f(27)=f(90)=6$

$f(36)=f(99)=1$

$f(45)=3,\ f(54)=5,\ f(63)=0$

역함수가 존재하면 일대일대응이므로

X는 45, 54, 63을 포함하고

9와 72 중 하나, 18과 81 중 하나, 27과 90 중 하나, 36과 99 중 하나를 포함한다.

따라서 집합 X의 개수는

$2\times2\times2\times2=16$

C STEP 절대등급 완성 문제 73~74쪽

01 49 **02** ① **03** ② **04** $1-\sqrt{7}$, $1-\sqrt{6}$, $1-\sqrt{3}$
05 2 **06** ② **07** 최댓값: 7, $n=127$ **08** 100

01 .... 답 49

$ab\geq 0$이므로 $a\neq 0$이면 축이 y축의 왼쪽에 있다.
$a=0$, $a>0$, $a<0$일 때로 나누어 생각한다.

(i) $a=0$일 때
$f(x)=bx+1$이므로 $y=f(x)$의 그래프는 직선이다.
$2\leq f(1)\leq 100$이고 $2\leq f(5)\leq 100$
$2\leq b+1\leq 100$이고 $2\leq 5b+1\leq 100$
$1\leq b\leq 99$이고 $\frac{1}{5}\leq b\leq\frac{99}{5}$
b는 정수이므로 $b=1, 2, 3, \ldots, 19$
따라서 순서쌍 (a, b)는 19개이다. … ㉮

(ii) $a>0$일 때 $b\geq 0$이고
축 $x=-\frac{b}{2a}$에서 $-\frac{b}{2a}\leq 0$이다.
따라서 $f(1)\geq 2$이고 $f(5)\leq 100$
$a+b+1\geq 2$이고 $25a+5b+1\leq 100$
$b\geq -a+1$이고 $b\leq -5a+\frac{99}{5}$
곧, $-a+1\leq b\leq -5a+\frac{99}{5}$
$a=1$일 때 $0\leq b\leq\frac{74}{5}$이므로 정수 b는 15개
$a=2$일 때 $-1\leq b\leq\frac{49}{5}$이고 $b\geq 0$이므로 정수 b는 10개
$a=3$일 때 $-2\leq b\leq\frac{24}{5}$이고 $b\geq 0$이므로 정수 b는 5개
따라서 순서쌍 (a, b)는 30개이다. … ㉯

(iii) $a<0$일 때 $b\leq 0$이고
축 $x=-\frac{b}{2a}$에서 $-\frac{b}{2a}\leq 0$이다.
$f(0)=1$이므로 $1\leq x\leq 5$일 때
$f(x)<1$이다.
따라서 가능한 경우는 없다. … ㉰

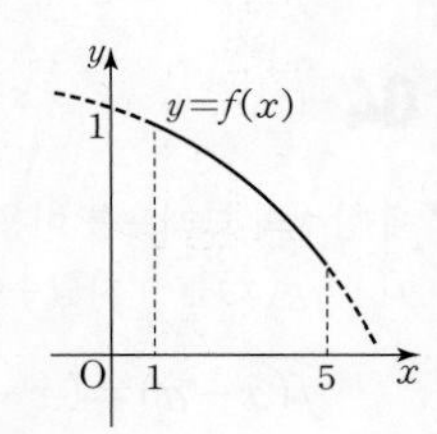

(i), (ii), (iii)에서 순서쌍 (a, b)는 49개이다. … ㉱

단계	채점 기준	배점
㉮	$a=0$일 때 순서쌍 (a, b)의 개수 구하기	30%
㉯	$a>0$일 때 순서쌍 (a, b)의 개수 구하기	40%
㉰	$a<0$일 때 순서쌍 (a, b)의 개수 구하기	20%
㉱	순서쌍 (a, b)의 개수 구하기	10%

02 .... 답 ①

$f(x)=\begin{cases}2x & \left(0\leq x<\frac{1}{2}\right)\\ -2x+2 & \left(\frac{1}{2}\leq x\leq 1\right)\end{cases}$ 이므로
$0\leq f(x)<\frac{1}{2}$, $\frac{1}{2}\leq f(x)\leq 1$일 때로 나누면 $y=(f\circ f)(x)$를 구할 수 있다.

$$f(x)=\begin{cases}2x & \left(0\leq x<\frac{1}{2}\right)\\ -2x+2 & \left(\frac{1}{2}\leq x\leq 1\right)\end{cases}\text{이므로}$$

$$f(f(x))=\begin{cases}2f(x) & \left(0\leq f(x)<\frac{1}{2}\right)\\ -2f(x)+2 & \left(\frac{1}{2}\leq f(x)\leq 1\right)\end{cases}$$

$$=\begin{cases}2(2x) & \left(0\leq 2x<\frac{1}{2}\right)\\ 2(-2x+2) & \left(0\leq -2x+2<\frac{1}{2}\right)\\ -2(2x)+2 & \left(\frac{1}{2}\leq 2x<1\right)\\ -2(-2x+2)+2 & \left(\frac{1}{2}\leq -2x+2\leq 1\right)\end{cases}$$

$$=\begin{cases}4x & \left(0\leq x<\frac{1}{4}\right)\\ -4x+4 & \left(\frac{3}{4}<x\leq 1\right)\\ -4x+2 & \left(\frac{1}{4}\leq x<\frac{1}{2}\right)\\ 4x-2 & \left(\frac{1}{2}\leq x\leq\frac{3}{4}\right)\end{cases}$$

$y=(f\circ f)(x)$의 그래프는 [그림 1]과 같다.
같은 방법으로 $y=(f\circ f\circ f)(x)$를 구하고 그래프를 그리면 [그림 2]와 같다.

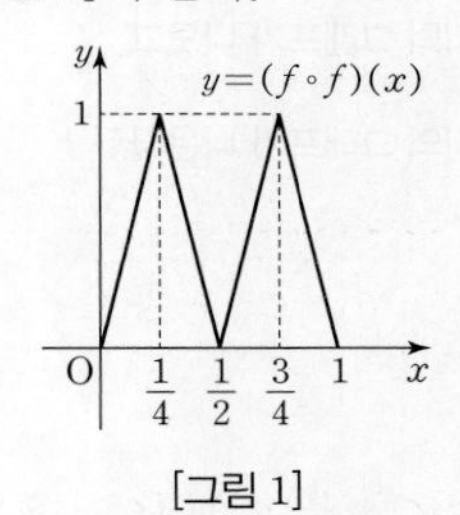
[그림 1]

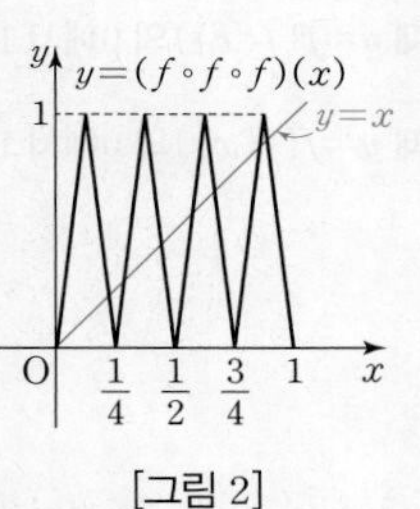
[그림 2]

$(f\circ f\circ f)(x)=x$의 해는 $y=(f\circ f\circ f)(x)$의 그래프와 직선 $y=x$의 교점의 x좌표이므로 8개이다.
따라서 X는 해집합의 공집합이 아닌 부분집합이므로 개수는
$2^8-1=255$

Think More

1. 평행이동을 이용하여 그래프를 그릴 수도 있다.
$y=f(x)$의 그래프는 직선 $y=2x-1$에서 x축 아랫부분을 꺾어 올린 다음 x축에 대칭한 후 y축 방향으로 1만큼 평행이동한 꼴이므로
$f(x)=1-|2x-1|$
또 $f(f(x))=1-|2f(x)-1|$에서
$2f(x)-1$은 $f(x)$를 2배한 다음 y축 방향으로 -1만큼 평행이동한 꼴이므로 그래프는 [그림 1]과 같다.

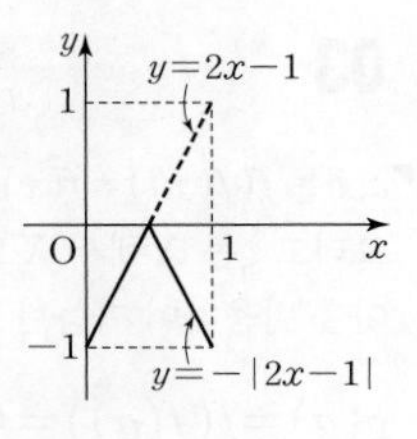

$-|2f(x)-1|$은 [그림 1]에서 x축 아랫부분을 꺾어 올린 다음 x축에 대칭한 꼴이므로 [그림 2]와 같다.
따라서 $y=f(f(x))$의 그래프는 [그림 2]의 그래프를 y축 방향으로 1만큼 평행이동한 꼴이므로 [그림 3]과 같다.

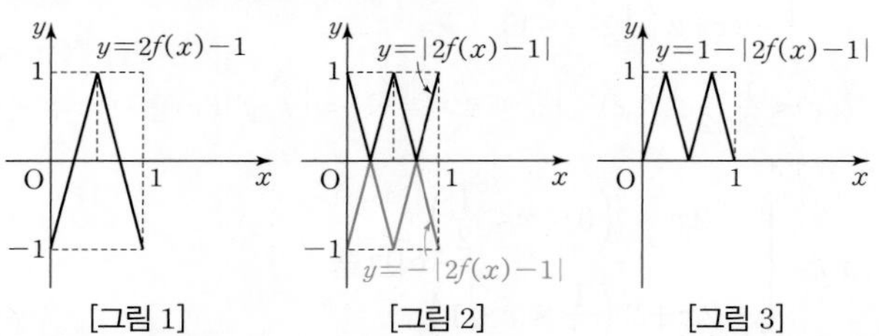

[그림 1] [그림 2] [그림 3]

같은 방법으로 $(f\circ f\circ f)(x)=1-|2(f\circ f)(x)-1|$이므로 위와 같이 생각하면 $y=(f\circ f\circ f)(x)$의 그래프도 그릴 수 있다.

2. 다음과 같이 그래프를 그릴 수도 있다.

$0\le x\le \frac{1}{2}$일 때

$f(x)$는 0에서 1까지 변하므로
$y=f(f(x))$의 그래프는 $y=f(x)$의 0에서 1까지 그래프가 나온다.

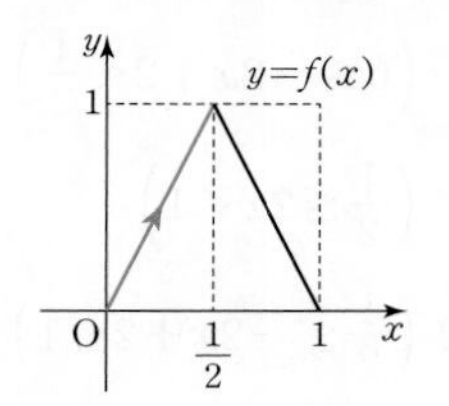

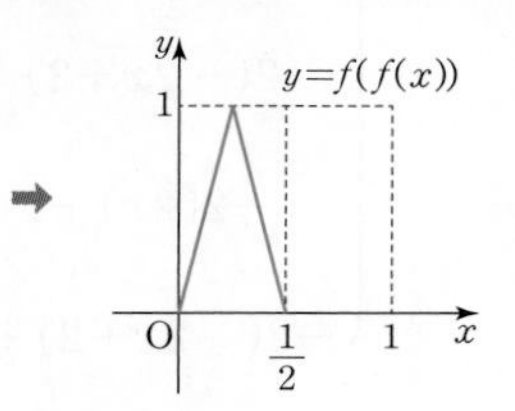

$\frac{1}{2}\le x\le 1$일 때

$f(x)$는 1에서 0까지 변하므로
$y=f(f(x))$의 그래프는 $y=f(x)$의 1에서 0까지 그래프가 나온다.

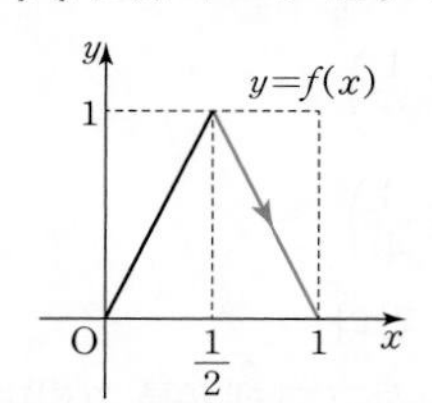

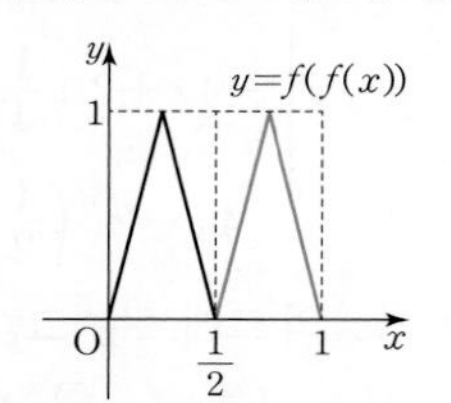

같은 방법으로 생각하면 $y=f(f(f(x)))$의 그래프는

$0\le x\le \frac{1}{2}$일 때 $y=f(f(x))$의 0에서 1까지의 그래프가 나오고,

$\frac{1}{2}\le x\le 1$일 때 $y=f(f(x))$의 0에서 1까지의 그래프가 나온다.

03 ······ 답 ②

a, b는 $f(f(x))=f(x)$의 해이므로 $f(t)=t$의 해부터 찾는다.
그리고 g는 X에서 X로의 함수이므로 $g(a)$, $g(b)$의 값은 a 또는 b이다.
이를 이용하여 가능한 X를 찾는다.

$g(a)=f(f(a))=f(a)$, $g(b)=f(f(b))=f(b)$이므로
a, b는 방정식 $f(f(x))=f(x)$의 해이다.

$f(x)=t$라 하면 $f(t)=t$
[그림 1]에서 $f(t)=t$의 해는
$t=0$, α, β, γ이다.
$f(x)=0$의 해는 $x=0$
[그림 2]와 같이 $f(x)=\alpha$의 해는
α와 α가 아닌 두 실수 α_1, α_2이다.

$$g(\alpha)=f(f(\alpha))=f(\alpha)=\alpha$$
$$g(\alpha_1)=f(f(\alpha_1))=f(\alpha)=\alpha$$
$$g(\alpha_2)=f(f(\alpha_2))=f(\alpha)=\alpha$$

$g(x)$는 X에서 X로의 함수이므로
α_1 또는 α_2가 X의 원소이면
α도 X의 원소이다.
따라서 가능한 X는 $X=\{\alpha_1, \alpha\}$ 또는
$X=\{\alpha, \alpha_2\}$로 2개이다.
같은 방법으로 [그림 3]에서
$f(x)=\beta$의 해는 β와 β가 아닌 두 실수
β_1, β_2이므로 가능한 X는
$X=\{\beta_1, \beta\}$ 또는 $X=\{\beta_2, \beta\}$로 2개이다.
$f(x)=\gamma$의 해는 γ와 γ가 아닌 세 실수
γ_1, γ_2, γ_3이므로 가능한 X는
$X=\{\gamma_1, \gamma\}$ 또는 $X=\{\gamma_2, \gamma\}$ 또는
$X=\{\gamma_3, \gamma\}$로 3개이다.

[그림 1]

[그림 2]

[그림 3]

또 $g(0)=0$, $g(\alpha)=\alpha$, $g(\beta)=\beta$, $g(\gamma)=\gamma$이므로 0, α, β, γ 중 2개가 원소인 X도 가능하다. 곧, 가능한 X는
$\{0, \alpha\}$, $\{0, \beta\}$, $\{0, \gamma\}$, $\{\alpha, \beta\}$, $\{\alpha, \gamma\}$, $\{\beta, \gamma\}$로 6개이다.
따라서 X의 개수는

$$2+2+3+6=13$$

04 ······ 답 $1-\sqrt{7}$, $1-\sqrt{6}$, $1-\sqrt{3}$

세 함수의 그래프를 이용한다.
$f(x)$, $g(x)$는 이차함수이므로 꼭짓점의 위치에 주의한다.

$$f(x-a)=(x-a)^2-4$$

이므로 그래프의 축은 $x=a$이고,

$$g(x-b)=-(x-b-1)^2+3$$

이므로 그래프의 축은 $x=b+1$이다.

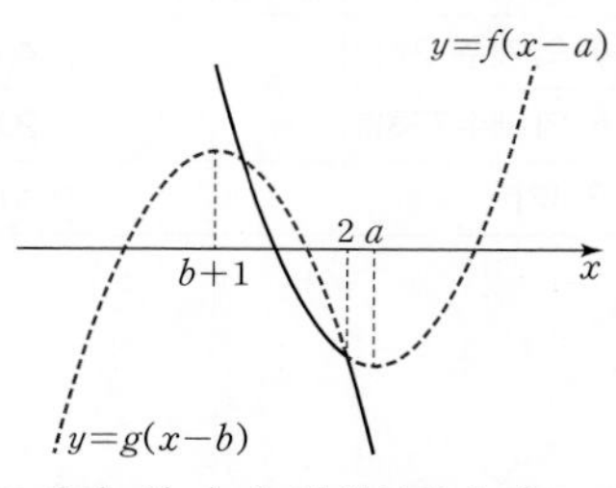

$x<2$에서 $f(x)$가 일대일함수이므로 $a\ge 2$이고,
$x\ge 2$에서 $g(x)$가 일대일함수이므로 $b+1\le 2$이다.

$h(x)$는 일대일대응이므로 $f(2-a)=g(2-b)$에서

$$(2-a)^2-4=-(1-b)^2+3$$

$$(a-2)^2+(b-1)^2=7 \quad \cdots ❶$$

a는 자연수이고, $(b-1)^2 \ge 0$이므로

가능한 $(a-2)^2$의 값은 0, 1, 4

$a \ge 2$이므로 $a=2, 3, 4$

❶에 대입하면 $b=1\pm\sqrt{7},\ 1\pm\sqrt{6},\ 1\pm\sqrt{3}$

$b \le 1$이므로 $b=1-\sqrt{7},\ 1-\sqrt{6},\ 1-\sqrt{3}$

05

답 2

$y=f(x)$와 $y=f^{-1}(x)$의 그래프가 직선 $y=x$에 대칭임을 이용하여 $y=g(x)$의 그래프를 그리고, $y=h(t)$가 어떤 꼴의 함수인지부터 조사한다.

포물선 $y=f(x)$의 꼭짓점의 좌표가 $(2, 4a)$이고 $0<a<\frac{1}{2}$이므로 $y=g(x)$의 그래프는 그림과 같다.

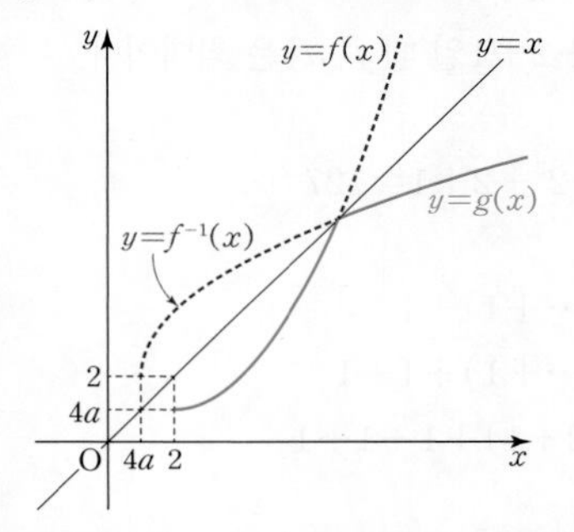

$t=t_0$일 때 직선 $y=x-t_0$과 $y=f(x)$의 그래프가 접한다고 하자.

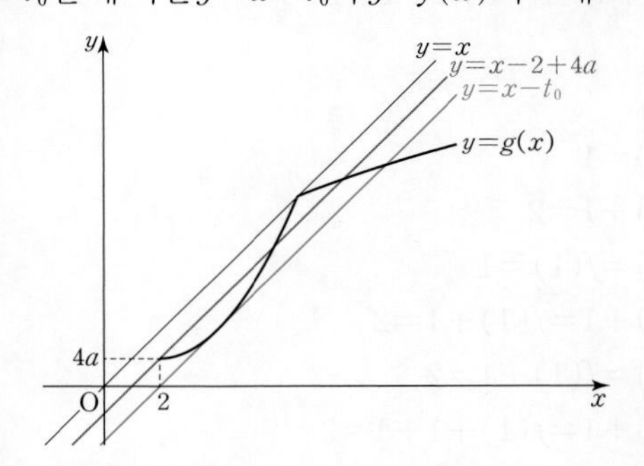

(i) $t=0$일 때, $h(t)=1$

(ii) $0<t<2-4a$일 때, $h(t)=2$

(iii) $2-4a \le t<t_0$일 때, $h(t)=3$

(iv) $t=t_0$일 때, $h(t)=2$

(v) $t>t_0$일 때, $h(t)=1$

$h(1)>h(2)>h(4)$이므로

$$h(1)=3,\ h(2)=2,\ h(4)=1$$

곧, $t_0=2$이고 직선 $y=x-2$와 $y=f(x)$의 그래프가 접하므로

$$x-2=a(x-2)^2+4a$$

$$ax^2-(4a+1)x+8a+2=0$$

에서

$$D=(4a+1)^2-4a(8a+2)=0$$

$$a^2=\frac{1}{16}$$

$0<a<\frac{1}{2}$이므로 $a=\frac{1}{4}$

이때 $h(1)=3,\ h(4)=1$도 성립한다.

따라서 $f(x)=\frac{1}{4}(x-2)^2+1$이므로

$$f(4)=1+1=2$$

06

답 ②

$f \circ g \circ f$가 일대일대응이고 정의역 A, B가 유한하므로 f, g가 일대일대응이다.
이를 이용하면 다음과 같이 풀 수도 있다.

(다)에서 $f \circ g \circ f$가 일대일대응이므로 f, g는 일대일대응이다.
조건을 나타내면 그림과 같다.

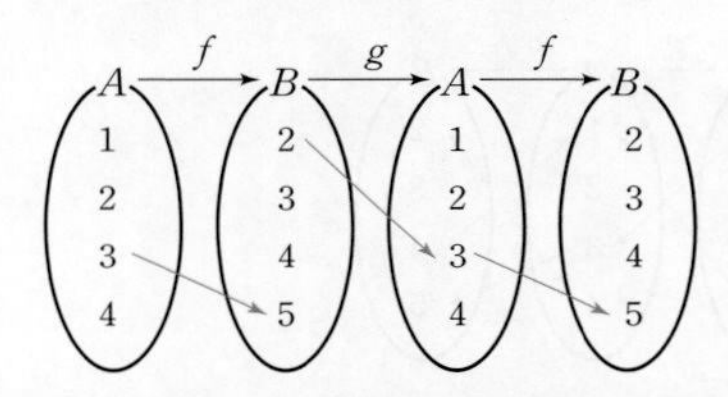

(나)에서 어떤 x에 대하여 $g(x)=x$이고 g는 일대일대응이므로 가능한 경우는 $g(4)=4$이다.
또 $(f \circ g)(2)=5$이고 (다)에서 $(f \circ g \circ f)(4)=5$, f는 일대일대응이므로 $f(4)=2$

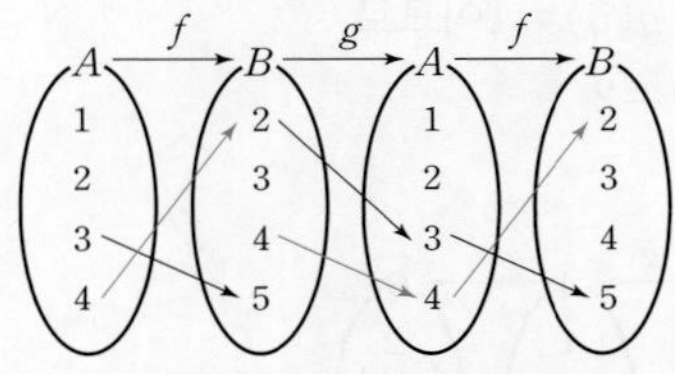

$(f \circ g)(4)=2$이고 (다)에서 $(f \circ g \circ f)(1)=2$, f는 일대일대응이므로 $f(1)=4$

$$\therefore f(2)=3$$

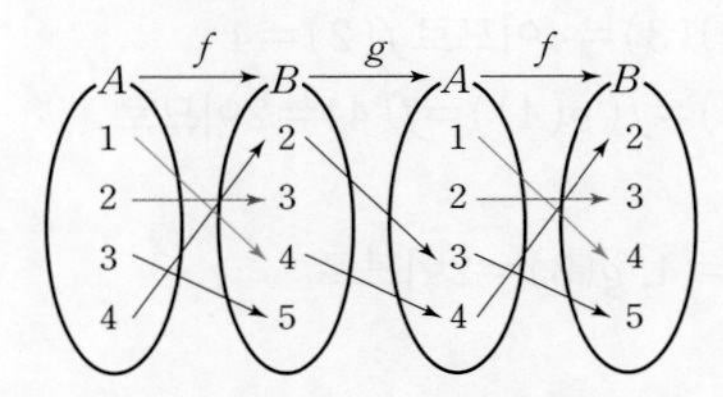

또 (다)에서 $(f \circ g \circ f)(2)=3$이고

$(f \circ g \circ f)(2)=(f \circ g)(f(2))=(f \circ g)(3)=3$

이므로 $g(3)=2$

따라서 $g(5)=1$이고 $(f \circ g \circ f)(3)=4$를 만족시킨다.

$$\therefore f(1)=4,\ g(3)=2,\ f(1)+g(3)=6$$

다른 풀이

f, g가 일대일대응인지 모르는 경우 다음과 같이 풀 수 있다.

$f(a)=2$라 하면 (다)에서

$f(g(2))=a+1$, $f(3)=a+1$

$f(3)=5$이므로 $a=4$, $f(4)=2$

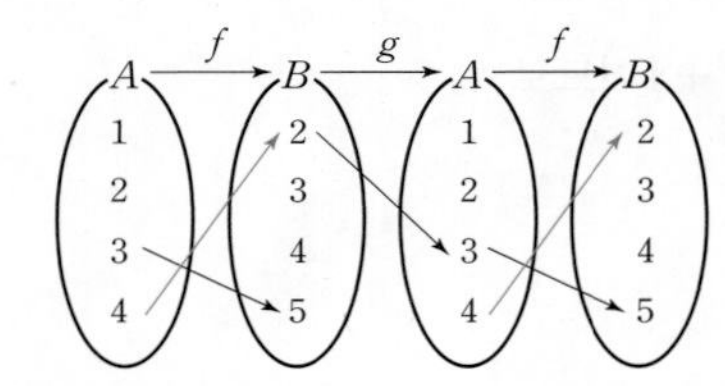

(나)에서 $g(3)=3$ 또는 $g(4)=4$이다.

(다)에서 $f(g(f(3)))=4$, $f(g(5))=4$이고

$f(3)=5$, $f(4)=2$이므로 $g(5)$는 3과 4가 아니다.

(i) $g(3)=3$일 때

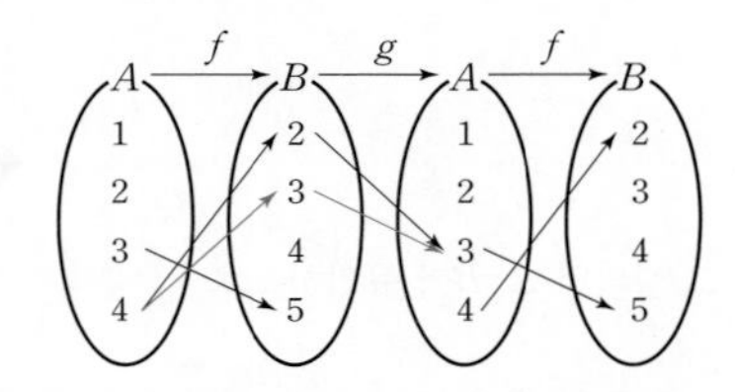

$f(4)=3$이어야 하므로 모순이다.

(ii) $g(4)=4$일 때

① $g(5)=1$이면

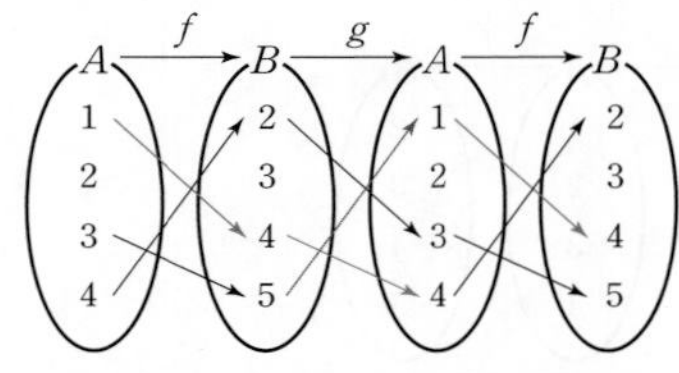

(다)에서 $(f\circ g\circ f)(3)=4$이므로 $f(1)=4$

또 (다)에서 $(f\circ g\circ f)(2)=3$이고

$f(1)=4$, $f(3)=5$, $f(4)=2$이므로

$(g\circ f)(2)=2$

$g(2)=3$, $g(4)=4$, $g(5)=1$이므로

$f(2)=3$, $g(3)=2$

② $g(5)=2$이면

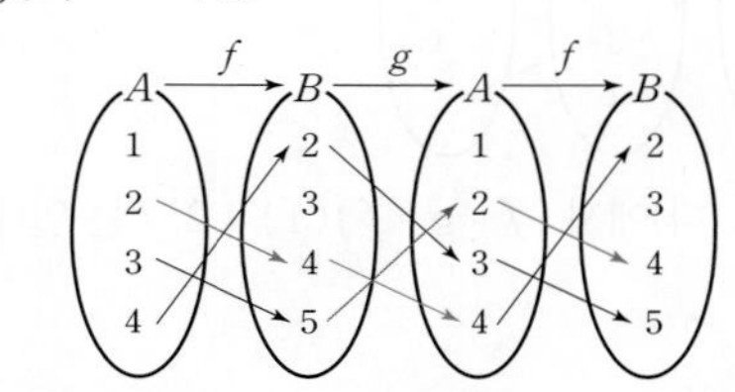

(다)에서 $(f\circ g\circ f)(3)=4$이므로 $f(2)=4$

이때 $(f\circ g\circ f)(2)=f(g(4))=f(4)=2$이므로

(다)에 모순이다.

따라서 (ii)의 ①에서 $f(1)=4$, $g(3)=2$이므로

$f(1)+g(3)=6$

07

답 최댓값: 7, $n=127$

$n=2m$이면 $f(n)=f(m)$

$n=2m+1$이면 $f(n)=f(m)+1$이므로

$f(n)$이 최대이면 n이 홀수이다.

같은 이유로 $f(m)$이 최대이면 m도 홀수이다.

n을 2로 나눈 몫을 a_1, 나머지를 r_1이라 하면

$f(n)=f(2a_1+r_1)=f(a_1)+r_1$

a_1을 2로 나눈 몫을 a_2, 나머지를 r_2라 하면

$f(a_1)=f(2a_2+r_2)=f(a_2)+r_2$

a_2를 2로 나눈 몫을 a_3, 나머지를 r_3이라 하면

$f(a_2)=f(2a_3+r_3)=f(a_3)+r_3$

⋮

2로 나눈 나머지는 0 또는 1이므로 $f(n)$이 최대이면

$r_1=r_2=r_3=\cdots=1$

$\therefore n=2a_1+1$

$=2(2a_2+1)+1=2^2a_2+2+1$

$=2^2(2a_3+1)+2+1=2^3a_3+2^2+2+1$

$=2^3(2a_4+1)+2^2+2+1=2^4a_4+2^3+2^2+2+1$

⋮

$=2^{k-1}(2\times1+1)+2^{k-2}+\cdots+2+1$

$=2^k+2^{k-1}+\cdots+2+1$

따라서 $n=2^k+2^{k-1}+\cdots+2+1$일 때 $f(n)$은 최대이다.

그런데 $128=2^7$이므로

$n=2^6+2^5+2^4+2^3+2^2+2+1=127$

일 때 최대이고 최댓값은

$f(127)=f(2^5+2^4+\cdots+1)+1$

$=f(2^4+2^3+\cdots+1)+1+1$

$=f(2^3+2^2+2+1)+1+1+1$

⋮

$=1+1+1+1+1+1+1=7$

다른 풀이

$f(1)=1$

$f(2)=f(1)=1$

$f(3)=f(1)+1=2$

$f(4)=f(2)=f(1)=1$

$f(5)=f(2)+1=f(1)+1=2$

$f(6)=f(3)=f(1)+1=2$

$f(7)=f(3)+1=f(1)+1+1=3$

$f(8)=f(4)=f(2)=f(1)=1$

$f(9)=f(4)+1=f(2)+1=f(1)+1=2$

$f(10)=f(5)=f(2)+1=f(1)+1=2$

⋮

$f(128)=f(64)=f(32)=f(16)$

$=f(8)=f(4)=f(2)=f(1)=1$

$1\le n\le128$인 n에서

$f(1)=1$

$f(3)=f(1)+1=2$

$f(7)=f(3)+1=3$

$f(15)=f(7)+1=4$

$f(31)=f(15)+1=5$
$f(63)=f(31)+1=6$
$f(127)=f(63)+1=7$

08 ······ 답 100

n의 값에 따라 $f(x)$를 구해 본다.

$$f(x)=[x]+\left[x+\frac{1}{100}\right]+\left[x+\frac{2}{100}\right]+\cdots+\left[x+\frac{99}{100}\right] \quad \cdots ❶$$

$n=1$이면 $\frac{1}{100}\le x<\frac{2}{100}$이므로

$f(x)=0+0+0+\cdots+1=1$

$n=2$이면 $\frac{2}{100}\le x<\frac{3}{100}$이므로

$f(x)=0+0+\cdots+1+1=2$

⋮

$n=99$이면 $\frac{99}{100}\le x<1$이므로

$f(x)=0+1+1+\cdots+1=99$

$\therefore f(x)=n$

또, $f(f(x)-1)=nf(x)-1$에서 $f(n-1)=n^2-1$ $\quad\cdots ❷$

❶에서 $f(n-1)=(n-1)\times 100$이므로 ❷에 대입하면

$100(n-1)=n^2-1$, $n^2-100n+99=0$

$(n-1)(n-99)=0 \qquad \therefore n=1$ 또는 $n=99$

따라서 n의 값의 합은 100이다.

07 유리함수

A STEP 시험에 꼭 나오는 문제 76~78쪽

01 ①	02 $a=12$, $b=12$	03 -2	04 3	05 ①
06 P(1, 3)		07 $a>5$ 08 ④	09 ①	10 ①
11 ④	12 ⑤	13 $\left(\frac{3}{2}, 0\right)$	14 ④	15 ③
16 $x=-1$, $y=-\frac{1}{3}$		17 $x=-1$, $y=1$	18 ⑤	19 ③
20 5	21 ⑤	22 2	23 $-\frac{1}{2}$	24 16

01 ······ 답 ①

주어진 식의 우변을 통분하면

$$(\text{우변})=\frac{a(x+1)+b(x-3)}{(x-3)(x+1)}=\frac{(a+b)x+a-3b}{x^2-2x-3}$$

분모가 좌변과 같으므로 분자를 비교하면

$a+b=2$, $a-3b=6$

$\therefore a=3$, $b=-1$, $ab=-3$

02 ······ 답 $a=12$, $b=12$

$\frac{1}{AB}$ 꼴의 분수식이다.

$$\frac{1}{AB}=\frac{1}{B-A}\left(\frac{1}{A}-\frac{1}{B}\right)\ (A\neq B)$$

을 이용하여 정리한다.

$$\frac{3}{x(x+3)}+\frac{4}{(x+3)(x+7)}+\frac{5}{(x+7)(x+12)}$$

$$=\frac{3}{(x+3)-x}\left(\frac{1}{x}-\frac{1}{x+3}\right)+\frac{4}{(x+7)-(x+3)}\left(\frac{1}{x+3}-\frac{1}{x+7}\right)+\frac{5}{(x+12)-(x+7)}\left(\frac{1}{x+7}-\frac{1}{x+12}\right)$$

$$=\frac{1}{x}-\frac{1}{x+3}+\frac{1}{x+3}-\frac{1}{x+7}+\frac{1}{x+7}-\frac{1}{x+12}$$

$$=\frac{1}{x}-\frac{1}{x+12}=\frac{x+12-x}{x(x+12)}=\frac{12}{x(x+12)}$$

$\therefore a=12$, $b=12$

03 ······ 답 -2

분모, 분자에 $x+1$을 곱하면 간단히 정리할 수 있다.

좌변의 분모, 분자에 $x+1$을 곱하면

$$\frac{1+\frac{2x}{x+1}}{2-\frac{x-1}{x+1}}=\frac{x+1+2x}{2(x+1)-(x-1)}=\frac{3x+1}{x+3}$$

$$=\frac{3(x+3)-8}{x+3}=\frac{-8}{x+3}+3$$

$\therefore a=-8$, $b=3$, $c=3$, $a+b+c=-2$

04 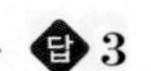 3

$$y=\frac{2x-1}{x-1}=\frac{2(x-1)+1}{x-1}=\frac{1}{x-1}+2$$

이므로 $y=\frac{1}{x}$의 그래프를 x축 방향으로 1만큼, y축 방향으로 2만큼 평행이동한 것이다.

$\therefore p=1,\ q=2,\ p+q=3$

05  ①

◤유리함수 그래프의 평행이동은 점근선을 이동한다고 생각하는 것이 편하다.

$$f(x)=\frac{3x+2}{x}=\frac{2}{x}+3$$

이므로 $y=f(x)$의 그래프를 x축 방향으로 m만큼, y축 방향으로 n만큼 평행이동한 그래프의 식은

$$y=\frac{2}{x-m}+3+n$$

$y=\frac{2}{x+2}$와 비교하면 $-m=2,\ 3+n=0$

$\therefore m=-2,\ n=-3,\ m+n=-5$

06 답 P(1, 3)

◤유리함수의 그래프는 두 점근선의 교점에 대칭이다.

점 P는 두 점근선의 교점이다.

$$y=\frac{3x+1}{x-1}=\frac{3(x-1)+4}{x-1}=\frac{4}{x-1}+3$$

이므로 점근선은 직선 $x=1,\ y=3$이고
교점 P의 좌표는 $(1,\ 3)$이다.

07 답 $a>5$

$y=\frac{x+a}{x-1}$의 그래프를 x축 방향으로 1만큼, y축 방향으로 2만큼 평행이동한 그래프의 식은

$$y=\frac{x-1+a}{x-2}+2=\frac{(x-2)+1+a}{x-2}+2=\frac{1+a}{x-2}+3$$

이므로 점근선은 직선 $x=2,\ y=3$이다.

◤모든 사분면을 지나는 그래프의 모양을 생각한다.

그래프가 좌표평면 위의 모든 사분면을 지나므로 오른쪽 그림과 같이 $x=0$일 때 $y<0$이다.

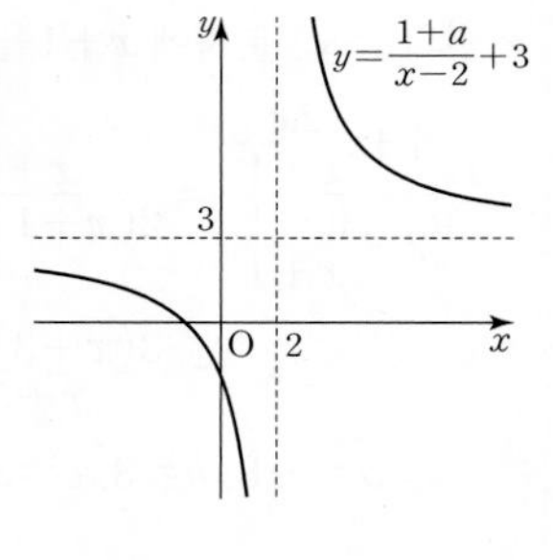

$$\frac{1+a}{-2}+3<0$$

$\therefore a>5$

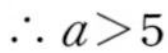

08 답 ④

◤유리함수 그래프의 점근선이 직선 $x=p,\ y=q$이면 그래프는 점 $(p,\ q)$를 지나고 기울기가 ±1인 직선에 대칭이다.

$$y=\frac{2x+1}{x-3}=\frac{2(x-3)+7}{x-3}=\frac{7}{x-3}+2$$

ㄱ. 그래프의 점근선의 방정식은 직선 $x=3,\ y=2$이다. (거짓)

ㄴ. 점 $\left(0,\ -\frac{1}{3}\right)$을 지나므로 그래프는 제3사분면을 지난다. (참)

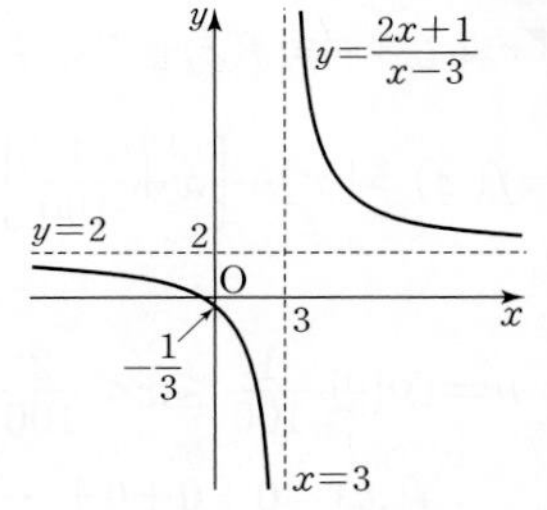

ㄷ. 그래프는 두 점근선의 교점 $(3,\ 2)$를 지나고 기울기가 ±1인 직선 $y=\pm(x-3)+2$에 대칭이다.
곧, $y=x-1$과 $y=-x+5$에 대칭이다. (참)

따라서 옳은 것은 ㄴ, ㄷ이다.

09 답 ①

◤점근선이 직선 $x=m,\ y=n$인 유리함수는

$$y-n=\frac{k}{x-m}$$

그래프의 점근선이 직선 $x=1,\ y=3$이므로

$$y=\frac{k}{x-1}+3$$

으로 놓을 수 있다.

점 $(2,\ 8)$을 지나므로 $8=k+3$ $\quad\therefore k=5$

$$\therefore y=\frac{5}{x-1}+3=\frac{5+3(x-1)}{x-1}=\frac{3x+2}{x-1}$$

$y=\frac{ax+b}{x+c}$와 비교하면

$a=3,\ b=2,\ c=-1,\ abc=-6$

다른 풀이

$$y=\frac{ax+b}{x+c}=\frac{a(x+c)+b-ac}{x+c}=\frac{b-ac}{x+c}+a$$

이고 점근선이 직선 $x=1,\ y=3$이므로

$a=3,\ c=-1$

이때 $y=\frac{3x+b}{x-1}$이고, 그래프가 점 $(2,\ 8)$을 지나므로

$8=6+b$ $\quad\therefore b=2$

10 ········· 답 ①

◤유리함수 그래프의 점근선이 직선 $x=p$, $y=q$이면
그래프는 점 (p, q)를 지나고 기울기가 ±1인 직선에 대칭이다.

$$y=\frac{4x+6}{-x-1}=-\frac{4(x+1)+2}{x+1}=-\frac{2}{x+1}-4$$

이므로 그래프의 점근선은 직선 $x=-1$, $y=-4$이다.

따라서 그래프는 두 점근선의 교점 $(-1,\ -4)$를 지나고 기울기가 ±1인 직선에 대칭이다.

기울기가 -1인 직선은

$y=-(x+1)-4=-x-5$

기울기가 1인 직선은

$y=(x+1)-4=x-3$

두 직선의 x절편은 각각 -5, 3이므로 두 직선과 x축으로 둘러싸인 부분의 넓이는

$\frac{1}{2}\times8\times4=16$

11 ········· 답 ④

◤유리함수의 최대, 최소는 그래프를 그려서 확인한다.

$f(x)=\frac{3x+1}{x+2}$이라 하면

$$f(x)=\frac{3(x+2)-5}{x+2}=-\frac{5}{x+2}+3$$

이므로 $0\le x\le2$에서 그래프는 그림과 같다.

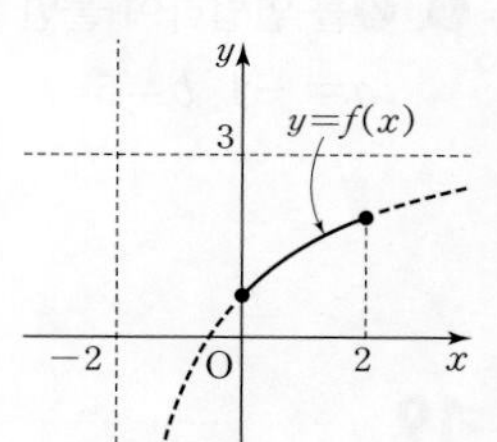

최댓값은 $f(2)=-\frac{5}{4}+3=\frac{7}{4}$

최솟값은 $f(0)=-\frac{5}{2}+3=\frac{1}{2}$

따라서 최댓값과 최솟값의 합은 $\frac{9}{4}$

12 ········· 답 ⑤

◤유리함수의 최대, 최소는 점근선에 주의한다.

$$y=\frac{2x-1}{x-1}=\frac{2(x-1)+1}{x-1}$$
$$=\frac{1}{x-1}+2$$

이므로 그래프는 그림과 같다.

치역이 $\{y\,|\,2<y\le3\}$이므로

$y=3$을 대입하면

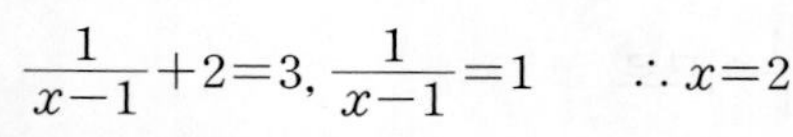

$\frac{1}{x-1}+2=3$, $\frac{1}{x-1}=1$ $\quad\therefore x=2$

따라서 정의역은 $\{x\,|\,x\ge2\}$

13 ········· 답 $\left(\frac{3}{2},\ 0\right)$

그래프의 점근선이 직선 $x=1$, $y=2$이므로

$y=\frac{k}{x-1}+2$

로 놓을 수 있다.

점 $(0,\ 3)$을 지나므로 $3=-k+2$ $\quad\therefore k=-1$

$\therefore y=-\frac{1}{x-1}+2$

$y=0$을 대입하면 $0=-\frac{1}{x-1}+2$

$\frac{1}{x-1}=2$, $x-1=\frac{1}{2}$ $\quad\therefore x=\frac{3}{2}$

따라서 x축과 만나는 점의 좌표는 $\left(\frac{3}{2},\ 0\right)$

14 ········· 답 ④

◤$y=\frac{1}{2x-8}+3$의 그래프를 그리고,
이 그래프가 x축, y축과 만나는 점의 좌표부터 찾는다.

$y=\frac{1}{2x-8}+3$에

$x=0$을 대입하면 $y=\frac{23}{8}$

$y=0$을 대입하면 $0=\frac{1}{2x-8}+3$, $2x-8=-\frac{1}{3}$ $\quad\therefore x=\frac{23}{6}$

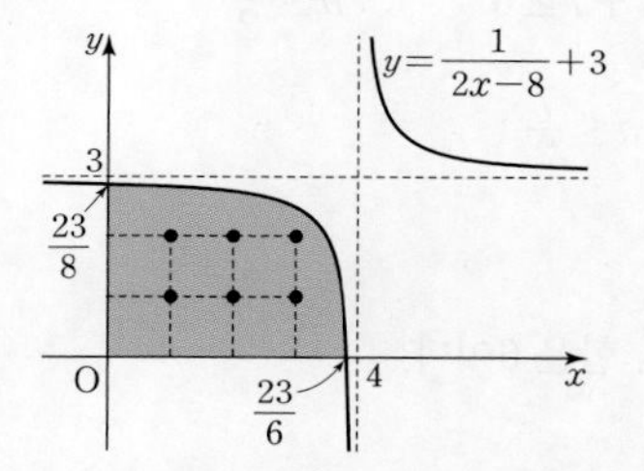

따라서 그림에서 색칠한 부분에 있고 x좌표와 y좌표가 모두 자연수인 점의 개수를 구하면 된다.

$y=\frac{1}{2x-8}+3$에

(ⅰ) $x=1$을 대입하면 $y=-\frac{1}{6}+3=\frac{17}{6}$

곧, 자연수의 순서쌍 $(x,\ y)$는 $(1,\ 1)$, $(1,\ 2)$

(ⅱ) $x=2$를 대입하면 $y=-\frac{1}{4}+3=\frac{11}{4}$

곧, 자연수의 순서쌍 $(x,\ y)$는 $(2,\ 1)$, $(2,\ 2)$

(ⅲ) $x=3$을 대입하면 $y=-\frac{1}{2}+3=\frac{5}{2}$

곧, 자연수의 순서쌍 $(x,\ y)$는 $(3,\ 1)$, $(3,\ 2)$

(ⅰ), (ⅱ), (ⅲ)에서 x좌표와 y좌표가 모두 자연수인 점의 개수는 6이다.

15 ······ 답 ③

유리함수 그래프의 성질을 조사할 때는 먼저 점근선부터 조사한다.

$$y=\frac{-2x-2a+7}{x-2}=\frac{-2(x-2)-2a+3}{x-2}$$
$$=\frac{-2a+3}{x-2}-2$$

이므로 그래프의 점근선은 직선 $x=2$, $y=-2$이다.

$-2a+3$의 부호에 따라 그래프의 모양이 다르다.

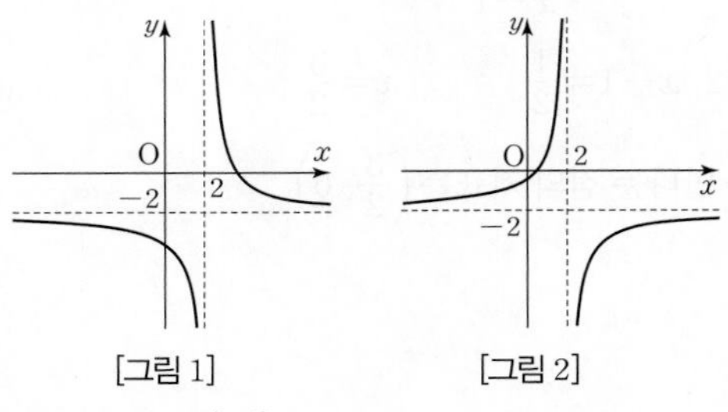

[그림 1] [그림 2]

(i) $-2a+3>0$일 때

[그림 1]과 같은 꼴이므로 제2사분면을 지나지 않는다.

$\therefore a<\frac{3}{2}$

(ii) $-2a+3=0$일 때

$y=-2$이므로 제2사분면을 지나지 않는다. $\quad\therefore a=\frac{3}{2}$

(iii) $-2a+3<0$일 때

[그림 2]와 같이 $x=0$에서 y의 값이 0 또는 음수이다.

$x=0$을 대입하면

$\frac{-2a+7}{-2}\le 0$, $-2a+7\ge 0 \quad \therefore a\le\frac{7}{2}$

$-2a+3<0$이므로 $\frac{3}{2}<a\le\frac{7}{2}$

(i), (ii), (iii)에서 $a\le\frac{7}{2}$

자연수 a의 값은 1, 2, 3이고, 합은 6이다.

16 ······ 답 $x=-1$, $y=-\frac{1}{3}$

$$f(g(x))=\frac{2g(x)-3}{g(x)+2}=\frac{2\times\frac{x+7}{x-2}-3}{\frac{x+7}{x-2}+2}$$
$$=\frac{2(x+7)-3(x-2)}{x+7+2(x-2)}$$
$$=\frac{-x+20}{3x+3}=\frac{-(x+1)+21}{3(x+1)}$$
$$=\frac{7}{x+1}-\frac{1}{3}$$

따라서 점근선의 방정식은 $x=-1$, $y=-\frac{1}{3}$

17 ······ 답 $x=-1$, $y=1$

$$f^2(x)=f(f(x))=\frac{1+f(x)}{1-f(x)}=\frac{1+\frac{1+x}{1-x}}{1-\frac{1+x}{1-x}}$$
$$=\frac{1-x+1+x}{1-x-(1+x)}=-\frac{1}{x}$$
$$f^4(x)=f^2(f^2(x))=-\frac{1}{f^2(x)}=-\frac{1}{-\frac{1}{x}}=x$$
$$f^7(x)=f^3(f^4(x))=f^3(x)=f(f^2(x))$$
$$=f\left(-\frac{1}{x}\right)=\frac{1-\frac{1}{x}}{1+\frac{1}{x}}=\frac{x-1}{x+1}$$
$$=\frac{(x+1)-2}{x+1}=-\frac{2}{x+1}+1$$

따라서 점근선의 방정식은 $x=-1$, $y=1$

18 ······ 답 ⑤

$y=f(x)$의 그래프가 점 $(2, 1)$을 지나므로 $f(2)=1$에서

$1=\frac{2a+b}{3} \quad \therefore 2a+b=3 \quad \cdots$ ❶

$y=f^{-1}(x)$의 그래프가 점 $(2, 1)$을 지나므로

$y=f(x)$의 그래프는 점 $(1, 2)$를 지난다. 곧, $f(1)=2$에서

$2=\frac{a+b}{2} \quad \therefore a+b=4 \quad \cdots$ ❷

❶, ❷를 연립하여 풀면

$a=-1$, $b=5 \quad \therefore b-a=6$

19 ······ 답 ③

점근선과 지나는 점을 이용하여 $y=f(x)$의 식을 구하고 x, y를 서로 바꾸면 $y=g(x)$의 식을 구할 수 있다.

$y=f(x)$의 그래프의 점근선이 직선 $x=2$, $y=1$이므로

$f(x)=\frac{k}{x-2}+1$

로 놓을 수 있다.

$f(1)=0$이므로 $\frac{k}{-1}+1=0 \quad \therefore k=1$

$f(x)=\frac{1}{x-2}+1$이므로 $y=\frac{1}{x-2}+1$이라 하고 역함수를 구하면

$y-1=\frac{1}{x-2}$, $x-2=\frac{1}{y-1}$, $x=\frac{1}{y-1}+2$

x, y를 서로 바꾸면

$y=\frac{1}{x-1}+2 \quad \therefore y=\frac{2x-1}{x-1}$

따라서 $g(x)=\frac{2x-1}{x-1}$이므로

$a=2$, $b=-1$, $c=-1 \quad \therefore a^2+b^2+c^2=6$

다른 풀이

$f(x)=\dfrac{k}{x-m}+n$일 때
역함수의 그래프는 직선 $y=x$에 대칭이므로

$g(x)=\dfrac{k}{x-n}+m$

이다. 이를 이용하면 보다 간단히 풀 수 있다.

$y=f(x)$와 $y=g(x)$의 그래프는 직선 $y=x$에 대칭이므로 $y=g(x)$의 그래프의 점근선은 직선 $x=1$, $y=2$이고 점 $(0, 1)$을 지난다. 곧,

$g(x)=\dfrac{k}{x-1}+2$라 하면 $g(0)=1$이므로 $k=1$

$\therefore g(x)=\dfrac{1}{x-1}+2=\dfrac{2x-1}{x-1}$

$\therefore a=2, b=-1, c=-1, a^2+b^2+c^2=6$

20 ······ 답 5

$f(x)=\dfrac{ax+b}{cx+d}$ $(c\neq0)$ 꼴의 유리함수 그래프는 점근선의 교점을 지나고, 기울기가 ±1인 직선에 대칭이다.

직선 $y=x-4$와 $y=-x+2$의 교점의 좌표는 $(3, -1)$이므로 $y=f(x)$ 그래프의 점근선은 직선 $x=3$, $y=-1$이다.

따라서 $f(x)=\dfrac{k}{x-3}-1$로 놓을 수 있다.

$f(4)=1$이므로 $k-1=1$ $\therefore k=2$

이때 $f(x)=\dfrac{2}{x-3}-1$이고,

$f^{-1}(0)=p$라 하면 $f(p)=0$이므로

$\dfrac{2}{p-3}-1=0, p-3=2$ $\therefore p=5$

Think More

$y=f^{-1}(x)$ 그래프의 점근선은 직선 $x=-1$, $y=3$이므로
$f^{-1}(x)=\dfrac{2}{x+1}+3$이다.

21 ······ 답 ⑤

두 함수 $y=f(x)$, $y=g(x)$의 그래프가 접하면
방정식 $f(x)=g(x)$가 중근을 가진다.

$y=\dfrac{3x-8}{x-2}$과 $y=ax$에서

$\dfrac{3x-8}{x-2}=ax$, $3x-8=ax(x-2)$

$ax^2-(2a+3)x+8=0$

접하므로

$D=(2a+3)^2-32a=0$, $4a^2-20a+9=0$

이 이차방정식은 실근을 가지므로 a의 값의 합은

$\dfrac{20}{4}=5$

Think More

방정식을 풀어 a의 값을 구하면
$a=\dfrac{1}{2}$ 또는 $a=\dfrac{9}{2}$

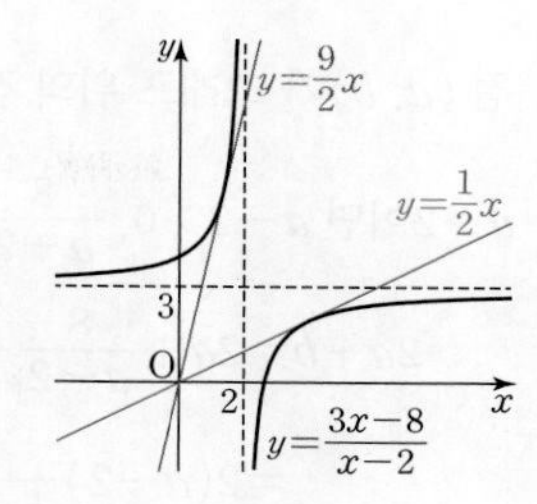

22 ······ 답 2

두 함수 $y=f(x)$, $y=g(x)$의 그래프의 교점의 x좌표는
방정식 $f(x)=g(x)$의 해이다.

제1사분면에서 교점의 x좌표를 α, 2α $(\alpha>0)$이라 하자.

$x^2+y^2=5$와 $y=\dfrac{k}{x}$에서

$x^2+\dfrac{k^2}{x^2}=5$

$x^4-5x^2+k^2=0$ ··· ❶

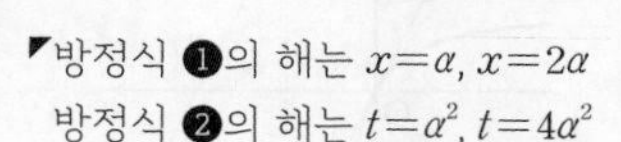

방정식 ❶의 해가 교점의 x좌표이다.

$x^2=t$라 하면 $t^2-5t+k^2=0$ ··· ❷

방정식 ❶의 해는 $x=\alpha$, $x=2\alpha$
방정식 ❷의 해는 $t=\alpha^2$, $t=4\alpha^2$

이 방정식의 두 근이 α^2, $4\alpha^2$이므로

$\alpha^2+4\alpha^2=5$, $\alpha^2\times4\alpha^2=k^2$

$5\alpha^2=5$에서 $\alpha^2=1$ $\therefore k^2=4\alpha^4=4$

$k>0$이므로 $k=2$

23 ······ 답 $-\dfrac{1}{2}$

대입해서 교점을 구하기는 어렵다. 그래프를 그리고 대칭을 찾아보자.

$y=\dfrac{1-x}{x-2}=-\dfrac{1}{x-2}-1$

이므로 점근선의 교점 $(2, -1)$은 원의 중심과 같다.

$y=\dfrac{1-x}{x-2}$의 그래프는 점근선의 교점 $(2, -1)$에 대칭이므로

$A(x_1, y_1)$, $B(x_2, y_2)$,
$C(x_3, y_3)$, $D(x_4, y_4)$

라 하면 선분 AD, BC의 중점이 모두 $(2, -1)$이다. 곧,

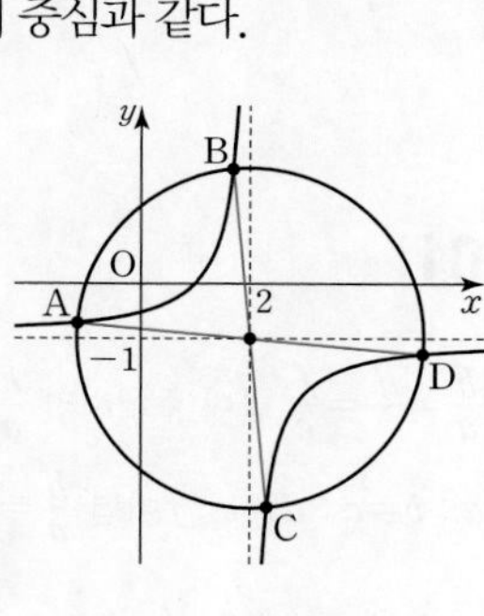

$\dfrac{x_2+x_3}{2}=2$, $\dfrac{y_1+y_4}{2}=-1$에서

$x_2+x_3=4$, $y_1+y_4=-2$

이므로

$\dfrac{y_1+y_4}{x_2+x_3}=-\dfrac{1}{2}$

24 ······ 답 16

점 (a, b)가 그래프 위의 점이므로 $b=\frac{8}{a-2}+4$

$a>2$이면 $a-2>0$, $\frac{8}{a-2}>0$이므로

$$\begin{aligned} 2a+b &= 2a+\frac{8}{a-2}+4 \\ &= 2(a-2)+\frac{8}{a-2}+8 \\ &\geq 2\sqrt{2(a-2)\times\frac{8}{a-2}}+8=16 \end{aligned}$$

$\left(\text{단, 등호는 } 2(a-2)=\frac{8}{a-2}\text{, 곧 } a=4\text{일 때 성립}\right)$

따라서 최솟값은 16이다.

Think More

직선 $2x+y=k$와 곡선 $y=\frac{8}{x-2}+4$가 만날 k의 값의 범위를 구하면 $2a+b=k$의 값의 범위를 구할 수 있다.

$y=-2x+k$를 $y=\frac{8}{x-2}+4$에 대입하여 정리하면

$-2x+k=\frac{8}{x-2}+4$, $2x^2-kx+2k=0$

접할 때 $D=(-k)^2-16k=0$

$\therefore k=0$ 또는 $k=16$

따라서 $x>2$에서 직선과 곡선이 만나는 k의 값의 범위는

$k\geq 16$

이므로 k의 최솟값은 16이다.

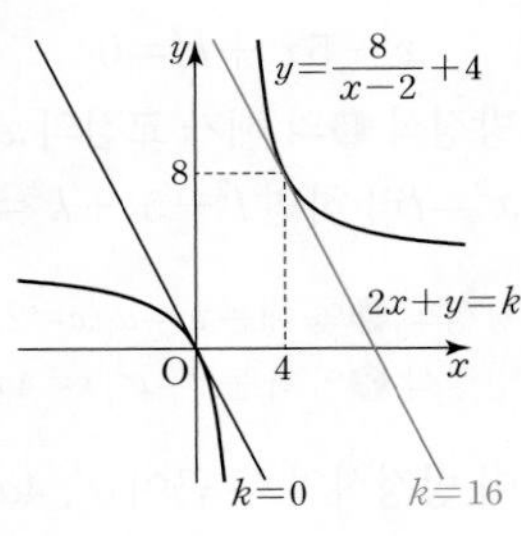

STEP	1등급 도전 문제	79~81쪽

01 $\frac{17}{4}$ **02** ③ **03** ① **04** ① **05** ①
06 $\{y\mid-2<y\leq 4\}$ **07** ① **08** 1 **09** $4\sqrt{2}$ **10** ①
11 ③ **12** 36 **13** 9 **14** $a=-1$, $b=-2$, $c=-1$
15 ① **16** $a=2$, $b=2$ 또는 $a=6$, $b=-2$ **17** ②
18 $\frac{12}{7}$

01 ······ 답 $\frac{17}{4}$

▸$\frac{b}{a}=\frac{d}{c}=\frac{f}{e}$ 꼴이 주어지면 $\frac{b}{a}=\frac{d}{c}=\frac{f}{e}=k$로 놓고 정리한다.
$a:b=c:d=e:f$이면 $\frac{b}{a}=\frac{d}{c}=\frac{f}{e}$로 바꿔 생각한다.

$\frac{x+y}{2z}=\frac{y+2z}{x}=\frac{2z+x}{y}=k$라 하면

$x+y=2zk$, $y+2z=xk$, $2z+x=yk$ ⋯ ❶

변변 더하면 $2(x+y+2z)=(x+y+2z)k$

$x+y+2z\neq 0$이므로 $k=2$

❶에 대입하면

$x+y=4z$ ⋯ ❷

$y+2z=2x$ ⋯ ❸

$2z+x=2y$ ⋯ ❹

❷−❸을 하면 $x-2z=4z-2x$ $\therefore x=2z$

❹에 대입하면 $y=2z$

$\therefore \frac{x^3+y^3+z^3}{xyz}=\frac{(2z)^3+(2z)^3+z^3}{2z\times 2z\times z}=\frac{17}{4}$

02 ······ 답 ③

▸저항 R, $R+2$를 병렬연결한 것부터 생각한다.

저항 R, $R+2$를 병렬연결한 저항을 R_A라 하면

$\frac{1}{R_A}=\frac{1}{R}+\frac{1}{R+2}$, $\frac{1}{R_A}=\frac{R+2+R}{R(R+2)}$

$\therefore R_A=\frac{R(R+2)}{2R+2}$

저항 R_A와 $2R$을 직렬연결한 전체 저항은

$$\begin{aligned} \frac{R(R+2)}{2R+2}+2R &= \frac{R(R+2)+2R(2R+2)}{2R+2} \\ &= \frac{5R^2+6R}{2R+2} \end{aligned}$$

03 ······ 답 ①

▸유리함수 $y=\frac{kx+1}{x-1}$의 그래프가 직선 $y=x+5$에 대칭이면 점근선도 직선 $y=x+5$에 대칭이다.
이를 이용하여 k의 값부터 구한다.

$$y=\frac{kx+1}{x-1}=\frac{k(x-1)+k+1}{x-1}=\frac{k+1}{x-1}+k$$

이므로 그래프의 점근선은 직선 $x=1$, $y=k$이다.

두 점근선이 직선 $y=x+5$에 대칭이므로 점근선의 교점 $(1, k)$는 직선 $y=x+5$ 위에 있다.

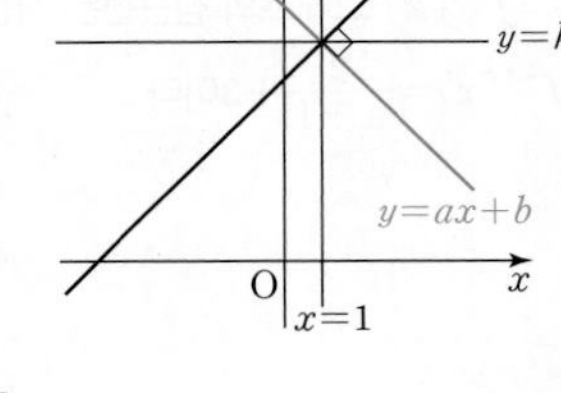

$\therefore k=6$

이때 점근선은 직선 $x=1$, $y=6$이다.

직선 $y=ax+b$의 기울기가 -1이므로 $a=-1$

또 직선 $y=-x+b$가 점근선의 교점 $(1, 6)$을 지나므로

$6=-1+b$, $b=7$ $\therefore ab=-7$

04 ······ 답 ①

▸정의역과 치역이 같으면 점근선은 직선 $x=p$, $y=p$ 꼴이다.

정의역과 치역이 같으므로 그래프의 점근선의 방정식을 $x=p$, $y=p$라 하자.

점 (p, p)가 직선 $y=2x+3$ 위의 점이므로

$p=2p+3$ $\therefore p=-3$

따라서 $f(x)=\frac{k}{x+3}-3=\frac{k-3(x+3)}{x+3}=\frac{-3x+k-9}{x+3}$로 놓을 수 있다.

조건에서 $f(x)=\frac{bx}{ax+1}=\frac{3bx}{3ax+3}$이므로 위의 식과 비교하면

$3b=-3,\ k-9=0,\ 3a=1$

$\therefore a=\frac{1}{3},\ b=-1,\ a+b=-\frac{2}{3}$

다른 풀이

$$f(x)=\frac{bx}{ax+1}=\frac{\frac{b}{a}(ax+1)-\frac{b}{a}}{ax+1}=\frac{-\frac{b}{a}}{ax+1}+\frac{b}{a}$$

이므로 그래프의 점근선은 직선 $x=-\frac{1}{a}$, $y=\frac{b}{a}$이다.

따라서 정의역과 치역은 각각

$\left\{x \middle| x\neq-\frac{1}{a}\text{인 실수}\right\}$, $\left\{y \middle| y\neq\frac{b}{a}\text{인 실수}\right\}$

정의역과 치역이 같으므로 $-\frac{1}{a}=\frac{b}{a}$ $\qquad \therefore b=-1$

이때 점근선은 직선 $x=-\frac{1}{a}$, $y=-\frac{1}{a}$이고, 점근선의 교점 $\left(-\frac{1}{a},\ -\frac{1}{a}\right)$이 직선 $y=2x+3$ 위의 점이므로

$-\frac{1}{a}=-\frac{2}{a}+3,\ \frac{1}{a}=3$ $\qquad \therefore a=\frac{1}{3}$

$\therefore a+b=-\frac{2}{3}$

05 ········· 답 ①

$y=f(x)$의 그래프가 직선 $y=x$에 대칭이면 $y=f(x)$와 $x=f(y)$가 같은 식임을 이용한다.

$y=\frac{ax+b}{cx+d}$ $\qquad \cdots$ ❶

에서 x, y를 서로 바꾸면 $x=\frac{ay+b}{cy+d}$

$x(cy+d)=ay+b,\ (cx-a)y=-dx+b$

$\therefore y=\frac{-dx+b}{cx-a}$

이 식이 ❶과 같으므로 $a=-d$ $\qquad \therefore a+d=0$

다른 풀이

유리함수의 경우 점근선이 직선 $y=x$에 대칭임을 이용해도 된다.
'유리함수의 그래프가 직선 $y=x$에 대칭이다.'와
'점근선이 $y=x$에 대칭이다.'는 필요충분조건이다.
따라서 점근선을 구하고 직선 $y=x$에 대칭일 필요충분조건을 찾는다.

$$y=\frac{ax+b}{cx+d}=\frac{\frac{a}{c}(cx+d)+b-\frac{ad}{c}}{cx+d}$$

$$=\frac{b-\frac{ad}{c}}{cx+d}+\frac{a}{c} \qquad \cdots ❷$$

이므로 그래프의 점근선은 직선 $x=-\frac{d}{c}$, $y=\frac{a}{c}$이다.

두 점근선이 직선 $y=x$에 대칭이면 점근선의 교점 $\left(-\frac{d}{c},\ \frac{a}{c}\right)$가 직선 $y=x$ 위에 있으므로

$\frac{a}{c}=-\frac{d}{c}$ $\qquad \therefore a+d=0$

역으로 $a+d=0$이면 ❷의 그래프의 점근선은 직선 $x=\frac{a}{c}$, $y=\frac{a}{c}$이고, 두 점근선이 직선 $y=x$에 대칭이므로 ❷의 그래프도 직선 $y=x$에 대칭이다.

06 ········· 답 $\{y|-2<y\leq4\}$

$y=\frac{2x+4}{|x|+1}$에서

(i) $x\geq0$이면

$y=\frac{2x+4}{x+1}=\frac{2}{x+1}+2$

(ii) $x<0$이면

$y=\frac{2x+4}{-x+1}=-\frac{6}{x-1}-2$

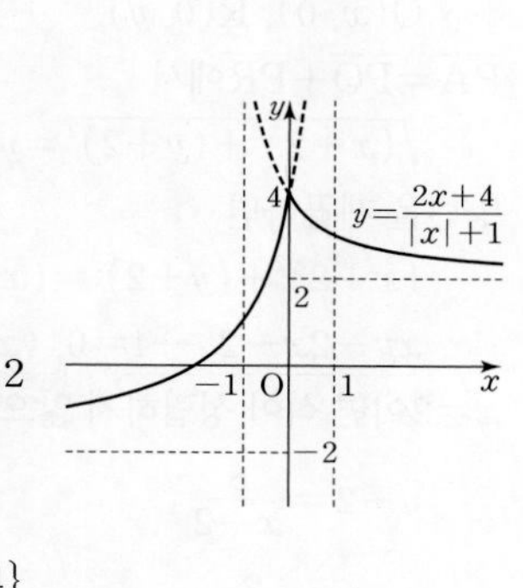

따라서 $y=\frac{2x+4}{|x|+1}$의 그래프는 그림과 같고 치역은 $\{y|-2<y\leq4\}$

07 ········· 답 ①

$y=\frac{2x}{x-1}$의 그래프와 직선 $y=ax+2$, $y=bx+2$를 그려 $2\leq x\leq4$에서 주어진 부등식이 성립할 조건을 찾는다.

$f(x)=\frac{2x}{x-1}$라 하면 $f(x)=\frac{2}{x-1}+2$이므로

$y=f(x)$의 그래프는 그림과 같다.

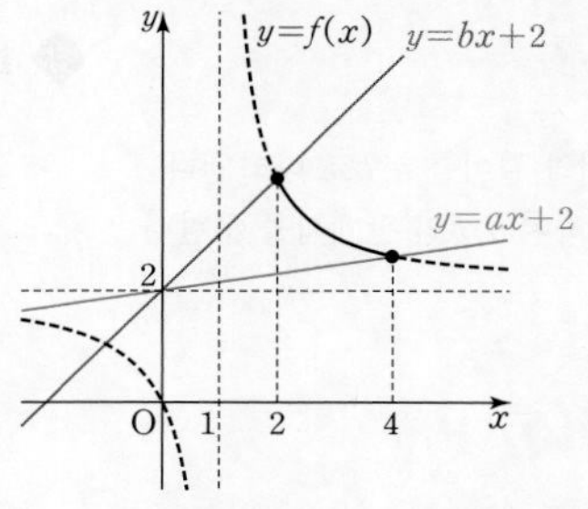

(i) $2\leq x\leq4$에서 $ax+2\leq f(x)$이면

직선 $y=ax+2$가 $y=f(x)$의 그래프와 만나거나 아래쪽에 있다. 따라서 $x=4$일 때

$4a+2\leq f(4),\ 4a+2\leq\frac{8}{3}$ $\qquad \therefore a\leq\frac{1}{6}$

(ii) $2 \le x \le 4$에서 $f(x) \le bx+2$이면

직선 $y=bx+2$가 $y=f(x)$의 그래프와 만나거나 위쪽에 있다.

따라서 $x=2$일 때

$2b+2 \ge f(2)$, $2b+2 \ge 4$ $\quad \therefore b \ge 1$

(i), (ii)에서 $b-a$의 최솟값은 $1-\frac{1}{6}=\frac{5}{6}$

08 ······ 답 1

▼$P(x, y)$라 하고 Q, R의 좌표를 구하면
$\overline{PA}=\overline{PQ}+\overline{PR}$을 x, y에 대한 식으로 나타낼 수 있다.
이때 P가 제1사분면 위의 점임에 주의한다.

$P(x,\ y)$라 하면 P가 제1사분면 위의 점이므로 $x>0$, $y>0$이고

$Q(x,\ 0)$, $R(0,\ y)$

$\overline{PA}=\overline{PQ}+\overline{PR}$에서

$\sqrt{(x+2)^2+(y+2)^2}=y+x$

양변을 제곱하면

$(x+2)^2+(y+2)^2=(x+y)^2$

$xy-2x-2y-4=0$, $(x-2)(y-2)=8$

$x=2$이면 식이 성립하지 않으므로 $x \ne 2$이고

$y-2=\frac{8}{x-2}$

$\therefore y=\frac{8}{x-2}+2$

$x>0$, $y>0$이므로 P가 그리는 도형은 그림과 같다.

이 도형은 점 $(2,\ 2)$를 지나고, 기울기가 1인 직선 $y=x$에 대칭이다.

$\therefore a=1$, $b=0$, $a+b=1$

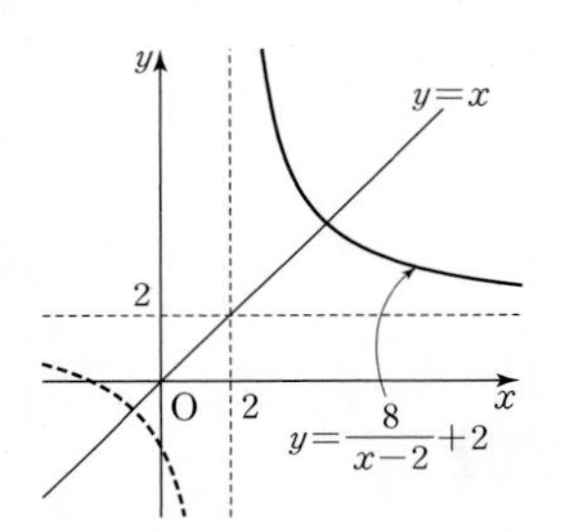

Think More

P는 $x>2$, $y>2$인 부분만 움직이므로 점 $(2,\ 2)$를 지나고 기울기가 -1인 직선 $y=-x$에는 대칭이 아니다.

09 ······ 답 $4\sqrt{2}$

▼$P(a, b)$라 하고, 직사각형의 둘레의 길이를 a, b로 나타낸다.
또 P가 그래프 위의 점임을 이용하여 a, b의 관계식을 구한다.

P의 좌표를 $(a,\ b)$라 하자.

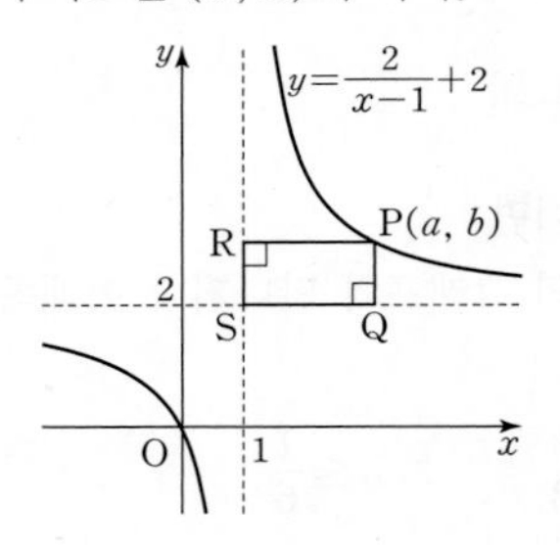

▼그래프는 원점을 지나므로 제1사분면 위의 P는
$0<a<1$, $0<b<2$가 될 수 없다.
$a>1$, $b>2$만 가능하다.

점근선이 직선 $x=1$, $y=2$이고 $a>1$, $b>2$이므로

직사각형 PQSR의 둘레의 길이는

$2\overline{PR}+2\overline{PQ}=2(a-1)+2(b-2)$ $\quad$ ··· ㉮

$b=\frac{2}{a-1}+2$이므로

$2\overline{PR}+2\overline{PQ}=2(a-1)+\frac{4}{a-1}$

$\ge 2\sqrt{2(a-1)\times\frac{4}{a-1}}=4\sqrt{2}$

$\left(\text{단, 등호는 } 2(a-1)=\frac{4}{a-1}\text{일 때 성립}\right)$

따라서 직사각형 PQSR의 둘레의 길이의 최솟값은 $4\sqrt{2}$이다. $\quad$ ··· ㉯

단계	채점 기준	배점
㉮	직사각형 PQSR의 둘레의 길이를 식으로 나타내기	40%
㉯	둘레의 길이의 최솟값 구하기	60%

Think More

$2(a-1)=\frac{4}{a-1}$에서 $a^2-2a-1=0$

$a>1$이므로 $a=1+\sqrt{2}$

따라서 $a=1+\sqrt{2}$일 때, 둘레의 길이가 최소이다.

10 ······ 답 ①

▼P가 직선 $y=x$ 위의 점이므로
$P(a, a)$라 하고 Q, R의 좌표를 a로 나타낸다.

$P(a,\ a)$라 하면 $Q\left(a,\ \frac{2a-3}{a-1}\right)$

또 R의 y좌표가 a이므로 $a=\frac{2x-3}{x-1}$에서

$a(x-1)=2x-3$, $x=\frac{a-3}{a-2}$ $\quad \therefore R\left(\frac{a-3}{a-2},\ a\right)$

$\therefore \overline{PQ}=a-\frac{2a-3}{a-1}=\frac{a(a-1)-(2a-3)}{a-1}=\frac{a^2-3a+3}{a-1}$

$\overline{PR}=a-\frac{a-3}{a-2}=\frac{a(a-2)-(a-3)}{a-2}=\frac{a^2-3a+3}{a-2}$

$\overline{PQ}=\frac{2}{3}\overline{PR}$이므로

$\frac{a^2-3a+3}{a-1}=\frac{2}{3}\times\frac{a^2-3a+3}{a-2}$

$a^2-3a+3=\left(a-\frac{3}{2}\right)^2+\frac{3}{4}\ne 0$이므로

$\frac{1}{a-1}=\frac{2}{3}\times\frac{1}{a-2}$, $3(a-2)=2(a-1)$

$\therefore a=4$

이때 $\overline{PQ}=\frac{7}{3}$, $\overline{PR}=\frac{7}{2}$이므로 삼각형 PQR의 넓이는

$\frac{1}{2}\times\overline{PQ}\times\overline{PR}=\frac{1}{2}\times\frac{7}{3}\times\frac{7}{2}=\frac{49}{12}$

11 ··  ③

$$y=\frac{x+k}{x-1}=\frac{k+1}{x-1}+1 \quad \cdots ❶$$

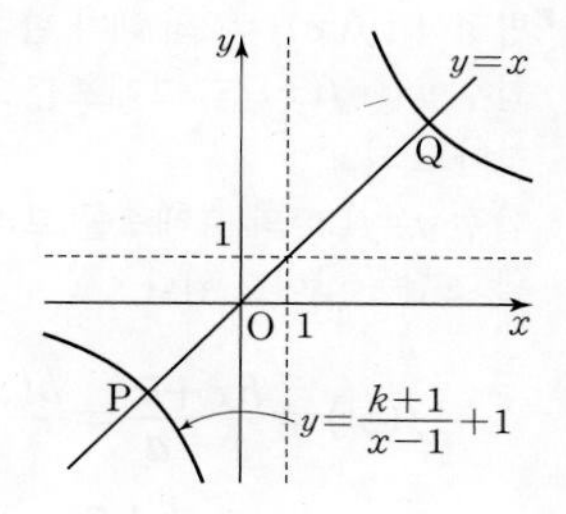

$k+1>0$이므로 ❶의 그래프는 그림과 같다.

$y=\frac{x+k}{x-1}$와 $y=x$에서

$$\frac{x+k}{x-1}=x,\ x^2-2x-k=0$$

방정식의 해가 교점의 x좌표이다.
하지만 이 이차방정식은 바로 풀 수 없으므로 해를 α, β라 하고 근과 계수의 관계를 생각한다.

이 방정식의 두 근을 $\alpha,\ \beta\ (\alpha<\beta)$라 하면 $\mathrm{P}(\alpha,\ \alpha)$, $\mathrm{Q}(\beta,\ \beta)$

$\overline{\mathrm{PQ}}=6\sqrt{2}$이므로

$$(\beta-\alpha)^2+(\beta-\alpha)^2=(6\sqrt{2})^2$$

$$(\beta-\alpha)^2=36 \quad \cdots ❷$$

또 근과 계수의 관계에서 $\alpha+\beta=2$, $\alpha\beta=-k$이므로

$$(\beta-\alpha)^2=(\alpha+\beta)^2-4\alpha\beta=4+4k$$

❷에 대입하면 $4+4k=36 \qquad \therefore k=8$

12 ··  36

$xy-2x-2y=k$에서 $(x-2)y=2x+k$

$$y=\frac{2x+k}{x-2}=\frac{k+4}{x-2}+2$$

따라서 $k\neq-4$일 때 곡선은 다음과 같다.

(i) $-4<k<0$일 때 (ii) $k<-4$

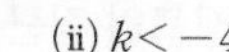

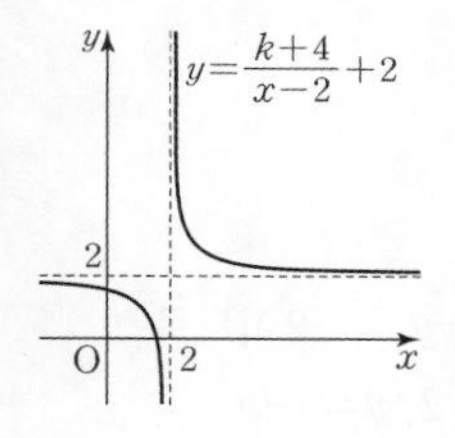

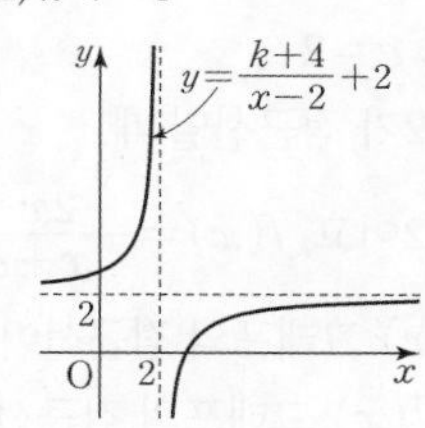

$$xy-2x-2y=k \quad \cdots ❶$$

$$x+y=8 \quad \cdots ❷$$

❷에서 $y=8-x$를 ❶에 대입하면

$$x(8-x)-2x-2(8-x)=k$$

$$x^2-8x+k+16=0 \quad \cdots ❸$$

P, Q의 x좌표를 각각 α, β라 하면 α, β는 ❸의 두 근이므로

$$\alpha+\beta=8,\ \alpha\beta=k+16$$

조건에서 $\alpha\beta=14$이므로 $k+16=14 \qquad \therefore k=-2$

P, Q는 직선 위의 점이므로 $\mathrm{P}(\alpha,\ 8-\alpha)$, $\mathrm{Q}(\beta,\ 8-\beta)$

$\alpha+\beta=8$이므로 $\mathrm{P}(\alpha,\ \beta)$, $\mathrm{Q}(\beta,\ \alpha)$

$$\therefore \overline{\mathrm{OP}}\times\overline{\mathrm{OQ}}=\sqrt{\alpha^2+\beta^2}\sqrt{\beta^2+\alpha^2}$$

$$=\alpha^2+\beta^2=(\alpha+\beta)^2-2\alpha\beta$$

$$=8^2-2\times14=36$$

13 ·· 답 9

점 A, B는 직선 $y=x$에 대칭이고,
점 B, C는 직선 $y=-x$에 대칭이다.

A, B는 직선 $y=x$에 대칭이고

$\angle\mathrm{ABC}=90°$이므로

B, C는 직선 $y=-x$에 대칭이다.

따라서 $\mathrm{A}\left(a,\ \frac{2}{a}\right)$라 하면

$$\mathrm{B}\left(\frac{2}{a},\ a\right),\ \mathrm{C}\left(-a,\ -\frac{2}{a}\right)$$

$\overline{\mathrm{AC}}^2=(2\sqrt{5})^2=20$이므로

$$\{a-(-a)\}^2+\left\{\frac{2}{a}-\left(-\frac{2}{a}\right)\right\}^2$$

$$=4a^2+\frac{16}{a^2}=20$$

$$\therefore a^2+\frac{4}{a^2}=5$$

또 A가 직선 $y=-x+k$ 위의 점이므로

$$\frac{2}{a}=-a+k,\ k=a+\frac{2}{a}$$

$$\therefore k^2=\left(a+\frac{2}{a}\right)^2=a^2+\frac{4}{a^2}+4=9$$

Think More

1. $y=\frac{2}{x}$와 $y=-x+k$에서

$$\frac{2}{x}=-x+k \qquad \therefore x^2-kx+2=0$$

서로 다른 두 실근을 가지므로

$$D=k^2-8>0 \qquad \therefore k<-2\sqrt{2} \text{ 또는 } k>2\sqrt{2}$$

그래프와 직선이 제1사분면에서 만나므로 $k>2\sqrt{2}$

2. 오른쪽 그림과 같이 A, B, C를 잡아도 k의 값은 같다.

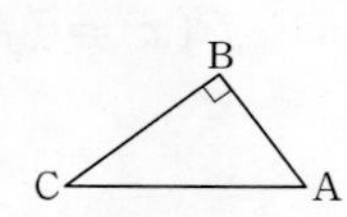

14 ·· 답 $a=-1,\ b=-2,\ c=-1$

$(f\circ g)(x)=f(g(x))$를 정리한 후, $\frac{1}{x}$과 비교한다.

$$(f\circ g)(x)=f(g(x))=\frac{g(x)+1}{g(x)-2}$$

$$=\frac{\frac{ax+b}{x+c}+1}{\frac{ax+b}{x+c}-2}=\frac{ax+b+x+c}{ax+b-2(x+c)}$$

$$=\frac{(a+1)x+b+c}{(a-2)x+b-2c}$$

$(f\circ g)(x)=\frac{1}{x}$이므로 $\frac{(a+1)x+b+c}{(a-2)x+b-2c}=\frac{1}{x}$

$$(a+1)x^2+(b+c)x=(a-2)x+b-2c$$

x^2의 계수를 비교하면 $a=-1$

이때 x의 계수와 상수항을 비교하면

$$b+c=-3,\ b-2c=0 \qquad \therefore b=-2,\ c=-1$$

다른 풀이

유리함수 $f(x)$, $g(x)$는 모두 역함수가 존재한다.
이를 이용하여 다음과 같이 풀 수도 있다.

$(f\circ g)(x)=\frac{1}{x}$에서 $g(x)=f^{-1}\left(\frac{1}{x}\right)$

$y=\frac{x+1}{x-2}$에서 $(x-2)y=x+1$ $\quad\therefore x=\frac{2y+1}{y-1}$

x, y를 서로 바꾸면 $y=\frac{2x+1}{x-1}$

곧, $f^{-1}(x)=\frac{2x+1}{x-1}$이므로

$$g(x)=f^{-1}\left(\frac{1}{x}\right)=\frac{\frac{2}{x}+1}{\frac{1}{x}-1}$$

$$=\frac{2+x}{1-x}=\frac{-x-2}{x-1}$$

$g(x)=\frac{ax+b}{x+c}$와 비교하면 $a=-1$, $b=-2$, $c=-1$

15

 ①

$f^2(x)$, $f^3(x)$, $f^4(x)$, ...를 차례로 구해 규칙을 찾는다.

$f(x)=\frac{x}{x+1}$이므로

$$f^2(x)=f(f(x))=\frac{\frac{x}{x+1}}{\frac{x}{x+1}+1}=\frac{x}{2x+1}$$

$$f^3(x)=f(f^2(x))=\frac{\frac{x}{2x+1}}{\frac{x}{2x+1}+1}=\frac{x}{3x+1}$$

$$f^4(x)=f(f^3(x))=\frac{\frac{x}{3x+1}}{\frac{x}{3x+1}+1}=\frac{x}{4x+1}$$

$\vdots$

$$f^{10}(x)=\frac{x}{10x+1}$$

$$\therefore f^{10}(1)=\frac{1}{10+1}=\frac{1}{11}$$

다른 풀이

$$f(1)=\frac{1}{2}$$

$$f^2(1)=f(f(1))=f\left(\frac{1}{2}\right)=\frac{1}{3}$$

$$f^3(1)=f(f^2(1))=f\left(\frac{1}{3}\right)=\frac{1}{4}$$

$$f^4(1)=f(f^3(1))=f\left(\frac{1}{4}\right)=\frac{1}{5}$$

$\vdots$

$$\therefore f^{10}(1)=\frac{1}{11}$$

16

답 $a=2$, $b=2$ 또는 $a=6$, $b=-2$

방정식 $|f(x)|=2$의 해가 한 개이다.
함수 $y=|f(x)|$의 그래프를 그리고 직선 $y=2$와 한 점에서 만날 조건을 찾아도 되고,
함수 $y=f(x)$의 그래프를 그리고 두 직선 $y=2$, $y=-2$와 한 점에서 만날 조건을 찾아도 된다.

$$f(x)=\frac{bx+7}{x+a}=\frac{b(x+a)-ab+7}{x+a}$$

$$=\frac{-ab+7}{x+a}+b$$

이므로 그래프의 점근선은 직선 $x=-a$, $y=b$이다.

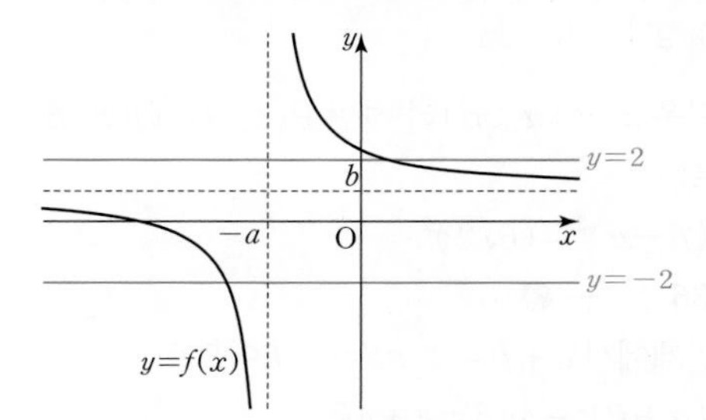

위의 그림과 같이 직선 $y=2$ 또는 $y=-2$가 $y=f(x)$의 그래프의 점근선이 아니면 $y=f(x)$의 그래프는 두 직선 $y=2$, $y=-2$와 두 점에서 만나므로
$y=|f(x)|$의 그래프와 직선 $y=2$는 두 점에서 만난다.

(i) $y=2$가 점근선일 때

$b=2$이고, $f(x)=\frac{2x+7}{x+a}$이다.

$f^{-1}(x)=f(x-4)-4$가 성립할 조건을 찾을 때에는
$f^{-1}(x)$를 직접 구하는 것보다
$y=f^{-1}(x)$와 $y=f(x-4)-4$의 점근선을 비교하는 것이 편하다.

$y=f(x)$ 그래프의 점근선이 $x=-a$, $y=2$이므로
$y=f^{-1}(x)$ 그래프의 점근선은 $x=2$, $y=-a$
$y=f(x-4)-4$ 그래프의 점근선은 $x=-a+4$, $y=-2$
$\therefore a=2$

(ii) $y=-2$가 점근선일 때

$b=-2$이고, $f(x)=\frac{-2x+7}{x+a}$이다.

$y=f(x)$ 그래프의 점근선이 $x=-a$, $y=-2$이므로
$y=f^{-1}(x)$ 그래프의 점근선은 $x=-2$, $y=-a$
$y=f(x-4)-4$ 그래프의 점근선은 $x=-a+4$, $y=-6$
$\therefore a=6$

(i), (ii)에서 $a=2$, $b=2$ 또는 $a=6$, $b=-2$

Think More

$f^{-1}(x)$, $f(x-4)-4$를 직접 구하면 다음과 같다.

(i) $f(x)=\frac{-2a+7}{x+a}+2$이므로

$f^{-1}(x)=\frac{-2a+7}{x-2}-a$, $f(x-4)-4=\frac{-2a+7}{x+a-4}-2$

(ii) $f(x)=\frac{2a+7}{x+a}-2$이므로

$f^{-1}(x)=\frac{2a+7}{x+2}-a$, $f(x-4)-4=\frac{2a+7}{x+a-4}-6$

17 ········· 답 ②

◤$3\le x\le 12$에서 $y=\frac{24}{x}-2$의 그래프를 그린 다음
$f(x)$가 X에서 X로의 일대일대응이 되게 직선 $y=ax+b$를 그린다.

$$f_1(x)=ax+b,\ f_2(x)=\frac{24}{x}-2$$

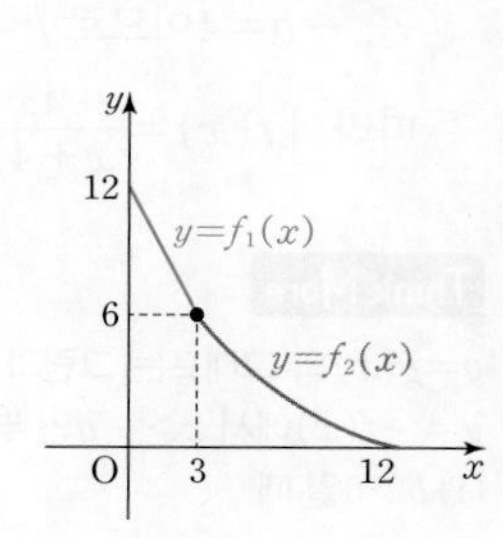

라 하자. $f_2(3)=6$, $f_2(12)=0$이므로
$3\le x\le 12$에서 $y=f_2(x)$의 그래프는
그림과 같다.
$f(x)$의 역함수가 있으면 $f(x)$는
X에서 X로의 일대일대응이므로
$y=f_1(x)$의 그래프는
$f_1(0)=12$, $f_1(3)=6$인 직선이다.
$f_1(x)=ax+b$에서

$b=12$, $3a+12=6$ $\quad\therefore a=-2$

$$\therefore f(x)=\begin{cases}-2x+12 & (0\le x<3)\\ \frac{24}{x}-2 & (3\le x\le 12)\end{cases}$$

$(f\circ f\circ f)(k)=10$에서 $f((f\circ f)(k))=10$

$-2(f\circ f)(k)+12=10$ $\quad\therefore (f\circ f)(k)=1$

$f(f(k))=1$이므로

$\frac{24}{f(k)}-2=1$, $f(k)=8$

$-2k+12=8$ $\quad\therefore k=2$

18 ········· 답 $\frac{12}{7}$

◤$x_1+x_2=1$인 모든 x_1, x_2에 대하여 $f(x_1)+f(x_2)=3$이므로
$f(x_1)+f(x_2)$를 구하여 해결할 수 있다.
하지만 이 조건이 그래프 위의 두 점 $(x_1, f(x_1))$, $(x_2, f(x_2))$를 이은 선분의 중점에 대한 조건임을 이용하면 더 편하다.

그래프 위의 두 점
$(x_1, f(x_1))$, $(x_2, f(x_2))$를 이은
선분의 중점의 좌표는
$\left(\frac{x_1+x_2}{2}, \frac{f(x_1)+f(x_2)}{2}\right)$이다.
조건에서 $x_1+x_2=1$이면
$f(x_1)+f(x_2)=3$이므로
두 점의 x좌표의 평균이 $\frac{1}{2}$이면 y좌표의 평균은 $\frac{3}{2}$이다.
따라서 $y=f(x)$의 그래프는 점 $\left(\frac{1}{2}, \frac{3}{2}\right)$에 대칭이다.
$a\ne 0$이므로 $f(x)$는 유리함수이고, 점 $\left(\frac{1}{2}, \frac{3}{2}\right)$은 두 점근선의
교점이므로 $y=f(x)$의 그래프의 점근선은 직선 $x=\frac{1}{2}$, $y=\frac{3}{2}$

$$f(x)=\frac{\frac{b}{a}(ax+1)-\frac{b}{a}+1}{ax+1}=\frac{1-\frac{b}{a}}{ax+1}+\frac{b}{a}$$

이므로 $-\frac{1}{a}=\frac{1}{2}$, $\frac{b}{a}=\frac{3}{2}$ $\quad\therefore a=-2,\ b=-3$

$$\therefore f(x)=\frac{-3x+1}{-2x+1}=\frac{3x-1}{2x-1}$$

$$\therefore (f\circ f)(2)=f(f(2))=f\left(\frac{5}{3}\right)=\frac{12}{7}$$

다른 풀이

◤$f(x_1)+f(x_2)$를 구하면 다음과 같다.

$$\begin{aligned}&f(x_1)+f(x_2)\\&=\frac{bx_1+1}{ax_1+1}+\frac{bx_2+1}{ax_2+1}\\&=\frac{(bx_1+1)(ax_2+1)+(bx_2+1)(ax_1+1)}{(ax_1+1)(ax_2+1)}\\&=\frac{2abx_1x_2+a(x_1+x_2)+b(x_1+x_2)+2}{a^2x_1x_2+a(x_1+x_2)+1}\end{aligned}$$

$x_1+x_2=1$이면 $f(x_1)+f(x_2)=3$이므로 위의 식에 대입하면

$$\frac{2abx_1(1-x_1)+a+b+2}{a^2x_1(1-x_1)+a+1}=3$$

$$2abx_1(1-x_1)+a+b+2=3a^2x_1(1-x_1)+3a+3$$

$$-2abx_1^2+2abx_1+a+b+2=-3a^2x_1^2+3a^2x_1+3a+3$$

x_1에 대한 항등식이므로

$2ab=3a^2$ $\quad\therefore a(2b-3a)=0$ $\quad\cdots$ ❶

$a+b+2=3a+3$ $\quad\therefore b=2a+1$ $\quad\cdots$ ❷

❶에서 $a\ne 0$이므로 $2b=3a$
❷와 연립하여 풀면 $a=-2$, $b=-3$

$$\therefore f(x)=\frac{-3x+1}{-2x+1}=\frac{3x-1}{2x-1}$$

$$\therefore (f\circ f)(2)=f(f(2))=f\left(\frac{5}{3}\right)=\frac{12}{7}$$

C STEP 절대등급 완성 문제 82쪽

01 ④ **02** 2 **03** $\sqrt{2}$ **04** ④

01 ········· 답 ④

◤h^2, h^3, h^4, ...을 구해 $D(h)$부터 구한다.
$D(h^2)$은 h^2, h^4, ...을 조사하고
$D(h^3)$은 h^3, h^6, ...을 조사한다.

$$h^2(x)=h(h(x))=\frac{h(x)-3}{h(x)-2}=\frac{\frac{x-3}{x-2}-3}{\frac{x-3}{x-2}-2}$$

$$=\frac{(x-3)-3(x-2)}{(x-3)-2(x-2)}=\frac{-2x+3}{-x+1}=\frac{2x-3}{x-1}$$

$$h^3(x)=h(h^2(x))=\frac{h^2(x)-3}{h^2(x)-2}=\frac{\frac{2x-3}{x-1}-3}{\frac{2x-3}{x-1}-2}$$

$$=\frac{(2x-3)-3(x-1)}{(2x-3)-2(x-1)}=\frac{-x}{-1}=x$$

이므로 $D(h)=3$

$h^3(x)=h^6(x)=h^9(x)=\cdots=x$이므로

$D(h^{3k})=1$ (k는 자연수)

$h^4=h\circ h^3=h,\ h^7=h\circ h^6=h,\ \dots$이므로

$D(h)=D(h^4)=D(h^7)=\cdots=3$

$(h^2)^2=h^4=h\circ h^3=h,\ (h^2)^3=h^6=I$(항등함수)이므로

$D(h^2)=3$

또 $h^5=h^2\circ h^3=h^2,\ h^8=h^2\circ h^6=h^2,\ \dots$이므로

$D(h^2)=D(h^5)=D(h^8)=\cdots=3$

$\therefore D(h)+D(h^2)+D(h^3)+\cdots+D(h^{100})$

$=3\times34+3\times33+1\times33=234$

02

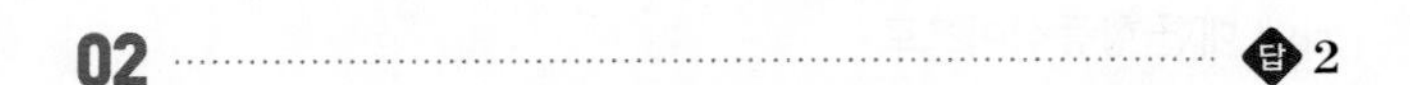

답 2

$b>0$, $b<0$인 경우로 나누어 $y=g(x)$의 그래프를 그린다.

$f(x)=\dfrac{b(x+a)-ab}{x+a}=\dfrac{-ab}{x+a}+b$이므로

$y=f(x)$의 그래프의 점근선은 $x=-a,\ y=b$

$y=f(x-2a)+a$의 그래프의 점근선은 $x=a,\ y=b+a$

$y=-f(x)$의 그래프의 점근선은 $x=-a,\ y=-b$

(i) $b>0$일 때

$-ab<0$이므로 $y=g(x)$의 그래프는 다음 그림과 같다.

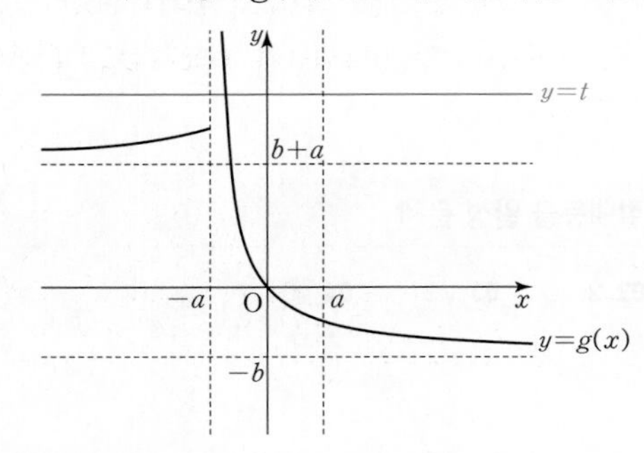

이때 $h(t)=1$의 해는 $t>g(-a)$를 포함하므로 조건을 만족시키지 않는다.

(ii) $b<0$일 때

$-ab>0$이므로 $y=g(x)$의 그래프는 다음 그림과 같다.

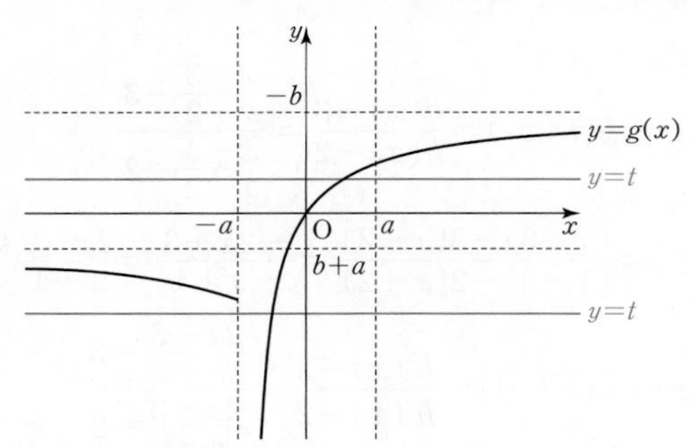

이때 $h(t)=1$의 해는 $t<g(-a)$ 또는 $b+a\le t<-b$이고 조건을 만족시키려면 $g(-a)=-2$이고, $a+b=0$이다.

$g(-a)=-2$에서 $f(-3a)+a=-2$

$\dfrac{3}{2}b+a=-2 \qquad \therefore 2a+3b=-4$

위 식을 $a+b=0$과 연립하여 풀면 $a=4,\ b=-4$

곧, $-b=4$이므로 $k=4$

따라서 $f(x)=\dfrac{-4x}{x+4}$이고 $g(4)=-f(4)=2$

Think More

$y=g(x)$의 그래프는 그림과 같이 $y=f(x-2a)+a$에서 $x\le-a$인 부분과 $y=-f(x)$에서 $x>-a$인 부분의 합이다.

(i) $b>0$일 때 (ii) $b<0$일 때

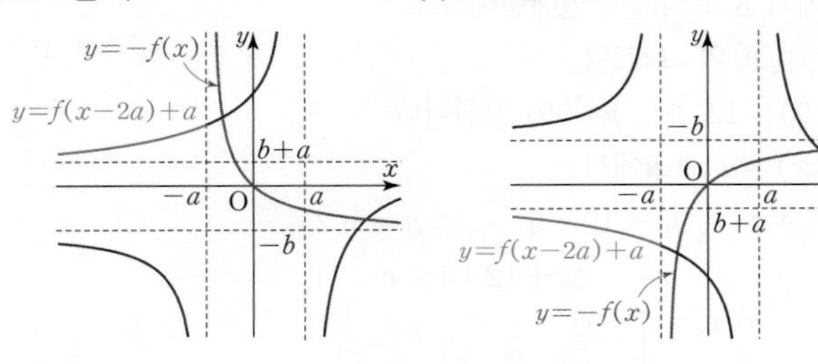

03

답 $\sqrt{2}$

점 P는 두 점근선의 교점이다.
따라서 $y=f(x)$의 그래프가 P에 대칭이다.

$y=f(x)$의 그래프는 점근선이 직선 $x=1,\ y=k$이므로 점 $\mathrm{P}(1,\ k)$에 대칭이다.

따라서 직선 l과 $y=f(x)$의 그래프가 만나는 점 중 B가 아닌 점을 Q라 하면

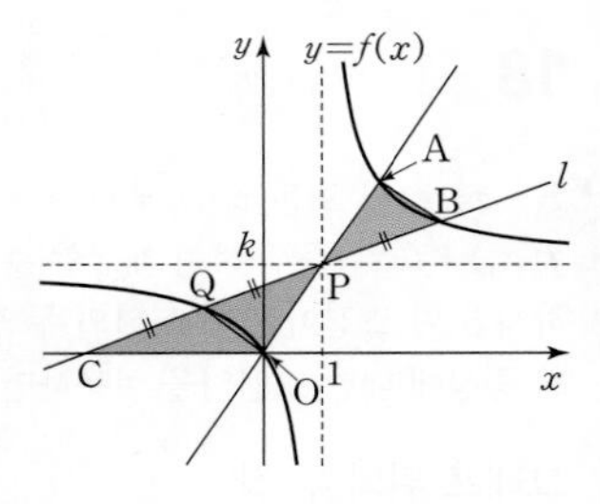

$\triangle\mathrm{PBA}\equiv\triangle\mathrm{PQO}$ (SAS)

삼각형 PCO의 넓이가 삼각형 PBA의 넓이의 2배이므로 삼각형 PCO의 넓이는 삼각형 PQO의 넓이의 2배이다.

따라서 삼각형 PQO와 삼각형 CQO의 넓이가 같고, Q는 선분 CP의 중점이다.

$\mathrm{Q}\left(a,\ \dfrac{k}{2}\right)$라 하면 $f(a)=\dfrac{k}{2}$에서

$\dfrac{k}{a-1}+k=\dfrac{k}{2},\ \dfrac{k}{a-1}=-\dfrac{k}{2}$

$k>1$이므로 $a-1=-2 \qquad \therefore a=-1$

$\mathrm{Q}\left(-1,\ \dfrac{k}{2}\right)$이므로 $\mathrm{C}(-3,\ 0)$

l은 기울기가 $\dfrac{k}{4}$이고 C를 지나므로

$y=\dfrac{k}{4}(x+3) \qquad \therefore kx-4y+3k=0$

원점과 l 사이의 거리가 1이므로

$\dfrac{|3k|}{\sqrt{k^2+16}}=1,\ 9k^2=k^2+16,\ k^2=2$

$k>1$이므로 $k=\sqrt{2}$

04 ······ 답 ④

$f(x)=f(x+4)$이므로 $y=f(x)$의 그래프는 $-2\le x\le 2$에서의 그래프가 반복된다.

$y=\dfrac{ax}{x+2}$의 그래프는 a의 범위를 나누어 점근선부터 그린다.

$y=f(x)$의 그래프는 다음 그림과 같다.

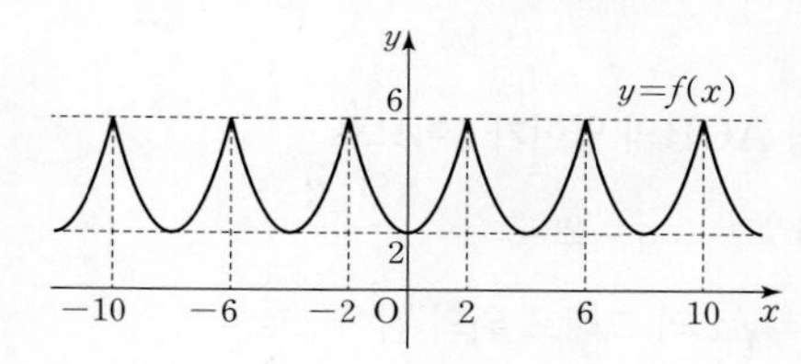

또 $y=\dfrac{ax}{x+2}=-\dfrac{2a}{x+2}+a$이므로 그래프의 점근선은 직선 $x=-2$, $y=a$이다.

(i) $a<0$일 때, $y=\dfrac{ax}{x+2}$의 그래프는 다음 그림과 같다.

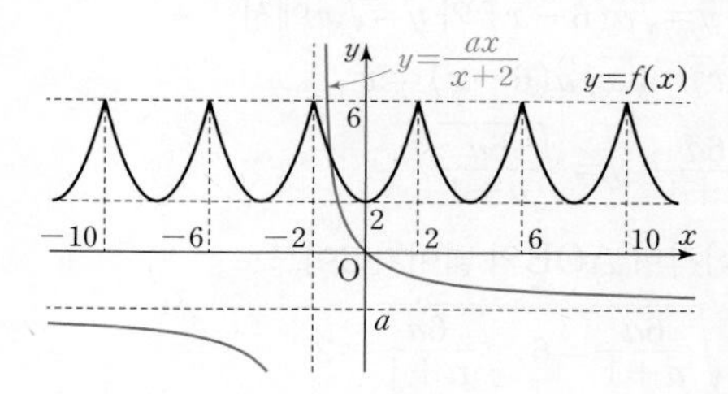

따라서 $y=f(x)$와 $y=\dfrac{ax}{x+2}$의 그래프는 한 점에서 만난다.

(ii) $a>0$일 때

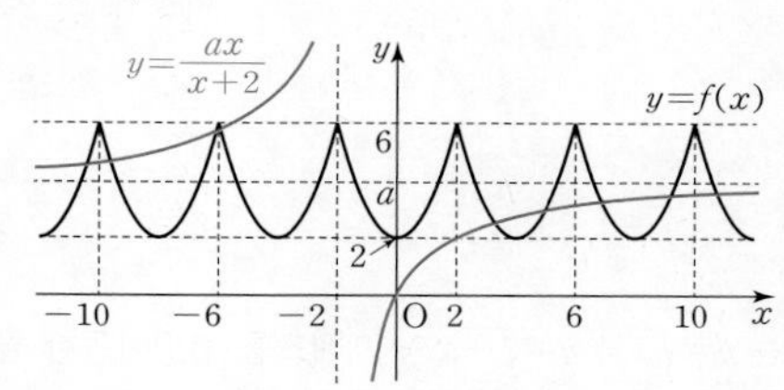

① $2\le a\le 6$이면 $y=f(x)$와 $y=\dfrac{ax}{x+2}$의 그래프는 위의 그림과 같이 무수히 많은 점에서 만난다.

② $0<a<2$ 또는 $a>6$이면 유한개의 점에서 만난다.

(iii) $a=0$이면 $y=\dfrac{ax}{x+2}=0$이므로 두 그래프는 만나지 않는다.

(i), (ii), (iii)에서 정수 a의 값은 2, 3, 4, 5, 6이고, 합은 20이다.

08 무리함수

A STEP 시험에 꼭 나오는 문제 84~85쪽

01 ⑤	**02** $a=2$, $b=1$, $c=3$	**03** -4	**04** ②	**05** ①
06 6	**07** ②	**08** 48	**09** ④	**10** ①
11 3	**12** ③	**13** ②	**14** ②	**15** $1\le k<\frac{3}{2}$
16 ①				

01 ······ 답 ⑤

$y=\sqrt{-2x+6}-6=\sqrt{-2(x-3)}-6$

따라서 $y=\sqrt{-2x+6}-6$의 그래프는 $y=\sqrt{-2x}$의 그래프를 x축 방향으로 3만큼, y축 방향으로 -6만큼 평행이동한 것이다.

$\therefore a=-2,\ m=3,\ n=-6,\ amn=36$

02 ······ 답 $a=2$, $b=1$, $c=3$

$y=\sqrt{ax+b}+c$의 그래프를 x축 방향으로 -4만큼, y축 방향으로 3만큼 평행이동하면

$y=\sqrt{a(x+4)+b}+c+3$

다시 y축에 대칭이동하면

$y=\sqrt{-ax+4a+b}+c+3$

$y=\sqrt{-2x+9}+6$과 비교하면

$-a=-2,\ 4a+b=9,\ c+3=6$

$\therefore a=2,\ b=1,\ c=3$

03 ······ 답 -4

무리함수의 그래프는

$y=\sqrt{ax}\ (a>0)$, $y=\sqrt{ax}\ (a<0)$

$y=-\sqrt{ax}\ (a>0)$, $y=-\sqrt{ax}\ (a<0)$

중 어느 꼴을 평행이동한 그래프인지부터 확인한다.

$f(x)=-\sqrt{ax+b}+c$의 그래프는 $y=-\sqrt{ax}\ (a<0)$의 그래프를 x축 방향으로 4만큼, y축 방향으로 2만큼 평행이동한 것이므로

$f(x)=-\sqrt{a(x-4)}+2$

$f(0)=-2$이므로

$-\sqrt{-4a}+2=-2,\ \sqrt{-4a}=4\quad \therefore a=-4$

따라서 $f(x)=-\sqrt{-4(x-4)}+2$이고

$f(-5)=-\sqrt{-4(-5-4)}+2=-4$

04 ······························· 답 ②

$y=\sqrt{ax+b}+c$의 그래프는 $y=\sqrt{ax}$ $(a<0)$의 그래프를 x축 방향으로 4만큼, y축 방향으로 2만큼 평행이동한 것이므로

$$y=\sqrt{a(x-4)}+2$$

점 $(0, 4)$를 지나므로

$$4=\sqrt{-4a}+2,\ \sqrt{-4a}=2 \qquad \therefore a=-1$$

곧, $y=\sqrt{-(x-4)}+2=\sqrt{-x+4}+2$이므로

$$b=4,\ c=2$$

이때 $y=\dfrac{cx+a}{ax+b}$는

$$y=\frac{2x-1}{-x+4}=-\frac{2(x-4)+7}{x-4}=-\frac{7}{x-4}-2$$

이므로 그래프의 점근선은 직선 $x=4$, $y=-2$이다.

따라서 $y=\dfrac{2x-1}{-x+4}$의 그래프는 점 $(4, -2)$에 대칭이다.

$$\therefore \alpha=4,\ \beta=-2,\ \alpha+\beta=2$$

05 ······························· 답 ①

$y=\sqrt{x+3}+b$의 그래프는 $y=\sqrt{x}$의 그래프를 x축 방향으로 -3만큼, y축 방향으로 b만큼 평행이동한 것이다.

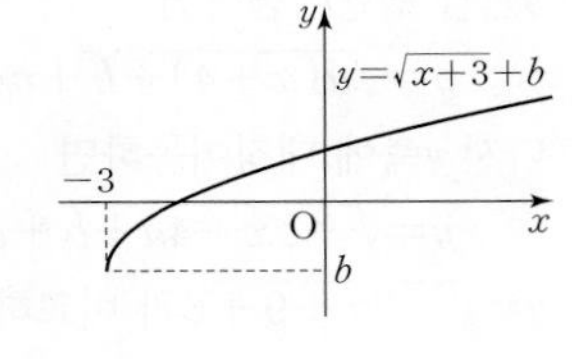

정의역은 $\{x|x\ge -3\}$,
치역은 $\{y|y\ge b\}$이므로

$$a=-3,\ b=-1 \qquad \therefore a+b=-4$$

06 ······························· 답 6

$$f(x)=\sqrt{-3x+16}+a=\sqrt{-3\left(x-\frac{16}{3}\right)}+a$$

이므로 $y=f(x)$의 그래프는 $y=\sqrt{-3x}$의 그래프를 x축 방향으로 $\dfrac{16}{3}$만큼, y축 방향으로 a만큼 평행이동한 것이다.

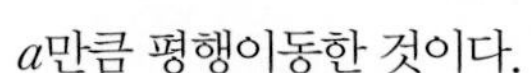

$-3\le x\le 5$에서 최댓값이 9이므로 $f(-3)=9$

$$\sqrt{-3\times(-3)+16}+a=9 \qquad \therefore a=4$$

따라서 $f(x)=\sqrt{-3x+16}+4$이고

$$f(a)=f(4)=\sqrt{-12+16}+4=6$$

07 ······························· 답 ②

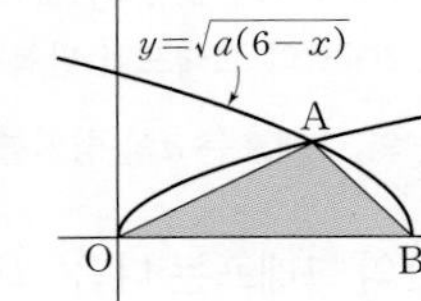

$y=\sqrt{a(6-x)}=\sqrt{-a(x-6)}$의 그래프는 $y=\sqrt{-ax}$의 그래프를 x축 방향으로 6만큼 평행이동한 것이다.

점 $\mathrm{A}(p, q)$라 하면 $p>0$, $q>0$이다.

$\overline{\mathrm{OB}}=6$이고 삼각형 AOB의 넓이가 6이므로

$$\frac{1}{2}\times 6\times q=6 \qquad \therefore q=2$$

이때 $\mathrm{A}(p, 2)$는 $y=\sqrt{x}$의 그래프 위의 점이므로

$$2=\sqrt{p} \qquad \therefore p=4$$

$\mathrm{A}(4, 2)$는 $y=\sqrt{a(6-x)}$의 그래프 위의 점이므로

$$2=\sqrt{a(6-4)},\ 2a=4 \qquad \therefore a=2$$

다른 풀이

A의 x좌표는 $y=\sqrt{a(6-x)}$와 $y=\sqrt{x}$에서

$$\sqrt{a(6-x)}=\sqrt{x},\ a(6-x)=x$$

$$\therefore x=\frac{6a}{a+1},\ y=\sqrt{\frac{6a}{a+1}}$$

$\overline{\mathrm{OB}}=6$이고 삼각형 AOB의 넓이가 6이므로

$$\frac{1}{2}\times 6\times\sqrt{\frac{6a}{a+1}}=6,\ \sqrt{\frac{6a}{a+1}}=2$$

양변을 제곱하면

$$\frac{6a}{a+1}=4,\ 6a=4(a+1) \qquad \therefore a=2$$

08 ······························· 답 48

두 함수의 그래프는 $y=\sqrt{x}$와 $y=\sqrt{-x}$의 그래프를 평행이동한 꼴이므로 같은 꼴의 곡선임을 이용할 수 있는지 생각해 본다.

$y=\sqrt{x+4}-3$의 그래프는 $y=\sqrt{x}$의 그래프를 x축 방향으로 -4만큼, y축 방향으로 -3만큼 평행이동한 것이다.

또 $y=\sqrt{-x+4}+3$의 그래프는 $y=\sqrt{-x}$의 그래프를 x축 방향으로 4만큼, y축 방향으로 3만큼 평행이동한 것이다.

$y=\sqrt{x}$의 그래프와 $y=\sqrt{-x}$의 그래프는 y축에 대칭이므로 그림에서 색칠한 두 부분의 넓이는 같다.

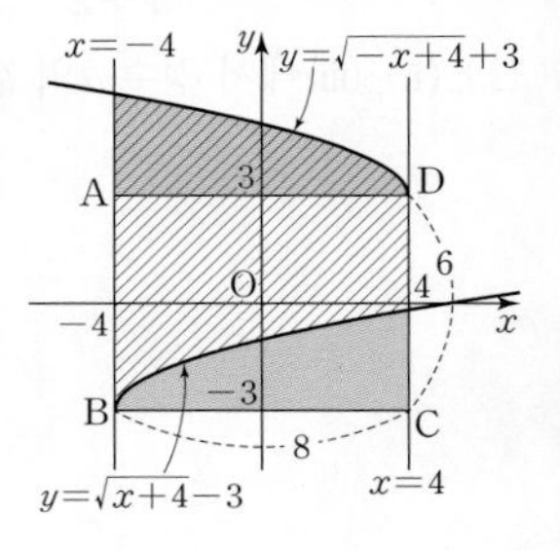

따라서 구하는 부분(빗금친 부분)의 넓이는 직사각형 ABCD의 넓이와 같으므로

$$8\times 6=48$$

09 ······························· 답 ④

$f^{-1}(10)=3$에서 $f(3)=10$이므로

$$a\sqrt{3+1}+2=10,\ 2a+2=10 \qquad \therefore a=4$$

따라서 $f(x)=4\sqrt{x+1}+2$이므로

$$f(0)=4+2=6$$

10 ······ 답 ①

역함수를 포함한 연산은
$(f\circ g)^{-1}=g^{-1}\circ f^{-1}$
가 기본이다.

$f(4)=\dfrac{4+2}{4-1}=2$이므로

$$(f\circ(g\circ f)^{-1}\circ f)(4)=(f\circ f^{-1}\circ g^{-1}\circ f)(4)$$
$$=(g^{-1}\circ f)(4)$$
$$=g^{-1}(f(4))=g^{-1}(2)$$

$g^{-1}(2)=k$라 하면 $g(k)=2$이므로

$\sqrt{2k-2}+1=2,\ \sqrt{2k-2}=1$

$2k-2=1\qquad \therefore k=\dfrac{3}{2}$

11 ······ 답 3

역함수가 있으면 일대일대응이다.
그래프를 그리면 원함수가 일대일대응일 조건을 쉽게 찾을 수 있다.

$f(x)$의 역함수가 있으면 $f(x)$는 일대일대응이다.
$y=\sqrt{4-x}+3$의 그래프는 $y=\sqrt{-x}$의 그래프를 x축 방향으로 4만큼, y축 방향으로 3만큼 평행이동한 것이다.

$y=-(x-a)^2+4\ (x\geq 4)$의 그래프가 점 $(4,\ 3)$을 지나므로

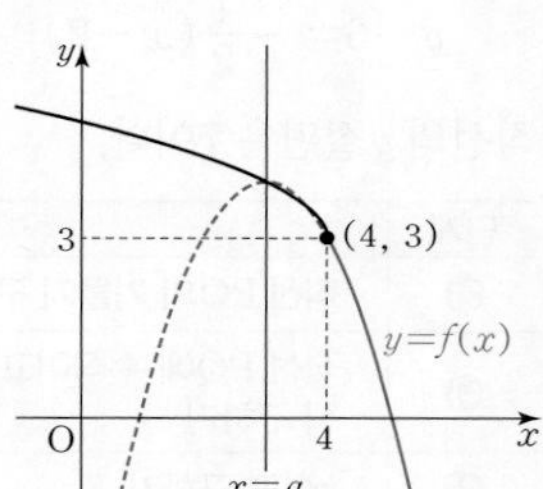

$3=-(4-a)^2+4$

$a^2-8a+15=0$

$\therefore a=3$ 또는 $a=5$

이때 축 $x=a$의 위치를 생각하면 $a\leq 4$이므로 $a=3$

12 ······ 답 ③

역함수의 그래프는 원함수의 그래프와 직선 $y=x$에 대칭이다.
원함수의 그래프와 직선 $y=x$를 그리고 대칭을 생각한다.

$f(x)=\sqrt{2(x-2)}+2$이고, $y=f(x)$와 $y=f^{-1}(x)$의 그래프는 직선 $y=x$에 대칭이므로 그림과 같다.

따라서 $y=f(x)$와 $y=f^{-1}(x)$의 그래프의 교점은 $y=f(x)$의 그래프와 직선 $y=x$의 교점과 같다.

$y=\sqrt{2x-4}+2$와 $y=x$에서

$\sqrt{2x-4}+2=x,\ \sqrt{2x-4}=x-2$

$2x-4=(x-2)^2,\ x^2-6x+8=0$

$\therefore x=2$ 또는 $x=4$

$y=x$에 대입하면 교점의 좌표는 $(2,\ 2),\ (4,\ 4)$

두 점 사이의 거리는 $\sqrt{(4-2)^2+(4-2)^2}=2\sqrt{2}$

13 ······ 답 ②

두 함수 $y=f(x)$, $y=g(x)$의 그래프가 접하면 방정식 $f(x)=g(x)$가 중근을 가진다.

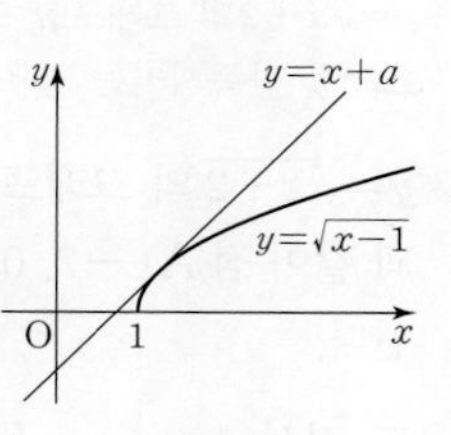

$y=\sqrt{x-1}$과 $y=x+a$에서

$\sqrt{x-1}=x+a$

양변을 제곱하면

$x-1=x^2+2ax+a^2$

$x^2+(2a-1)x+a^2+1=0$

접하므로

$D=(2a-1)^2-4(a^2+1)=0$

$-4a-3=0\qquad \therefore a=-\dfrac{3}{4}$

14 ······ 답 ②

$y=mx+1$은 y절편이 1인 직선이다.
$y=\sqrt{2x-3}$의 그래프를 그리고 점 $(0,1)$을 지나는 직선을 회전시켜 본다.

그림과 같이 $y=\sqrt{2x-3}$의 그래프는 점 $\mathrm{A}\left(\dfrac{3}{2},\ 0\right)$에서 x축과 만난다. 또 직선 $y=mx+1$은 y절편이 1이고 기울기가 m인 직선이다.

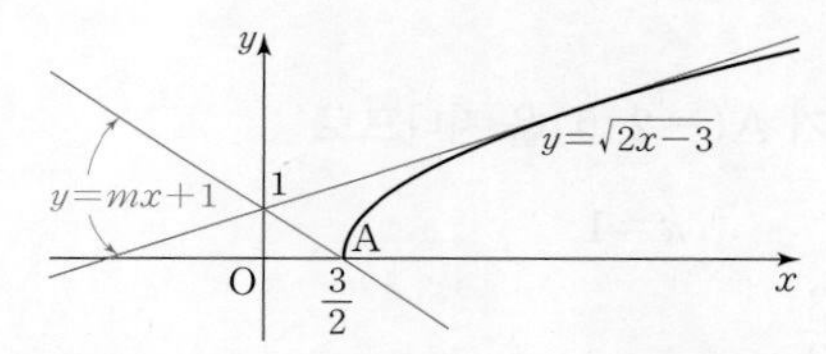

따라서 직선 $y=mx+1$이 $y=\sqrt{2x-3}$의 그래프에 접할 때 m은 최대이고, A를 지날 때 m은 최소이다.

(i) m이 최대일 때

$y=mx+1$과 $y=\sqrt{2x-3}$에서

$mx+1=\sqrt{2x-3},\ (mx+1)^2=2x-3$

$m^2x^2+2(m-1)x+4=0$

접하므로

$\dfrac{D}{4}=(m-1)^2-4m^2=0$

$(3m-1)(m+1)=0$

$m>0$이므로 $m=\dfrac{1}{3}$

(ii) m이 최소일 때

직선 $y=mx+1$이 $\mathrm{A}\left(\dfrac{3}{2},\ 0\right)$을 지나므로

$0=\dfrac{3}{2}m+1\qquad \therefore m=-\dfrac{2}{3}$

(i), (ii)에서

$a=\dfrac{1}{3},\ b=-\dfrac{2}{3}\qquad \therefore a-b=1$

15 ······ 답 $1\le k<\frac{3}{2}$

직선 $y=\frac{1}{2}x+k$는 기울기가 $\frac{1}{2}$인 직선이다.
$y=\sqrt{x+2}$의 그래프를 그리고, 직선을 위 아래로 움직여 보며 조건을 만족시키는 경우를 찾는다.

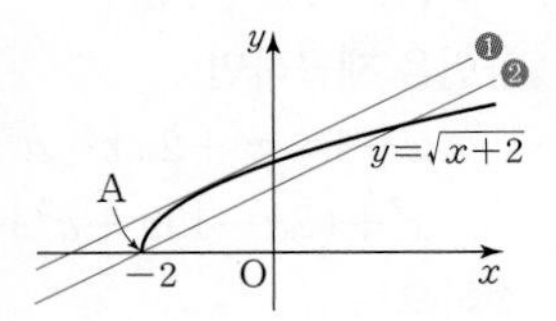

$y=\sqrt{x+2}$의 그래프는 오른쪽 그림과 같이 점 $A(-2, 0)$에서 x축과 만난다.
또 직선 $y=\frac{1}{2}x+k$는 기울기가 $\frac{1}{2}$이고 y절편이 k인 직선이다.
따라서 함수의 그래프와 서로 다른 두 점에서 만나면 직선이 ❶과 ❷ 사이에 있거나 직선 ❷이면 된다.

(i) 직선이 ❶일 때
$y=\frac{1}{2}x+k$와 $y=\sqrt{x+2}$에서

$$\frac{1}{2}x+k=\sqrt{x+2},\ \left(\frac{1}{2}x+k\right)^2=x+2$$

$$x^2+4(k-1)x+4k^2-8=0$$

접하므로

$$\frac{D}{4}=4(k-1)^2-(4k^2-8)=0$$

$$-8k+12=0 \qquad \therefore k=\frac{3}{2}$$

(ii) 직선이 ❷일 때
직선 $y=\frac{1}{2}x+k$가 $A(-2, 0)$을 지나므로

$$0=-1+k \qquad \therefore k=1$$

(i), (ii)에서 $1\le k<\frac{3}{2}$

16 ······ 답 ①

역함수의 그래프는 원함수의 그래프와 직선 $y=x$에 대칭이다.
원함수의 그래프와 직선 $y=x$를 그리고 대칭을 생각한다.

그림과 같이 $y=f(x)$와 $y=f^{-1}(x)$의 그래프가 한 점에서 만나면 $y=f(x)$의 그래프와 직선 $y=x$가 접한다.
$a\sqrt{x-b}=x$에서

$$a^2(x-b)=x^2,\ x^2-a^2x+a^2b=0$$

접하므로

$$D=a^4-4a^2b=0,\ a^2(a^2-4b)=0$$

$a>0$이므로 $a^2=4b$

이때 $b-a=\frac{1}{4}a^2-a=\frac{1}{4}(a-2)^2-1$

따라서 $b-a$는 $a=2$일 때 최소이고, 최솟값은 -1이다.

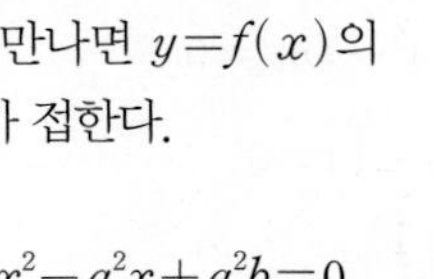
Think More

$a=2$일 때 $b=1$이다.

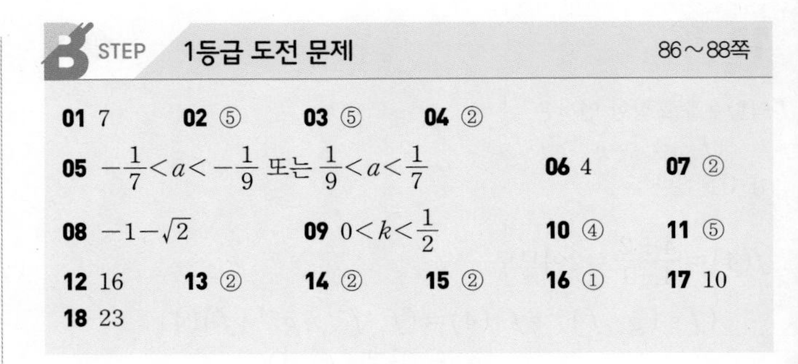

B STEP 1등급 도전 문제 86~88쪽

01 7　02 ⑤　03 ⑤　04 ②
05 $-\frac{1}{7}<a<-\frac{1}{9}$ 또는 $\frac{1}{9}<a<\frac{1}{7}$　06 4　07 ②
08 $-1-\sqrt{2}$　09 $0<k<\frac{1}{2}$　10 ④　11 ⑤
12 16　13 ②　14 ②　15 ②　16 ①　17 10
18 23

01 ······ 답 7

P, Q는 곡선 $y=4\sqrt{x}$ 위의 점이므로
$b=4\sqrt{a},\ d=4\sqrt{c}$
따라서 b, d만을 이용하여 조건을 정리한다.

$b=4\sqrt{a},\ d=4\sqrt{c}$이므로 $a=\frac{b^2}{16},\ c=\frac{d^2}{16}$
또 $b+d=8$이므로 직선 PQ의 기울기는

$$\frac{d-b}{c-a}=\frac{d-b}{\frac{d^2}{16}-\frac{b^2}{16}}=\frac{16(d-b)}{d^2-b^2}=\frac{16}{b+d}=2 \qquad \cdots ㉮$$

따라서 직선 PQ에 수직인 직선의 기울기는 $-\frac{1}{2}$이다.
점 $(2, 6)$을 지나므로 직선의 방정식은

$$y-6=-\frac{1}{2}(x-2) \qquad \therefore y=-\frac{1}{2}x+7 \qquad \cdots ㉯$$

직선의 y절편은 7이다. $\cdots$ ㉰

단계	채점 기준	배점
㉮	직선 PQ의 기울기 구하기	40%
㉯	직선 PQ에 수직이고 점 (2, 6)을 지나는 직선의 방정식 구하기	40%
㉰	y절편 구하기	20%

02 ······ 답 ⑤

그래프에서 점근선의 위치와 x축, y축과 만나는 점의 부호를 이용하여 a, b, c의 부호를 조사한다.

$$f(x)=\frac{ax+1}{bx+c}=\frac{\frac{a}{b}(bx+c)+1-\frac{ac}{b}}{bx+c}$$

$$=\frac{1-\frac{ac}{b}}{bx+c}+\frac{a}{b}$$

따라서 그래프의 점근선은 직선 $x=-\frac{c}{b},\ y=\frac{a}{b}$

$$\therefore -\frac{c}{b}>0,\ \frac{a}{b}>0 \qquad \cdots ❶$$

또 $y=\frac{ax+1}{bx+c}$에 $x=0$을 대입하면 $y=\frac{1}{c}$
$y=0$을 대입하면 $x=-\frac{1}{a}$

$$\therefore \frac{1}{c}>0,\ -\frac{1}{a}>0 \qquad \cdots ❷$$

❶, ❷에서 $a<0$, $b<0$, $c>0$

이때 $y=a\sqrt{bx+a}+c=a\sqrt{b\left(x+\frac{a}{b}\right)}+c$이므로

그래프의 개형은 ⑤와 같다.

03 ⋯⋯⋯⋯⋯⋯⋯⋯⋯⋯⋯⋯ 답 ⑤

$y=f(x)$의 그래프를 그리고
X에서 Y로의 일대일대응이 될 조건을 찾는다.

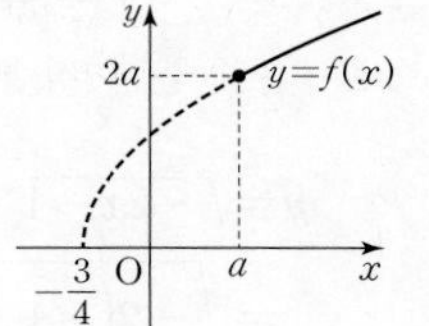

$f(x)$의 역함수가 있으면

$f(x)$는 X에서 Y로의 일대일대응이다.

그림에서 $f(a)=2a$이므로

$\sqrt{4a+3}=2a$ ⋯ ❶

양변을 제곱하면

$4a+3=4a^2$, $(2a-3)(2a+1)=0$

$\therefore a=\frac{3}{2}$ 또는 $a=-\frac{1}{2}$ ⋯ ❷

$a=\frac{3}{2}$을 ❶에 대입하면 $3=3$

$a=-\frac{1}{2}$을 ❶에 대입하면 $1=-1$

따라서 $a=\frac{3}{2}$만 해이다.

Think More

❷는 ❶을 제곱하여 푼 결과이다.

이런 경우 $a=-\frac{1}{2}$과 같이 조건을 만족시키지 않는 해도 나온다.

한 점을 지나고 무리함수의 그래프에 접하는 직선을 찾기 위해 $D=0$을 이용하는 경우도 조건을 만족시키지 않는 해가 나올 수 있으므로 반드시 확인한다.

04 ⋯⋯⋯⋯⋯⋯⋯⋯⋯⋯⋯⋯  ②

$y=k\sqrt{x}$의 그래프가

$D(n^2, 4n^2)$을 지날 때 k가 최대이고,

$B(4n^2, n^2)$을 지날 때 k가 최소이다.

$D(n^2, 4n^2)$을 지날 때

$4n^2=k\sqrt{n^2}$ $\therefore k=4n$

$B(4n^2, n^2)$을 지날 때

$n^2=k\sqrt{4n^2}$ $\therefore k=\frac{n}{2}$

(i) n이 짝수일 때

$$a_n=4n-\frac{n}{2}+1=\frac{7}{2}n+1$$

$a_n\ge 70$이므로 $\frac{7}{2}n+1\ge 70$ $\therefore n\ge\frac{138}{7}$

n은 짝수이므로 $n=20, 22, \dots$

(ii) n이 홀수일 때

$$a_n=4n-\left(\frac{n}{2}+\frac{1}{2}\right)+1=\frac{7}{2}n+\frac{1}{2}$$

$a_n\ge 70$이므로 $\frac{7}{2}n+\frac{1}{2}\ge 70$ $\therefore n\ge\frac{139}{7}$

n은 홀수이므로 $n=21, 23, \dots$

따라서 n의 최솟값은 20이다.

05 ⋯⋯⋯⋯⋯⋯ 답 $-\frac{1}{7}<a<-\frac{1}{9}$ 또는 $\frac{1}{9}<a<\frac{1}{7}$

$f(x)=f(x+2)$이면 $y=f(x)$ $(-1\le x<1)$의 그래프가
$\dots$, $-3\le x<-1$, $1\le x<3$, $3\le x<5$, $\dots$에서 반복하여 나타난다.

$0\le x<1$일 때 $f(x)=\sqrt{1-x}$

$-1\le x<0$일 때 $f(x)=\sqrt{1+x}$

따라서 $-1\le x<1$에서 $y=f(x)$의 그래프는 다음과 같다.

또 $y=f(x)$의 그래프는 $-1\le x<1$의 그래프가 반복된다.

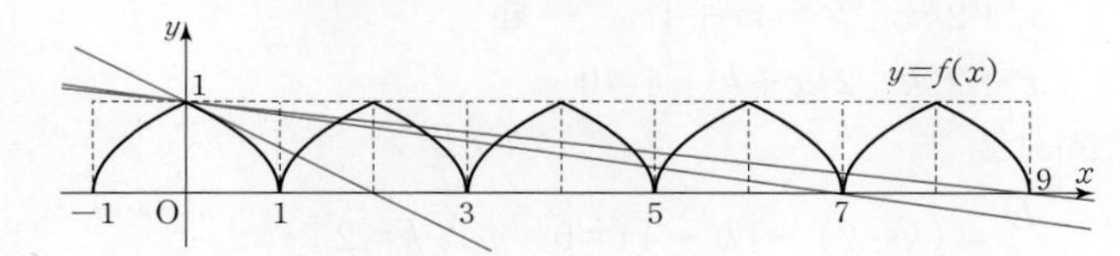

$g(x)=ax+1$이라 하자.

(i) $a\le 0$일 때

$y=f(x)$와 직선 $y=g(x)$에서

$\sqrt{1-x}=ax+1$, $a^2x^2+(2a+1)x=0$

접하면

$$D=(2a+1)^2-4\times a^2\times 0=0 \quad \therefore a=-\frac{1}{2}$$

곧, 직선 $y=-\frac{1}{2}x+1$이 접선이다.

직선 $y=g(x)$가 점 $(7, 0)$을 지나면 $a=-\frac{1}{7}$이고

교점이 7개이다.

직선 $y=g(x)$가 점 $(9, 0)$을 지나면 $a=-\frac{1}{9}$이고

교점이 9개이다.

따라서 $-\frac{1}{7}<a<-\frac{1}{9}$이면 교점이 8개이다.

(ii) 마찬가지 방법으로 $a>0$일 때 $\frac{1}{9}<a<\frac{1}{7}$이면 교점이 8개이다.

(i), (ii)에서 $-\frac{1}{7}<a<-\frac{1}{9}$ 또는 $\frac{1}{9}<a<\frac{1}{7}$

06 ······ 답 4

두 곡선은 각각 $y=2\sqrt{x}$와 $y=-2\sqrt{-x}$의 그래프를 평행이동한 꼴이고, $y=2\sqrt{x}$와 $y=-2\sqrt{-x}$의 그래프는 원점에 대칭이다.

$y=2\sqrt{x}$와 $y=-2\sqrt{-x}$의 그래프는 원점에 대칭이고,
$y=2\sqrt{x+1}$의 그래프는 $y=2\sqrt{x}$의 그래프를 x축 방향으로 -1만큼 평행이동,
$y=-2\sqrt{-x-1}$의 그래프는 $y=-2\sqrt{-x}$의 그래프를 x축 방향으로 -1만큼 평행이동한 그래프이다.

따라서 $y=2\sqrt{x+1}$과 $y=-2\sqrt{-x-1}$의 그래프는 점 $(-1,\ 0)$에 대칭이고,
A와 C, B와 D도 점 $(-1,\ 0)$에 대칭이다.

직선 l_1의 방정식을 $y=x+k$라 하면

$x+k=2\sqrt{x+1}$에서

$x^2+2kx+k^2=4x+4$ … ❶

$x^2+2(k-2)x+k^2-4=0$

접하므로

$\frac{D}{4}=(k-2)^2-(k^2-4)=0$ $\quad\therefore k=2$

곧, 직선 l_1의 방정식은 $y=x+2$이다.

$k=2$를 ❶에 대입하여 정리하면

$x^2=0$ $\quad\therefore x=0$

곧, $\mathrm{A}(0,\ 2)$, $\mathrm{B}(-2,\ 0)$이고

A와 B는 각각 점 $(-1,\ 0)$에 대칭이므로

$\mathrm{C}(-2,\ -2)$, $\mathrm{D}(0,\ 0)$

따라서 사각형 ABCD는 평행사변형이고 넓이는

$2\times2=4$

Think More

l_2의 방정식을 $y=x+l$로 놓고 $y=-2\sqrt{-x-1}$에 접할 조건을 찾아도 C, D의 좌표를 구할 수 있다.

07 ······ 답 ②

$\sqrt{2x}-1=\sqrt{x}-1$에서

$\sqrt{2x}=\sqrt{x}$

양변을 제곱하면

$2x=x,\ x=0$

$\therefore \mathrm{A}(0,\ -1)$

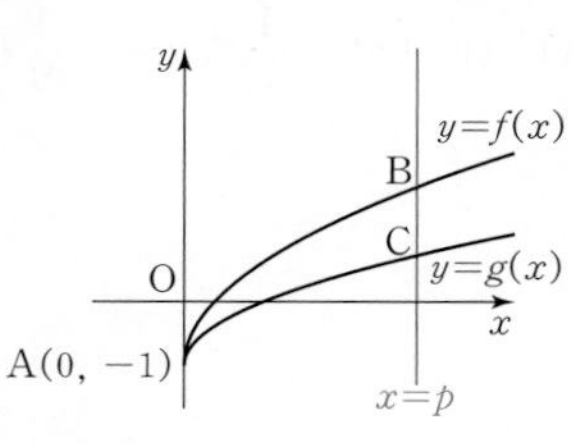

B, C의 좌표를 p로 나타내고 삼각형 ABC의 넓이를 구한다.

$f(p)=\sqrt{2p}-1$, $g(p)=\sqrt{p}-1$이므로

$\mathrm{B}(p,\ \sqrt{2p}-1)$, $\mathrm{C}(p,\ \sqrt{p}-1)$

따라서 $\overline{\mathrm{BC}}=\sqrt{2p}-\sqrt{p}$이다.

삼각형 ABC의 넓이가 $2-\sqrt{2}$이므로

$\frac{1}{2}p(\sqrt{2p}-\sqrt{p})=2-\sqrt{2}$

$p\sqrt{p}(\sqrt{2}-1)=4-2\sqrt{2}$

$p\sqrt{p}=\frac{4-2\sqrt{2}}{\sqrt{2}-1}=2\sqrt{2}$

$\therefore p=2$

08 ······ 답 $-1-\sqrt{2}$

$y=\sqrt{-2x-1}$의 그래프와 직선 $y=ax+1$, $y=bx+1$을 그려 $x\le-\frac{1}{2}$에서 주어진 부등식이 성립할 조건을 찾는다.

$y=\sqrt{-2x-1}$
$=\sqrt{-2\left(x+\frac{1}{2}\right)}$

의 그래프는 그림과 같다.

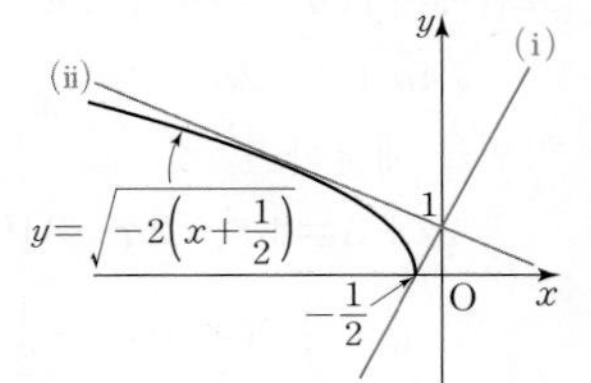

(i) $ax+1\le\sqrt{-2x-1}$

$y=ax+1$의 그래프는
점 $(0,\ 1)$을 지나고 기울기가 a인 직선이므로
점 $\left(-\frac{1}{2},\ 0\right)$을 지날 때 a의 값이 최소이다.

$y=ax+1$에 점 $\left(-\frac{1}{2},\ 0\right)$을 대입하면

$a=2$ $\quad\therefore a\ge2$ … ㉮

(ii) $\sqrt{-2x-1}\le bx+1$

$y=bx+1$의 그래프는 점 $(0,\ 1)$을 지나고 기울기가 b인 직선이므로 $y=\sqrt{-2x-1}$의 그래프에 접할 때 b의 값이 최대이다.

$y=\sqrt{-2x-1}$과 $y=bx+1$에서

$\sqrt{-2x-1}=bx+1$

양변을 제곱하여 정리하면

$b^2x^2+2(b+1)x+2=0$

접하므로

$\frac{D}{4}=(b+1)^2-2b^2=0$

$b^2-2b-1=0$ $\quad\therefore b=1\pm\sqrt{2}$

$b<0$이므로 $b=1-\sqrt{2}$

$\therefore b\le1-\sqrt{2}$ … ㉯

(i), (ii)에서 $b-a$의 최댓값은

$(1-\sqrt{2})-2=-1-\sqrt{2}$ … ㉰

단계	채점 기준	배점
㉮	a의 값의 범위 구하기	40%
㉯	b의 값의 범위 구하기	40%
㉰	$b-a$의 최댓값 구하기	20%

09 ······ 답 $0<k<\frac{1}{2}$

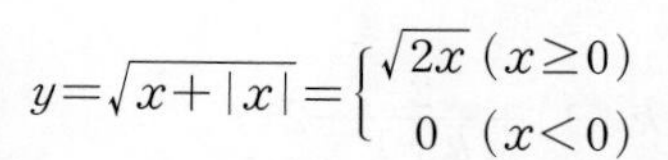

$$y=\sqrt{x+|x|}=\begin{cases}\sqrt{2x} & (x\ge 0)\\ 0 & (x<0)\end{cases}$$

이므로 $y=\sqrt{x+|x|}$의 그래프는 그림과 같다.

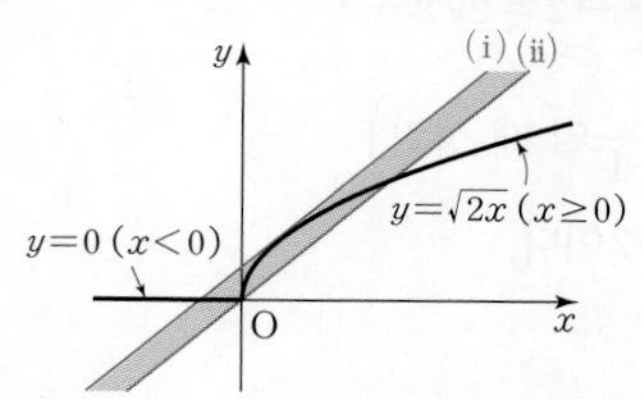

그래프와 직선이 서로 다른 세 점에서 만나려면

직선 $y=x+k$는 색칠한 부분(경계 제외)에 있으면 된다.

(i) 직선 $y=x+k$가 $y=\sqrt{2x}$의 그래프에 접할 때

$x+k=\sqrt{2x}$에서 양변을 제곱하여 정리하면

$$x^2+2(k-1)x+k^2=0$$

접하므로

$$\frac{D}{4}=(k-1)^2-k^2=0 \qquad \therefore k=\frac{1}{2}$$

(ii) 직선 $y=x+k$가 원점을 지날 때 $k=0$

(i), (ii)에서 $0<k<\frac{1}{2}$

Think More

그래프와 직선의 교점의 개수는

$k<0$ 또는 $k>\frac{1}{2}$일 때 1개,

$k=0$ 또는 $k=\frac{1}{2}$일 때 2개

10 ······ 답 ④

$y=g(x)$의 그래프는 점 (k, k)에서 시작하는 곡선이다.
그리고 점 (k, k)는 직선 $y=x$ 위에 있음을 이용한다.

$y=f(x)$의 그래프는 그림과 같다.

$y=g(x)$의 그래프는

$y=\sqrt{x}$의 그래프를 평행이동한 것이고,

점 (k, k)에서 시작한다.

그리고 점 (k, k)는 직선 $y=x$ 위에 있다.

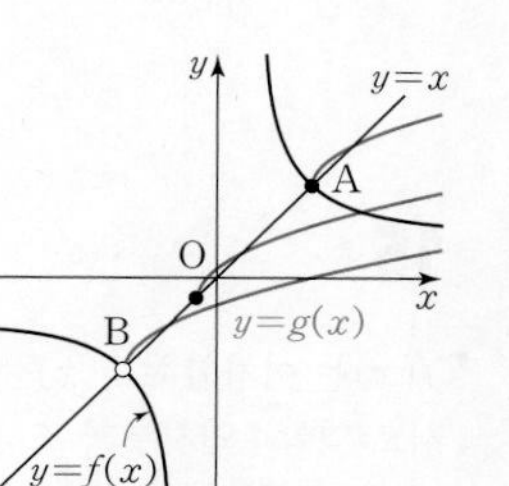

따라서 $y=f(x)$와 $y=g(x)$의 그래프가 한 점에서 만나면 점 (k, k)는 그림의 선분 AB(점 B는 제외) 위에 있다.

$y=\frac{4}{x}$와 $y=x$에서

$$\frac{4}{x}=x,\ x^2=4 \qquad \therefore x=\pm 2$$

$\mathrm{A}(2, 2)$, $\mathrm{B}(-2, -2)$이므로

$$-2<k\le 2$$

정수 k는 $-1, 0, 1, 2$이고, 4개이다.

11 ······ 답 ⑤

$x\ge 3$에서 $y=\frac{2x+3}{x-2}$의 그래프부터 그리고
$x<3$에서 $y=\sqrt{3-x}+a$의 그래프를 생각한다.

$f_1(x)=\sqrt{3-x}+a$, $f_2(x)=\frac{2x+3}{x-2}$이라 하자.

$f_2(x)=\frac{7}{x-2}+2$이고

$f_2(3)=9$이므로

$x\ge 3$에서 $y=f_2(x)$의 그래프는

그림과 같다.

따라서 $f(x)$가 일대일대응이면

$$f_1(3)=9 \qquad \therefore a=9$$

$f_1(x)=\sqrt{3-x}+9$이므로

$$f(2)=f_1(2)$$
$$=\sqrt{3-2}+9=10$$

$f(2)f(k)=40$에서 $f(k)=4$

$f(k)=4$이면 $k>3$이므로 $f_2(k)=4$

$$\frac{2k+3}{k-2}=4$$

$$2k+3=4k-8 \qquad \therefore k=\frac{11}{2}$$

12 ······ 답 16

$k\ne 0$일 때, $y=-\sqrt{kx}$와 $y=\sqrt{-kx}$의 그래프는 원점에 대칭이다.
이를 이용하여 $y=f(x)$와 $y=g(x)$의 그래프를 그린다.

$y=-\sqrt{kx}$에서 x, y에 $-x$, $-y$를 대입하면

$y=\sqrt{-kx}$이므로

$y=-\sqrt{kx}$와 $y=\sqrt{-kx}$의 그래프는 원점에 대칭이다.

$y=f(x)$의 그래프는 $y=-\sqrt{kx}$의 그래프를 x축 방향으로 -1만큼, y축 방향으로 5만큼 평행이동한 그래프이고,

$y=g(x)$의 그래프는 $y=\sqrt{-kx}$의 그래프를 x축 방향으로 3만큼, y축 방향으로 -3만큼 평행이동한 그래프이다.

(i) $k=0$일 때

$f(x)=5$, $g(x)=-3$이므로 두 함수의 그래프가 만나지 않는다.

(ii) $k<0$일 때

두 함수의 그래프가 다음과 같으므로 만나지 않는다.

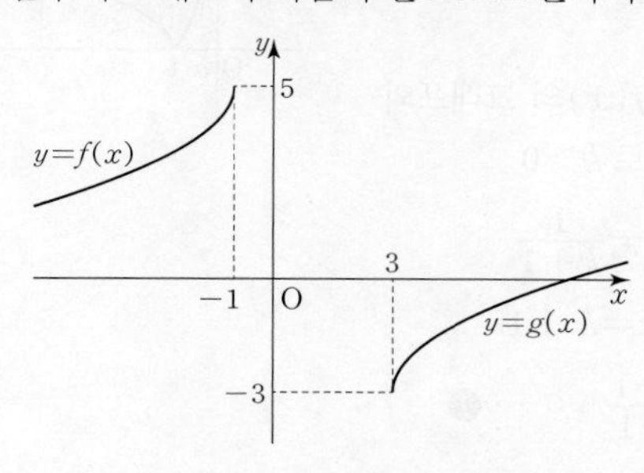

(iii) $k>0$일 때

$y=f(x)$ 그래프의 꼭짓점을 $\mathrm{A}(-1,\ 5)$,

$y=g(x)$ 그래프의 꼭짓점을 $\mathrm{B}(3,\ -3)$이라 하자.

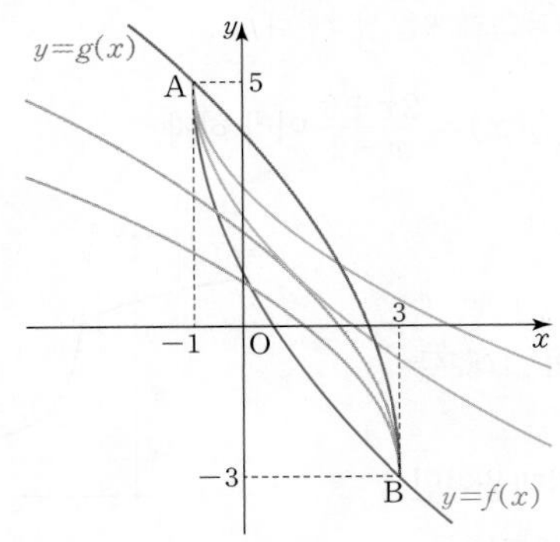

그림과 같이 $y=f(x)$의 그래프가 B를 지나고, $y=g(x)$의 그래프가 A를 지날 때 k의 값이 최대이다.

$f(3)=-3$에서

$-\sqrt{4k}+5=-3,\ \sqrt{4k}=8$

$\therefore\ k=16$

Think More

$f(x)=-\sqrt{k(x+1)}+5,\ g(x)=\sqrt{-k(x-3)}-3$의 그래프는 점 $(1,\ 1)$에 대칭이고, $y=f(x)$의 그래프가 B를 지나면 $y=g(x)$의 그래프도 A를 지난다. 곧, [그림 2]처럼 한 점에서 만나는 경우는 없다.

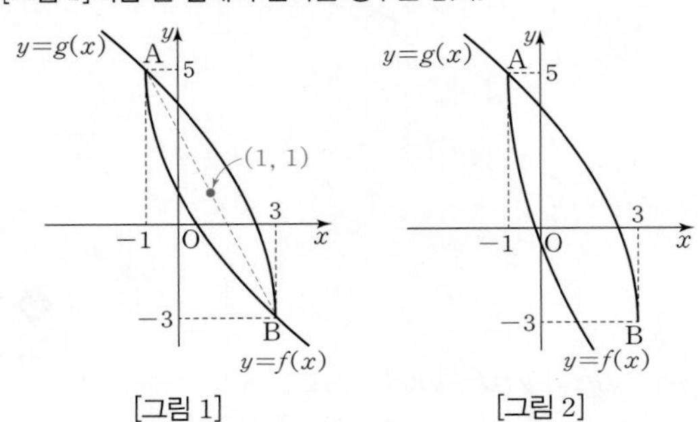

[그림 1]　　　[그림 2]

13 ······ 답 ②

▶ x축에 평행한 직선을 $y=k$로 놓고 $f(x)=k$를 풀면 a와 b를 k로 나타낼 수 있다.

$x>0$에서 $y=f(x)$의 그래프는 그림과 같다.

x축에 평행한 직선의 방정식을 $y=k$라 하자.

직선 $y=k$가 $y=f(x)$의 그래프와 두 점에서 만나므로 $k>0$

$\dfrac{1}{x}-1=k$에서 $x=\dfrac{1}{k+1}$

$\sqrt{x-1}=k$에서 $x=k^2+1$

$\therefore\ ab=\dfrac{k^2+1}{k+1}$　　$\cdots$ ❶

$k^2+1=k(k+1)-k+1=k(k+1)-(k+1)+2$이고

$k+1>0$이므로

$$ab=k-1+\frac{2}{k+1}=(k+1)+\frac{2}{k+1}-2$$

$$\geq 2\sqrt{(k+1)\times\frac{2}{k+1}}-2=2\sqrt{2}-2$$

$\left(\text{단, 등호는 } k+1=\dfrac{2}{k+1}\text{ 일 때 성립}\right)$

따라서 ab의 최솟값은 $2\sqrt{2}-2$이다.

Think More

❶은 다음과 같이 정리할 수도 있다.

k^2+1을 $k+1$로 나눈 몫은 $k-1$, 나머지는 2이므로

$$\frac{k^2+1}{k+1}=\frac{(k+1)(k-1)+2}{k+1}=k-1+\frac{2}{k+1}$$

14 ······ 답 ②

▶ 무리함수의 역함수는 이차함수 꼴이다.
$f(x)$와 $g(x)$가 서로 역함수인지부터 확인한다.

$y=f(x)$에서 $y\geq 2$이고

$y-2=\sqrt{x-2},\ (y-2)^2=x-2$

$x,\ y$를 서로 바꾸면 $(x-2)^2=y-2$

$\therefore\ y=x^2-4x+6\ (x\geq 2)$

따라서 $g(x)$는 $f(x)$의 역함수이다.

$y=f(x)$와 $y=g(x)$의 그래프는 직선 $y=x$에 대칭이고, 그림과 같이 두 그래프의 교점은 $y=g(x)$의 그래프와 직선 $y=x$의 교점과 같다.

$x^2-4x+6=x$에서

$x^2-5x+6=0$

$\therefore\ x=2$ 또는 $x=3$

곧, 교점의 좌표는 $(2,\ 2)$, $(3,\ 3)$이므로 두 점 사이의 거리는

$\sqrt{(3-2)^2+(3-2)^2}=\sqrt{2}$

15 ······ 답 ②

▶ $f(x)$는 이차함수, $g(x)$는 무리함수이므로 서로 역함수인지부터 조사한다.
그리고 역함수이면 두 그래프가 직선 $y=x$에 대칭임을 이용한다.

$y=\dfrac{1}{5}x^2+\dfrac{1}{5}k\ (x\geq 0)$에서

$\dfrac{1}{5}x^2=y-\dfrac{1}{5}k,\ x^2=5y-k$

$x\geq 0$이므로 $x=\sqrt{5y-k}$

$x,\ y$를 서로 바꾸면 $y=\sqrt{5x-k}$

따라서 $g(x)$는 $f(x)$의 역함수이고, $y=f(x),\ y=g(x)$의 그래프는 직선 $y=x$에 대칭이다.

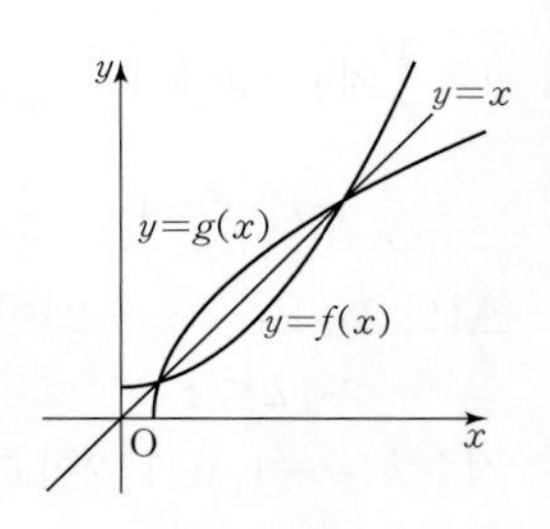

두 그래프가 두 점에서 만나면 교점은 직선 $y=x$ 위에 있으므로 $y=f(x)$의 그래프와 직선 $y=x$가 두 점에서 만날 때 k의 값을 구해도 된다.

$\frac{1}{5}x^2+\frac{1}{5}k=x$에서 $x^2-5x+k=0$

이 방정식이 음이 아닌 서로 다른 두 실근을 가진다.

$h(x)=x^2-5x+k$라 하자.

$y=h(x)$의 그래프의 축이 직선 $x=\frac{5}{2}$

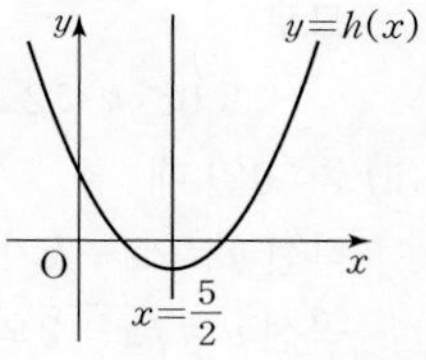

이므로

$$h(0)=k\geq 0$$

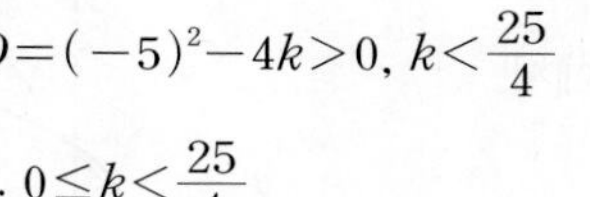

$$D=(-5)^2-4k>0,\ k<\frac{25}{4}$$

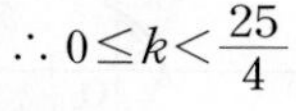

$$\therefore 0\leq k<\frac{25}{4}$$

정수 k는 7개이다.

다른 풀이

$y=g(x)$의 그래프가 직선 $y=x$와 두 점에서 만날 때 k의 값을 구한다.

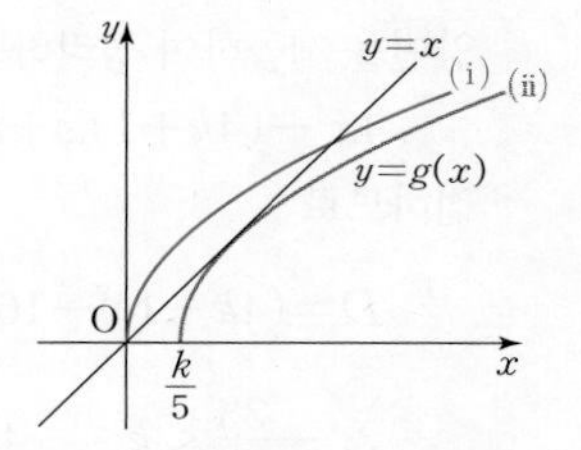

그림에서 $y=g(x)$의 그래프가 (i), (ii) 사이에 있거나 (i)이면 직선 $y=x$와 두 점에서 만난다.

(i)에서 $y=g(x)$의 그래프가 점 $(0, 0)$을 지나므로

$$g(0)=0 \qquad \therefore k=0$$

(ii)에서 $y=g(x)$의 그래프가 직선 $y=x$에 접하므로

$\sqrt{5x-k}=x$에서 $x^2-5x+k=0$

$$D=25-4k=0,\ k=\frac{25}{4}$$

(i), (ii)에서 $0\leq k<\frac{25}{4}$

16 ······ 답 ①

$y=f(x)$와 $y=f^{-1}(x)$의 그래프는 직선 $y=x$에 대칭이다.
또 직선 $y=-x+k$와 직선 $y=x$는 수직이다.
이를 이용하여 선분 AB의 길이가 최소인 경우부터 찾는다.

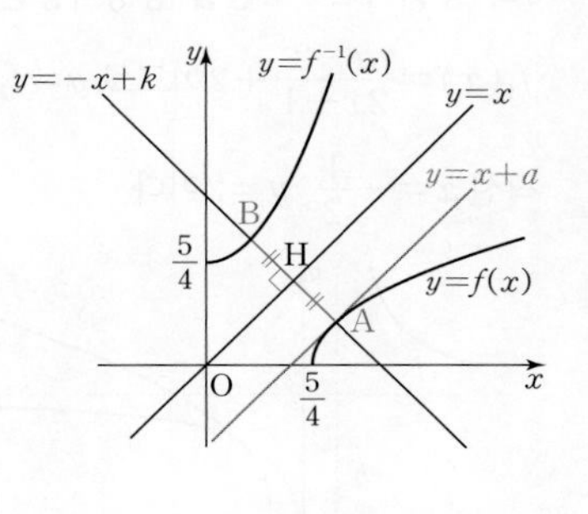

A, B는 직선 $y=x$에 대칭이고 선분 AB는 직선 $y=x$에 수직이다.

선분 AB와 직선 $y=x$의 교점을 H라 하면 $\overline{AB}=2\overline{AH}$이고, 선분 AH의 길이가 최소일 때 선분 AB의 길이는 최소이다.

곧, 직선 $y=x$에 평행한 직선이 $y=f(x)$의 그래프에 접할 때 선분 AB의 길이가 최소이다.

A에서 접하는 직선의 방정식을 $y=x+a$라 하자.

$f(x)=x+a$에서 $\frac{1}{2}\sqrt{4x-5}=x+a$

양변을 제곱하여 정리하면

$$4x^2+4(2a-1)x+4a^2+5=0 \qquad \cdots ❶$$

접하므로

$$\frac{D}{4}=4(2a-1)^2-4(4a^2+5)=0$$

$$\therefore a=-1$$

❶에 대입하면

$$4x^2-12x+9=0,\ (2x-3)^2=0$$

따라서 접점의 x좌표는 $x=\frac{3}{2}$

$$f\left(\frac{3}{2}\right)=\frac{1}{2}\sqrt{4\times\frac{3}{2}-5}=\frac{1}{2}$$

이므로 $A\left(\frac{3}{2}, \frac{1}{2}\right)$

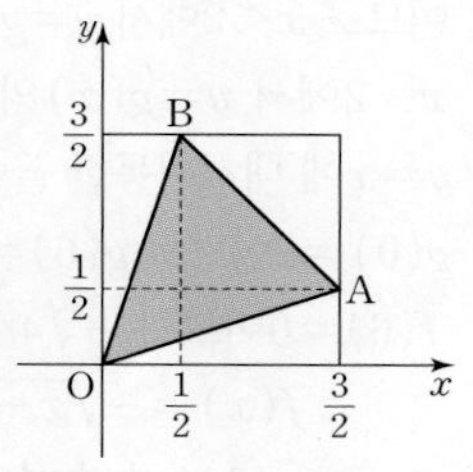

A와 B는 직선 $y=x$에 대칭이므로

$$B\left(\frac{1}{2}, \frac{3}{2}\right)$$

$$\therefore \triangle OAB=\frac{3}{2}\times\frac{3}{2}-2\times\left(\frac{1}{2}\times\frac{3}{2}\times\frac{1}{2}\right)-\frac{1}{2}\times1\times1$$
$$=1$$

17 ······ 답 10

$y=\sqrt{x}$와 $y=x^2\ (x\geq 0)$은 서로 역함수이다.
따라서 $f(x)=\begin{cases}\sqrt{x} & (x\geq 0)\\ x^2 & (x<0)\end{cases}$의 그래프에서
$x\geq 0$인 부분과 $x<0$인 부분은 같은 꼴임을 이용한다.

$y=\sqrt{x}$와 $y=x^2\ (x\geq 0)$은 서로 역함수이므로 그래프는 직선 $y=x$에 대칭이다.

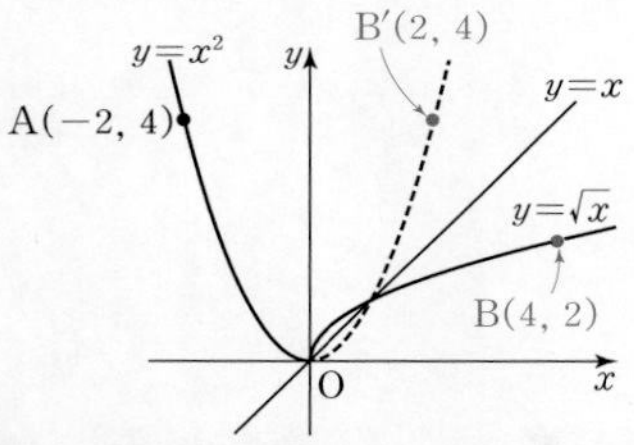

또 $y=x^2\ (x\geq 0)$과 $y=x^2\ (x\leq 0)$의 그래프는 y축에 대칭이다.

따라서 $B'(2, 4)$라 하면 곡선 OA, OB, OB'은 같은 꼴이다.

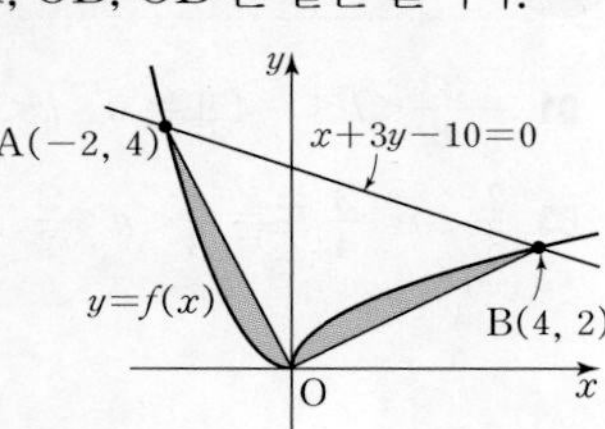

그림에서 색칠한 두 부분의 넓이가 같으므로 $y=f(x)$의 그래프와 직선 $x+3y-10=0$으로 둘러싸인 부분의 넓이는 삼각형 OAB의 넓이와 같다.

$$\overline{AB}=\sqrt{(4+2)^2+(2-4)^2}$$
$$=2\sqrt{10}$$

원점 O와 직선 $x+3y-10=0$ 사이의 거리는

$$\frac{|-10|}{\sqrt{1^2+3^2}}=\sqrt{10}$$

따라서 구하는 넓이는

$$\triangle OAB=\frac{1}{2}\times\sqrt{10}\times2\sqrt{10}=10$$

18 ···························  23

◤$X\cap Y=\{2\}$임을 이용하여 $y=f(x)$가 어떤 꼴인지부터 생각한다. 그리고 $g(x)=g^{-1}(x)$이면 $y=g(x)$의 그래프는 직선 $y=x$에 대칭임을 이용한다.

$Y=\{y|y\le c\}$이므로

$X\cap Y=\{2\}$이면 오른쪽 그림과 같이 $c=2$이고 $X=\{x|x\ge 2\}$이다.

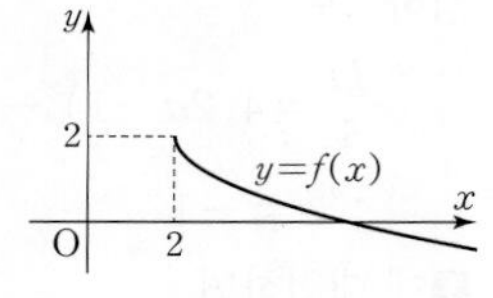

따라서 $a>0$이고

$f(x)=-\sqrt{a(x-2)}+2$

(가)에서 $y=g(x)$의 그래프는 직선 $y=x$에 대칭이고 X에서 $g(x)=f(x)$이므로 $x<2$에서 $y=g(x)$의 그래프는 $x>2$에서 $y=g(x)$의 그래프를 직선 $y=x$에 대칭이동한 꼴이다.

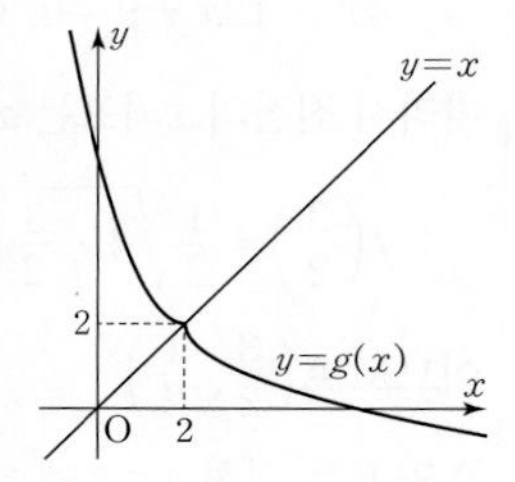

$g(0)=6$이므로 $g(6)=0$

$f(6)=0$이므로 $-\sqrt{4a}+2=0$, $a=1$

$\therefore f(x)=-\sqrt{x-2}+2$ $\quad\therefore b=-2$

$g(a)=g(1)=k$라 하면 $g(k)=1$이므로

$f(k)=-\sqrt{k-2}+2=1$ $\quad\therefore k=3$

$g(b)=g(-2)=l$이라 하면 $g(l)=-2$이므로

$f(l)=-\sqrt{l-2}+2=-2$ $\quad\therefore l=18$

$g(c)=g(2)=f(2)=2$

$\therefore g(a)+g(b)+g(c)=23$

C STEP 절대등급 완성 문제 89쪽

01 $-\frac{33}{8}<k\le -4$ 또는 $0\le k<2$ **02** $0\le k<\frac{1}{2}$

03 $\frac{2}{3}<a<\frac{3}{4}$ 또는 $\frac{4}{3}<a<\frac{3}{2}$ **04** ①

01 ··························· 답 $-\frac{33}{8}<k\le -4$ 또는 $0\le k<2$

◤$y=f(x)$와 $y=g(x)$의 그래프가 서로 다른 두 점에서 만날 조건을 찾으면 된다.

$g(x)=\begin{cases}2x-k & (x\ge k)\\ k & (x<k)\end{cases}$이므로

$y=g(x)$의 그래프는 그림에서 꺾은 선이다.

(i) $k>0$일 때

$y=g(x)$의 꺾인 점 (k, k)가 곡선 $y=\sqrt{x+2}$의 아래 있으면 된다.

$f(k)=k$에서

$\sqrt{k+2}=k$ $\quad\therefore k=2$

또 $k=0$일 때도 두 점에서 만나므로

$\therefore 0\le k<2$

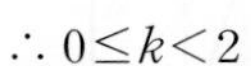

(ii) $k<0$일 때

직선 $y=2x-k$가 곡선 $y=\sqrt{x+2}$와 두 점에서 만나면 된다.

$y=2x-k$가 점 $(-2, 0)$을 지날 때 $k=-4$

$y=2x-k$와 $y=\sqrt{x+2}$가 접할 때

$2x-k=\sqrt{x+2}$

양변을 제곱하여 정리하면

$4x^2-(4k+1)x+k^2-2=0$

접하므로

$D=(4k+1)^2-16(k^2-2)=0$, $k=-\frac{33}{8}$

$\therefore -\frac{33}{8}<k\le -4$

(i), (ii)에서 $-\frac{33}{8}<k\le -4$ 또는 $0\le k<2$

02 ··························· 답 $0\le k<\frac{1}{2}$

◤$y=\frac{4x+a}{2x+1}$와 $y=\sqrt{2x-1}-b$의 그래프를 그려 $f(x)$가 일대일대응일 조건을 찾는다.

$f_1(x)=\frac{4x+a}{2x+1}$, $f_2(x)=\sqrt{2x-1}-b$라 하자.

$y=f_2(x)$의 그래프는 $y=\sqrt{2x}$의 그래프를 x축 방향으로 $\frac{1}{2}$만큼, y축 방향으로 $-b$만큼 평행이동한 것이다.

$f_1(x)=\frac{a-2}{2x+1}+2$이므로 $y=f_1(x)$의 그래프의 점근선은 직선 $x=-\frac{1}{2}$, $y=2$이다.

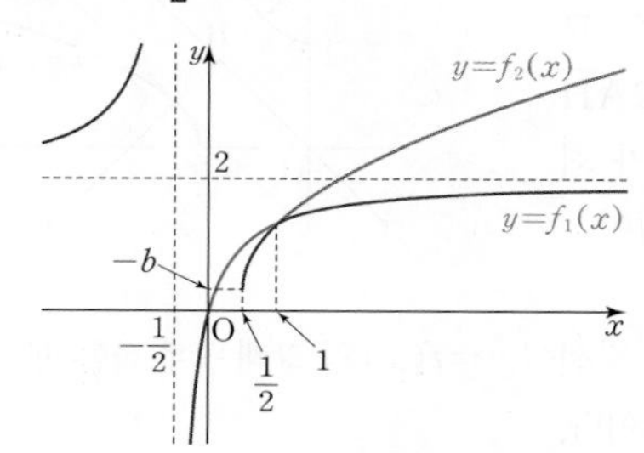

X에서 X로 정의된 $f(x)$의 역함수가 있으면 $f(x)$가 일대일대응이므로

$a-2<0,\ f_1(0)=0,\ f_1(1)=f_2(1)$

$f_1(0)=0$에서 $a=0$

$f_1(1)=f_2(1)$에서 $\frac{4+a}{3}=1-b \quad \therefore b=-\frac{1}{3}$

곧, $f_1(x)=\frac{4x}{2x+1},\ f_2(x)=\sqrt{2x-1}+\frac{1}{3}$이다.

직선 $y=x+k$가 $y=\frac{4x+a}{2x+1}$ 또는 $y=\sqrt{2x-1}-b$의 그래프와 접할 때를 기준으로 나누어 생각한다.

(i) 직선 $y=x+k$와 $y=f_1(x)$의 그래프가 접할 때

$x+k=\frac{4x}{2x+1}$에서 $(x+k)(2x+1)=4x$

$2x^2+(2k-3)x+k=0 \quad \cdots$ ❶

접하므로

$D_1=(2k-3)^2-8k=0$

$(2k-1)(2k-9)=0$

$x\ge-\frac{1}{2}$에서 직선과 $y=f_1(x)$의 그래프가 접하므로 $k=\frac{1}{2}$

❶에 대입하면 $2x^2-2x+\frac{1}{2}=0,\ 2\left(x-\frac{1}{2}\right)^2=0$

따라서 접점의 좌표는 $\left(\frac{1}{2},\ 1\right)$이다.

(ii) 직선 $y=x+k$와 $y=f_2(x)$의 그래프가 접할 때

$x+k=\sqrt{2x-1}+\frac{1}{3}$에서 $x+k-\frac{1}{3}=\sqrt{2x-1}$

$\left(x+k-\frac{1}{3}\right)^2=2x-1$

$x^2+2\left(k-\frac{4}{3}\right)x+k^2-\frac{2}{3}k+\frac{10}{9}=0 \quad \cdots$ ❷

접하므로

$\frac{D_2}{4}=\left(k-\frac{4}{3}\right)^2-\left(k^2-\frac{2}{3}k+\frac{10}{9}\right)=0$

$\therefore k=\frac{1}{3}$

❷에 대입하면 $x^2-2x+1=0,\ (x-1)^2=0$

따라서 접점의 좌표는 $\left(1,\ \frac{4}{3}\right)$이다.

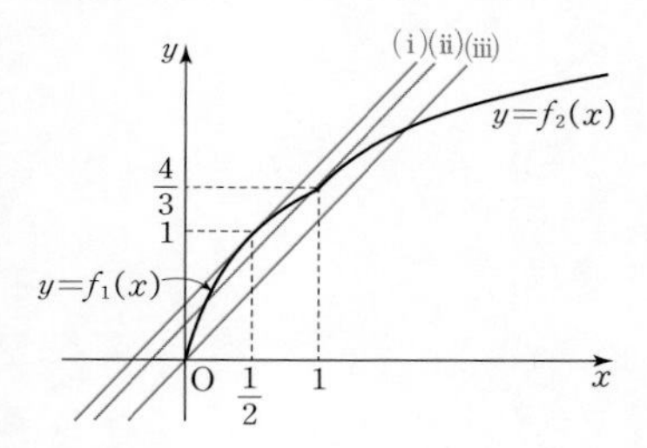

직선 $y=x+k$가

(i)과 (ii) 사이에 있을 때 교점이 2개

(ii)에 있을 때 교점이 2개

(ii)와 (iii) 사이에 있을 때 교점이 2개

(iii)에 있을 때 $k=0$이고 교점이 2개

$\therefore 0\le k<\frac{1}{2}$

03 답 $\frac{2}{3}<a<\frac{3}{4}$ 또는 $\frac{4}{3}<a<\frac{3}{2}$

$n\le x<n+1$ (n은 정수)일 때로 나누면 $[x]$를 간단히 할 수 있다.
직선 $y=g(x)$의 기울기 a를 변화시키면서 $y=f(x)$의 그래프와 교점의 개수를 조사한다.

⋮

$-2\le x<-1$일 때 $f(x)=-2-\sqrt{x+2}$

$-1\le x<0$일 때 $f(x)=-1-\sqrt{x+1}$

$0\le x<1$일 때 $f(x)=-\sqrt{x}$

$1\le x<2$일 때 $f(x)=1-\sqrt{x-1}$

$2\le x<3$일 때 $f(x)=2-\sqrt{x-2}$

⋮

따라서 $y=f(x)$의 그래프는 그림에서 곡선 부분이다.
또, $y=g(x)$의 그래프는 기울기가 a이고 점 $(0,\ -1)$을 지나는 직선이다.

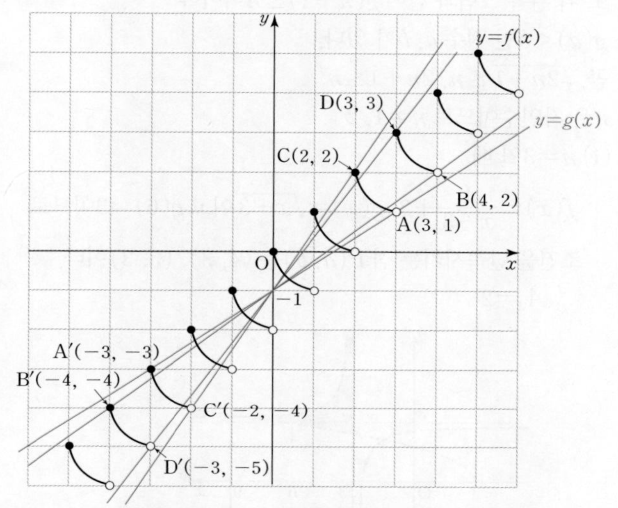

(i) 직선 $y=g(x)$가 점 $A(3,\ 1)$, $A'(-3,\ -3)$을 지날 때

$a=\frac{2}{3}$이고 교점은 5개이다.

또 직선 $y=g(x)$가 점 $B(4,\ 2)$, $B'(-4,\ -4)$를 지날 때

$a=\frac{3}{4}$이고 교점은 7개이다.

그리고 $\frac{2}{3}<a<\frac{3}{4}$일 때 교점은 6개이다.

(ii) 직선 $y=g(x)$가 점 $C(2,\ 2)$, $C'(-2,\ -4)$를 지날 때

$a=\frac{3}{2}$이고 교점은 5개이다.

또 직선 $y=g(x)$가 점 $D(3,\ 3)$, $D'(-3,\ -5)$를 지날 때

$a=\frac{4}{3}$이고 교점은 7개이다.

그리고 $\frac{4}{3}<a<\frac{3}{2}$일 때 교점은 6개이다.

(i), (ii)에서 $\frac{2}{3}<a<\frac{3}{4}$ 또는 $\frac{4}{3}<a<\frac{3}{2}$

04  ①

$x>n$이면 $f(x)>n$이고 $f(n+1)=n+1$이므로
(나)에서 b는 n 이하의 자연수이다.
따라서 $g(a)<n$, $g(a)<n-1$, ...인 경우를 찾아야 한다.
$y=f(x)$와 $y=g(x)$의 그래프를 그리고 생각한다.

다음 그림에서 색칠한 부분에 있는 점 $P(a,\ b)$의 개수가 A_n이다.

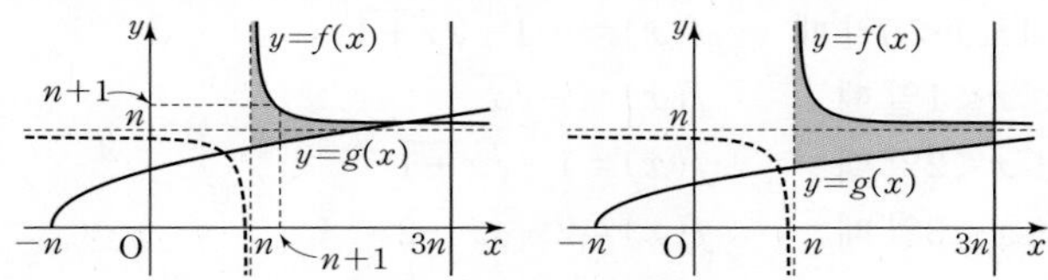

$y=f(x)$의 점근선이 직선 $x=n$, $y=n$이므로
$n<a\leq 3n$이면 $n<f(a)$이고 $f(n+1)=n+1$이므로
$b<f(a)$이면 가능한 b는 n, $n-1$, ...이다.
또 위 왼쪽 그림과 같이 $g(n+1)\leq n$이어야
$g(a)<b$인 정수 a, b가 있다.
곧, $\sqrt{2n+1}\leq n$, $2n+1\leq n^2$
n은 자연수이므로 $n\neq 1$, 2

(i) $n=3$일 때

$f(x)=\dfrac{1}{x-3}+3$, $g(x)=\sqrt{x+3}$이고 $g(6)=3$이므로
조건을 만족시키는 점 $P(a,\ b)$는 $(4,\ 3)$, $(5,\ 3)$이다.
$\therefore A_3=2$

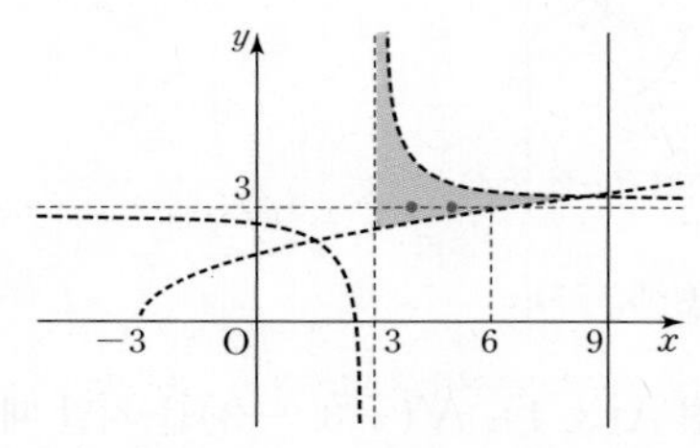

(ii) $n=4$일 때

$f(x)=\dfrac{1}{x-4}+4$, $g(x)=\sqrt{x+4}$이고 $g(12)=4$이므로
조건을 만족시키는 점 $P(a,\ b)$는 $(5,\ 4)$, $(6,\ 4)$, $(7,\ 4)$, $(8,\ 4)$, $(9,\ 4)$, $(10,\ 4)$, $(11,\ 4)$이다.
$\therefore A_4=7$

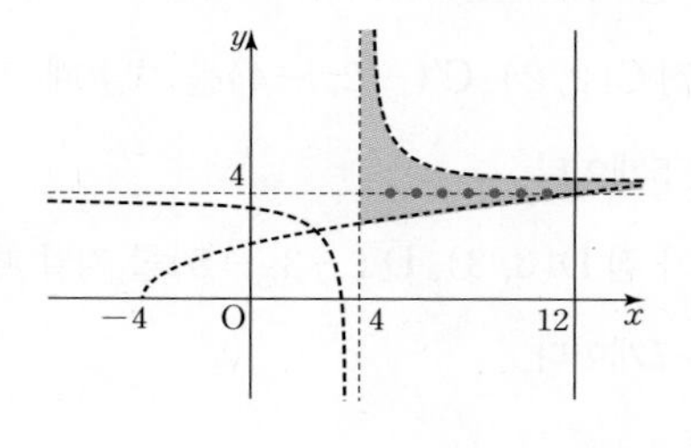

(iii) $n=5$일 때

$g(5)=\sqrt{10}<5$, $g(15)=\sqrt{20}<5$이므로
$P(a,\ b)=(6,\ 5)$, $(7,\ 5)$, ..., $(15,\ 5)$는 (나)를 만족시킨다.
또 $g(11)=4$이므로 $P(a,\ b)=(6,\ 4)$, $(7,\ 4)$, $(8,\ 4)$, $(9,\ 4)$, $(10,\ 4)$도 (나)를 만족시킨다.
$\therefore A_5=15$

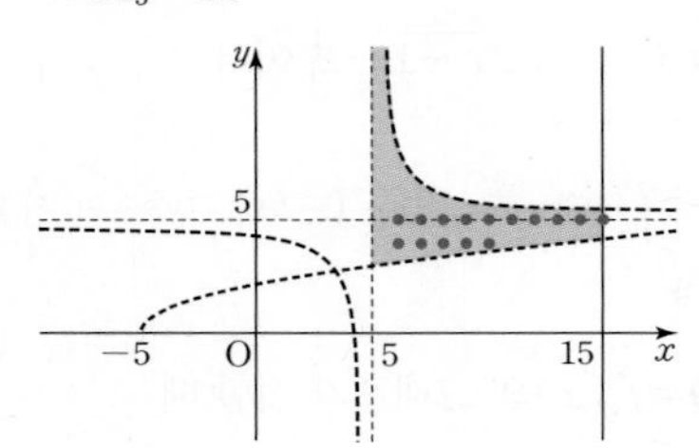

(iv) $n\geq 6$일 때

$g(n)=\sqrt{2n}<n$, $g(3n)=\sqrt{4n}<n$이므로
$b=n$이면 (나)를 만족시킨다.
또 $g(n)=\sqrt{2n}<n-1$, $g(3n)=\sqrt{4n}<n-1$이므로
$b=n-1$도 (나)를 만족시킨다.
따라서 (나)를 만족시키는 $P(a,\ b)$는
$(n+1,\ n)$, $(n+2,\ n)$, ..., $(3n,\ n)$
$(n+1,\ n-1)$, $(n+2,\ n-1)$, ..., $(3n,\ n-1)$
을 포함하므로 $2n\times 2$(개) 이상이다.
$\therefore A_n\geq 4n$

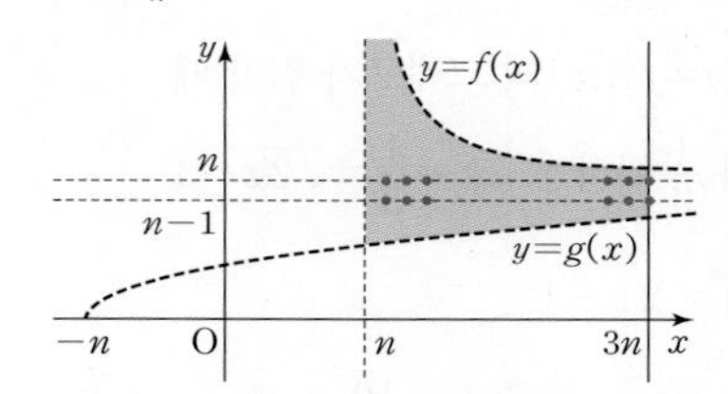

(i)~(iv)에서 $n\leq A_n\leq 3n$인 A_n의 값의 합은
$A_4+A_5=7+15=22$

절대등급

공통수학 2

동아출판

과학 고수들의 필독서

HIGH TOP

#2015 개정 교육과정
#믿고 보는 과학 개념서
#통합과학
#물리학 #화학 #생명과학 #지구과학
#과학 #잘하고싶다 #중요 #개념 #열공
#포기하지마 #엄지척 #화이팅

01
기초부터 심화까지
자세하고 빈틈 없는 개념 설명

02
풍부한 그림 자료,
수준 높은 문제 수록

03
새 교육과정을 완벽 반영한
깊이 있는 내용

중학교 1~3학년 / **고등학교** 통합과학 / 물리학 I, II / 화학 I, II / 생명과학 I, II / 지구과학 I, II

절대등급

공통수학 2